高等学校专业教材

肉与肉制品工艺学

主　编　葛长荣　马美湖

副主编　马长伟　孔保华　韩剑众

中国轻工业出版社

图书在版编目（CIP）数据

肉与肉制品工艺学/葛长荣，马美湖主编. —北京：
中国轻工业出版社，2019.12
高等学校专业教材
ISBN 978-7-5019-3461-4

Ⅰ.肉… Ⅱ.①葛…②马… Ⅲ.①屠宰加工—生
产工艺—高等学校—教材②肉类—食品加工—高等学校—
教材 Ⅳ.TS251

中国版本图书馆 CIP 数据核字（2001）第 075962 号

责任编辑：李亦兵 责任终审：滕炎福 封面设计：赵小云
版式设计：王培燕 责任校对：燕 杰 责任监印：张 可
*
出版发行：中国轻工业出版社（北京东长安街 6 号，邮编：100740）
印　　刷：三河市万龙印装有限公司
经　　销：各地新华书店
版　　次：2019 年 12 月第 1 版第 13 次印刷
开　　本：787×1092 1/16 印张：18.5
字　　数：444 千字
书　　号：ISBN 978-7-5019-3461-4
定　　价：38.00 元

邮购电话：010 - 65241695
发行电话：010 - 85119835 传真：85113293
网　　址：http://www.chlip.com.cn
Email：club@ chlip.com.cn
如发现图书残缺请与我社邮购联系调换
KG1410—030335

《肉与肉制品工艺学》编委会

前　言

近二十多年来，随着我国经济的发展，我国肉品科学与加工技术的研究取得了突飞猛进的发展，肉类的生产已位居世界前列，成为世界第一产肉大国，肉类制品的加工也越来越丰富。为了及时反映国内外肉品科学技术的最新发展动态，适应新世纪高等院校《肉与肉制品工艺学》课程教学改革的需要，结合目前国内外肉品科学发展新趋势，我国高等院校肉类科技方面的教师，早就想出版一本肉品科学的新教材。因此，早在1997年江苏南京召开的第一届中国肉类科技大会期间，由云南农业大学、湖南农业大学、中国农业大学、东北农业大学、浙江大学、西南农业大学、西北农业大学等酝酿发起，召开了第一次《肉与肉制品工艺学》多媒体教材编写会议。后来，在1998年山东莱阳市召开的"第二届中国肉类科技大会"期间，到会的有关人员再次商议此事，特别是在2000年7月昆明召开的"第四届中国蛋品科技大会"期间，本书主编葛长荣教授、马美湖教授又一次主持召开了本教材的编写会议，并得到了许多院校的积极响应和参加。此次会议上，不仅成立了本书的编委会，确定了正、副主编，还详细落实了文字部分的编写任务和多媒体制作任务的分工及其时间安排，这样，在2000年12月份，承担各章文字编写任务的稿件相继收齐，并寄发各位正、副主编修改。此后，全体编委又一次在2001年4月聚会湖南株洲，集体讨论和审议了全部稿件，在多次反复商议、讨论、修改的基础上，各位正、副主编专程前往北京，聚会中国农业大学，对全书的稿件进行了再次的讨论和审议，并进行了相关内容的调整和补充。会后，由马美湖教授按照正、副主编会议的精神进行修改和统稿，于2001年7月底完稿。因此，为了使本书的内容力求系统、完善，本书的编写出版工作历经了近五年的时间，凝集了我国各院校肉品科学专业教师的多年心血和辛勤劳动，是我国肉品科学界集体智慧的结晶。

本书编写分工如下：

绪论　马美湖

第一章　孔保华	第八章　李先保　刘　焱
第二章　彭增起　马美湖	第九章　徐明生
第三章　孔保华	第十章　罗　欣
第四章　陈韬　韩剑众	第十一章　马长伟　马丽珍
第五章　贺银凤	第十二章　李洪军
第六章　肖蓉　葛长荣	第十三章　马美湖　孔保华　马丽卿
第七章　胡铁军　马美湖	

本书的出版不仅得到了各位编委的积极参与和配合，而且得到了国家一级学会中国畜产品加工研究会的大力支持，也得到了各参编院校领导的高度重视。在此，向给予本书出版工作大力支持的各有关单位和相关人员表示衷心的感谢！

出版这本新教材，在全国目前仍是一种新的尝试。虽然本书的出版得到了各方面的大力支持，但由于作者水平有限，书中错误之处肯定不少，恳请读者批评指正。

编委会

目　录

绪　　论

一、我国肉制品加工业的发展历史、现状与趋势

(一)我国肉制品加工业发展历史

人类的生存和发展对肉食的依赖，可以追溯至远古时期，在 50 万年以前(旧石器时代)，原始人过着采集和渔猎生活，捕获动物，生食其肉，茹毛饮血，在与自然界斗争中，谋取自身的生存和发展。"太古之时，人吮露精，食草木实，穴居野处。山居则食鸟，衣其羽皮，饮血茹毛，近水则食鱼鳖螺蛤，未有火化，腥臊多伤肠胃，于是有人造作，钻木取火，教人熟食，始有燔炙，民人大悦，号曰燧人"(谯周《古史考》)。燧人氏钻木取火，是世界上人工取火最早的传说，那时我们的祖先已会用火燔炙食物。"燔炙"即现行烧烤，烧烤的食物主要是动物肉，方法有燔(整体火烤)、炙(去毛皮内脏烧烤)、炮(包泥烧烤)和熬(火烬干煨)。只有当火的发现和吃被火烧烤过的肉，方知化腥臊为美味，且少疾病，从而完成人类文明史上第一次飞跃，即由生食转变为熟食。另外，人们把吃不完的肉，任意弃置，自然风干，当无猎获物时而重新食之，则知道了肉可以风干贮藏，以备不时之需，这种由生食变为熟食及剩肉自然风干的方法，可能是最原始的肉食加工。因此，人类肉食加工历史悠久。我国是世界上饲养畜禽及利用肉食较早的国家。据考古资料证实，中国驯养家畜始于史前时期，浙江河姆渡遗址化石证明，猪在公元前 7000 年前被驯化。近年在广西甑皮岩遗址，又发现有 11300 年前猪的骨骼，显示出原始猪在中国农耕开始若干年前，已成为最早驯化的肉食动物。甲骨文"豕"字即为猪。豕被圈起来在居住地饲养，即为"家"字的由来。牛、鸡的驯化，约在 9000 年前，最初均作肉食。在殷代则以马、牛作为役用，猪、牛作为食用，羊为食毛兼用，犬为食用兼狩猎等。至西周春秋时代，已有各种各样的肉食加工。随着历史的发展，我国食文化愈来愈丰富。在欧洲及世界其他地区，有史以来，食肉几乎都是原始烧烤形式，而我国很早就已有以多种烹调器具烧煮肉食的方法，当时用陶器蒸煮十分盛行，并有晒干、盐腌等方法，如"肉林酒池"描述了宫廷的奢侈生活。西周时，有牛大牢(畜栏)为天子用，羊小牢为诸侯用，猪为大夫用，犬为士用的记载。肉食加工盛行有切片干燥肉、腌肉、咸肉、酱肉(加面粉腌煮)及脍肉(肉片用醋调配)等冷食。直接烧烤，蒸煮后烧烤也较多见。"烤"古称"炙"，"脍炙人口"被后人比喻事物备受欢迎的成语，可见当时脍、烤肉食加工的普遍。甲骨文有烧雁鹅、烧排骨的记载。烤的方式，最初是直接用火烤，后来在石板上烤，再后到汉代则有了专门的炙具(烤炉)。《周易》记有："噬腊肉，遇毒小咨，不咨"，是说吃了变质的干肉，得小病或不得病。"腊肉屯其膏"，指把肥肉贮藏起来，瘦肉作干肉。"噬乾，得金矢"，是说吃了带骨的大块干肉，吃出了箭头。《周礼》记有"疱人掌六畜六禽"、"腊人掌干肉"、"牛修、鹿脯"、"肉修的颁赐"等语。"腊"、"修"、"脯"均为古老的加工方法。腊如蜡，为古祭祀名，夏曰嘉平，殷曰请祀，周曰大蜡，于岁终行之，秦汉时称岁终月份为腊月。我国南方因气候关系，腊月宜于肉的腌后干制，故称腊肉。现在凡属腌后风干或烘干的肉制品，统称腌腊制品。切碎

腌制捶击松散是为"修"或"锻修",切片腌制干燥是为"脯",即现在的肉松、肉脯制品。肉制品加工的前奏是屠宰解体和原料的选择,《庄子·养生主》对牛的剥皮和解体描述为:"手之所触,肩之所倚,足之所履,膝之所倚,砉然响然,奏刀騞然。""彼节者有间,而刀刃者无厚,以无厚入有间,恢恢乎其于游刃,必有余地矣"。形容剥皮和分割牛肉操作情景。《周礼·天官》记载:"辩腥、臊、膻、焦之不可食者,牛夜鸣则,羊冷毛而毳膻,狗赤股而躁躁,豕望视而交(猪囊虫病状)腥。"指明肉质异常的症候。《吕氏春秋·本味篇》对脱臭调味煮制则记为:"夫三群之虫,水居者腥,肉攫者臊,草食者膻,臭恶犹美,皆有所宜。凡味之本,水最为始,五味之材,九沸九变,火之为纪,时疾时徐。灭腥去臊除膻,必以其胜,无失其理。""甘而不哝,淡而不薄,肥而不腻。"论述了味质特性和加工方法。北魏高阳太守贾思勰著《齐民要术》七、八、九卷,对肉食原料、加工和贮藏方法作了详细论述。如脯腊篇"作五味脯法",以牛、羊、猪、麋鹿肉为原料,切成薄片,加调料腌后干制而成,另有"作度受白脯法"作"甜脆脯法","炙法"中有"炙炖法"(即烤乳猪)、"棒炙"、"腩炙"、"肝炙"、"牛腱炙"等。其他还有"灌肠法"、"脂煎法"、"蒸缶法"以及"宰肉"、"糟肉"、"奥肉"、"苞肉"等加工调理方法,堪称为6世纪食品加工的百科全书。羊肉利用最初是汉族,南北朝时代(4~6世纪),有"南船北马"的特征,当时形成华北以猪、羊肉为主,华中、华南以猪、鱼肉为主的食生活,铁器的普及和煮制的多样化是在南北朝以后。伴随历史发展和技术进步,肉食加工烹调方法日新月异,历代资料多有记述,如唐代的《食经》,宋代的《东京梦华录》,元代的《饮膳正要》、《云林堂饮食制度集》、明代的《养余月令》、清代的《调鼎集》、《随园食单》等。到明清两代肉食加工烹调技术已相当发达,形成了各具地方特色的风味肉食品和菜肴,作坊式手工业生产已具规模,生产各种腊肉、干肠、火腿、肉脯、肉松、板鸭、烧鸭及酱卤等制品,许多名特产品如金华火腿、北京烤鸭,驰名中外,经久不衰。

(二)我国肉类加工业发展现状

中国肉品加工源远流长,从原始自然加工到肉食烹调加工,从手工作坊式生产到现代化工业大生产,经历了漫长岁月,一代一代的生产实践和经验积累,丰富了食文化宝库,推动肉品工业不断发展。但由于长期封建统治,故步自封,加之帝国主义的侵略掠夺,使肉品生产发展极为缓慢,加工技术得不到提高和改进,长期停滞在手工业生产的基础上,新中国成立前除少数大城市如上海、天津、武汉、青岛、哈尔滨等地有由外国人开办的肉类加工厂外,其他肉食加工业都是手工作坊,规模小,技术设备落后,生产不景气,肉品工业和其他民族工业一样,处于受排挤的微弱境地。1949年以后,才开始逐步形成我国的现代肉品工业体系。20世纪的中国肉类工业,经历了三个时期的历程。1900~1949年,可以为第一阶段,肉类工业几乎处于零的状态;1950~1978年为第二阶段,由于新中国的成立,我国肉类工业开始了起步发展;1978~1999年为第三阶段。由于实行改革开放,中国肉类工业全面持续增长,成为世界第一产肉大国,加工技术突飞猛进,为21世纪肉类工业的发展奠定了良好基础。其主要特点如下:

1. 肉类总产量快速攀升

我国实行改革开放政策以来,肉类总产量持续20年的快速增长。1949~1998年我国肉类产量生产情况见表1、表2。

表 1　　　　　　　　　　1949～1998 年中国肉类总产量生产情况

年份	1949	1952	1957	1962	1965	1970	1975	1976	1977	1978
肉类总产量/万 t	220.0	338.5	398.5	149.0	551.0	596.5	797.0	780.6	780.0	856.3
人均占有量/kg	4.0	5.9	6.15	2.9	7.6	7.8	8.65	8.35	8.25	8.5
年份	1979	1980	1981	1982	1983	1984	1985	1986	1987	1988
肉类总产量/万 t	1062.4	1205.4	1260.9	1350.8	1402.1	1689.6	1926.5	2112.4	2215.5	2497.5
人均占有量/kg	10.9	12.2	12.6	13.3	13.7	16.3	18.4	20.0	20.7	22.8
年份	1989	1990	1991	1992	1993	1994	1995	1996	1997	1998
肉类总产量/万 t	2628.6	2856.7	3204.8	3430.7	3841.5	4499.3	5260.1	5915.1	6000	6100
人均占有量/kg	23.8	25.2	27.2	28.2	32.4	37.4	39.3	47.4	49.2	52

表 2　　　　　　　　　　中国和世界肉类总产量对比表

年份	1969～1971	1980	1981	1986	1987	1988	1991	1993	1994
全世界产量/万 t	10421	10972	11309	15571	16061.9	16354			19465.7
中国产量/万 t	596.5	1205.4	1260.9	2112.4	2215.5	2497.5	3144.4	3841.5	4499.3
比例/%	5.7	10.99	11.42	13.57	13.8	15.16			23.1

　　近十多年来，随着我国畜牧业的发展，我国肉类生产量持续上升，并跃居世界前列。1980～1993 年的 13 年间，世界肉类总产量约增加了 5000 万 t，其中 50% 来自中国，这不仅扭转了国内肉类供应紧缺的局面，而且在世界畜牧业发展中创造了"中国奇迹"，这对调节国际肉类市场供需矛盾，也起了举足轻重的作用。从 1991 年起，我国肉类总产量跃居世界第一。世界肉类中猪肉为 7895.4 万 t，中国 3204.8 万 t，占 40.6%，居世界第一。1994 年世界肉类人均占有量为 34.84kg，中国为 37.4kg，开始超过世界平均水平。

　　2. 肉类结构明显改善

　　1983 年以前，我国以发展生猪为主，猪肉产量占肉类总量的 90% 左右，最高时期达到 95% 以上。近些年来，由于畜禽结构向节粮型、草食畜类的转变，我国肉类结构也向着多样化、合理化方向转变，以 1993 年为例，肉类总产量为 3841.5 万 t，其中猪肉为 2854.4 万 t，占 74.30%，禽肉约为 573.6 万 t，占 14.94%；牛肉 233.6 万 t，占 6.08%；羊肉 137.3 万 t，占 3.57%；其他肉类 42.6 万 t，占 1.11%。1994 年世界肉类结构为：牛肉 27.25%、猪肉 40.56%、禽肉 25.24%、羊肉 5.10%、其他肉 1.85%；中国的肉类结构为牛肉 7.3%、羊肉 3.58%、猪肉 71.23%、禽肉 16.79%、其他肉 1.1%；猪肉比重明显下降。

　　1995 年以后牛肉增长较快，主要由于中国持续增产，北美及欧共体再度增长，南美复苏，新西兰反弹。中国由于政府现代化工程支持和高需求量，牛肉继续以超常速度增长。美国继续向专业化肉牛群发展，食粮肉牛数量增加，平均胴体重及产量较高。澳大利亚为重建牛群保留基础群而抑制牛肉产量。前苏联地区产量再度收缩。美国、拉美主要出口国和中国加大出口贸易量。乌拉圭回合协定后，新西兰受益于日趋增长的对美国出口，出口量增加，而澳大利亚国内生产限制导致出口下降。由于乌拉圭回合对出口补贴的限制及近期存栏头数下降，欧洲联盟出口量受到影响，中国的牛肉和禽肉趁机得到快速发展。其变化情况见表 3、表 4。

表 3 我国肉类结构变化情况

年份	猪肉		牛肉		羊肉		禽肉		兔肉	
	产量/万 t	比例/%	产量/万 t	比例/%	产量/万 t	比例/%	产量/万 t	比例/%	产量/万 t	比例/%
1979	1001.5	94.3	23	2.2	38	3.5				
1980	1134	94.1	27	2.20	44.5	3.7				
1981	1188.4	94.3	24.84	2.0	47.61	3.70				
1982	1271.8	94.2	26.56	2.0	52.4	3.0				
1983	1316.14	93.86	31.5	2.25	54.5	3.89				
1985	1654.7	85.89	46.7	2.42	59.3	3.08	160.2	8.32	5.6	0.29
1986	1796	85.02	58.9	2.79	62.2	2.95	187.8	8.9	7.4	0.35
1990	2280.8	79.84	125.60	4.4	106.8	3.74	322.9	11.3	9.6	0.34
1991	2452.3	77.99	153.5	4.88	118	3.75	395	12.56	10.8	0.34
1992	2635.3	76.82	180.3	5.25	125	3.64	454.2	13.24	18.5	0.54
1993	2854.4	74.28	234.1	6.09	137.7	3.58	573.6	14.93	20.4	0.53
1994	3204.83	71.23	307.18	7.3	160.9	3.58	755.24	16.79	22.88	0.51
1995	3648.4	71.05	327.0	6.4	201.5	3.92	934.7	18.20	22.9	0.45
1996	4037.1	70.35	355.7	6.2	240	4.18	1074.6	18.73	30.6	0.53

表 4 全世界肉类结构变化情况

年份	总产量/万 t	猪肉		牛肉		羊肉		禽肉		其他肉	
		产量/万 t	比例/%	产量/万 t	比例/%	产量/万 t	比例/%	产量/万 t	比例/%	产量/万 t	比例/%
1969~1971	10241.4	3861.7	37.1	3984.2	38.2	727.2	7.0	1536	14.7	312.3	3.0
1979~1981	13388.4	5162.2	38.6	4498.4	33.6	759.2	5.7	2650.4	19.8	318.2	2.3
1986	15571	6094.6	39.14	4910	21.53	861.8	5.53	3356.9	21.56	348.7	2.24
1987	10061.9	6263.3	38.99	4955	30.85	887.7	5.53	3570.9	22.23	385.4	2.4
1988	16354	6435.4	39.35	5018.8	30.69	901.6	5.51	3686.2	22.54	312.3	1.91
1994	19465.7	7895.5	40.56	5304.1	27.25	994.3	5.10	4912.5	25.24	259.4	1.85
1997			39.76		25.77		5.04		27.59		1.84

3. 肉类进出口在世界贸易中占有重要地位

我国近 10 多年来畜禽产品的进出口情况比较活跃，由原来出口冻白条肉，发展为活大猪、分割肉和肉类加工产品，特别是近年牛肉出口增加明显，鸡肉出口量亦较大。我国进口的产品主要为畜禽副产品（例鸡腿和鸡爪等）和高档牛肉类。据海关总署统计，1998 年中国畜禽和肉类进出口情况见表 5、表 6。

表5　　　　　　　　　　　1998年中国畜禽和肉类出口统计表

项　目	活　猪	家　禽	鲜冻牛肉	鲜冻猪肉	冻　鸡	鲜冻兔肉
出口量	219万头	4262万只	4.0万t	10万t	41.0万t	1.5万t
出口创汇/万美元	28865.9	9569.8	7265.5	18081.9	46017	2659.9
同上年比/%	−3.3	−19.1	+36.1	+1.5	−7.6	−4.8

表6　　　　　　　　　　　1993～1998年六大鸡肉出口国　　　　　　　　　　单位：万t

年份	美国	巴西	中国	法国	泰国	荷兰	合计
1993	89.1	41.7	14.5	31.7	15.7	10.6	203.3
1998	215.3	62.0	41.0	65.0	22.0	17.6	419.2

　　六大鸡肉出口国占世界鸡肉总出口量的80%，近年来中国已成为鸡肉出口大国，一半以上销往日本。鸡肉进出口国家各有不同要求，俄罗斯要鸡腿，日本要去骨肉，中国需要鸡翅、鸡爪等。鸡肉进口集中在少数几个国家。

　　我国的肉类工业50多年来有了长足的进步，畜牧业和肉品工业得到迅速发展的同时，改建新建了许多肉类联合加工企业和肉食品加工厂，不断提高机械化程度和生产能力；引进先进技术和设备，提高工艺和技术水平；制定和颁发了一系列法令、法规和标准，健全了各项制度和改进管理体制；举办各种类型培训班，在中等和高等专业院校，开设肉品加工及畜产品加工专业，培养了专门人材，壮大了科技队伍，提高了专业人员与管理人员的业务素质，全国建立了肉类食品综合研究中心和肉品卫生研究情报机构，成立了中国畜产品加工研究会和肉品专业委员会，进行国内外科技交流，出版各种专业书刊，促进了肉类科学技术发展，为现代肉品工业发展奠定了坚实基础。据估算，现有大型肉类企业1 300多个，冷藏库1 500多座，各种运输冷藏车船5 000多只，加之商店、家庭冰柜、冰箱的普及，在大中城市从肉类生产加工、贮藏运输、销售到消费基本形成了冷藏链，保证了肉品质量和卫生，多数国营大型企业经过技术改造，体制改革，转变经营机制，生产配套，由单一生产型向综合经营型发展，增强了企业活力，提高了生产能力。白条肉、带骨肉生产减少了，分割肉、冷却肉、小包装及深加工产品大幅度增多。从80年代中期开始，全国21个省市60多个企业先后引进灌肠生产线、盐水火腿生产线、蒸煮熏烟装置及关键性单机设备，还有分割肉加工生产线、罐头生产线、人造肠衣生产线等。经过学习应用、吸收先进技术，提高了自动化生产能力。对产品质量、产量、产率、工效及研制开发新产品起到了推动作用。目前，大部分生产设备，我国已能自行设计自行生产，性能与引进同类产品可比。肉制品生产蓬勃发展，花色品种增多，质量不断提高，现有500多个品种，分为中式、西式两大类，中式以腌腊、酱卤、熏烤、干制为主，生产各种畜禽肉制品及传统风味产品，西式为灌肠、火腿、培根三类产品，产量不断增多，小型企业多以中式为主，大、中型企业向中西结合和以西式为主发展。肉制品生产将走向规范化、标准化，保持和发扬名、特、优产品，使传统制品与现代技术结合，提高工业化生产水平。大量增加西式制品，不断开发新产品，与国际化生产接轨。随着经济发展和科技进步，我国肉品工业正方兴未艾，发展前景极为广阔。

（三）我国肉制品加工业发展趋势

21世纪是知识经济时代，即以现代高新科学技术为核心，建立在以知识和信息的生产、存贮、使用和消费上的经济，它是以不断创新的知识和科学技术为主要基础发展起来的经济。在21世纪，中国的肉类工业将具有良好的发展机遇与前景，同时，将面临市场竞争的严峻挑战。在新的世纪里，由于中国加入WTO后，国内外市场更加一体化，虽然为我国肉制品拓宽了更广泛的销售市场，可也带来了同国外肉类企业的竞争。但毋庸置疑，在新的世纪初期，中国的肉类生产仍然会呈现上升的态势，猪肉产量在缓慢上升的基础上，占全国肉类总产量的比例将逐渐下降，牛肉、羊肉、鹅鸭肉比重上升较快，尤其是牛肉不仅产量和比例攀升最快，而且其深加工产品将会更多，琳琅满目地供应市场。高新技术加工在肉类工业中的应用越来越受到重视，高新技术加工的肉制品由于具有不含有害物质，具有营养、卫生、安全，同时也具有保健的作用，备受消费者欢迎。在众多的肉制品中，首先是低温熟食率先冲刷我国市场，风靡市场，其次是小包装分割冷却保鲜肉，带来鲜肉消费的革命，使鲜肉真正成为商品，进入市场流通，同时受到来自各个环节的监督检测，以对消费者保证是"放心肉"。由于科技的进步，中国传统式肉制品在先进科技、设备、手段的支持下，融合某些西式肉制品加工技术，定会重放光彩，大行其道。现代化方式生产的发酵肉制品一旦攻破生产技术难关，登临市场供应，由于能引起人民的消费嗜好性，必将较长期地久销不衰。此外，21世纪的肉类工业企业，必将转向知识管理，在生产加工流通过程中，全面实施HACCP和ISO9000等国际先进管理体系，在管理、市场等方面全面同国际接轨。

二、肉类工业在国民经济中的重要地位

肉类工业是国民经济的重要行业，既是食品工业的重要组成部分，也是畜牧业的重要相关行业，在新的世纪里同我国畜牧业的发展紧紧相联。食品是人类赖以生存、劳动和创造文明必不可缺的基本物质，以肉、禽、蛋、乳等为主的动物性食品与人们生活和生产密切相关，它提供了比植物性产品优越得多的营养素，而在大部分动物性食品中，含蛋白质量高的是肉食。蛋白质是生命的基础，优质的动物性蛋白对人的体质有显著的影响。恩格斯在《自然辩证法》中指出："打猎和捕鱼的前提是从只吃植物转变到同时也吃肉，而这又是进化到人的重要一步。肉类食品在差不多原有的状态下，包含了人体新陈代谢必需的重要材料"；它缩短了消化过程以及身体内其他植物性过程（即与植物生活相应的过程）所必需的时间；然而最主要的还是肉类食品对于脑髓的影响，因此它能一代一代更迅速更完善地形成。由于人懂得了吃肉，人脑得到了比过去更多的营养和发育所必需的材料，使我们的祖先从此由爬行而直立起来。这些论述，不难看出肉食对于人的重要性。肉类食品含有人体需要的优质蛋白和其他营养素，在某些情况下只要吃一份100g肉食，即可满足全部必需氨基酸的需要。营养学家倡导把肉类作为现代四类基本食品（肉类、粮食、果蔬和奶类）之一，每天进食1～2次，每次90g左右，以保持营养均衡。肉食除营养丰富外，还以其色、味、香、形和质地增强美食度，刺激人们的消费，促进生产的发展。

食品工业目前已成为我国第二大工业，20世纪90年代中期食品工业产销率达94%，增长速度为10%，经济增长迅速。肉品工业则在20余个食品行业中居于第二位，为畜产品加工业之首位。种植业、加工业是发展农业经济的三大支柱，畜产品加工是农牧业生产的继

续和延伸，发达的加工业创造比原料生产更高的产值，促进农牧业良性循环。以肉品工业
为主的畜产品加工在发展国内外经济贸易、繁荣市场经济及改善人民生活方面有着重要意
义。

三、肉制品工艺学的概念及研究内容

肉制品工艺学属于应用型技术学科，它是以屠宰动物为对象，以肉类科学为基础，综
合相关学科知识，研究肉与肉制品及其他副产品加工技术和产品质量变化规律的科学。肉
制品工艺学将对发展肉食品工业生产、促进肉品加工科技进步及发展国民经济、推动农业
的发展、改善人民生活等许多方面发挥极其重要的作用。

肉品加工的目的是将屠宰动物合理地转化为动物性食品和其他工业产品；抑制微生物
生命活动，防止有害物质的产生和残留，保证肉食品的安全性和稳定性；添加或改变某些
成分，科学调制配方，强化功能，使其符合营养和保健需要；改善品质，注重色、味、香、
形和质地，增加美食度，以提高食用价值和商品价值；适应国内外市场的需求；综合利用
副产品，以提高经济效益和社会效益。

基于上述目的，确定本学科研究的内容为：①肉类生产原料——肉用畜禽的选购；②肉
类加工厂的建立与卫生要求；③肉用畜禽的屠宰加工及肉与胴体的分级与分割利用；④肉
的组织结构、化学成分及理化性质；⑤屠宰后肉的生物化学变化；⑥肉的贮藏保鲜；⑦肉
制品加工用的辅助材料；⑧肉制品加工的基本原理和方法；⑨各类肉制品的加工工艺和副
产品的综合利用；⑩肉及肉制品的卫生标准及检测方法。

肉制品工艺学是一门既古老而又年轻的新型学科，在形成自己的理论基础和学科体系
过程中，与其他学科有着密切的联系。肉品工业原料来源于畜牧业生产，原料品质的优劣，
直接影响加工用途和产品质量。因此，首先要有畜牧学基础，对肉用畜禽生产和品质有所
了解并提出要求。在不同层次的加工中，掌握不同产品性状和质量变化因素，需要畜禽解
剖学和组织学、家畜生理学、生物化学、食品化学、营养学等学科知识。肉是易腐食品，如
何保持营养卫生，提高其食用价值和贮藏性，还必须了解食品微生物学、家畜病理学、人
畜共患病学、动物性食品卫生学、食品冷藏学及有关物理化学方面的知识。现代肉品工业
生产实行机械化、自动化，这又与食品工程原理、机械设备和电子技术等学科发生了联系。
只有具备生物类、理化类及机械工程类各学科的基础知识，才能学好本门专业课。通过本
学科的理论学习和生产实践，使学生在获得广泛知识的基础上，掌握肉品加工的理论知识
和基本技能，成为理论联系实际，具有独立工作能力和开拓精神的专门技术人才，为发展
我国肉类科学技术，作出应有的贡献。

第一章 原料肉的结构及特性

从广义上讲，肉是指各种动物宰杀后所得可食部分的统称，包括肉尸、头、血、蹄和内脏部分。而在肉品工业生产中，从商品学观点出发，研究其加工利用价值，把肉理解为胴体，即家畜屠宰后除去血液、头、蹄、尾、毛（或皮）、内脏后剩下的肉尸，俗称"白条肉"。它包括有肌肉组织、脂肪组织、结缔组织、骨组织及神经、血管、腺体、淋巴结等。屠宰过程中产生的副产物如胃、肠、心、肝等称作脏器，俗称"下水"。脂肪组织中的皮下脂肪称作肥肉，俗称"肥膘"。

在肉品工业生产中，把刚屠宰后不久体温还没有完全散失的肉称为热鲜肉；经过一段时间的冷处理，使肉保持低温（0～4℃）而不冻结的状态称为冷却肉；经低温冻结后（－15～－23℃）称为冷冻肉；肉按不同部位分割包装称为分割肉；如经剔骨处理则称剔骨肉。将肉经过进一步的加工处理生产出来的产品称肉制品。肉品科学主要研究屠宰后的肉转变为可食肉的质量变化规律。它包括肉的形态结构、肉的理化学性质及屠宰后肉的生物化学、微生物学变化。

第一节 肉的形态结构

肉（胴体）主要由肌肉组织、脂肪组织、结缔组织和骨组织四大部分组成。这些组织的构造、性质及其含量直接影响到肉品质量、加工用途和商品价值，它依据屠宰动物的种类、品种、性别、年龄和营养状况等因素不同而有很大差异。一般来讲，成年动物的骨组织含量比较恒定，约占20%左右，而脂肪组织的变动幅度较大，低至2%～5%，高者可达40%～50%，主要取决于肥育程度。肌肉组织约占40%～60%，结缔组织约占12%左右。牛、猪、羊胴体各组织占总重量的百分比列于表1-1。除动物的种类外，不同年龄的家畜其胴体的组成也有很大差别（表1-2）。

表 1-1　　　　　　　　肉的各种组织占胴体重量的百分比　　　　　　　单位：%

组织名称	牛　肉	猪　肉	羊　肉
肌肉组织	57～62	39～58	49～56
脂肪组织	3～16	15～45	4～18
骨骼组织	17～29	10～18	7～11
结缔组织	9～12	6～8	20～35
血　液	0.8～1	0.6～0.8	0.8～1

月龄/月	肌肉组织	脂肪组织	骨骼组织
5	50.3	30.1	10.4
6	47.8	35.0	9.5
7.5	43.5	41.4	8.3

表 1-2 不同月龄猪胴体各组织的比例 单位：%

　　肌肉组织为胴体的主要组成部分，因此了解肌肉的结构、组成和功能对于掌握肌肉在宰后的变化、肉的食用品质及利用特性等都具有重要意义。

一、肌 肉 组 织

　　肌肉组织（muscle tissue）在组织学上可分为三类，即骨骼肌、平滑肌和心肌。骨骼肌因以各种构形附着于骨骼而得名，但也有些附着于韧带、筋膜、软骨和皮肤而间接附着于骨骼，如大皮肌。骨骼肌与心肌因其在显微镜下观察有明暗相间的条纹，因而又被称为横纹肌（图 1-1）。

　　由于骨骼肌的收缩受中枢神经系统的控制，所以又称随意肌，而心肌与平滑肌称为非随意肌。与肉品加工有关的主要是骨骼肌，所以将侧重介绍骨骼肌的构造。下面提到的肌肉也指骨骼肌而言。

（一）肌肉的宏观构造

　　家畜体上大约有 600 块以上形状、大小各异的肌肉，但其基本构造是一样的（图 1-2、图 1-3、图 1-4和图 1-5）。肌肉的基本构造单位是肌纤维，肌纤维与肌纤维之间有一层很薄的结缔组织膜围绕隔开，此膜称为肌内膜（enolomysium）；每 50～150 条肌纤维聚集成束，称为肌束（muscle bundle）；外包一层结缔组织鞘膜称为肌周膜（perimysium）或肌束膜，这样形成的小肌束也叫初级肌束，由数十条初级肌束集结在一起并由较厚的结缔组织膜包围就形成次级肌束

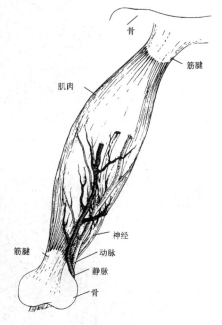

图 1-1　骨骼肌的结构及与
血管、神经、筋腱的关系

（又称二级肌束）。由许多二级肌束集结在一起即形成肌肉块，外面包有一层较厚的结缔组织称为肌外膜（epimysium）。这些分布在肌肉中的结缔组织膜既起着支架的作用，又起着保护作用，血管、神经通过三层膜穿行其中，伸入到肌纤维的表面，以提供营养和传导神经冲动。此外，还有脂肪沉积其中，使肌肉断面呈现大理石样纹理。

（二）肌肉的微观结构

1．肌纤维（muscle fiber）

　　和其他组织一样，肌肉组织也是由细胞构成的，但肌细胞是一种相当特殊化的细胞，呈长线状、不分支、两端逐渐尖细，因此也称肌纤维。肌纤维直径 $10～100\mu m$，长度 $1～40mm$，最长可达 $100mm$，见图 1-6。

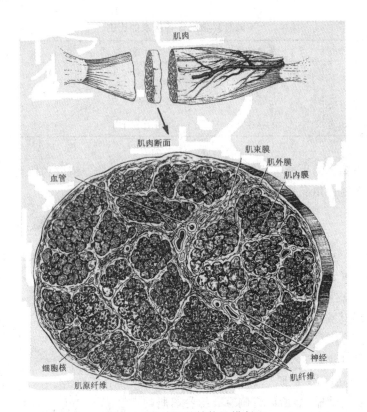

图 1-2　骨骼肌的结构及横断面

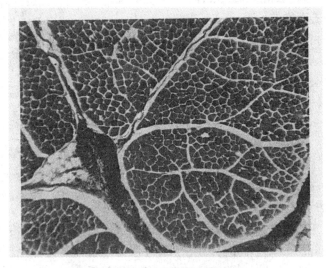

图 1-3　骨骼肌的结构及横断面

2. 肌膜（sarolemma）

肌纤维本身具有的膜称为肌膜，它是由蛋白质和脂质组成的，具有很好的韧性，因而可承受肌纤维的伸长和收缩。肌膜的构造、组成和性质，相当体内其他细胞膜。肌膜向内凹陷形成一网状的管，称作横小管（transverse tubules），通常称为 T-系统（T-system）或 T 小管（T-tubules）。

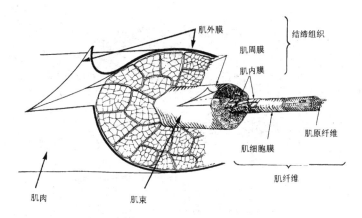

图 1-4　骨骼肌纵断面 I

3. 肌原纤维 （myofibrils）

肌原纤维是肌细胞独特的器官，也是肌纤维的主要成分，约占肌纤维固形成分的 $60\%\sim70\%$，是肌肉的伸缩装置。肌原纤维在电镜下呈长的圆筒状结构，其直径约 $1\sim2\mu m$，其长轴与肌纤维的长轴相平行并浸润于肌浆中。肌原纤维的构造图见图 1-7。

肌原纤维的横切面可见大小不同的点有序排列。这些点实际上是肌纤丝（myofilament），又称肌微丝。肌原丝可分为粗肌原丝（thick-myofilament，简称粗丝），和细肌原丝（thin-myofilament，简称细丝）。粗丝整齐地相互平行排列着横过整个肌原纤维。这样，由于粗丝和细丝的排列在某一区域形成重叠，

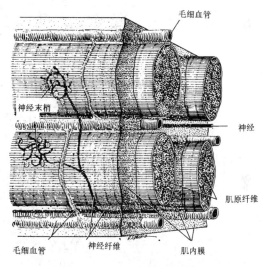

图 1-5　骨骼肌纵断面 Ⅱ

从而形成了在显微镜下观察时所见的明暗相间的条纹，即横纹。我们将光线较暗的区域称为暗带（A 带），而将光线较亮的区域称为明带（I 带）。在偏振光显微镜下，I 带呈单一折射，即其光学特性呈各向同性（isotropy）。A 带在偏振光显微镜下呈双折射，其光学特性为各向异性（anisotropy）。I 带的中央有一条暗线，称为 Z 线，将 I 带从中间分为左右两半；A 带的中央也有一条暗线称为 M 线，将 A 带分为左右两半。在 M 线附近有一颜色较浅的区域，称为 H 区。

从肌原纤维的构成上看，它是由许多重复的单元组成的。我们把两个相邻 Z 线间的肌原纤维单位称为肌节（sarcomere），它包括一个完整的 A 带和两个位于 A 带两边的半 I 带（图 1-8）。肌节是肌原纤维的重复构造单位，也是肌肉收缩、松弛交

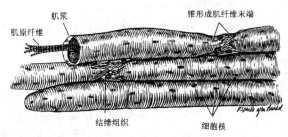

图 1-6　肌纤维的结构

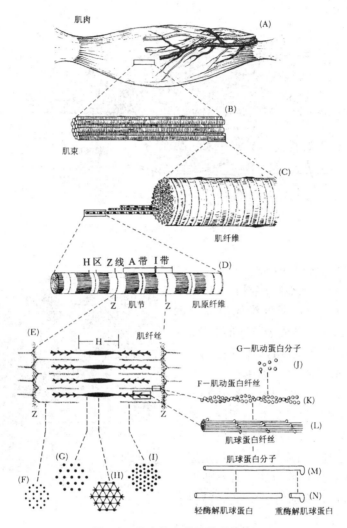

图 1-7　肌肉的宏观及微观结构

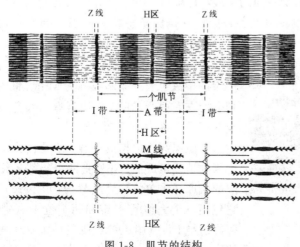

图 1-8　肌节的结构

替发生的基本单位。肌节的长度是不恒定的，它取决于肌肉所处的状态。当肌肉收缩时，肌节变短；松弛时，肌节变长。哺乳动物放松时的肌肉，其典型的肌节长度为 2.5μm。

构成肌原纤维的粗丝和细丝不仅大小形态不同，而且它们的组成性质和肌节中的位置也不同。粗丝主要由肌球蛋白组成，故又称之肌球蛋白微丝（myosin filament），直径约 10nm，长约为 1.5μm。A 带主要由平行排列的粗丝构成，另外有部分细丝插入。每条粗丝中段略粗,形成光镜下的中线(M线)及H区。粗丝上有许多横突伸出,这些横突实际上是肌球蛋白分子的头部。横突与插入的细丝相对。细丝主要由肌动蛋白分子组成,所以又称肌动蛋白微丝(actin filament),直径约 $6\sim8nm$,自Z线向两旁各扩张约 $1.0\mu m$。I带主要由细丝构成,每条细丝从Z线上伸出,插入粗丝间一定距离。在细丝与粗丝交错穿插的区域,粗丝上的横突(6条)分别与6条细丝相对。因此,从肌原纤维的横断面上看(图1-9),I带只有细丝,呈六角形分布。在A带,由于两种微丝交错穿插,所以可以看到以一条粗丝为中心,有六条细丝呈六角形包绕在周围。而A带的H区则只有粗丝呈三角形排列。

4. 肌浆 (sarcoplasm)

肌纤维的细胞质称为肌浆,填充于肌原纤维间和核的周围,是细胞内的胶体物质。含水分75%～80%。肌浆内富含肌红蛋白、肌糖原及其代谢产物、无机盐类等。

图1-9　肌纤维横断面电镜显微图

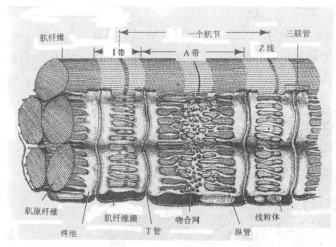

图1-10　哺乳动物骨骼肌的肌质网和T管示意图

骨骼肌的肌浆内有发达的线粒体分布,说明骨骼肌的代谢十分旺盛。习惯把肌纤维内的线粒体称为肌粒。

在电镜下,肌浆中还有一些特殊的结构。在A带与I带过渡处的水平位上,有一条横行细管称横管,横管是肌纤维膜上内陷的漏斗状结构延续而成。另外在肌浆内有肌浆网(sarcoplasmic reticulum),相当于普通细胞中的滑面内质网,呈管状和囊状,交织于肌原纤维之间。其中有一对囊状管,平行分布于横管的两侧称末池(terminal cistemae),将横管夹于其中,共同组成三联管(triad)。沿着肌原纤维的方向,终末池纵向形成肌小管(sarcotubule),又称纵行管,覆盖A带。纵行管在H区处,由纤细的分支形成吻合网(图1-10和图1-11)。

横管的主要作用是将神经末梢的冲动传导到肌原纤维。肌浆网的管道内含有 Ca^{2+},肌浆网的小管起着钙泵的作用,在神经冲动的作用下(产生动作电位),可以释放或收回 Ca^{2+},从而控制着肌纤维的收缩和舒张。

肌浆中还有一种重要的器官称为溶菌体(lysosomes),它是一种小胞体,内含有多种能消化细胞和细胞内容物的酶。在这种酶系中,能分解蛋白质的酶称为组织蛋白酶(cathepsin),有几种组织蛋白酶均对某些肌肉蛋白质有分解作用,它们对肉的成熟具有很重

13

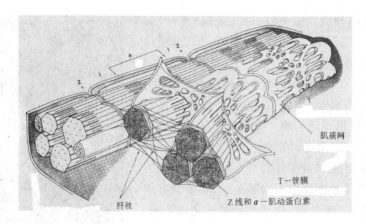

图 1-11　骨骼肌纤维三维结构示意图

要的意义。

5. 肌细胞核

骨骼肌纤维为多核，但因其长度变化大，所以每条肌纤维所含核的数目不定。一条几厘米长的肌纤维可能有数百个核。核呈椭圆形，位于肌纤维的边缘，紧贴在肌纤维膜下，呈有规则的分布，核长约 5μm。

（三）肌纤维的种类

通常肌纤维根据其所含色素的不同可分为红肌纤维、白肌纤维和中间型纤维三类（图1-12）。有些肌肉全部由红肌纤维或全部由白肌纤维构成，如猪的半腱肌主要由红肌纤维构成。但大多数肉用家畜的肌肉是由两种或三种肌纤维混合而成。

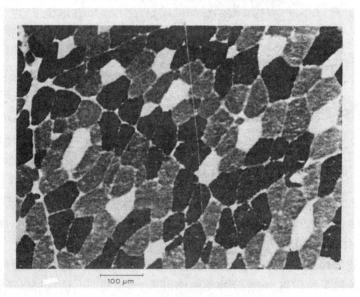

图 1-12　肌纤维的三种类型

红色、白色和中间型肌纤维的构造、功能及代谢特性等均不相同，其主要的差异列于表 1-3。

表 1-3　　　　　　　　　　　　**家畜、家禽中红色、白色和中间型肌纤维的特性**

性　状	红色肌纤维	中间型肌纤维	白色肌纤维
色泽	红	红	白
肌红蛋白含量	高	高	低
纤维直径	小	小至中等	大
收缩速度	缓慢	快速	快速
收缩特性	连续紧张的，不易疲乏	连续紧张的	断续的、易疲劳
线粒体数目	多	中等	少
线粒体大小	大	中等	小
毛细管密度	高	中等	低
有氧代谢	高	中等	低
无氧酵解	低	中等	高
脂肪含量	高	中等	低
糖原含量	低	高	高

从表中的特性可以看出，红肌纤维的供能方式主要是有氧代谢，因此，只要有氧气供应就不易疲乏，这表现在红肌纤维的收缩缓慢而持久。白肌纤维的供能以糖原酵解为主。

二、脂 肪 组 织

脂肪组织（adipose tissue）是仅次于肌肉组织的第二个重要组成部分，具有较高的食用价值。对于改善肉质、提高风味均有影响。脂肪在肉中的含量变动较大，决定于动物种类、品种、年龄、性别及肥育程度。

脂肪的构造单位是脂肪细胞，脂肪细胞或单个或成群地借助于疏松结缔组织联在一起。细胞中心充满脂肪滴，细胞核被挤到周边。脂肪细胞外层有一层膜，膜为胶状的原生质构成，细胞核即位于原生质中。脂肪细胞是动物体内最大的细胞，直径为 $30 \sim 120 \mu m$，最大者可达 $250 \mu m$，脂肪细胞愈大，里面的脂肪滴愈多，因而出油率也愈高。脂肪细胞的大小与畜禽的肥育程度及不同部位有关。如牛肾周围的脂肪直径肥育牛为 $90 \mu m$，瘦牛为 $50 \mu m$；猪脂肪细胞的直径皮下脂肪为 $152 \mu m$，而腹腔脂肪为 $100 \mu m$。脂肪在体内的蓄积，依动物种类、品种、年龄、肥育程度不同而异。猪多蓄积在皮下、肾周围及大网膜；羊多蓄积在尾根、肋间；牛主要蓄积在肌肉内；鸡蓄积在皮下、腹腔及肠胃周围。脂肪蓄积在肌束内最为理想，这样的肉呈大理石样，肉质较好。脂肪在活体组织内起着保护组织器官和提供能量的作用，在肉中脂肪是风味的前体物质之一。脂肪组织的成分，脂肪占绝大部分，其次为水分、蛋白质以及少量的酶、色素和维生素等。

三、结 缔 组 织

结缔组织（connective tissue）是肉的次要成分，在动物体内对各器官组织起到支持和连接作用，使肌肉保持一定弹性和硬度。结缔组织由细胞、纤维和无定形的基质组成。细胞为成纤维细胞，存在于纤维中间；纤维由蛋白质分子聚合而成，可分胶原纤维、弹性纤维和网状纤维三种。

（一）胶原纤维（collagenous fiber）

胶原纤维呈白色，故称白纤维。纤维呈波纹状，分散存在于基质内。纤维长度不定，粗细不等；直径 $1\sim12\mu m$，有韧性及弹性，每条纤维由更细的胶原纤维组成。胶原纤维主要由胶原蛋白组成，是肌腱、皮肤、软骨等组织的主要成分，在沸水或弱酸中变成明胶；易被酸性胃液消化，而不被碱性胰液消化。

（二）弹性纤维（elastic fiber）

弹性纤维色黄，故又称黄纤维。有弹性，纤维粗细不同而有分支，直径 $0.2\sim12\mu m$。在沸水、弱酸或弱碱中不溶解，但可被胃液和胰液消化。弹性纤维的主要化学成分为弹性蛋白，在血管壁、项韧带等组织中含量较高。

（三）网状纤维（reticular fiber）

网状纤维主要分布于疏松结缔组织与其他组织的交界处，如在上皮组织的膜中、脂肪组织、毛细血管周围，均可见到极细致的网状纤维。网状纤维与胶原纤维的化学本质相同，但比胶原纤维细，直径 $0.2\sim1\mu m$，有如新生的胶原纤维，在基质中很容易附着较多的粘多糖蛋白，可被硝酸银染成黑色，其主要成分为网状蛋白。

结缔组织的含量决定于年龄、性别、营养状况及运动等因素。老龄、公畜、消瘦及使役的动物其结缔组织含量高；同一动物不同部位也不同，一般讲，前躯由于支持沉重的头部而结缔组织较后躯发达，下躯较上躯发达。羊肉各部的结缔组织含量如表1-4。

表 1-4　　　　　　　　　　　羊胴体各部位结缔组织的含量

部　位	结缔组织含量/%	部　位	结缔组织含量/%
前肢	12.7	后肢	9.5
颈部	13.8	腰部	11.9
胸部	12.7	背部	7.0

结缔组织为非全价蛋白，不易被消化吸收，能增加肉的硬度，降低肉的食用价值，可以用来加工胶冻类食品。牛肉结缔组织的吸收率为 25%，而肌肉的吸收率为 69%。由于各部的肌肉结缔组织含量不同，其硬度不同，剪切力值也不同。

肌肉中的肌外膜是由含胶原纤维的致密结缔组织和疏松结缔组织组成，还伴有一定量的弹性纤维。背最长肌、腰大肌、腰小肌这两种纤维都不发达，肉质较嫩；半腱肌这两种纤维都发达，肉质较硬；股二头肌外侧弹性纤维发达而内侧不发达；颈部肌肉胶原纤维多而弹性纤维少。肉质的软硬不仅决定于结缔组织的含量，还与结缔组织的性质有关。老龄家畜的胶原蛋白分子交联程度高，肉质硬。此外，弹性纤维含量高，肉质就硬。由于各部位肌肉结缔组织含量不同，其硬度也不同，见表1-5。

表 1-5　　　　　　　　　牛肉 105℃ 煮制 60min 的硬度

肌　肉	胶原蛋白含量/%	剪切力值/kPa	肌．肉	胶原蛋白含量/%	剪切力值/kPa
背最长肌	12.64	220	前臂肌	14.46	260
半膜肌	11.22	230	胸肌	20.26	260

四、骨　组　织

骨组织是肉的次要成分，食用价值和商品价值较低，在运输和贮藏时要消耗一定能源。成年动物骨骼的含量比较恒定，变动幅度较小。猪骨约占胴体的 5%～9%，牛占 15%～20%，羊占 8%～17%，兔占 12%～15%，鸡占 8%～17%。

骨由骨膜、骨质和骨髓构成，骨膜是由结缔组织包围在骨骼表面的一层硬膜，里面有神经、血管。骨骼根据构造的致密程度分为密质骨和松质骨，骨的外层比较致密坚硬，内层较为疏松多孔。按形状又分为管状骨和扁平骨，管状骨密质层厚，扁平骨密质层薄。在管状骨的管骨腔及其他骨的松质层孔隙内充满有骨髓。骨髓分红骨髓和黄骨髓。红骨髓含血管、细胞较多，为造血器官，幼龄动物含量高；黄骨髓主要是脂类，成年动物含量多。骨的化学成分，水分约占 40%～50%，胶原蛋白约占 20%～30%，无机质约占 20%。无机质的成分主要是钙和磷。

将骨骼粉碎可以制成骨粉，作为饲料添加剂，此外还可熬出骨油和骨胶。利用超微粒粉碎机制成骨泥，是肉制品的良好添加剂，也可用作其他食品以强化钙和磷。

第二节　肉的化学成分

肉的化学成分主要是指肌肉组织的各种化学物质的组成，包括有水分、蛋白质、脂类、碳水化合物、含氮浸出物及少量的矿物质和维生素等。哺乳动物骨骼肌的化学组成列于表1-6。

表1-6　　　　　　　　　　　哺乳动物骨骼肌的化学组成　　　　　　　　　单位:%

化学物质	含　量	化学物质	含　量
水分（65～80）	75.0	脂类（1.5～13.0）	3.0
蛋白质（16～22）	18.5	中性脂类（0.5～1.5）	1.5
肌原纤维蛋白	9.5	磷脂	1.0
肌球蛋白	5.0	脑苷酯类	0.5
肌动蛋白	2.0	胆固醇	0.5
原肌球蛋白	0.8	非蛋白含氮物	1.5
肌原蛋白	0.8	肌酸与磷酸肌酸	0.5
M-蛋白	0.4	核苷酸类（ATP、ADP等）	0.3
C-蛋白	0.2	游离氨基酸	
α-肌动蛋白素	0.2	肽（鹅肌肽、肌肽等）	0.3
β-肌动蛋白素	0.1	其他物质（IMP、NAD、NADP、尿素等）	0.1
肌浆蛋白	6.0	碳水化合物（0.5～1.5）	1.0
可溶性肌浆蛋白和酶类	5.5	糖原（0.5～1.3）	0.8
肌红蛋白	0.3	葡萄糖	0.1
血红蛋白	0.1	代谢中间产物（乳酸等）	0.1
细胞色素和呈味蛋白	0.1	无机成分	1.0
基质蛋白	3.0	钾	0.3
胶原蛋白网状蛋白	1.5	总磷	0.2
弹性蛋白	0.1	硫	0.2
其他不可溶蛋白	1.4	氯	0.1
		钠	0.1
		其他（包括镁、钙、铁、铜、锌、锰等）	0.1

一、水　分

水分在肉中占绝大部分，可以把肉看作是一个复杂的胶体分散体系。水为溶媒，其他成分为溶质以不同形式分散在溶媒中。

水在肉体内分布是不均匀的，其中肌肉中含量约为 $70\%\sim80\%$，皮肤中为 $60\%\sim70\%$，骨骼中为 $12\%\sim15\%$。肉中水分含量多少及存在状态影响肉的加工质量及贮藏性。水分含量与肉品贮藏性呈函数关系，水分多易遭致细菌、霉菌繁殖，引起肉的腐败变质，肉脱水干缩不仅使肉品失重而且影响肉的颜色、风味和组织状态，并引起脂肪氧化。

1. 肉中水分的存在形式

核磁共振的研究表明，肉中的水分并非像纯水那样以游离的状态存在，其存在的形式大致可以分为三种。

（1）结合水　是指与蛋白质分子表面借助极性基团与水分子的静电引力而紧密结合的水分子层，它的冰点很低（$-40℃$），无溶剂特性，不易受肌肉蛋白质结构和电荷变化的影响，甚至在施加严重外力条件下，也不能改变其与蛋白质分子紧密结合的状态。结合水约占肌肉总水分的 5%。

（2）不易流动水　肌肉中大部分水分（80%）是以不易流动水状态存在于肌纤丝（myofilament）、肌原纤维及膜之间。它能溶解盐及其他物质，并在 $0℃$ 或稍低时结冰。这部分水量取决于肌原纤维蛋白质凝胶的网状结构变化，通常我们度量的肌肉系水力及其变化主要指这部分水。

（3）自由水　指存在于细胞外间隙中能自由流动的水，约占总水分的 15%。

肌肉中水分存在的形式及机制，如图 1-13 所示。

2. 水分活度的概念

水分是微生物生长活动所必需的物质，一般说来，食品的水分含量越高，越易腐败。但是，严格地说微生物的生长并不取决于食品的水分总含量，而是它的有效水分，即微生物能利用的水分多少，通常用水分活度来衡量。

所谓水分活度（water activity，A_w）是指食品在密闭器内测得的蒸气压力（p）与同温下测得的纯水蒸汽压力（p_0）之比。

即：$A_w = p/p_0$

根据拉乌耳定律，在一定温度下，稀溶液的蒸汽压等于纯溶剂的蒸汽压乘以该溶剂在溶液中的摩尔分数。即：

$$p = p_0 \times n_2 / (n_1 + n_2)$$

式中　n_1——溶质的物质的量

　　　　n_2——溶剂的物质的量

将上式变化可得

$$p/p_0 = n_2 / (n_1 + n_2)$$

亦即：

$$A_w = p/p_0 = n_2 / (n_1 + n_2)$$

例如，25℃下在 1 000g 纯水中加入 58.5g（1mol）NaCl 的 A_w：

$$n_1 = 1$$

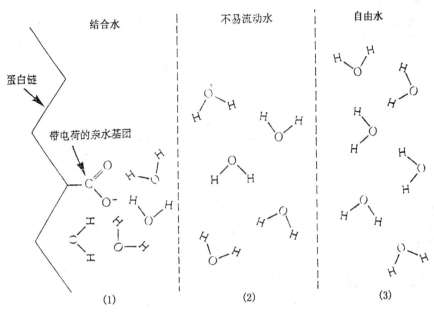

图 1-13　肌肉蛋白质与水分的结合形式

(1) 由肌肉蛋白质亲水电荷基所吸引的水分子形成一紧密结合的水层,即结合水,这里水分子依
　　靠其本身的极性与亲水电荷基的极性而有秩序地定位

(2) 不活动水分子层,距离蛋白质的反应基较远,联系也较弱,水分子虽然朝向电荷基但不太有秩序

(3) 自由水分子层,它们不依电荷基而定位,仅依靠毛细管作用力而保持

$$n_2 = 1\,000/18 = 55.5$$
$$A_w = n_2/(n_1 + n_2) = 55.5/(1 + 55.5) = 0.982\,3$$

A_w 也相当于平衡时的相对湿度。

纯水的 $A_w = 1$,在完全不含水时 $A_w = 0$,所以 A_w 的范围在 0～1 之间。

水分活度反映了水分与肉品结合的强弱及被微生物利用的有效性,各种食品都有一定的 A_w。新鲜肉为 0.97～0.98,鱼为 0.98～0.99,红肠为 0.96 左右,干肠为 0.65～0.85。各种微生物的生长发育有其最适的 A_w。一般而言,细菌生长的 A_w 下限为 0.94,酵母菌为 0.88,霉菌为 0.8。A_w 降至 0.7 以下,大多数微生物不能生长发育,但嗜盐菌在 0.7,耐干燥霉菌在 0.65,耐渗透压的酵母菌在 0.61 时仍能发育。近年来被称为"中间水分食品"(intermediate moisture food) 的一类制品,其 A_w 在 0.65～0.85 之间,在这一领域内,细菌相对来说不易繁殖,但霉菌仍能生长且脂肪易发生自动氧化。

二、蛋　白　质

肌肉中除水分外主要成分是蛋白质,约占 18%～20%,占肉中固形物的 80%,肌肉中的蛋白质按照其所存在于肌肉组织上位置的不同,可分为四类,即:

肌原纤维蛋白质 (myofibrillar proteins);

肌浆蛋白质 (sarcoplasmic proteins);

肉基质蛋白质 (stroma proteins);

颗粒蛋白质 (granule proteins)。

（一）肌原纤维蛋白质

肌原纤维蛋白质是构成肌原纤维的蛋白质，通常利用离子强度 0.5 以上的高浓度盐溶液抽出，但被抽出后，即可溶于低离子强度的盐溶液中，属于这类蛋白质的有肌球蛋白（myosin）、肌动蛋白（actin）、原肌球蛋白（tropomyosin）、肌原蛋白（troponin）、α-肌动蛋白素（α-actinin）、M-蛋白（M-protein）等，见表1-7。

表 1-7 肌原纤维蛋白质的种类和含量

名称	含量/%	名称	含量/%	名称	含量/%
肌球蛋白	45	C-蛋白	2	55000u 蛋白	<1
肌动蛋白	20	M-蛋白	2	F-蛋白	<1
原肌球蛋白	5	α-肌动蛋白素	2	I-蛋白	<1
肌原蛋白	5	β-肌动蛋白素	<1	filament	<1
联结蛋白（titan）	6	γ-肌动蛋白素	<1	肌间蛋白	<1
N-line	3	肌酸激酶	<1	vimentin	<1
				synemin	<1

1. 肌球蛋白（myosin）

肌球蛋白是肌肉中含量最高也是最重要的蛋白质，约占肌肉总蛋白质的 1/3，占肌原纤维蛋白质的 45%～50%，肌球蛋白是粗丝的主要成分，构成肌节的 A 带。肌肉中的肌球蛋白可以用高离子强度的缓冲液如 0.3mol/L KCl/0.15mol/L 磷酸盐缓冲液抽提出来。肌球蛋白的相对分子质量为 470 000～510 000。它由两条很长的肽链相互盘旋构成，这两条肽链称为重链，相对分子质量为 194 000，两条肽链各形成一盘旋的头部。在尾部有数条轻链，可以分为三种：Lc 每个肌球蛋白 1～2 条，相对分子质量为 18 000～27 500；Lc 每个肌球蛋白 2 条，相对分子质量为 17 400～25 000；Lc 每个肌球蛋白 1～2 条，相对分子质量为 15 100～17 600。因此，肌球蛋白的形状很像"豆芽"，全长为 140nm，其中头部 20nm，尾部 120nm；头部的直径为 5nm，尾部直径 2mm。

肌球蛋白在胰蛋白酶的作用下，裂解为两部分，即由头部和一部分尾部构成的重酶解肌球蛋白（heavy meromyosin，HMM）和尾部的轻酶解肌球蛋白（light meromyosin，LMM）。HMM 在木瓜蛋白酶（papain）的作用下可再裂解成两个亚碎片，即头部 HMMS 和一部分尾部 HMMS。头部（S_1）具有 ATP 酶的活性，Ca^{2+} 可以激活其活性，并具有和肌动蛋白结合的特点。尾部（S_2）是惰性的。

大约需 400 个肌球蛋白分子构成一条粗丝。在构成粗丝时，肌球蛋白的尾部相互重叠，而头部伸出在外，并作很有规则的排列，如图 1-14 所示。这样，在所构成的粗丝的两边，每相邻的一对肌球蛋白头部间的距离为 13.4nm，每三对为一重复单位，即每隔 42.9nm 后出现重复的结构。这种结构在平面上的投影为一个正六角形。因此，在肌节 A 带粗、细丝重叠处横切的显微图片上，完全可以看到这种很有规则的排列（图 1-14、图 1-15、图 1-16）。

肌球蛋白的性质：肌球蛋白不溶于水或微溶于水，属球蛋白性质，在中性盐溶液中可溶解，等电点 5.4，在 50～55℃发生凝固，易形成粘性凝胶，在饱和的 NaCl 或 $(NH_4)_2SO_4$ 溶液中可盐析沉淀。肌球蛋白的头部有 ATP 酶活性，可以分解 ATP，并可与肌动蛋白结合形成肌动球蛋白，与肌肉的收缩直接有关。

2. 肌动蛋白（actin）

肌动蛋白约占肌原纤维蛋白的 20%，是构成细丝的主要成分。肌动蛋白只有一条多肽链构成，其相对分子质量为 41 800～61 000。肌动蛋白单独存在时，为一球形的蛋白质分子结构，称 G-肌动蛋白，G-肌动蛋白的直径为 5.5nm。当 G-肌动蛋白在有磷酸盐和少量 ATP 存在的时候，即可形成相互连接的纤维状结构，大约需 300～400 个 G-肌动蛋白形成一个纤维状结构；两条纤维状结构的肌动蛋白相互扭合成的聚合物称为 F-肌动蛋白，其结构见图 1-17、图 1-18。F-肌动蛋白每 13～14 个球体形成一段双股扭合体，在中间的沟槽里"躺着原肌球蛋白"，原肌球蛋白呈细长条形，其长度相当于 7 个 G-肌动蛋白，在每条原肌球蛋白上还结合着一个肌原蛋白。

肌动蛋白的性质属于白蛋白类，它还能溶于水及稀的盐溶液中，在半饱和的 $(NH_4)_2SO_4$ 溶液中可盐析沉淀，等电点 4.7，F-肌动蛋白在有 KI 和 ATP 存在时又会解离成 G-肌动蛋白，即肌动蛋白的作用是与原肌球蛋白及肌原蛋白结合成细丝，在肌肉收缩过程中与肌球蛋白的横突形成交联（横桥），共同参与肌肉的收缩过程。

3. 肌动球蛋白（actomyosin）

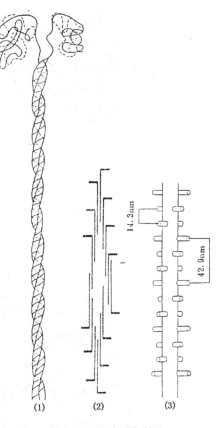

图 1-14 肌球蛋白图示
(1) 一个肌球蛋白分子 (2) 在一条粗丝中的肌球蛋白 (3) 一条粗丝

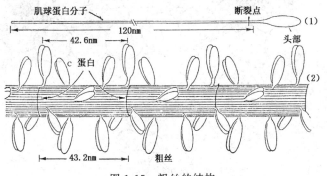

图 1-15 粗丝的结构
(1) 肌球蛋白分子 (2) 粗丝

肌动球蛋白是肌动蛋白与肌球蛋白的复合物，肌动球蛋白根据制备手段的不同可以分为两种：

(1) 合成肌动球蛋白 即预先抽提出肌球蛋白和 F-肌动蛋白，然后混合制得的肌动球蛋白。

(2) 天然肌动球蛋白 在新鲜的磨碎肌肉中加入 5～6 倍的 Webber-Edsall 溶液

21

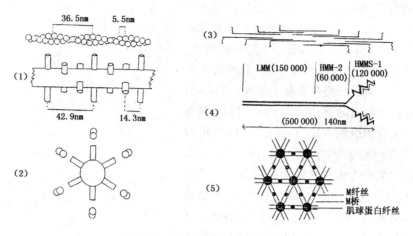

图 1-16　粗丝与细丝结合示意图

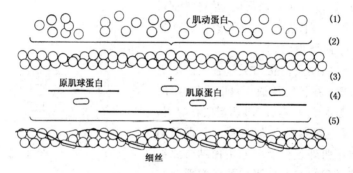

图 1-17　细丝的结构

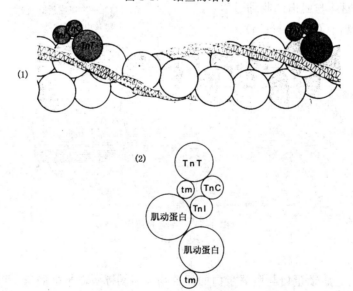

图 1-18　细丝结构模式图

（0.6mol/L KCl，0.01mol/L Na_2CO_3，0.06mol/L $NaHCO_3$）抽提 24h，离心后取上清液，稀释后使其沉淀，再将其溶解并再沉淀，反复 3～4 次精制而得。用这种方法制得的肌动球蛋白又称为肌球蛋白 B,其中常混有少量的肌球蛋白,为了区别起见,将纯净的肌球蛋白称为肌球蛋白 A。

肌动球蛋白的粘度很高,具有明显的流动双折射现象,由于其聚合度不同,因而相对分子质量不定。肌动蛋白与肌球蛋白的结合比例大约在 $1:2.5$ 至 $1:4$ 之间。肌动球蛋白也具有 ATP 酶活性,但与肌球蛋白不同,Ca^{2+} 和 Mg^{2+} 都能激活。

高浓度的肌动球蛋白易形成凝胶。在高的离子强度下,如 0.6mol/L 的 KCl 溶液中,添加 ATP 则溶液的粘度降低,流动双折射也减弱,其原因是肌动球蛋白受 ATP 的作用分解成肌动蛋白和肌球蛋白。添加焦磷酸盐也可看到同样的现象。

将接近中性的肌动球蛋白溶液稀释到较低的离子强度如 0.1mol/L KCl 溶液中,则肌动球蛋白由于接近其等电点而形成絮状物,此时若添加少量的 ATP,则絮状物因收缩而形成凝胶沉淀,这样的沉淀现象称为超沉淀(super precipitation),此时如将 KCl 溶液提高,则超沉淀可以再次溶解;如在此絮状液中添加多量的 ATP,那么此絮状肌动球蛋白就发生溶解,这个反应被称为清除反应(clearing response)。

天然肌动球蛋白(myosin B)的变性由两部分构成,一部分是对温度依存性高的一级反应的变性。前者是由于天然肌动球蛋白中混有肌球蛋白 A(myosin A),而后者则是肌动球蛋白本身的变性。由此可见,肌球蛋白与肌动蛋白结合在一起,比单独的肌球蛋白对热更稳定。

4. 原肌球蛋白(tropomyosin)

原肌球蛋白约占肌原纤维蛋白的 4%~5%,形为杆状分子,长 45nm,直径 2nm。位于 F-肌动蛋白双股螺旋结构的每一构槽内,构成细丝的支架。每 1 分子的原肌球蛋白结合 7 分子的肌动蛋白和 1 分子的肌原蛋白。相对分子质量 65 000~80 000,在 SDS-聚丙烯酰胺(SDS-PAGE)电泳中,可分出两条带,其相对分子质量分别为 34 000 和 36 000。原肌球蛋白以 8mol/L 脲中进行层析时可分离出 α 和 β 两条链。在白肌纤维中 $\alpha:\beta=4:1$,红肌纤维 $\alpha:\beta=1:1$。

5. 肌原蛋白(troponin)

肌原蛋白又称肌钙蛋白,约占肌原纤维蛋白的 5%~6%,肌原蛋白对 Ca^{2+} 有很高的敏感性,并能结合 Ca^{2+},每一个蛋白分子具有 4 个 Ca^{2+} 结合位点,沿着细丝以 38.5nm 的周期结合在原肌球蛋白分子上,相对分子质量为 69 000~81 000,肌原蛋白有三个亚基,各有自己的功能特性:

(1) 钙结合亚基 相对分子质量为 18 000~21 000,是 Ca^{2+} 的结合部位;

(2) 抑制亚基 相对分子质量为 20 500~24 000,能高度抑制肌球蛋白中 ATP 酶的活性,从而阻止肌动蛋白与肌球蛋白;

(3) 原肌球蛋白结合亚基 相对分子质量 30 500~37 000,能结合原肌球蛋白,起联接作用。

6. M 蛋白(myomesin)

M 蛋白约占肌原纤维蛋白的 2%~3%,相对分子质量为 160 000,存在于 M 线上,其作用是将粗丝联结在一起,以维持粗丝的排列(稳定 A 带的格子结构)。

7. C-蛋白

C-蛋白约占肌原纤维蛋白的 2%,相对分子质量为 135 000~140 000。它是粗丝的一个组成部分，结合于 LMM 部分，为一条多肽链，按 42.9～43.0nm 的周期结合在粗丝上，每一个周期明显地结合着 2 个 C-蛋白分子。C-蛋白的功能是维持粗丝的稳定，并调节横桥的功能。

8. α-肌动蛋白素 （α-actinin）

它为 Z-线上的主要蛋白质，约占肌原纤维蛋白的 2%，相对分子质量为 190 000～210 000，由二条肽链组成，每条肽链的相对分子质量为 95 000，α-肌动蛋白素是 Z 线上 Z-filament 之主要成分，起着固定邻近细丝的作用。

9. β-肌动蛋白素 （β-actinin）

β-肌动蛋白素和 F-肌动蛋白结合在一起，相对分子质量为 62 000～71 000，位于细丝的自由端上，有阻止 G-肌动蛋白连接起来的作用，因而可能与控制细丝的长度有关。

10. γ-肌动蛋白素 （γ-actinin）

相对分子质量为 70 000～80 000，γ-肌动蛋白素在试管中与 F-肌动蛋白结合，并阻止 G-肌动蛋白聚合成 F-肌动蛋白。

11. I-蛋白 （I-protein）

存在于 A 带，I-蛋白在肌动球蛋白缺乏 Ca^{2+} 时，会阻止 Mg 激活 ATP 酶的活性，但若 Ca^{2+} 存在，则不会如此，因此，I-蛋白可以阻止休止状态的肌肉水解 ATP。

12. 联结蛋白 （connectin）

最初由 Maruyama 和他的同事（1976）发现，相对分子质量为 700 000～1 000 000，位于 Z 线以外的整个肌节，起联结作用。

13. 肌间蛋白 （desmin）

相对分子质量为 55 000，位于 Z-线周围，连接邻近的细丝排列成极高度精确的构造。desmin 的分解与宰后肌肉嫩度的变化密切有关。

肌肉中尚存在其他多种蛋白质，如 N-line protein，Eu-actinin，F-protein，Fil-amin，55 000u蛋白质，Vimenfin 和 Synemin 等，但某些蛋白质的结构和功能尚不完全明了。

（二）肌浆蛋白质

1. 肌溶蛋白 （myogen）

肌溶蛋白属清蛋白类的单纯蛋白质，存在于肌原纤维间。易溶于水，把肉用水浸透可以溶出。很不稳定，易发生变性沉淀，其沉淀部分称为肌溶蛋白 B （myogenfibrin），约占肌浆蛋白质的 3%，相对分子质量为 80 000～90 000，等电点 pH 为 6.3，凝固温度为 52℃，加饱和的 $(NH_4)_2SO_4$ 或醋酸可被析出。把可溶性的不沉淀部分称为肌溶蛋白 A，也称肌白蛋白 （myoaibumin）。约占肌浆蛋白的 1%，相对分子质量为 150 000，易溶于水和中性盐溶液，等电点 pH 为 3.3，具有酶的性质。

2. 肌红蛋白 （myoglobin Mb）

肌红蛋白是一种复合性的色素蛋白质，由一分子的珠蛋白和一个亚铁血色素结合而成，为肌肉呈现红色的主要成分，相对分子质量为 34 000，等电点为 6.78，含量约占 0.2%～2%。有关肌红蛋白的结构和性能将在"肉的颜色"中详加讨论。

3. 肌浆酶

肌浆中除上述可溶性蛋白质及少量球蛋白-X 外，还存在大量可溶性肌浆酶，其中解糖酶占三分之二以上。主要的肌浆酶见表 1-8。从表中看出在肌浆中缩醛酶和肌酸激酶及磷酸甘油醛脱氢酶含量较多。大多数酶定位于肌原纤维之间，有研究证明缩醛酶和丙酮酸激酶对肌动蛋白-原肌球蛋白-肌原蛋白有很高的亲合性（Ciark 等，1975）。红肌纤维中解糖酶含量比白肌纤维少，只有其 $1/5\sim1/10$。而红肌纤维中一些可溶性蛋白的相对含量，以肌红蛋白、肌酸激酶和乳酸脱氢酶含量最高。

表 1-8　　　　　　　　　　　　　肌肉中肌浆酶蛋白的含量

肌浆酶	含量/（mg/g）	肌浆酶	含量/（mg/g）
磷酸化酶	2.0	磷酸甘油激酶	0.8
淀粉-1，6-糖苷酶	0.1	磷酸甘油醛脱氢酶	11.0
葡萄糖磷酸变位酶	0.6	磷酸甘油变位酶	0.8
葡萄糖磷酸异构酶	0.8	烯醇化酶	2.4
果糖磷酸激酶	0.35	丙酮酸激酶	3.2
缩醛酶（二磷酸果糖酶）	6.5	乳酸脱氢酶	3.2
磷酸丙糖异构酶	2.0	肌酸激酶	5.0
甘油-3-磷酸脱氢酶	0.3	一磷酸腺苷激酶	0.4

4. 肌粒蛋白

主要为三羧基循环酶及脂肪氧化酶系统，这些蛋白质定位于线粒体中，在离子强度 0.2 以上的盐溶液中溶解，在 0.2 以下则呈不稳定的悬浮液。另外一种重要的蛋白质是 ATP 酶，是合成 ATP 的部位，定位于线粒体的内膜上。

5. 肌质网蛋白

肌质网蛋白是肌质网的主要成分，由五种蛋白质组成。有一种含量最多，约占 70%，相对分子质量为 102 000，是 ATP 酶活性及传递 Ca^{2+} 的部位。另一种为螯钙素，相对分子质量为 44 000，能结合大量的 Ca^{2+}，但亲合性较低。

（三）肉基质蛋白质

肉基质蛋白质为结缔组织蛋白质，是构成肌内膜、肌束膜、肌外膜和腱的主要成分，包括有胶原蛋白、弹性蛋白、网状蛋白及粘蛋白等，存在于结缔组织的纤维及基质中。见表 1-9。

表 1-9　　　　　　　　　　　　　结缔组织蛋白质的含量　　　　　　　　　　　　　单位：%

成　　分	白色结缔组织	黄色结缔组织
蛋白质	35.0	40.0
其中：		
胶原蛋白	30.0	7.5
弹性蛋白	2.5	32.0
粘蛋白	1.5	0.5
可溶性蛋白	0.2	0.6
脂类	1.0	1.1

1. 胶原蛋白 (collagen)

胶原蛋白在白色结缔组织中含量多，是构成胶原纤维的主要成分，约占胶原纤维固形物的 85%。胶原蛋白含有大量的甘氨酸、脯氨酸和羟脯氨酸，后二者为胶原蛋白所特有，其他蛋白质不含有或含量甚微，因此，通常用测定羟脯氨酸含量的多少来确定肌肉结缔组织的含量，并作为衡量肌肉质量的一个指标。

胶原蛋白是由原胶原 (tropocollagen) 聚合而成的，原胶原为纤维状蛋白，由三条螺旋状的肽链组成，三条肽链再以螺旋状互相拧在一起，犹如三股拧起来的绳一样（图 1-19），每个原胶原分子长 280nm，它的直径为 5nm，相对分子质量为 300 000。原胶原很有规则地聚合成胶原蛋白，每一原胶原分子依次头尾相接，呈直线排列，同时，大量这样直线联结的原胶原又互相平行排列，平行排列时，相邻近的原胶原分子，联接点有规则地依次相差 1/4 原胶原分子的长度，因此，每隔 1/4 原胶原分子的长度，就有整齐的原胶原分子相互联结点。

原胶原分子间的联结除非共价键（氢键）外，还有各类不同含量的共价键间的交叉链，交联的程度随着畜龄的增长而增加，交联程度越大，性质越稳定，这种交联的程度直接影响到肉的嫩度。

胶原蛋白性质稳定，具有很强的延伸力，不溶于水及稀盐溶液，在酸或碱溶液中可以膨胀。不易被一般蛋白酶水解，但可被胶原蛋白酶水解。

胶原蛋白遇热会发生热收缩，热缩温度随动物的种类有较大差异，一般鱼类为 45℃，哺乳动物为 60~65℃。当加热温度大于热缩温度时，胶原蛋白就会逐渐变为明胶 (gelatin)，变为明胶的过程并非水解的过程，而是氢键断开，原胶原分子的三条螺旋被解开，因而易溶于水中，当冷却时就会形成明胶。明胶易被酶水解，也易消化。在肉品加工中，利用胶原蛋白的这一性质加工肉冻类制品。

2. 弹性蛋白 (elastin)

弹性蛋白在黄色结缔组织中含量多，为弹力纤维的主要成分，约占弹力纤维固形物的 75%，胶原纤维中也有，约占 7%。其氨基酸组成有三分之一为甘氨酸，脯氨酸、缬氨酸占 40%~50%。不含色氨酸和

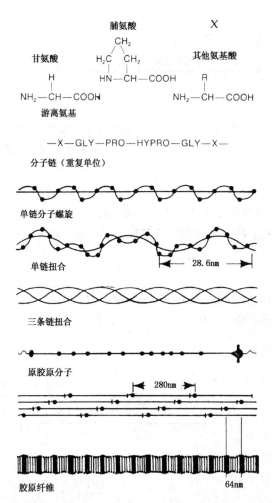

图 1-19　胶原纤维

羟脯氨酸。弹性蛋白属硬蛋白，对酸、碱、盐都稳定，煮沸不能分解。以 SDS-聚丙烯酰胺凝胶电泳测定的相对分子质量为 70 000。它是由弹性蛋白质与赖氨酸共价交联形成不溶性

的弹性硬蛋白，这种蛋白质不被胃蛋白酶、胰蛋白酶水解，可被弹性蛋白酶（存于胰腺中）水解。

3. 网状蛋白（reticulin）

在肌肉中，网状蛋白为构成肌内膜的主要蛋白，含有约 4％的结合糖类和 10％的结合脂肪酸，其氨基酸组成与胶原蛋白相似，用胶原蛋白酶水解，可产生与胶原蛋白同样的肽类。因此有人认为它的蛋白质部分与胶原蛋白相同或类似。网状蛋白对酸、碱比较稳定。

三、脂　　肪

动物的脂肪可分为蓄积脂肪（depots fats）和组织脂肪（tissue fats）两大类，蓄积脂肪包括皮下脂肪、肾周围脂肪、大网膜脂肪及肌肉间脂肪等；组织脂肪为肌肉及脏器内的脂肪。家畜的脂肪组织 90％为中性脂肪，7％～8％为水分，蛋白质占 3％～4％，此外还有少量的磷脂和固醇脂。

中性脂肪即甘油三酯（三脂肪酸甘油酯），是由一分子甘油（丙三醇）与三分子脂肪酸化合而成的，其结构如下：

$$
\begin{array}{l}
CH_2-O-\overset{\displaystyle O}{\overset{\|}{C}}-R_1 \\
CH_2-O-\overset{\displaystyle O}{\overset{\|}{C}}-R_2 \\
CH_2-O-\overset{\displaystyle O}{\overset{\|}{C}}-R_3
\end{array}
$$

甘油为三元醇。任何酯类都具备这种类似结构，但和甘油结合的脂肪酸则有相同和不同，三个脂肪酸相同为单纯甘油酯，如三油酸甘油酯，三个脂肪酸不同为混合甘油脂。动物脂肪都是混合甘油酯，混合甘油酯含饱和脂肪酸和不饱和脂肪酸，含饱和脂肪酸多则熔点和凝固点高，含不饱和脂肪酸多则熔点和凝固点低。因此脂肪酸的性质决定了脂肪的性质。

肉类脂肪有 20 多种脂肪酸，其中饱和脂肪酸以硬脂酸 $CH_3(CH_2)_{16}COOH$ 和软脂酸 $CH_3(CH_2)_{14}COOH$ 居多；不饱和脂肪酸以油酸 $CH_3(CH_2)_7CH=CH(CH_2)_7COOH$ 居多；其次是亚油酸 $CH_3(CH_2)_4CH=CHCH_2CH=CH_2(CH)_7COOH$。硬脂酸的熔点为 71.5℃，软脂酸为 63℃，油酸为 14℃，十八碳三烯酸为 8℃。

不同动物脂肪的脂肪酸组成不相一致，相对来说鸡脂肪和猪脂肪含不饱和脂肪酸较多，牛脂肪和羊脂肪含饱和脂肪酸多些。见表 1-10。

表 1-10　　　　　　　　　　不同动物脂肪的脂肪酸组成

脂肪	硬脂酸含量/％	油酸含量/％	棕榈酸含量/％	亚油酸含量/％	熔点/℃
牛脂肪	41.7	33.0	18.5	2.0	40～50
羊脂肪	34.7	31.0	23.2	7.3	40～48
猪脂肪	18.4	40.0	26.2	10.3	33～38
鸡脂肪	8.0	52.0	18.0	17.0	28～38

四、浸 出 物

浸出物是指除蛋白质、盐类、维生素外能溶于水的浸出性物质，包括含氮浸出物和无氮浸出物。

1. 含氮浸出物

含氮浸出物为非蛋白质的含氮物质，如游离氨基酸、磷酸肌酸、核苷酸类（ATP、ADP、AMP、IMP）及肌苷、尿素等。这些物质左右肉的风味，为香气的主要来源，如 ATP 除供给肌肉收缩的能量外，逐级降解为肌苷酸是肉香的主要成分，磷酸肌酸分解成肌酸，肌酸在酸性条件下加热则为肌酐，可增强熟肉的风味。

2. 无氮浸出物

无氮浸出物为不含氮的可浸出的有机化合物，包括有糖类化合物和有机酸。糖类又称碳水化合物。因由 C、H、O 三个元素组成，氢氧之比恰为 2：1，与水相同。但有若干例外，如去氧核糖（$C_2H_{10}O_4$）、鼠李糖（$C_6H_{12}O_5$），并非按氢 2 氧 1 比例组成。又如乳酸按氢 2 氧 1 比例组成，但无糖的特性，属于有机酸。

无氮浸出物主要有糖原、葡萄糖、麦芽糖、核糖、糊精，有机酸主要是乳酸及少量的甲酸、乙酸、丁酸、延胡索酸等。

糖原主要存在于肝脏和肌肉中，肌肉中含 0.3%～0.8%，肝中含 2%～8%，马肉肌糖原含 2% 以上。宰前动物消瘦，疲劳及病态，肉中糖原贮备少。肌糖原含量多少，对肉的 pH、保水性、颜色等均有影响，并且影响肉的保藏性。

五、矿 物 质

矿物质是指一些无机盐类和元素，含量占 1.5%。这些无机物在肉中有的以单独游离状态存在，如镁、钙离子，有的以螯合状态存在，有的与糖蛋白和酯结合存在，如硫、磷有机结合物。

钙、镁参与肌肉收缩，钾、钠与细胞膜通透性有关，可提高肉的保水性，钙、锌又可降低肉的保水性，铁离子为肌红蛋白、血红蛋白的结合成分，参与氧化还原，影响肉色的变化。

肉中各种矿物质含量见表 1-11。

表 1-11　　　　　　　　　　　肉中主要矿物质含量　　　　　　　　　　单位：mg/100g

	Ca	Mg	Zn	Na	K	Fe	P	Cl
	2.6～7.2	14～31.8	1.2～8.3	36～85	297～451	1.5～5.5	10.9～21.3	34～91
平均	4.0	21.1	4.2	38.5	395	2.7	20.1	51.4

六、维 生 素

肉中维生素主要有维生素 A、维生素 B_1、维生素 B_2、维生素 PP、叶酸、维生素 C、维生素 D 等。其中脂溶性维生素较少，而水溶性维生素较多，如猪肉中 B 族维生素特别丰富，猪肉中维生素 A 和维生素 C 很少，详见表 1-12。

表 1-12 肉中部分维生素含量

畜肉	维生素 A /IU	维生素 B₁ /mg	维生素 B₂ /mg	维生素 PP /mg	泛酸 /mg	生物素 /mg	叶酸 /mg	维生素 B₆ /mg	维生素 B₁₂ /mg	维生素 C /mg	维生素 D /IU
牛肉	微量	0.07	0.20	5.0	0.4	3.0	10.0	0.3	2.0		微量
小牛肉	微量	0.10	0.25	7.0	0.6	5.0	5.0	0.3			微量
猪肉	微量	1.0	0.20	5.0	0.6	4.0	3.0	0.5	2.0		微量
羊肉	微量	0.15	0.25	5.0	0.5	3.0	3.0	0.4	2.0		微量
牛肉	微量	0.30	0.30	13.0	8.0	300.0	2.7	50.0	50.0	30.0	微量

七、影响肉化学成分的因素

1. 动物的种类

动物种类对肉化学组成的影响是显而易见的，但这种影响的程度还受多种内在和外界因素的影响。表 1-13 列出了不同种类的成年动物其背最长肌的化学成分。由表可见，这五种动物肌肉的水分、总氮量及可溶性磷比较接近，而其他成分有显著差别。

表 1-13 成年家畜背最长肌的化学成分

项 目	动物种类			
	家兔	羊	猪	牛
水分（除去脂肪）/%	77.0	77.0	76.7	76.8
肌肉间脂肪含量/%	2.0	7.9	2.9	3.4
肌肉间脂肪碘值	—	54	57	57
总氮含量（除去脂肪）/%	3.4	3.6	3.7	3.6
总可溶性磷含量/%	0.20	0.18	0.20	0.18
肌红蛋白含量/%	0.2	0.25	0.06	0.50
胺类、三甲胺及其他成分含量/%	—	—	—	—

除了各种成分的含量不同外，同一成分在不同种类的动物中还存在质的区别，例如，脂肪酸的组成在牛、羊、猪脂中存在很大的差别（表 1-14）。

表 1-14 牛、羊和猪的脂肪酸组成

脂肪酸	化学式	脂肪中的脂肪酸构成量/%		
		牛	羊	猪
棕榈酸	$C_{15}H_{31}COOH$	29	25	28
硬脂酸	$C_{17}H_{35}COOH$	20	25	13
棕榈烯酸	$C_{15}H_{29}COOH$	2	—	3
油酸	$C_{17}H_{33}COOH$	42	39	46
亚油酸	$C_{17}H_{31}COOH$	2	4	10
亚麻酸	$C_{17}H_{29}COOH$	0.5	0.5	0.7
花生四烯酸	$C_{19}H_{31}COOH$	0.1	1.5	2

2. 性别

性别的不同主要影响到肉的质地和风味，对肉的化学组成也有影响。未经去势的公畜肉质地粗糙，比较坚硬，具有特殊的性臭味，此外，公畜的肌内脂肪含量低于母畜或去势畜。因此，作为加工用的原料，应选用经过肥育的去势家畜，未经阉割的公畜和老母猪等不宜用作加工的原料。不同性别的牛肉背最长肌的化学成分见表1-15。

表 1-15　　　　　　　　　　不同性别的牛肉背最长肌的化学成分

化学成分	肌肉组织中的含量/%		
	不去势公牛	去势公牛	母牛
蛋白质	21.7	22.1	22.2
脂肪	1.1	2.5	3.4
水分	75.9	74.3	73.2

3. 畜龄

肌肉的化学组成随着畜龄的增加会发生变化，一般说来，除水分下降外，别的成分含量均为增加。幼年动物肌肉的水分含量高，缺乏风味，除特殊情况（如烤乳猪）外，一般不用作加工原料。为获得优质的原料肉，肉用畜禽都有一个合适的屠宰月龄（或日龄）。不同月龄对牛肉背最长肌化学组成的影响列于表1-16。

表 1-16　　　　　　　　　　不同畜龄之牛肉背最长肌的化学成分

项　　目	10 头牛的平均数		
	5 个月	6 个月	7 个月
肌肉脂肪含量/%	2.85	3.28	3.96
肌肉脂肪碘值	57.4	55.8	55.5
水分/%	76.7	76.4	75.9
肌红蛋白含量/%	0.03	0.038	0.044
总氮含量/%	3.71	3.74	3.87

4. 营养状况

动物的营养状况会直接影响其生长发育，从而影响到肌肉的化学组成。不同肥育程度的肉中其肌肉的化学组成就有较大的差别（表1-17），营养的好坏对肌肉脂肪的含量影响最

表 1-17　　　　　　　　　　营养状况和畜龄对猪背最长肌成分的影响

项　　目	营 养 状 况			
	高		低	
指　　标	16 周	26 周	16 周	26 周
肌肉脂肪含量/%	2.27	4.51	0.68	0.02
肌肉脂肪碘值	62.96	59.20	95.40	66.80
水分/%	74.37	71.78	78.09	73.74

为明显（表1-18），营养状况好的家畜，其肌肉内会沉积大量脂肪，使肉的横切面呈现大理石状，其风味和质地均佳。反之，营养贫乏，则肌内脂肪含量低，肉质差。

表 1-18 **肥育程度对牛肉化学成分的影响**

牛肉	占净肉的比例/%				占去脂净肉的比例/%		
	蛋白质	脂肪	水分	灰分	蛋白质	水分	灰分
肥育良好	19.2	18.3	61.6	0.9	23.5	75.5	1.0
肥育一般	20.0	10.7	68.3	1.0	22.4	76.5	1.1
肥育不良	21.1	3.8	74.1	1.1	21.9	76.9	1.2

5. 解剖部位

肉的化学组成除受动物的种类、品种、畜龄、性别、营养状况等因素影响外，同一动物不同部位的肉其组成也有很大差异（表1-19）。

表 1-19 **不同部位肉的化学组成** 单位：%

种 类	部 位	水 分	粗脂肪	粗蛋白	灰 分
牛肉	颈 部	65	16	18.6	0.9
	软 肋	61	18	19.9	0.9
	背 部	57	25	16.7	0.8
	肋 部	59	23	17.6	0.8
	后腿部	69	11	19.5	1.0
	臀 部	55	28	16.2	0.8
小牛肉	背 部	70	5	19	1.3
	后腿部	68	12	19.1	1.0
	肩 部	70	10	19.4	1.0
猪肉	后腿部	53	31	15.2	0.8
	背 部	58	25	16.4	0.9
	臀 部	49	37	13.5	0.7
	肋 部	53	32	14.6	0.8
羊肉	胸 部	48	37	12.8	—
	后腿部	64	18	18.0	0.9
	背 部	65	16	18.6	—
	肋 部	52	32	14.9	0.8
	肩 部	58	25	15.6	0.8

第三节　肉的食用品质及物理性质

肉的食用品质主要包括肉的颜色、风味、保水性、pH、嫩度等。肉的物化性状主要有体积质量（kg/m³）、比热容、热导率和冰点。这些性质在肉的加工贮藏中直接影响肉品的质量。

一、肉 的 颜 色

肌肉的颜色是重要的食用品质之一。事实上，肉的颜色本身对肉的营养价值和风味并无多大影响。颜色的重要意义在于它是肌肉的生理学、生物化学和微生物学变化的外部表现，因此可以通过感官给消费者以好或坏的影响。

1. 形成肉色的物质

肉的颜色本质上由肌红蛋白（myoglobin，Mb）和血红蛋白（hemoglobin，Hb）产生。肌红蛋白为肉自身的色素蛋白，肉色的深浅与其含量多少有关。血红蛋白存在于血液中，对肉颜色的影响要视放血的好坏而定。放血良好的肉，肌肉中肌红蛋白色素占 $80\% \sim 90\%$，比血红蛋白丰富得多。

2. 肌红蛋白的结构与性质

肌红蛋白为复合蛋白质，它由一条多肽链构成的珠蛋白和一个带氧的血红素基（heme group）组成，血红素基由一个铁原子和卟啉环所组成（图1-20 和图1-21）。肌红蛋白与血

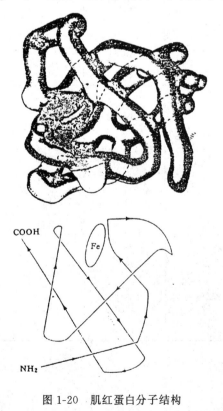

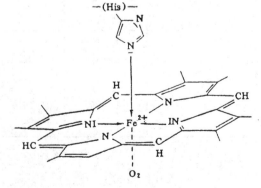

图 1-20　肌红蛋白分子结构　　　　　　　　图 1-21　血红素

红蛋白的主要差别是前者只结合一分子的血色素，而血红蛋白结合四个血色素。因此，Mb的相对分子质量为 16 000～17 000，而血红蛋白的相对分子质量为 64 000。

肌红蛋白中铁离子的价态（Fe^{2+} 的还原态或 Fe^{3+} 的氧化态）和与 O_2 结合的位置是导致其颜色变化的根本所在。在活体组织中，肌红蛋白依靠电子传递链使铁离子处于还原状态。屠宰后的鲜肉，肌肉中的 O_2 缺乏，Mb 中与 O_2 结合的位置被 H_2O 所取代，使肌肉呈现暗红色或紫红色。当将肉切开后在空气中暴露一段时间就会变成鲜红色，这是由于 O_2 取代 H_2O 而形成氧合肌红蛋白（oxymyoglobin，MbO_2）之故。如果放置时间过长或是在低 O_2 分压的条件下贮放则肌肉会变成褐色，这是因为形成了氧化态的高铁肌红蛋白（metmyoglobin，MMb）（图 1-22）。

图 1-22 铁离子的价态与肌肉颜色的变化

由此可见，肌红蛋白由于 O_2 的存在可变成鲜红色的 MbO_2 或褐色的 MMb。这种比例依 O_2 的分压而定，氧气分压低，则有利于 MMb 的形成；而氧气分压高，则有利于 MbO_2 的形成（图 1-23）。这种变化在活体组织中由于酶的活动电子传递链（electron transportation）而可使 MMb 持续地还原成 Mb。但动物体死后，这种酶促的还原作用就会逐渐削弱乃至消失。因而，在商业上，常常将分割肉先加以真空包装，使其在低 O_2 分压下形成 MMb，到零售商店后打开包装，与 O_2 充分接触以形成鲜艳的 MbO_2 吸引消费者。为了获得保持鲜艳肉色的最长时间，零售一般在 0～4℃ 的条件下进行，以减缓还原体系的氧化速率。

肌红蛋白及其衍生物在颜色上的差异主要表现在它的吸收光谱上的不同，氧合肌红蛋白、亚硝基肌红蛋白在波长 535～545nm（绿色光）和 575～585nm（蓝色光）处有最大吸收峰，因而表现出红色。肌红蛋白在 555nm 处具有广分散峰，于是呈暗红色。而高铁肌红蛋白的最大吸光在 505nm（蓝色），在 625nm（红色）处还有一段弱峰，此二者合并产生褐红色（图 1-24）。

3. 影响肌肉颜色变化的因素

（1）环境中的氧含量 前已述及，O_2 分压的高低决定了肌红蛋白是形成 MbO_2 还是 MMb，从而直接影响到肉的颜色。

（2）湿度 环境中湿度大，则氧化得

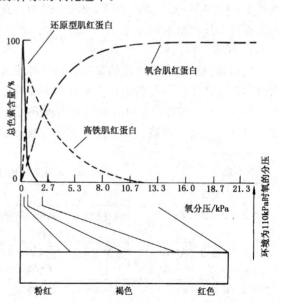

图 1-23 大气中氧分压与肌肉色素蛋白的关系

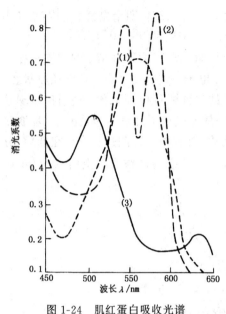

图1-24 肌红蛋白吸收光谱
(1)肌红蛋白 (2)氧合肌红蛋白 (3)高铁肌红蛋白

慢，因在肉表面有水汽层，影响氧的扩散。如果湿度低并空气流速快，则加速高铁肌红蛋白的形成，使肉色变褐快。如牛肉在8℃冷藏时：相对湿度为70%，2d变褐；相对湿度为100%，4d变褐。

（3）温度　环境温度高促进氧化，温度低则氧化得慢。如牛肉3～5℃贮藏9d变褐，0℃时贮藏18d才变褐。因此为了防止肉变褐氧化，尽可能在低温下贮藏。

（4）pH　动物在宰前糖原消耗过多，尸僵后肉的极限pH高，易出现生理异常肉，牛肉为出现DFD肉，这种肉颜色较正常肉深暗。而猪则易引起PSE肉，使肉色变得苍白。

（5）微生物　肉贮藏时污染微生物会发生肉表面颜色的改变，污染细菌，分解蛋白质使肉色污浊；污染霉菌则在肉表面形成白色、红色、绿色、黑色等色斑或发出荧光。

二、肉 的 风 味

肉的味质又称肉的风味（flavor），指的是生鲜肉的气味和加热后食肉制品的香气和滋味。它是肉中固有成分经过复杂的生物化学变化，产生各种有机化合物所致。其特点是成分复杂多样，含量甚微，用一般方法很难测定，除少数成分外，多数无营养价值，不稳定，加热易破坏和挥发。呈味性能与其分子结构有关，呈味物质均具有各种发香基因。如羟基—OH，羧基—COOH，醛基—CHO，羰基—CO，硫氢基—SH，酯基—COOR，氨基—NH_2，酰胺基—CONH，亚硝基—NO_2，苯基—C_6H_5。这些肉的味质是通过人的高度灵敏的嗅觉和味觉器官而反应出来的。

1. 气味

气味是肉中具有挥发性的物质，随气流进入鼻腔，刺激嗅觉细胞通过神经传导反应到大脑嗅区而产生的一种刺激感。愉快感为香味，厌恶感为异味、臭味。气味的成分十分复杂，约有1 000多种，牛肉的香气经实验分析有300种左右。主要有醇、醛、酮、酸、酯、醚、呋喃、吡咯、内酯、糖类及含氮化合物等，见表1-20。

表 1-20　　　　　　　　　　与肉香味有关的主要化合物

化合物	特性	来源	产生途径
羰基化合物（醛、酮）	脂溶挥发性	鸡肉和羊肉的特有香味、水煮猪肉	脂肪氧化、美拉德反应
含氧杂环化合物（呋喃和呋喃类）	水溶挥发性	煮猪肉、煮牛肉、炸鸡、烤鸡、烤牛肉	维生素B_1和维生素C与碳水化合物的热降解、美拉德反应
含氮杂环化合物（吡嗪、吡啶、吡咯）	水溶挥发性	浅烤猪肉、炸鸡、高压煮牛肉、煮猪肝	美拉德反应、游离氨基酸和核苷酸加热形成

续表

化合物	特 性	来 源	产生途径
含氧、氮杂环化合物（噻唑、恶唑）	水溶挥发性	浅烤猪肉、煮猪肉、炸鸡、烤鸡、腌火腿	氨基酸和硫化氢的分解
含硫化合物	水溶挥发性	鸡肉基本味、鸡汤、煮牛肉、煮猪肉、烤鸡	含硫氨基酸热降解、美拉德反应
游离氨基酸、单核苷酸（肌苷酸、鸟苷酸）	水溶	肉鲜味、风味增强剂	氨基酸衍生物
脂肪酸酯、内酯	脂溶挥发性	种间特有香味、烤牛肉汁、煮牛肉	甘油酯和磷脂水解、羟基脂肪酸环化

由表中可见，肉香味化合物产生主要是三个途径：

（1）氨基酸与还原糖间的美拉德反应；

（2）蛋白质、游离氨基酸、糖类、核苷酸等生物物质的热降解；

（3）脂肪的氧化作用。

动物种类、性别、饲料等对肉的气味有很大影响。生鲜肉散发出一种肉腥味，羊肉有膻味，狗肉有腥味，特别是晚去势或未去势的公猪、公牛及母羊的肉有特殊的性气味，在发情期宰杀的动物肉散发出令人厌恶的气味。

某些特殊气味如羊肉的膻味，来源于挥发性低级脂肪酸如 4-甲基辛酸、壬酸、癸酸等，存在于脂肪中。Hornstein（1968）证明，把牛、猪、羊、鲸的红色肌肉水浸液加热，气味无差别，而将脂肪加热，则差别很大。

喂鱼粉、豆粕、蚕饼等影响肉的气味，饲料含有硫丙烯、二硫丙烯、丙烯-丙基二硫化物等会移行在肉内，发出特殊的气味。

肉在冷藏时，由于微生物繁殖，在肉表面形成菌落成为粘液，而后产生明显的不良气味。长时间的冷藏，脂肪自动氧化，解冻肉汁流失，肉质变软使肉的风味降低。

肉在辐射保藏时，以 $^{60}Co\gamma$ 射线照射剂量大引起色味香的变化，γ 射线照射后，产生 H_2S、C_2H_5、SH、酮、醛等物质，使气味变恶。

肉在不良环境贮藏和在带有挥发性物质葱、鱼、药物等混合贮藏，会吸收外来异味。

2. 滋味

滋味是由溶于水的可溶性呈味物质，刺激人的舌面味觉细胞——味蕾，通过神经传导到大脑而反应出味感。舌面分布的味蕾，可感觉出不同的味道，而肉香味是靠舌的全面感觉。

肉的鲜味成分，来源于核苷酸、氨基酸、酰胺、肽、有机酸、糖类、脂肪等前体物质。关于肉风味前体的分布，近年来研究较多。如把牛肉中风味的前体物质用水提取后，剩下不溶于水的肌纤维部分，几乎不存在有香味物质。另外在脂肪中人为的加入一些物质如葡萄糖、肌苷酸、含有无机盐的氨基酸（谷氨酸、甘氨酸、丙氨酸、丝氨酸、异亮氨酸），在水中加热后，结果生成和肉一样的风味，从而证明这些物质为肉风味的前体。呈味物质的强弱表现如表 1-21 所示。

表 1-21 呈味物质的强弱表现

	谷氨酸钠	氨基酸、酰胺	肌苷酸	鸟苷酸	琥珀酸
畜肉	＋	＋＋	＋＋＋＋		
禽肉		＋	＋＋＋＋	＋＋	
贝类		＋＋＋			＋＋＋
虾类		＋	＋＋		＋＋
乳类		＋＋			＋

注：＋表示强弱程度。

成熟肉风味的增加，主要是核苷类物质及氨基酸变化显著。牛肉的风味来自半胱氨酸成分较多，猪肉的风味可从核糖、胱氨酸获得。牛、猪、绵羊的瘦肉所含挥发性的香味成分，主要存在于肌间脂肪中。如大理石样肉，脂肪杂交状态愈密风味愈好。因此肉中脂肪沉积的多少，对风味具有重要的意义。

三、肉的保水性

1. 保水性（water holding capacity，WHC）的概念

肉的保水性也称系水力或系水性，是指当肌肉受外力作用时，如加压、切碎、加热、冷冻、解冻、腌制等加工或贮藏条件下保持其原有水分与添加水分的能力。它对肉的品质有很大的影响，是肉质评定时的重要指标之一。系水力的高低可直接影响到肉的风味、颜色、质地、嫩度、凝结性等。

Jairegui. C. A 等（1981）建议，以系水潜能（water-binding potential）、可榨出水分（expressible moisture）和自由滴水（free drip）三个术语来区分系水力的不同性质。系水潜能表示肌肉蛋白质系统在外力影响下超量保水的能力，用它来表示在测定条件下蛋白质系统存留水分的最大能力。可榨出水分是指在外力作用下，从蛋白质系统榨出的液体量，即在测定条件下所释放的松弛水（loose water）量。自由滴水量则指不施加任何外力只受重力作用下蛋白质系统的液体损失量（即滴水损失，drip lose）。

2. 肌肉系水力的理化学基础

在上一节"肉的化学成分"中已经述及肌肉中的水不是以海绵吸水似的简单存在的，它是以结合水、不易流动水和自由水三部分形式存在的。其中不易流动水部分主要存在于肌丝肉（myofilament）、肌原纤维及膜之间，我们度量肌肉的系水力主要指的是这部分水，它取决于肌原纤维蛋白质的网格结构及蛋白质所带净电荷的多少。蛋白质处于膨胀胶体状态时，网格空间大，系水力就高，反之处于紧缩状态时，网格空间小，系水力就低（图 1-25）。

3. 影响肌肉系水力的因素

肌肉的系水力决定于动物的种类、品种、畜龄、宰前状况、宰后肉的变化及肌肉不同部位，家兔肉保水性最好，依次为牛肉、猪肉、鸡肉、马肉。就牛肉来讲，去势牛＞成年牛＞母牛、仔牛＞老牛，成年牛随体重的增加而保水性降低。不同部位的肌肉其系水力也有差异，安藤小郎等的试验表明猪的岗上肌系水力最好，依次是：胸锯肌＞腰大肌＞半膜肌＞股二头肌＞臀中肌＞半腱肌＞背最长肌。影响肉系水力的因素很多，下面择其主要因素加以讨论。

（1）pH 蛋白质分子是由氨基酸所组成的，氨基酸分子中含有氨基和羧基，它既能像

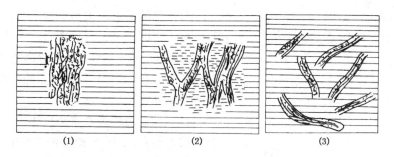

图 1-25 肌肉蛋白质或纤丝交联对系水力的影响

▭ 可活动自由水　▭ 不活动自由水　◆ 结合水

（1）胶体状态（紧缩态）蛋白质间的强烈交联降低肉的系水力
（2）胶体状态（膨胀态）交联相对减少，系水力较高
（3）溶胶状态无交联，无系水力

酸一样解离，也能像碱一样解离，所以它是一种两性离子，在酸性或碱性介质中按以下方式变化：

$$\underset{\text{带负电}}{\underset{\overset{|}{NH_2}}{R-CH-COO^-}} \underset{OH^-}{\overset{H^+}{\rightleftharpoons}} \underset{\text{电中性}}{\underset{\overset{|}{NH_3^+}}{R-CH-COO^-}} \underset{OH^-}{\overset{H^+}{\rightleftharpoons}} \underset{\text{带正电}}{\underset{\overset{|}{NH_3^+}}{R-CH-COOH}}$$

可见当 $pH > pI$（等电点）时，氨基酸分子带负电荷，而当 $pH < pI$ 时，带正电荷。正因为如此，蛋白质分子也完全具备了这种两性性质，这一点从下面反应式中可以看出。

$$\underset{\text{复杂阳离子}}{\boxed{蛋白质}^+} \underset{H^+}{\overset{OH^-}{\rightleftharpoons}} \underset{\text{两性离子}}{\boxed{蛋白质}} \underset{H^+}{\overset{OH^-}{\rightleftharpoons}} \underset{\text{复杂阴离子}}{\boxed{蛋白质}^-}$$

pH 对肌肉系水力的影响实质上是蛋白质分子的静电荷效应。蛋白质分子所带有的静电荷对系水力有双重意义：一是静电荷是蛋白质分子吸引水分子的强有力的中心，二是由于静电荷增加蛋白质分子间的静电排斥力，使其网格结构松弛，系水力提高。当静电荷数减少，蛋白质分子间发生凝聚紧缩，使系水力降低。肌肉 pH 接近等电点时（pH5.0~5.4），静电荷数达到最低，这时肌肉的系水力也最低，见图 1-26。图 1-27 表明了牛肉随 pH 变化的膨胀情况，可见，当 pH 在 5.0~5.5 之间时，肉的膨胀（swelling）最差。

（2）尸僵和成熟对肌肉系水力的影响　肌肉的系水力在宰后的尸僵和成熟期间会发生显著的变化。刚宰后的肌肉，系水力很高，但经几小时后，就会开始迅速下降，一般在 24~28h 之内，过了这段时间系水力会逐渐回升。见图 1-

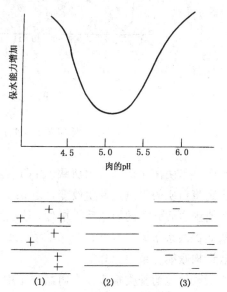

图 1-26　保水性和 pH 的关系

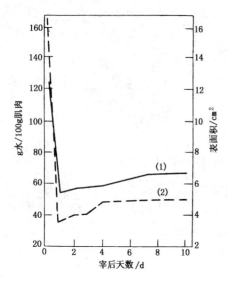

图 1-27　保水性与牛肉尸僵的关系

（1）保水能力　（2）僵硬度

（用在一定条件下将匀浆肉压
滤后所湿滤纸面积表示）

28。由图可见最低系水力与肌肉达到僵硬时的最大值几乎是一致的，可见宰后僵直与系水力的变化有着直接的关系。僵直解除后，随着肉的成熟，肉的系水力会徐徐回升，其原因除了 pH 的回升外，还与蛋白质的变化有关。

（3）无机盐对肌肉系水力的影响　对肌肉系水力影响较大的有无机盐、食盐和磷酸盐等。食盐对肌肉系水力的影响与食盐的使用量和肉块的大小有关，当使用一定离子强度的食盐，由于增加肌肉中肌球蛋白的溶解性，会提高保水性，但当食盐使用量过大，或肉块较大，食盐只用于大块肉的表面，则由于渗透压的原因，会造成肉的脱水。

此外食盐对肌肉系水力的影响取决于肌肉的 pH（图 1-29），由图可见，当 pH>pI（等电点）时，食盐可以提高肌的系水力，当 pH<pI 时，则食盐又会起降低系水力的作用，这种效应主要是由于 NaCl 中的 Cl^- 与肌肉蛋白质中阳离子的结合能力大

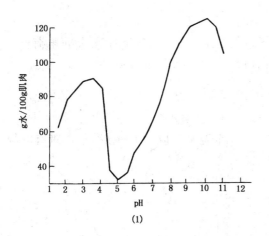

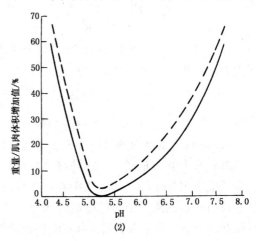

图 1-28　pH 对肉保水性的影响

----重量　——体积

（1）宰后 5d 的牛肉进行匀浆　（2）牛肉切成边长 3mm 的小块

于 Na^+ 与阴离子的结合力所致。当 Cl^- 与肌肉蛋白中的阳离子结合后，导致极性的抵消而使肌肉蛋白质的等电点发生改变，由 pI5.5 移至 pH4.0 左右，如图 1-30 所示。Cl^- 的这种作用使蛋白质分子的静电斥力增加，使肌原纤维蛋白质分子间的内聚力降低，网状结构松弛，从而提高系水力。而当 pH<pI 时，Cl^- 的作用则相反，它使异性电荷间静电引力增强，网状结构紧缩，系水力降低。

磷酸盐的种类很多，在肉品加工中使用的多为多聚磷酸盐，磷酸盐可以提高肉的系水力，其原因是多方面的。

（4）加热对肌肉保水性的影响 肉加热时系水力明显降低，加热程度越高，系水力下降越明显。见图 1-31。这是由于蛋白质的热变性作用使肌原纤维紧缩，能潴留不易流动的空间变小，部分不易流动水变成自由水，在很低的压力下都可流出。同时，由于加热导致非极性氨基酸同周围的保护性半结晶水结构崩溃，继而形成疏水键，使系水力下降。图 1-32 表明了加热温度和时间对系水力的影响，可见当加热温度超过 40℃后，系水力开始迅速下降，达到 60～70℃时几乎完全丧失。

除以上影响保水性的因素外，在加工过程中还有许多影响保水性的因素，如滚揉按摩、斩拌、添加乳化剂、冷冻等。

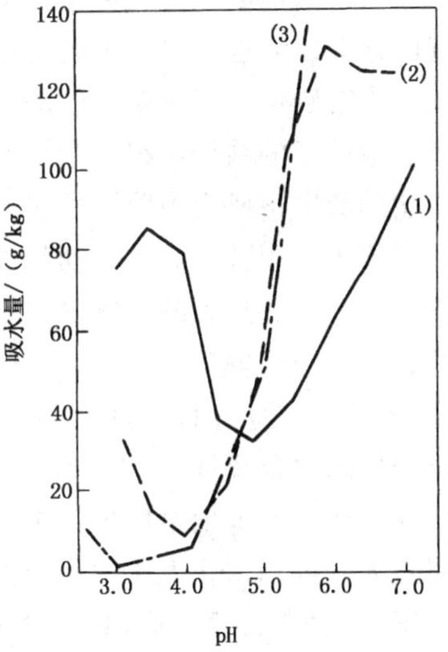

图 1-29 盐对牛肉糜保水性的影响（离子强度为 0.2）

(1) 对照 (2) NaCl (3) NaSCN

四、肉的嫩度

肉的嫩度是消费者最重视的食用品质之一，它决定了肉在食用时口感的老嫩，是反映肉质地（texture）的指标。

1. 嫩度的概念

我们通常所谓肉嫩或老实质上是对肌肉各种蛋白质结构特性的总体概括，它直接与肌肉蛋白质的结构及某些因素作用下蛋白质发生变性、凝集或分解有关。肉的嫩度总结起来包括以下四方面的含义：

（1）肉对舌或颊的柔软性 即当舌头与颊接触肉时产生的触觉反应。肉的柔软性变动很大，从软糊糊的感觉到木质化的结实程度。

（2）肉对牙齿压力的抵抗性 即牙齿插入肉中所需的力。有些肉硬得难以咬动，而有的柔软得几乎对牙齿无抵抗性。

（3）咬断肌纤维的难易程度 指的是牙齿切断肌纤维的能力，首先要咬破肌外膜和肌束，因此这与结缔组织的含量和性质密切有关。

（4）嚼碎程度 用咀嚼后肉渣剩余的多少以及咀嚼后到下咽时所需的时间来衡量。

2. 影响肌肉嫩度的因素

影响肌肉嫩度的实质主要是结缔组织的含量与性质及肌原纤维蛋白的化学结构状态。它们受一系列的因素影响而变化，从而导致肉嫩度的变化。

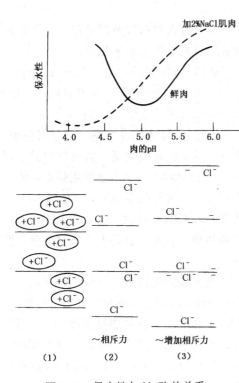

图 1-30 保水性与 NaCl 的关系

(1) 阳离子和阴离子平衡 (2) 过量的阴离子

(3) 通过 Cl⁻的束缚力而增加过量的阴离子

（1）宰前因素对肌肉嫩度的影响　影响肌肉嫩度的宰前因素也很多，主要有如下几项：

①畜龄：一般说来，幼龄家畜的肉比老龄家畜嫩，但前者的结缔组织含量反而高于后者。其原因在于幼龄家畜肌肉中胶原蛋白的交联程度低，易受加热作用而裂解。而成年动物的胶原蛋白的交联程度高，不易受热和酸、碱等的影响。如肌肉加热时胶原蛋白的溶解度，犊牛为19%～24%，2岁阉公牛为7%～8%，而老龄牛仅为2%～3%，并且对酸解的敏感性也降低。

②肌肉的解剖学位置：牛的腰大肌最嫩，胸头肌最老，据测定腰大肌中羟脯氨酸含量也比半腱肌少得多。经常使用的肌肉，如半膜肌和股二头肌，比不经常使用的肉（腰大肌）的弹性蛋白含量多。同一肌肉的不同部位嫩度也不同，猪背最长肌的外侧比内侧部分要嫩。牛的半膜肌从近端到远端嫩度逐降。

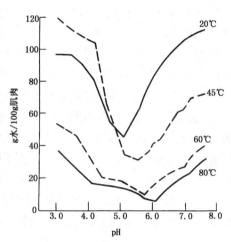

图1-31　加热和pH对牛肉保水性的关系

③营养状况：凡营养良好的家畜，肌肉脂肪含量高，大理石纹丰富，肉的嫩度好。肌肉脂肪有冲淡结缔组织的作用，而消瘦动物的肌肉脂肪含量低，肉质老。

（2）宰后因素对肌肉嫩度的影响　影响肌肉嫩度的宰后因素主要有如下几项：

①尸僵和成熟：宰后尸僵发生时，肉的硬度会大大增加。因此肉的硬度又有固有硬度（background toughness）和尸僵硬度（rigor toughness）之分，前者为刚宰后和成熟时的硬度，而后者为尸僵发生时的硬度。肌肉发生异常尸僵

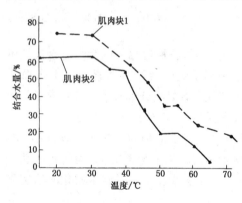

图1-32　加热对牛肉保水性的影响

时，如冷收缩（cold-shortening）和解冻僵直（thawing rigor）。肌肉会发生强烈收缩，从而使硬度达到最大。一般肌肉收缩时短缩度达到40%时，肉的硬度最大，而超过40%反而变为柔软，这是由于肌动蛋白的细丝过度插入而引起Z线断裂所致，这种现象称为"超收缩"。僵直解除后，随着成熟的进行，硬度降低，嫩度随之提高，这是由于成熟期间尸僵硬度逐渐消失，Z线易于断裂之故。

②加热处理：加热对肌肉嫩度有双重效应，它既可以使肉变嫩，又可使其变硬，这取决于加热的温度和时间。加热可引起肌肉蛋白质的变性，从而发生凝固、凝集和短缩现象。当温度在65～75℃时，肌肉纤维的长度会收缩25%～30%，从而使肉的嫩度降低，但另一方面，肌肉中的结缔组织在60～65℃会发生短缩，而超过这一温度会逐渐转变为明胶，从而使肉的嫩度得到改善。结缔组织中的弹性蛋白对热不敏感，所以有些肉虽然经过很长时间的煮制但仍很老，这与肌肉中弹性蛋白的含量高有关。

为了兼顾肉的嫩度和滋味，对各种肉的煮制中心温度建议为：猪为77℃，鸡肉为77～82℃，牛肉按消费者的嗜好分为四级：半熟（rare）为58～60℃，中等半熟（medium rare）为 66～68℃，中等熟（medium）为 73～75℃和熟透（well dore）为 80～82℃。

③电刺激：近十几年来对宰后用电直接刺激胴体以改善肉的嫩度进行了广泛的研究，尤其对于羊肉和牛肉，电刺激提高肉嫩度的机制尚未充分明了，主要是加速肌肉的代谢，从而缩短尸僵的持续期并降低尸僵的程度，此外，电刺激可以避免羊胴体和牛胴体产生冷收缩。

④酶：利用蛋白酶类可以嫩化肉，常用的酶为植物蛋白酶，主要有木瓜蛋白酶（papain）、菠萝蛋白酶（bromelin）和无花果蛋白酶（ficin），商业上使用的嫩肉粉多为木瓜蛋白酶。酶对肉的嫩化作用主要是对蛋白质的裂解所致，所以使用时应控制酸的浓度和作用时间，如酶解过度，则食肉会失去应有的质地并产生不良的味道。

五、肉的物理性质

（一）体积质量

肉的体积质量是指每立方米体积的质量（kg/m³）。体积质量的大小与动物种类、肥度有关，脂肪含量多则体积质量小。如去掉脂肪的牛、羊、猪肉体积质量为 1 020～1 070kg/m³，猪肉为 940～960kg/m³，牛肉为 970～990kg/m³，猪脂肪为 850kg/m³。

（二）比热容

肉的比热容为 1kg 肉升降 1℃所需的热量。它受肉的含水量和脂肪含量的影响，含水量多比热容大，其冻结或溶化潜热增高，肉中脂肪含量多则相反。

（三）热导率

肉的热导率是指肉在一定温度下，每小时每米传导的热量，以 kJ 计。热导率受肉的组织结构、部位及冻结状态等因素影响，很难准确地测定。肉的热导率大小决定肉冷却、冻结及解冻时温度升降的快慢。肉的热导率随温度下降而增大。因冰的热导率比水大 4 倍，因此冻肉比鲜肉更易导热。

（四）肉的冰点

肉的冰点是指肉中水分开始结冰的温度，也叫冻结点。它取决于肉中盐类的浓度，浓度愈高，冰点愈低。纯水的冰点为 0℃，肉中含水分 60%～70%，并且有各种盐类，因此冰点低于水。一般猪肉、牛肉的冻结点为－1.2～－0.6℃。

第二章　畜禽屠宰与分割

屠宰加工（slaughtering）是肉类生产的必需环节。优质肉品的获得很大程度上取决于肉用畜禽（meat animals）和屠宰加工的条件与方法。在肉类工业中，把肉用畜禽经过刺杀、放血和开膛去内脏，最后加工成胴体（carcasses）等一系列处理过程，称作屠宰加工，它是深加工的前处理，因而也叫初步加工。胴体又称肉尸，商业上称作白条肉。

第一节　畜禽的宰前处理

一、宰　前　检　验

为保证肉品卫生，尽可能减少污染环节，提供屠宰的畜禽必须符合国家发布的《家畜家禽防疫条例》和《肉品卫生检验试行规程》以及当地政府关于畜禽、畜禽产品检疫的有关规定。经宰前检验合格，确认健康无病，方可提交屠宰加工车间进行屠宰。通过宰前检验能够发现宰后难以发现的疫病，如破伤风、口蹄疫、狂犬病、脑炎、胃肠炎、脑包虫病等，以及某些中毒性疾病，这些病在宰后一般无特征性病变。

（一）宰前检验的程序

畜禽由产地运到屠宰厂后，在未卸车之前，检验人员先向押运人员索取产地检疫证明书，以了解产地有无疫情，核对畜禽种类和头数，如发现途中死亡，必须查明原因。如发现可疑疫情，应立即将该批畜禽进行隔离检查，并按有关规定处理。经检查无疫情者方可准予卸车，赶入预检圈休息。检验人员要仔细观察预检圈中畜禽的状态，把健康畜禽赶入待宰圈。

（二）宰前检验的方法

宰前检验通常采用群体检查和个体检查相结合的办法。

1. **群体检查**

把来自同一地区或同批的畜禽作为一组，通过视、听、触、测（四大要领）等方法进行检查，挑出有病或异常的畜禽个体。

（1）静态检查　观察畜禽在自然安静状态下的精神状态、立卧姿势、呼吸及反刍状况，注意有无呼吸困难、昏睡嗜眠、战栗等异常现象。

（2）动态检查　静态检查后将畜禽哄起，观察有无行走困难、弓腰屈背等。

（3）饮食检查　观察有无不食或少食、不反刍、吞咽困难等现象。

2. **个体检查**

对经群体检查发现有异常或症状的畜禽，要通过临床检查的方法，进行详细的个体检查，确定疾病的性质。

（1）视　观察病畜禽的营养和被毛状况，注意体表有无水泡、溃疡、结节等病理变化，可视粘膜是否苍白、潮红、黄染，排泄物有何异常。

（2）触　触摸皮肤弹性，体表淋巴结的大小、形状和硬度；触摸耳根、腹部和胸廓、体表皮肤、体表淋巴结、初步确定体温高低。

（3）听　听畜禽的咳嗽声、叫声、喘鸣声。也可借助听诊器听畜禽的呼吸音、胃肠音、心音等，判断有无异常。

（4）测体温　患传染病的畜禽体温往往较高，因而检查体温是宰前检验的重要手段。健康畜禽的体温，猪为 38.0～40.0℃，牛为 37.5～39.5℃，羊为 38.0～40.0℃，鸡为40.0～42.0℃，兔为 38.5～39.5℃。

患病畜禽精神萎顿，被毛粗乱，食欲减少或废绝，口腔流涎，鼻孔有分泌物，腹泻或便秘，可视粘膜色泽异常，体温升高或降低。

（三）畜禽宰前检验后的处理

根据检验结果，可对畜禽作如下处理：

1. 准宰

经检查认为健康合格的畜禽准予屠宰。

2. 急宰

确认无碍肉食卫生的一般病畜和一般性传染病的畜禽，如患有布氏杆菌病、结核病、肠道传染病、乳房炎等一般性传染病的畜禽和普通病的畜禽，应立即在急宰间屠宰。患鸡瘟、鸡痘、鸡传染性喉气管炎、禽霍乱、伤寒、副伤寒的家禽应急宰。患巴氏杆菌病、伪结核病、坏死杆菌病、脓毒症的兔应急宰。

3. 缓宰

经检查确认，患有一般性传染病和其他疾病、且有治愈希望的畜禽，或未经确诊为传染病畜禽，应缓宰。

4. 禁宰

凡符合政府禁宰或保护条令的动物，一律禁宰。凡确诊为恶性水肿、炭疽、鼻疽、气肿疽、疯牛病、狂犬病、羊快疫、羊肠毒血症、马流行性淋巴管炎、马传贫、野兔热、兔瘟、鸡瘟等恶性传染病的畜禽，采取不放血的方法扑杀。尸体不得食用，必须深埋或焚烧。同时，严格观察同群畜禽。

二、宰 前 休 息

宰前管理对肉品质量有直接的影响，应把宰前管理看作提高肉品品质的重要环节。畜禽理想的宰前状态是宰前充分休息（lairage），保持安静，以恢复因运输造成的疲劳和紧张，恢复肌糖原储备。长途运输使家畜处于应激状态（stress），导致体重减轻和抵抗力下降，试验表明，牛经 35～40km、时速 40～50km/h 运输至肉联厂，卸车后 10～30min，体重普遍减轻，如表 2-1 所示。

表 2-1　　　　　　　　　　　　　　牛因运输体重减少情况表

体重/kg	头数	体重/kg		减　重	
		运输前	运输后	kg	%
320～350	42	350.2	330.7	19.5	5.6
	45	391.3	371.1	20.5	5.2

续表

体重/kg	头数	体重/kg		减　重	
		运输前	运输后	kg	%
350～400	69	377.1	357.4	19.7	5.2
	96	368.8	355.5	13.2	3.6
	35	410.8	388.6	22.2	5.4
400～450	188	407.1	396.5	10.6	2.6
500 以上	19	532.6	515.8	16.8	3.1

另据前苏联肉品工业研究所的材料指出，猪经 5 昼夜运输到厂后，经不同时间屠宰，肌肉及肝脏中的细菌数量有显著区别。卸车后立即屠宰，带菌肝脏占 73%，带菌肌肉占 30%。休息 24h 后屠宰，带菌肝脏占 50%，带菌肌肉占 10%。休息 48h 后屠宰，带菌肝脏占 44%，带菌肌肉占 9%。宰前使牲畜充分休息在经济上和卫生上是必要的。

此外在休息期间要保持安静，不过度拥挤，在驱赶时禁止鞭棍抽打、惊恐及冷热刺激。现在应用一种电动驱赶棒来赶猪，为一长形棍，筒内装四节一号电池，输出交流电，产生脉冲刺激局部，电流很小，只有 0.1A，对猪无强烈刺激，只起驱赶作用。猪易对高温产生应激，特别是外界温度超出适中区时（60kg 活重的猪约为 13～24℃），体重都要减轻。P. D. Warris（1983）指出，冬季运输肯定会减重，而夏季较高温度下运输减损更大，运输一天导致胴体减重 2.4kg，运输 6h 减重 1kg，肝脏减重 0.04kg。在丹麦，夏季用空调车（air-conditioned vehicles）运猪。

一般地说，猪经 6～8h 运输可使屠宰率下降 1%～2%，运输 24h 则下降 4%。

三、宰 前 禁 食

宰前应禁食（fasting），即饥饿管理，目的在于：促进排便，减少胃肠内容物，便于屠宰操作，以免肠道破裂，流出粪便污染胴体；暂时的饥饿可促使体内糖原代谢，加速宰后肉的成熟。禁食时可以大量给水，使血液浓度降低，便于充分放血，以提高肉的贮藏性。

一般牛、羊宰前禁食 24h，猪 12h，家禽 18～24h（喂干燥的谷粒即使绝食 36h，胃肠仍有内容物残留，喂糠麸需 12～15h，喂青饲料 8h 即完全消化）。禁食会造成体重减损，猪（体重 82kg）禁食 24h 活重减损 3.8%，热胴体重减损 2.1%。禁食 48h 活重减 7.2%，屠体减 4.4%。禁食 24h 的猪肝脏减重 16%。活体重量的减损开始于停饲 9～18h。猪的减重比牛羊发生较早，反映了饲料通过肠道快，猪进食以谷物为基础的日粮，进食后 4～8h，饲料达到小肠吸收部位，9h 已被吸收进入血液循环（P. D. Warris 1983）。

禁食能消耗体内的能量储备，特别是肝糖原迅速下降，禁食 9h 肝糖原被动用 50% 以上，18h 以后肝糖原浓度近乎零。肝糖原被用来维持血糖的浓度，因禁食初期血糖会下降，但禁食对肌糖原储备影响较小。禁食 24h，肌糖原损失约 20%，宰前肌糖原降低，使宰后极限 pH 升高。肌糖原过少且受到应激的牛，易产生色暗、坚硬和发干的牛肉，称为 DFD 肉（Dark，Firm and Dry meat）。牛在饥饿应激下肌肉切面颜色变暗，称为 DCB 肉（Dark Cutting Beef），并且使肝脏呈粘土色，肝细胞内出现大量脂肪浸润，称为"饥饿肝"。这些因素在禁食时均应考虑，Soffle 等认为避免胴体减重，绝食时间应不超过 16h，并提倡宰前喂糖以克服饥饿及疲劳的影响，不使胴体及肝脏减重，同时降低肌肉组织的最终 pH。Fernunds 等研究指出猪喂糖 4～6h 继而给水 12h，有显著效果，使肝脏重量增加方面，喂蔗糖优于葡萄糖，体重增加较少。喂糖的猪比对照猪糖原多 25 倍，水分多 1.8 倍，重量多 1kg。受到应激的肌糖原过多的猪，易产生色泽苍白、质地软和肉汁渗出的肉，称为 PSE 肉（Pale，Soft and Exudative meat）。猪 PSE 肉的产生与遗传有关。

四、宰 前 淋 浴

猪在屠宰前要进行淋浴（washing），将猪赶至候宰前的淋浴室内，室内上下左右均安装有喷头，喷淋猪体约 2～3min，以清除体表的污物，保证屠宰时清洁卫生。淋浴时水注不应过急，如毛毛细雨，使猪有凉爽舒适的感觉，促使外围毛细血管收缩，便于放血充分。小的屠宰场没有淋浴设施，可用胶皮管接上喷头进行人工喷洗。

第二节　屠 宰 加 工

一、家畜的屠宰加工工艺

各种家畜的屠宰加工工艺过程，都包括有致昏、刺杀放血、褪毛或剥皮、开膛解体、胴体整修、检验盖印等主要工序，但因家畜种类不同，生产规模、条件和目的不同，其加工程序的繁简、方法和手段而有所区别，但都必须符合安全、卫生，提高生产效率，保证肉品质量，按基本操作规程要求进行。

（一）击晕（stuning）

应用物理的（如机械的、电击的、枪击的）或化学的（吸入 CO_2）方法，使家畜在宰杀前短时间内处于昏迷状态，谓之致昏，也称击晕。主要方法有电击法，锤击法及 CO_2 致昏法。

1. 电击晕

生产上称作"麻电"，为各国普遍应用。我国大中型肉联厂及冷冻厂均进行电击晕。利用麻电器，使正负极电流通过胸部，造成轻微电击而暂时失去知觉约 3～5min，在此时间内应立即刺杀放血。

麻电器和麻电时间及电压各有不同。

我国采用的猪麻电器有手握和自动触电式两种。手握式麻电器为电话筒形，木制或塑料外壳，中间安装电线，连接两端的电极板，电极板附有海绵。使用时，工人穿胶靴带胶手套，手持麻电器，两端浸蘸 5% 的食盐水（增加导电性），前端按在猪的太阳穴部，后端按在肩颈部，接触 3～5s 即可。

自动麻电器是猪自动触电而晕倒的一套装置。麻电时，将猪赶至狭窄通道，打开门一头一头按次序时间（约 2s）由上滑下，头部触及自动开闭的夹形麻电器上，晕倒后滑落在运输带上。

猪麻电电压一般为 60～85V。欧美国家出于动物福利（animal welfare）的考虑，猪的麻电电压为 150～250V，但往往引起击晕后抽搐，对胴体品质产生不良影响。

牛麻电器有手持式和自动麻电装置两种。手持式为一耳机形的方形箍，箍两端装以电极板附海绵，方形箍的上端按上弹簧以调解开张度。麻电时，将箍浸食盐水，夹在牛的两侧耳根部。因操作不便，不安全，现已不使用。

牛的自动麻电器为一小室形麻电装置，一极为麻电杆，一极为通电铁板。麻电时，将牛赶入麻电室内，使前肢踏上通电铁板，然后工人手持麻电杆触及牛的枕部，约 5s 左右即行晕倒，启动翻板滑落室外。

羊的麻电器与猪的手持式麻电器相似，前端形如镰刀状为鼻电极，后端为脑电极。麻电时，手持麻电器将前端扣在羊的鼻唇部，后端按在耳眼之间的延脑区即可。

在欧美国家，禽类电击晕应用普遍。用脚环将禽体吊挂在流水作业线上，下边设通电的盐水池，吊挂高度以使家禽头部浸没在盐水中为宜。盐水池底部设有通电金属格栅，脚环上设有接地电线，当自动运行时，禽头部浸入盐水，接通电路，即达到麻电目的。通过每只家禽的电流量决定于施加的电压和盐水池中家禽的电阻。肉用子鸡的电阻一般为 1 000～2 600Ω，公鸡比母鸡电阻大。当电压一定时，通过禽体的电流与禽体自身电阻成反比。电击晕效果不仅决定于电流、电压、波形、频率和持续时间，而且取决于禽体大小、性别、成分和羽毛覆盖状况等。近年来，美国多采用低电压击晕法（10～25V、脉冲直流电、500Hz、每只子鸡 10～12mA 电流）。欧洲采用的电压较高，每只子鸡的电流量为 100～120mA，持续时间 4～5s。高电压击晕法由于肌肉强烈收缩，常引起骨折、内脏损伤、翅关节损伤、红翅尖和胸肉、腿肉出血、叉骨破裂等，使胴体品质下降。

兔的麻电器为叉形，用时蘸浓度为 50% 盐水按在耳根部。

电击晕要依据动物的大小畜龄，注意掌握电流、电压和麻电时间。电压电流强度过大，时间过长，引起血压急剧增高，造成皮肤、肉和脏器出血。各类家畜常选用的电击晕数据见表 2-2。我国多采用低电压，而西欧一些国家多用高电压低电流短时间，可避免应激作用。

表 2-2   **各类家畜常选用的电击晕数据**

项 目 家 畜	电压/V	电流/A	麻电时间/s
猪	60～85	0.5～1.5	3～5
牛	75～120	1.0～1.5	5～8
羊	90	0.2	3～4
兔	75	0.75	2～4
家禽	65～85	0.1～0.2	3～4

2. 机械击晕

机械击晕有锤击、棒击及枪击等方法。锤击法是一种古老的方法，多用于牛的击晕。击晕用锤子把长 1m，重约 2kg。击晕时持锤突然打击牛的前额部，造成脑震荡而失去知觉，其优点是感觉中枢麻痹，而运动中枢仍然活动，使肌肉血管收缩，便于放血。要注意打击部位准确，打击力量适中，一击即倒，避免损伤颅骨。此法在我国清真屠宰仍在应用。

棒击应用于兔的击晕。左手握住兔背部皮肤或持其肩胛部，右手用一根直径约 4cm 的木棒击其头部即行晕倒。

枪击法应用于大牲畜，国外有用特制枪支射击头部，使牲畜昏倒。

3. 气体致昏

丹麦、德国、俄罗斯、美国、加拿大等国家已把二氧化碳致昏法成功地应用于猪的商业屠宰。将猪赶入致昏室，室内气体组成：CO_2 65%～75%，空气25%～35%。猪吸入15s后，意识即完全消失，然后通过传送带吊起，刺杀放血。CO_2 致昏使猪在安静状态下不知不觉地进入昏迷，因此肌糖原消耗少，极限pH低，肌肉处于弛缓状态，避免了内出血。试验证明，吸入的 CO_2 对血液、肉质及其他脏器均无不良影响。由于高浓度 CO_2 使脑部严重缺氧，引起强烈抽搐（convulsion）。出于动物福利的考虑，欧美国家正在研究用氩的混合气体致昏。

氙、氪、氩是惰性气体，都具有麻醉性质。常压下氩可诱导脑部缺氧，使动物不知不觉地迅速失去感觉。室内气体组成：氩90%和空气10%；或氩60%、CO_2 30%和空气10%。猪在氩60%、CO_2 30%和空气10%的混合气体中保持5min，或在氩90%和空气10%的混合气体中保持7min，离开混合气体后45s内刺杀放血。

高浓度 CO_2 可使家禽致昏，但脑部严重缺氧会引起强烈抽搐，胴体品质下降。近年来，欧美国家试验研究两阶段气体致昏宰杀法。首先用30%～35% O_2、40%～45% CO_2 和30%左右的 N_2 组成的混合气体使家禽致昏（时间1min），然后用由80%～85% CO_2 和15% O_2 组成的混合气体使家禽致死（时间2min），切颈放血。

4. 击晕对肉质的影响

在西方国家，电击晕和 CO_2 击晕广泛用于猪的屠宰。西方法律要求，选用击晕方法时应从动物福利（animal welfare）的角度出发，并要求所有被宰动物应即刻进入不知不觉状态，并保持这种状态直至因放血而使大脑完全失去反应。但对肉类工业来说，选用击晕方法要考虑肉的品质。科学研究指出，电击晕使猪体产生严重的应激，导致肌肉剧烈活动和肾上腺皮质释放进入血液的儿茶酚胺增多，死后肌肉糖原酵解速率加快。肌肉酸化速度高将导致PSE肉的形成。而且儿茶酚胺的积累、血压升高、纤维蛋白分解活性增强和肌肉剧烈活动会使肌肉（特别是后腿部和腰部肌肉）因毛细血管破裂而产生淤斑，结缔组织和肌肉筋膜产生出血斑。肌肉强烈收缩还会导致肩胛骨和脊柱骨折。

击晕方法不同对猪的应激程度也不同。A. Velarde等调查表明，电击晕使PSE肉的产生明显高于 CO_2 击晕，分别为10%～19%和2%～6%。CO_2 击晕使腰部肉和后腿肉的淤斑明显少于电击晕。CO_2 击晕使11.2%～18.6%的腰肉出现淤斑，电击晕为27.2%～46.6%。后腿肉的淤斑出现度，CO_2 击晕为10%～15.5%，电击晕为25%～26.9%。另一方面，同一击晕方法的动物，不同个体间猪肉品质也有很大差异，麻电对猪放血及肉品质的影响见表2-3。上述资料还表明，电击晕和 CO_2 击晕的负效应还是很大的。所以，致昏快、对肌肉刺激小的击晕方法将是今后的研究方向。

表 2-3		麻电对猪放血及肉品质的影响			
电压/V	放血量/%（占总血量）	皮下脂肪颜色	肌肉	肋间血管断面	血腥味
70	72～84	白或微红	明亮	空虚	淡
220	61～71	深红	灰暗	充盈	浓

应用肌肉神经阻断剂组胺可减少血斑发生。高电压高频率（矩形或梯形交流电）比低电压低频率的正弦交流电击晕可减少 80%，缩短从击晕到放血的时间（不超过 60s），也有减少血斑的效果，这是因为减少儿茶酚胺对血压及纤维蛋白分解的作用时间所致。

（二）刺杀放血

屠宰的家畜经击晕后立即将后腿拴挂在滑轮的铁链上，经滑车吊至悬空轨道，运到放血处进行刺杀放血（stick and bleed）。击晕后应立即放血，以免引起肌肉出血。家畜的放血方法有刺颈法、切颈法和刺心放血法等。

1. 刺颈放血法

这种方法普遍应用于猪的屠宰。工业生产上采用吊起垂直放血，手工屠宰多为卧式水平放血。前者沥血充分，后者较差。刺杀放血时，用一短把长刃尖刀（刃长 20～25cm，宽3.5cm），沿颈中部咽喉处刺入，在胸腔出口处第一对肋骨附近，切断颈动脉和颈静脉，刺入深度为 15cm 左右，依猪体的大小和肥瘦而定。注意不要刺破心脏，以免放血不良。牛的刺杀部位在距胸骨 18cm 左右的颈中部刺入约 30～35cm，沿食管左侧切断颈总动脉。猪刺杀的刀口不宜过大，以免烫毛时污染肉体。刺杀后经 3～5min，即可进入下一道工序。

2. 切颈放血法

这种方法应用于牛羊，是清真屠宰普遍使用的方法。利用大砍刀在靠近颈前部横刀切断三管（食管、气管和血管），俗称大抹脖，缺点是食管和气管内容物或粘液易流出，污染肉体和血液。

3. 心脏放血法

为了获得优质的血液（食用或药用），利用一种特制的空心刀刺入心脏直接放血。放血时先将经过消毒的盛血容器、空心刀等准备好，切开颈中部皮肤，将空心刀从第一对肋骨中间，沿气管右侧刺入右心房，使全身的回流血沿胶管流入容器内。

手工屠宰猪时，多进行刺杀心脏放血，促其死亡快，以免挣扎，但放血不完全会造成胸腔积血。

放血充分与否影响肉品质量和贮藏性。放血完全的屠体在大血管内不存有血液。内脏和肌肉中含血量少，肉色较淡。放血不完全则相反。家畜全身的血量不可能完全放尽，只能放出总血量的 50%～60%，还有 40% 左右的血液仍然残留在组织中，其中以内脏器官残留较多，肌肉中残留较少，每千克肉约残留 2～9mL。在放血良好的情况下，牛的放血量约为胴体重的 5%，猪为 3.5%，羊为 3.2% 左右。

（三）浸烫、刮毛或剥皮

屠宰家畜在放血后解体前，猪屠体要进行浸烫褪（刮）毛或剥皮，牛羊屠体要进行剥皮。

1. 猪的烫毛和刮毛

放血后的猪体由悬空轨道上卸入烫毛池进行浸烫，使毛孔扩张便于刮毛。屠体在烫毛池内被推挡机前后翻动和向前运送，从入池到出池正好完成烫毛时间，大约 5min 左右。小型屠宰场和手工屠宰无推挡机，可用带钩的长杆翻动猪体向前拨送。池内水温保持在 60～63℃，浸烫 5～8min，即可捞出刮毛。浸烫时注意掌握水温和时间，防止"烫生"或"烫老"，烫生即温度低，时间短，毛孔未扩张，毛不易刮掉；烫老则表面蛋白质凝固，毛孔闭塞也不易刮毛，而且进入滚筒式刮毛机内，易将皮肤打烂。如果水温过高，可引起皮肤充血。有的资料报道，水温超过 63℃，烫 8min，可引起屠体高温僵直，肉质降低。如果为了获得猪鬃，可在烫毛前将猪鬃拔掉，生拔的猪鬃弹性强，质量好。

褪毛分机械刮毛和手工刮毛，大中型肉联厂普遍应用滚筒式刮毛机进行机械刮毛。刮毛机与烫毛池相连，屠体浸烫完毕即由捞耙或传送带自动送入刮毛机，每台机器每次放入 3～4 头，每小时可刮 200 头左右，刮下的毛及皮屑通过孔道运出车间。刮毛完毕后将屠体放入清水池内清洗，同时由人工将未刮净的部位如耳根、腿内侧及其他未刮净的残毛刮掉，然后在后肢跟腱部位用刀穿口（6～8cm），钩上挂钩，通过滑轮吊上悬空轨道。

小型肉联厂或屠宰站无刮毛设备，可进行人工刮毛。先刮耳、尾毛，再刮头、四肢毛，然后刮背部和腹部的毛。各地刮毛方法不尽一致，以方便、不空刮、刮净为宜。

在国外，如丹麦、荷兰等国，刮毛后不用清水池，而用烤炉或用火喷射，温度可达 1 000℃ 以上，猪屠体通过时，全身毛孔在高温作用下扩张，把残毛甚至毛根都烧得干干净净，时间约 10～15s。烧烤后再用机器自动刮去屠体表面的黑垢和刷洗屠体。

我国多用喷灯燎毛，手工刮洗屠体污垢。

2. 剥皮

屠宰牛羊，进行剥皮，近年来发展猪皮制革，猪也进行剥皮。方法分手工剥皮和机器剥皮。

手工剥皮：牛的手工剥皮是先剥四肢皮、头皮、腹皮，最后剥背皮。剥前肢后肢时，先在蹄壳上端内侧横切，再从肘部和膝部中间竖切，用刀将皮挑至脚趾处并在腕关节和跗关节处割去前后脚。然后在两前肢和两后肢切开剥离。剥腹部皮时，从腹部中白线将皮切开，再将左右两侧腹部皮剥离。剥头皮时，用刀先将唇皮剥开，再挑至胸口处，逐步剥离眼角耳根，将头皮剥成平面后，在枕寰关节处将头割去。剥背皮时，先将尾根皮剥开，割去尾根，然后沿肛门至腰椎方向将背皮剥离。卧式剥皮时，先剥一侧，然后翻转再剥另一侧。如为半吊式剥皮，先仰卧剥四肢、腹皮，再剥后背部皮，然后吊起剥前背皮。

机械剥皮：先手工剥头皮，并割去头，剥四肢皮并割去蹄，剥腹皮，然后将剥离的前肢固定在铁柱上，后肢吊在悬空轨道上，再将颈、前肢已剥离皮的游离端连在滑车的排钩上，开动滑车将未剥离的背部皮分离。

猪的剥皮：因猪的皮下脂肪层厚，剥皮较为困难，通常由熟练工人进行手工剥皮。剥皮顺序是由头、四肢、腹、背依次进行。国外多采用机械剥皮。在机械剥皮前，先进行烫毛、刮毛。为保护利用价值高的背部皮，用筐形容器使猪在烫毛池中固定，使背部和侧面的皮不浸入热水中，其他部分被浸烫（水温 64～68℃）后，再进行机械刮毛，然后由剥皮机剥掉背部皮肤。美国不进行浸烫刮毛，而直接进行剥皮，这样剥皮比刮毛更经济，可减少能源的消耗。有试验指出，剥皮的猪肉表现出较快的冷却速度，pH 下降速度也较慢，肌肉颜色较深。另外，去掉皮及一些脂肪后，降低隔热作用，可直接加快冷却速度，剥皮胴体可榨出的水分和游离水的百分比显著降低。

羊的剥皮：为了很好的利用其作裘皮，在剥皮时应完整的剥下来。方法分人工剥和机械剥，除不剥头皮和蹄皮以外，大体上与牛的剥皮法相似。先将头、脚割下，将腹皮沿正中线剥开及沿四肢内侧将四肢皮剥开，然后用手工或机械将背部皮从尾跟部向前扯开与肉尸分离。一般屠宰厂采取水平剥离，将羊体横放固定在台上，使腹部朝上。大型肉联厂采取垂直剥离。

（四）开膛解体

1. 剖腹取内脏（eviscerate）

刮毛或剥皮后应立即开膛取出内脏，最迟不超过 30min，否则对脏器和肌肉均有不良影响，如降低肠和胰的质量等。

猪的开膛：沿腹部正中白线切开皮肤，接着用特制的滑刀滑开腹膜，使肠胃等自动滑出体外，便于检验。然后沿肛门周围用刀将直肠与肛门连接部剥离开（俗称刁圈子、挖眼），再将直肠掏出打结或用橡皮筋套住直肠头，以免流出粪便污染胴体。用刀将肠系膜割断，随之取出胃、肠和脾。然后用刀划破横膈膜，并事先沿肋软骨与胸骨连接处切开胸腔，并剥离气管、食管，再将心、肺取出。取出的内脏分别挂在排钩上或传送盘上以被检验。

牛的剖腹应在高台作业。手工作业时应先将屠体后躯吊起一米，然后剖腹取内脏。牛的内脏器官大，应将各个器官分割开，分割时要注意结扎好，避免划破肠管和胆囊。

2. 劈半

开膛取出内脏后，要将胴体劈成两半（猪、羊）或四分体（牛）。劈半前，先将背部皮肤、脂肪用刀从上到下分开，称作描脊或划背。然后用电锯或砍刀沿脊柱正中将胴体劈为两半。利用桥式劈半机劈半时，则先将头去掉。用手持式电锯劈半时，可将头连在一侧胴体上，以便检查咬肌。劈半时注意不要劈偏。

（五）胴体修整

修整前先从枕寰关节处将头割掉，前肢从腕关节、后肢从跗关节处将蹄割去。然后再割去生殖器、腺体，分离体脂肪（板油）及肾脏。最后修刮残毛、血污、淤斑及伤痕等，保持胴体整洁卫生，符合商品要求。

（六）检验、盖印、称重、出厂

在整个屠宰加工过程中，要进行宰后兽医检验，分设头部、内脏、旋毛虫、胴体初检及复检等不同检验点，经检验合格确认健康的，盖以"兽医验讫"的合格印章。然后经过电子称称重、入库、冷藏或出厂。

猪、牛、羊屠宰加工示意图见图 2-1、图 2-2、图 2-3 和图 2-4。

二、家兔的屠宰加工工艺

（一）宰杀放血

家兔的宰杀放血有三种方法：

1. 切颈放血法

将兔倒挂，操作人员左手握住两耳，右手持刀在紧靠下颌处咽喉部切断三管（气管、食管、血管），放血约 2~3min。此法放血充分，效率高，应用较为普遍。为防止垂死挣扎以兔血液污染毛被，宰前要击昏。采用电击昏时，电麻器电压为 60~70V，电流强度为 0.75A，通电时间 2~4s。手工屠宰时可用木棒或刀背敲击后头部即可。

2. 棒击放血法

用木棒猛击兔的后头部，昏迷后立即放血。这种方法放血不全。

3. 灌醋法

用稀释的醋酸或食醋自口腔灌服数汤匙，使腹腔内血管急剧扩张，全身大部分血液积聚于内脏，造成心力衰竭而麻痹，呼吸困难，口吐白沫数分钟内死亡。因操作不便和不放

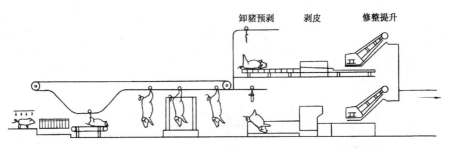

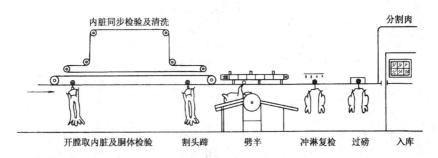

图 2-1 猪屠宰加工示意图

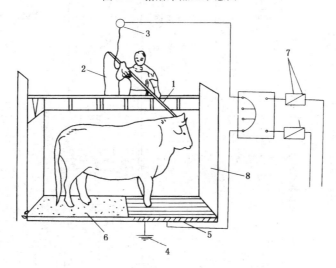

图 2-2 牛自动麻电装置示意图

1—麻电杆 2—电线 3—插座 4—地线 5—通电铁板
6—橡皮板 7—安全装置 8—自动翻板

血等缺点，生产上不予应用。

（二）剥皮

　　放血后应立即剥皮。先用刀在两后肢跗关节下缘将皮作环状切开，再用尖刀自右后肢切口处内侧经肛门下缘向左后肢内侧将皮挑开。然后用手握住两后肢被剥离的皮，用力向下剥离成筒状，当剥离到前肢腕关节处，作环状切开并切断前脚，剥离头皮，随即将全皮脱下。剥下的皮被毛朝里，用弓形铁条或木架深入内部，将皮撑开，放在阴凉通风处干燥，

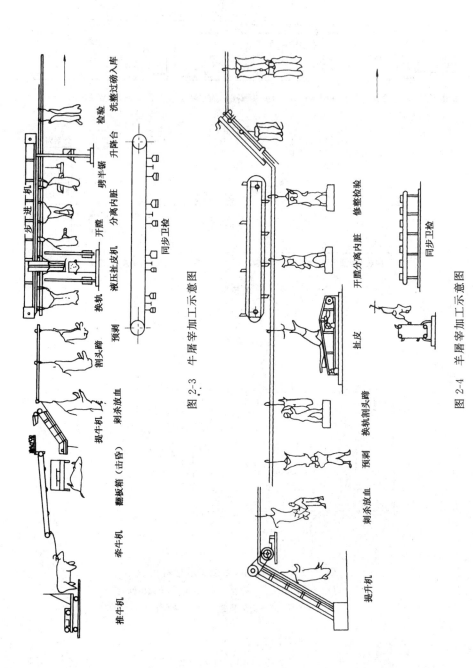

图 2-3　牛屠宰加工示意图

图 2-4　羊屠宰加工示意图

此法为筒状剥皮。另有板状式剥皮，是在腹部正中白线处切开，然后将四肢及背部皮剥离成为皮板状。

剥皮时不要刺破皮张或使兔毛污沾胴体，皮张上不应残留脂肪和肌肉，以免影响皮张的保存和加工。

（三）开膛取内脏

剥皮完毕后立即进行开膛。用刀沿腹部正中白线切开腹膜，将肛门处直肠剥离，然后用手分离内脏，并放在指定地点或容器内以备检验。同时在第一颈椎处将头割下。开膛时避免刺破胃肠和膀胱，以免粪便污染胴体。

（四）修整

兔胴体修整不同于其他胴体修整，不能用水冲洗。这是因为水洗后不易晾干，影响皮膜形成，而不耐贮藏。因此，修整时用清洁的白布擦拭血污，并去掉沾污的兔毛。另外，用刀割去残留的食管、气管、生殖器及伤痕、淤斑等。

（五）包装、冷藏

修整后，经过冷却（0～5℃，2h），使胴体表面形成一层皮膜，然后进行整形并用塑料袋包装、装箱。小箱每箱20kg，大箱30kg。装箱后送入冷库，在－20℃条件下，小箱冻结36h，大箱冻结50h，即可冷藏保存或外运。

三、家禽的屠宰加工工艺

（一）宰杀放血

宰前将鸡放在笼内，然后一个一个吊在宰杀台上，禽头向下，双脚向上套入脚钩内，反剪双翅使其固定。操作人员用手拉开下喙壳，将刀伸入口腔，在靠近头骨底部，切断颌静脉和桥支静脉的联合处，待血液从口腔流出时，立即抽回刀，沿上颚裂刺入延脑，破坏神经中枢，使缩毛肌收缩，这种方法为口腔放血。口腔放血可保持鸡体的完整性，刺破延脑，但易造成放血不良，污染脑部，不易贮藏。现在多不用这种方法。

切颈放血即用刀切断三管（气管、食管、血管），方法简便。

动脉血管放血法是在家禽头部左侧耳垂后，用刀切一小口，切断颈动脉的颜面分支进行放血。缺点是动脉血管不易找到，操作慢，生产上不用此法。

（二）烫毛、拔毛

宰杀后8～10min，即可放入烫毛池或锅内浸烫，水温保持在65℃，浸烫时间为35s左右，以拔掉背毛为度。浸烫时要不时翻动，使其受热均匀，特别是头、脚要烫充分。水温不要过高过低。水温过高，浸烫时间长，可引起体表脂肪溶解，肌肉蛋白变性凝固，皮肤容易撕裂。水温低浸烫时间短则拔不掉毛。烫毛池的水要经常更换。拔毛时先拔掉翅毛，再用手掌推去背毛，回手抓去尾毛，然后翻转禽体，抓去胸、腹部毛，最后拔去头颈部毛。拔毛要求干净，防止破皮。现在多用拔毛机进行机械拔毛，可提高功效，减轻劳动强度。

（三）去绒毛

禽体经拔毛后，尚残留少量细毛。去除绒毛和毛管的方法有两种：一种为钳毛，将禽体浮在水面，水温20～25℃，用拔毛钳子（一头为钳，一头为刀片）从颈部开始逆毛倒钳，将绒毛等钳净；另一种为松香拔毛，将禽体浸入溶解好的松香内，立即取出放入冷水中约3s，待松香凝固后，从水中取出，将松香打碎剥去，绒毛即被松香粘掉。松香拔毛剂配方为：

食油 11%，松香 89%。将食油和松香放在锅中加热到 200~230℃，充分搅拌，使其溶成胶状液体，再移入保温锅内，保持溶液温度为 120~150℃备用。但松香拔毛操作不当，使松香嵌入禽体天然孔或陷窝深处，不易除掉，烹调食用时可引起中毒。如上海市曾发生过人吃鸭头或猪鼻软骨（均经松香拔毛）而引起面部发痒，有小红斑及浮肿、头痛、腹痛等症状。经调查为松香残留物所致。因此进行松香拔毛时，要避免松香流入鼻腔、口腔，并仔细将松香清除干净。

（四）净膛

净膛就是从禽体内清除内脏的过程。根据清除程度不同，分为三种情况：

全净膛：切开腹壁，将全部内脏（肺脏除外）取出，只存胴体。

半净膛：不切开腹壁，仅仅将肠管从肛门处用力拉出，其他脏器仍存留在体腔内，胴体保持完整无缺。拉肠时不要拉断肠管和破坏胆囊，以免污染胴体。

不净膛：全部内脏保留在体腔内，但在宰杀前饥饿管理时，要彻底清除胃肠内容物，充分绝食，大量饮水。最好水中加 2%的芒硝，促进排泄。

（五）检验入库

净膛后，经过检验、修整、包装，最后入库冷藏，在库温－24℃下经 12~24h 冻结，使肉温达到－24℃，即可长期贮藏。

第三节　宰后检验及处理

宰后检验是宰前检验的继续，主要目的是发现和检出对人体有害或致病的肉品，剔出有害于公共卫生的肉类，并按照有关规定对这些肉类进行及时处理，进行卫生监督，保证肉品卫生质量。炭疽、鼻疽、口蹄疫、猪丹毒、猪囊尾蚴病、牛囊尾蚴病、弓形体病、旋毛虫病等是人畜共患病，要认真检验。宰后检验的重点是胴体、头、肝、肺、肾、脾、心、肠及肠系膜等器官和组织。

一、宰后检验的方法

感官检查和剖检是肉品宰后检验的基本方法。必要时进行微生物学、免疫学、病理学等方面的检验。

1. 视检

即观察畜禽胴体的皮肤、肌肉、脂肪、胸腹膜、关节、天然孔及各种器官的色泽、形态、大小等是否正常。注意观察皮肤上有无出血点，内脏器官如肝脏、肺脏等是否肿大，有无出血、淤血、坏死、肿瘤等变化。并同时剖检器官和组织的隐蔽部分，观察其形态、色泽及组织结构等变化。

2. 触检

用手触摸或用检验刀具触压，以判定组织和器官的弹性与硬度。这种检查方法可以发现软组织深处的结节病灶。如在检验肺脏时，有时在肺表面虽不显任何变化，但往往能触知肺脏内部是否有肿瘤、结节或化脓等病灶的存在。

3. 剖检

用检验刀剖开胴体和脏器的受检部位，观察深层组织或隐蔽部分的变化，这对于深层病变的确诊是必要的。

4．嗅检

有时肉品外表不显任何变化，仅有轻微的色泽变化，必须辅以嗅检。腐败的肉产生酸臭味；宰前患尿毒症或尿酸盐沉积时，肌肉组织必然带有尿的气味；宰前用芳香性药物治疗或引起中毒的畜禽肉，会发出某种药物的特殊气味。

二、宰后检验的要点

畜禽宰后检验一般分为头部检验、内脏检验和胴体检验。

（一）猪的宰后检验

一般分为头部检验、皮肤检验、内脏检验、胴体检验和旋毛虫检验。

1．头部检验

猪的头部检验分两步进行。第一步是在放血后烫毛或剥皮前。沿放血孔长径切开下颌区的皮肤和肌肉，剖检左右颌下淋巴结，检查有无炭疽和结核病变以及化脓灶。第二步与胴体检验一道进行。先剖检两侧内外侧咬肌，看有无囊尾蚴寄生，然后检查咽喉粘膜、会咽软骨和扁桃体，同时观察鼻盘、唇和齿龈有无水泡、溃疡等变化。

2．皮肤检验

皮肤检验一般在烫毛后开膛前进行，对于控制猪瘟、猪丹毒、猪肺疫和弓形体病等以及防止车间污染有重要意义。患这些病的猪胴体皮肤上会出现不同程度的充血、出血和坏死等变化。如有异常变化，将可疑病猪做好标记，转到病猪检查点，进行详细检查，综合判断。

3．内脏检验

猪的内脏检验分为胃、肠、脾检验和心、肝、肺和肾脏检验。目前多采用同步检验法，就是胴体和内脏分别在并列的两条流水线上同时检验，以便将内脏器官与胴体进行对照检查。

（1）胃、肠、脾的检验　在开膛之后进行在体检验，以便控制肠型炭疽等传染病。检验人员用左手抓住回盲部盲肠端及肠系膜，向左侧拉开，暴露整个肠系膜淋巴结，观察肠系膜淋巴结有无充血、出血水肿等病变。然后右手用检验刀从肠系膜淋巴结左端剖检至右端，观察有无局灶性炭疽、弓形虫病和结核病等病变，并观察胃、肠浆膜有无充血、出血、肿胀、梗死等现象。

（2）心、肝、肺的检验　心、肝、肺等器官的检验可在检验台上进行离体检验，也可在体检验。首先由肺脏开始，先观察肺脏的色泽、大小，有无出血、充血、气肿、水肿、坏死、化脓等病变，并触检其弹性，必要时剖开支气管和支气管淋巴结、肺实质，观察有无局灶性炭疽、肿瘤以及小叶性和大叶性肺炎等。检查心脏时，先观察心脏的色泽、大小，心包有无积液及心包液的性状，然后观察心肌有无变性、出血及囊尾蚴寄生等病变。同时在左心房肌肉上切一斜口，暴露心腔，观察心肌、心内膜、心瓣膜及血液凝固状况，注意心肌上有无囊尾蚴寄生。

检验肝脏时，先观察外表，注意肝脏大小、色泽、形态，有无出血、淤血、肿大、变性、坏死、萎缩、肿瘤等病变，以及有无细颈囊尾蚴等寄生虫或其结节。然后触检肝脏弹性，剖检肝门淋巴结及肝胆管和肝实质，查看有无硬变和脂肪变性。

4．旋毛虫检验

开膛取出胃、肠、脾后，从左、右膈肌角各取样 15g 左右，做好编号，进行旋毛虫检验。如肌肉中发现旋毛虫，则在相应的胴体上作出标记。

5．胴体检验

首先观察皮肤、皮下脂肪、肌肉、胸腹腔浆膜的状态，观察有无充血、出血、脓肿、蜂窝织炎、黄染、外伤等变化，判断胴体的放血程度。观察腹股沟线、深淋巴结、髂下淋巴结、肩前淋巴结有无出血、充血、坏死、化脓等病变。囊尾蚴多发地区要剖检两侧腰肌，观察有无囊尾蚴寄生。随后观察两侧肾脏有无充血、出血、贫血、肿大、萎缩等变化。

（二）牛、羊的宰后检验

检验顺序与猪相似，可分为头部检验、内脏检验和胴体检验。

1．头部检验

先视检整个头部和眼睛，检查齿龈、唇、舌面有无水泡、溃疡、坏死。触诊下颌骨和舌根、舌体，观察有无放线菌肿。然后与下颌平行切开内外咬肌，检查有无囊尾蚴寄生。取出舌后，剖检舌后内侧淋巴结、颌下淋巴结和扁桃体，检查有无结核、化脓和放线菌肿。

2．内脏检验

牛的屠宰实践中，常常把肝脏和心、肺分开，脾、胃和肠道分开。因而牛的内脏检验分为胸腔脏器和腹腔脏器检验。

（1）胸腔脏器检验　肺脏检验时，先视检其大小、色泽、形态，并触检整个肺组织，注意有无充血、出血、化脓、坏疽、结节等病变，检查有无胸膜炎、肺炎、结核、棘球蚴等。然后切开支气管淋巴结和纵膈淋巴结，察看有无出血、充血等变化。

心脏检验时，先观察心包有无感染、出血、化脓。然后剖开心脏，观察心内膜和心外膜，注意有无点状出血、囊尾蚴等，观察心肌有无出血、坏死和囊尾蚴。

（2）腹腔脏器检验　牛的腹腔脏器体积较大，胃、肠、脾等通常放在平台上检验，肝脏则放在检验台上检验。肝脏检验时，首先视检肝脏的色泽、大小、形态，然后对肝脏进行触检，注意肝脏有无脂肪变性，肝表面有无脓肿、毛细血管扩张、坏死、肿瘤，有无囊尾蚴等。如有必要可剖检肝门淋巴结、胆管和肝实质，检查有无结核、肝片吸虫等病变。

胃肠检查时，先观察浆膜有无充血、出血、网胃有无异物刺出。然后剖检肠系膜淋巴结，重点检查有无结核的增生性肉芽肿和干酪样坏死。

脾脏检验时，首先观察脾脏的大小、色泽，注意脾脏有无肿大、出血、梗死，有无结核病灶。如脾脏肿大，应怀疑为炭疽病，必须立即停止生产，采样送实验室检查，按检验结果进行处理。

3．胴体检验

首先视检胸膜、腹膜、隔膜和肌肉的状态，注意其色泽、清洁度，是否有异物和其他异常，并判断其放血是否完全。注意胸壁上有无黄豆大的增生性结节。剖检肩前淋巴结、髂内淋巴结和腹股沟淋巴结，并剖检臂三头肌，注意有无结核病变和囊尾蚴寄生。

（三）家禽的宰后检验

1．胴体检验

首先观察皮肤色泽和皮下血管的充盈程度，以判断浸烫情况和放血程度。观察皮肤上有无外伤、出血、淤血、肿瘤等病变。正常皮肤应呈淡黄略带微红色且稍有光泽。同时观察颌下、眼、鼻、关节是否有化脓、肿胀等。

2. 内脏检验

内脏检验应与胴体检验对照进行。

（1）肝脏　观察肝脏的大小、色泽、形态，注意肝脏表面有无肿瘤、坏死灶、纤维蛋白渗出，有无贫血、萎缩等现象。

（2）肠道　观察整个肠粘膜，特别是盲肠，有无充血、出血，肠管有无结节、肿胀、溃疡等现象。

（3）脾脏　是否充血、肿大、变色、有无灰黄色结节，有无肿瘤结节等。

（4）胃　必要时剖开线胃和肌胃，剥去角质层，检查有无出血、溃疡、肿瘤等。

（5）卵巢观察　有无出血、变形、变硬等现象。

（6）心脏　首先观察心包膜是否透明，心包液是否清亮，心包腔中是否有纤维蛋白渗出，心脏表面是否有肿瘤结节。

（7）肺脏　首先观察气囊状态，有无化脓。然后观察肺脏有无出血、坏死灶等。

（8）鸡法氏囊　观察法氏囊有无肿大、萎缩，浆膜是否有胶冻状水肿，是否有出血。必要时切开法氏囊观察皱壁是否增厚，是否有出血点或坏死灶。

三、检验后肉品的处理方法

根据上述检验和实验室检验结果，并对受检胴体和内脏作如下处理。

（一）适于食用

如胴体和内脏无任何病变和异常，可适于食用，并盖以兽医验证的印戳。

（二）有条件食用

凡患一般传染病、轻度寄生虫或病理损伤的胴体和内脏，根据其病变的性质和程度，经各种无害处理后，使传染性和毒性消失或寄生虫全部死亡者，可以有条件食用。

牛囊尾蚴病胴体中心温度达到-6℃后再于-9℃下冷藏24h，或中心温度达到-12℃，即可达到无害处理。猪囊尾蚴病胴体中心温度达到-10℃后再于-12℃下冷藏10d，或中心温度达到-12℃后再于-13℃下冷藏4d，弓形虫在-20℃下保持2～3d，即可达到无害处理。在国外，对患有轻度旋毛虫病的猪胴体，也采用冷冻法无害处理。欧美有些国家已经用低温急冻的方法代替了常规旋毛虫检查。美国农业部规定，厚度不超过15cm的胴体在-15℃下冻结20d，或在-23.3℃下冻结10d即可。我国东北地区发现的旋毛虫耐寒力很强，不宜用冷冻法作无害处理。

高温处理可杀灭一切病原体，适用于所有"有条件利用"的肉的处理。将肉切成厚度不超过8cm的肉块，在沸水中煮沸2～2.5h，使中心温度达到80℃以上，即可达到无害处理。也可把肉切成不超过5kg的肉块，放入高压锅内，以152kPa持续1h高温处理。

对于口蹄疫、牛肺疫等病畜胴体，可采用产酸处理的方法杀灭病原体。方法是首先剔去骨骼，将肉在0～6℃下放置48h，或在6～10℃下放置36h，或在10～12℃下放置24h即可。

（三）化制

凡患有严重传染病、寄生虫病、中毒或病理损伤以及自行死亡的胴体和内脏，不能在无害处理后食用者，应炼制工业油或骨肉粉。

（四）销毁

凡患有炭疽、鼻疽、牛瘟、恶性水肿、气肿疽、羊肠毒血症、狂犬病、疯牛病、羊快疫等恶性传染病的病畜禽胴体、内脏，必须用深埋、焚烧等方法予以销毁。

第四节　胴体的分割

肉的切割分级方法有两种。一种是按胴体肌肉发达程度及脂肪厚度分级；另一种是按同一胴体的不同部位肌肉组织结构、食用价值和加工用途分割。分割成的大小和形状不同的肉块称作分割肉（cuts）。

肉的分割剔骨方法有冷剔骨和热剔骨之分。国外多采用冷剔骨法，就是将胴体冷却到0～7℃再分割剔骨。冷剔骨的优点是微生物污染程度低，产品质量高，缺点是干耗大，剔骨和肥膘分离困难，肌膜易破裂等。热剔骨是对热胴体进行分割剔骨和包装，国外多用于牛肉剔骨。热剔骨的优点是干耗少，肌膜完整，便于剔骨和肥膘分离。热剔骨对分割车间的卫生条件要求较高。

一、猪胴体的分割

我国以前按肥膘厚度分级，现已不采用。猪的胴体分割方法在不同国家或不同地区有不同的要求。

（一）我国商业分割法

我国商业上常将半片胴体分割为四大块（图2-5）。

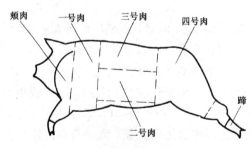

图2-5　我国常用猪胴体分割法

一号肉（肩颈肉、前夹心）：前端从第一、第二颈椎间，后端从第五、第六肋骨间与背线垂直切开，下端从肘关节处切开。这部分肉包括颈、背脊和前腿肉，瘦肉多，肌肉间结缔组织多，适于做馅、罐头、灌肠制品和叉烧肉。

二号肉（方肉）：大排下部割去奶脯的一块方形肉块。这块肉脂肪和瘦肉互相间层，俗称五花肉，是加工酱肉、酱汁肉、走油肉、咸肉、腊肉和西式培根的原料。奶脯用于炼油。

三号肉（大排、通脊）：前端从第五、第六肋骨间，后端从最后腰椎与荐椎间垂直切开，在脊椎下5～6cm肋骨处平行切下的脊背部分。这块肉主要由通脊肉和其上部一层背膘构成。通脊肉是较嫩的一块优质瘦肉，是中式排骨、西式烧排、培根、烤通脊肉和叉烧肉的好原料。背膘较硬，不易被氧化，可用作灌肠的上等原料。

四号肉（后腿肉）：从最后腰椎与荐椎间垂直切下并除去后肘的部分。后腿肉瘦肉多，脂肪和结缔组织少，用途广，是中式火腿、西式火腿、肉松、肉脯、肉干和腊肠、灌肠制品的上等原料。

血脖（颈肉、槽头肉）：肉质较差，可用于制馅和低档灌肠制品。

另一种分割方法是在第五、第六肋骨间与背线垂直切开，颈背部分为一号肉，前大排称作二号肉，方肉称作三号肉。

（二）上海猪肉分割法

上海猪肉分割法结合剔骨进行，将胴体分为三级八个主要部分（图2-6）。

一级肉包括后腿肉、夹心肉和排骨。后腿肉从最后一对腰椎间切开，去掉蹄膀，剔去骨头。夹心肉在第五肋骨处切开，前端去掉颈肉，剔去骨骼。割去大排背膘即为排骨。

二级肉包括肋条肉和蹄膀。前者为胸腹部肉，前至夹心肉后至后腿肉的分割线，下边沿肋筋线割去奶脯。

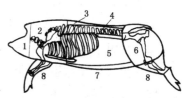

图2-6　沪式猪胴体分割法

1—颈肉　2—夹心肉　3—白膘

4—排骨　5—肋条肉　6—后

腿肉　7—奶脯　8—蹄膀

（三）北京猪肉分割法

北京猪肉分割法将半胴体分割为十一个部位（图2-7）。

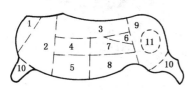

图2-7　北京市猪胴体分割法

1—血脖　2—前臀尖　3—通脊

4—硬肋　5—硬五花　6—里脊

7—软肋　8—软五花　9—后

臀尖　10—腱子肉　11—肘子

（四）英、美猪肉分割法

英国、美国等国家的猪胴体为带头胴体，其分割方法见图2-8。

（五）俄罗斯猪肉分割法

俄罗斯的猪肉分割将半胴体分割为八部分（图2-9），然后分级销售。

一级肉包括大腿肉、腰背肉和胸部肉三部分。

二级肉包括肩颈肉、颈外肉和腹部肉。

三级肉包括前腿肉和后腿肉。

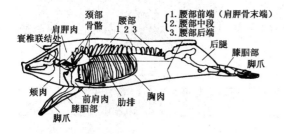

图2-8　英美猪胴体切割部位示意图

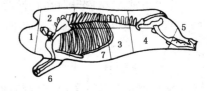

图2-9　俄式猪胴体分割图

1—颈外肉　2—肩颈肉　3—腰背肉

4—大腿肉　5—后腿肉

6—前腿肉　7—胸部肉

二、牛胴体的分割

牛胴体的分割方法各国家之间有较大的区别。我国试行的牛胴体分割法，将标准的牛胴体二分体分成臀腿肉、腹部肉、腰部肉、胸部肉、肋部肉、肩部肉和前后腿肉七个部分（图2-10）。在此基础上进一步分割成十三块不同的零售肉块：里脊、外脊、眼肉、上脑、胸肉、嫩肩肉、臀肉、大米龙、小米龙、膝圆、腰肉、腱子肉、腹肉。

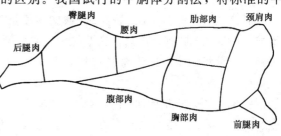

图2-10　我国牛胴体部位分割图

（一）里脊（牛柳）

里脊（牛柳）解剖学上称为腰大肌。分割时先剥去肾脂肪，然后沿耻骨前下方把里脊挑出，由里脊头向里脊尾逐个剥离腰椎横突，取下完整的里脊。牛柳肉质细嫩，适于烤牛排、烤肉片、熘、炒等。

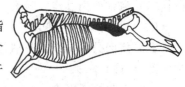

（二）外脊（西冷）

外脊（西冷）主要是背最长肌、眼肌。分割时先沿最后腰椎切下，再沿眼肌腹壁侧（离眼肌5～8cm）切下，在第十二、十三胸椎间切开，最后逐个剥离胸椎和腰椎。外脊适于烤牛排、烤肉片、熘、炒、火锅涮肉等。

（三）眼肉

眼肉主要包括背阔肌、肋最长肌、肋间肌等。其一端与外脊相连，另一端在第五、六胸椎间。分割时先剥离胸椎，抽出筋腱，在眼肌腹侧距离为8～10cm处切下。眼肉适于肉干、肉脯、罐头、制馅。

（四）上脑

上脑主要包括背最长肌和斜方肌等。其一端与眼肉相连，另一端在最后脊椎处。分割时剥离胸椎，去除筋腱，在眼肌腹侧距离为6～8cm处切下。上脑适于肉干、肉脯、罐头、熘、炒等。

（五）胸肉

胸肉主要包括胸升肌和胸横肌等。在剑状软骨处，随胸肉的自然走向剥离，修去部分脂肪即成一块完整的胸肉。胸肉适于罐头、灌肠制品、酱肉。

（六）嫩肩肉

嫩肩肉主要是三角肌。分割时循眼肉横切面的前端继续向前分割，可得一圆锥形的肉块，便是嫩肩肉，适于肉干、肉脯、罐头、熘、炒等。

（七）腱子肉

腱子肉分为前、后两部分，主要是前肢肉和后肢肉。前牛腱从尺骨端下刀，剥离骨头，后牛腱从胫骨上端下刀，剥离骨头取下。腱子肉肌肉紧凑，筋腱较多，适于加工酱肉。

（八）腰肉

腰肉主要包括臀中肌、臀深肌、股阔筋膜张肌。在臀肉、大米龙、小米龙、膝圆取出后，剩下的一块便是腰肉。腰肉肉质细嫩，结缔组织少，适于肉干、肉脯、罐头、制馅。

（九）臀肉

臀肉主要包括半膜肌、内收肌、股薄肌等。分割时把大米龙、小米龙剥离后便可见到一块肉，沿其边缘分割即可得到臀肉。也可沿着被切开的盆骨外缘，再沿本肉块边缘分割。臀肉

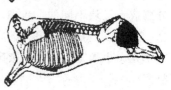

适于肉干、肉脯、罐头、制馅。

（十）膝圆

膝圆主要是臀股四头肌。当大米龙、小米龙、臀肉取下后，能见到一块圆形肉块，沿此肉块周边（自然走向）分割，很容易得到一块完整的膝圆肉。膝圆适于肉干、肉脯、罐头、熘、炒等。

（十一）大米龙

大米龙主要是臀股二头肌，与小米龙紧相连，故剥离小米龙后大米龙就完全暴露，顺着该肉块自然走向剥离，便可得到一块完整的四方形肉块。大米龙适于加工酱肉。

（十二）小米龙

小米龙主要是半腱肌，位于臀部。当牛后腱子取下后，小米龙肉块处于最明显的位置。分割时可按小米龙肉块的自然走向剥离。小米龙适于加工酱肉。

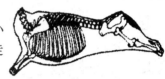

（十三）腹肉

腹肉主要包括肋间内肌、肋间外肌等，亦即是肋排，分无骨肋排和有骨肋排。一般包括4～7根肋骨。腹肉筋膜较厚，可烧、煮、制馅。

香港市场对牛肉的分割规格一般分为：

牛展（小腿肉）：前腿牛展取自肘关节至腕关节处的精肉，后腿牛展为膝关节至跟腱处的精肉，去掉可见脂肪和筋膜，形态完整，包装规格25kg。

牛前（颈背部肉）：在第12～13肋间靠背最长肌下缘，直向颈下切开，但不切到底，取其上部精肉。包装规格25kg。

牛胸（胸部肉）：取自牛前的直切线下部与切线末切割余下的精肉。包装规格25kg。

针扒（股内肉）：沿缝匠肌前缘连接间膜处分开，取含有股薄肌、缝匠肌和半膜肌的精肉。去掉可见脂肪和筋膜，形态完整，包装规格25kg。

尾龙扒（荐臀肉）：沿半腱肌上端至髋关节处，与脊椎平直切断的上部精肉。包装规格25kg。

会牛扒（股外肉）：沿半腱肌上端至髋关节处，与脊椎平直切断的下部精肉。包装规格25kg。

西冷、牛柳、牛腩（腹部肉）、霖肉（膝圆、和尚头）的分割方法与我国的相似。

三、羊胴体的分割

（一）常用分割法

一般将羊胴体分割为六部分（图2-11）。

1. 胸下肉

沿肩端到胸骨水平方向切割下的胴体下部肉，还包括腹下无肋骨部分和前腿腕骨以上部分。

2. 肩肉

由肩胛骨前缘至第四、五肋骨间垂直切下的部分。

3. 肋肉

由第四、五肋骨间至最后一对肋骨间垂直切下的部分。

4. 腰肉

由最后一对肋骨间至腰椎与荐椎间垂直切下的部分。

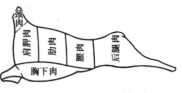

图 2-11　常用分割法

5. 后腿肉

由腰椎与荐椎间垂直切下的后腿部分。

后腿肉和肩肉品质最好，是加工涮羊肉的上好原料。其次是腰肉和肋肉，胸下肉、颈肉属于三等肉。

（二）美国羔羊胴体分割法

通常把羔羊胴体分割成 8 块（图 2-12）。

（三）英国羔羊胴体分割法

在英国，依据胴体大小和当地习惯把羊肉剖分成数量不同的肉块。一般说来，屠宰后，胴体在 0～4℃下冷却并悬挂数天，完成成熟排酸。肩胛肉去骨并打卷出售，其他部位肉带骨出售。英国羔羊胴体剖分如图 2-13、图 2-14、图2-15。

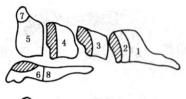

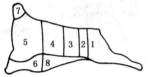

图 2-12　美国羔羊胴体分割法

1—后腿肉　2—上腰肉　3—腰肉

4—肋肉　5—肩胛肉　6—胫肉

7—颈肉　8—胸肉

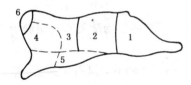

图 2-13　13～16kg 的羊胴体分割法

1—后腿肉　2—腰肉　3—上等颈肩肉

4—肩胛肉　5—胸肉　6—颈肉

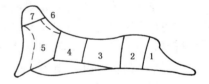

图 2-14　16～18kg 的羊胴体分割法

1—后腿肉　2—腰臀肉　3—腰

4—上等颈肩肉　5—肩胛肉

6—颈肩肉　7—颈肉

四、家禽胴体的分割

长期以来，在我国市场上的禽类产品，就光禽而言，仍然仅局限于整只光禽供应，至多只是在净膛的方式上有半净膛和全净膛的不同，是以一种原始的方法将禽类产品供应给消费者。随着人民生活水平的提高，对食品需求的不断发展，人们已经从过去喜爱购买活禽逐渐发展到购买光禽，进而希望能供应禽类包装产品和禽类的分割小包装产品。现在禽类的分割小包装在市场上已经逐渐增多，经常是供不应求。因此，发展和扩大禽类分割小包装的生产，提高分割小包装的产品和质量，适应和满足消费者的需要，是禽产品加工企业和生产者的重要任务。

（一）一般的分割

1. 鸡胴体分割

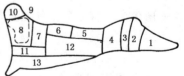

图 2-15　20～27kg 的羊胴体分割法

1—小腿肉　2—后腿肉　3—腿臀肉

4—腰臀肉　5—腰肉　6—上等颈

肩肉　7—夹心肉　8—肩胛肉

9—颈肩肉　10—颈肉　11—臂

关节肉　12—肋肉　13—胸肉

国内外市场上分割鸡品种繁多，主要有鸡翅、鸡全腿、鸡腿肉、鸡胸肉、鸡胗、鸡脚、鸡凤爪、鸡颈皮、鸡尾、肉用鸡串等。

2. 鸭胴体分割

沿脊椎骨左侧从颈至尾将胴体一分为二，右侧半胴体为一号硬边鸭肉，左侧半胴体为二号软边鸭肉。分割鸭还包括头、颈、翅、爪、心、肺、胗、肠等。

3. 鹅胴体分割

分割鹅包括一号硬边鹅胸肉、二号软边鹅胸肉、三号硬边鹅腿肉、四号软边鹅腿肉、头、颈、翅、爪、肝、心、胗、肠等。分割时用刀沿脊椎骨左侧从颈至尾将胴体一分为二，再由胸骨端至髋关节前缘连线处将两个半胴体一分为二即可。

（二）禽胴体肉的多部位分割

生产出光禽在禽类加工厂是简单的，然而分割禽在操作上必须注意的是质量、效益的问题。家禽经过分割由于各种因素的影响，使一只禽的出肉率达不到原有一只家禽的重量，这是必然的。生产单位往往忽视这一方面，从而对效益有一定的影响，再则分割禽的工序较多，劳动效率低，使一些生产单位信心不足。

分割禽主要是将一只禽按部位分割下来，如果不按照操作要求和工艺要求，就会影响产品的规格、卫生以及产品质量。为了提高产品质量，达到最佳的经济效益，必须熟练掌握家禽分割的各道工序；下刀部位要准确，刀口要干净利索；按部位包装，斤两准确；清洗干净，防止血污、粪污以及其他污染；原料应是来自安全的非疫区的健康仔鸡、仔鹅（鸭），经兽医卫生检验没有发现传染性疾病的活禽，经宰杀加工，符合国家卫生标准要求的冷却禽。

1. 分割方法

国内禽的分割是近几年才开始逐步发展起来的。对于分割的要求尚无统一的规定，各地根据当地的具体情况，规定了当地的分割禽的部位和方法。分割仍然采取手工分割的方法，国内发展最早的禽分割，主要是鹅（鸭）的分割，而鸡的分割是近几年才渐渐开始的。主要的分割方法，可借鉴和参考鹅（鸭）的分割，也可按购买者或经营者的要求予以规定。目前分割方法有三种：平台分割法、悬挂分割法、按片分割法。前二种适合于鸡，后一种适合于鹅、鸭。

禽类的分割，亦是按照不同禽类提出不同的分割要求进行的，如鹅的个体较大，可以分割为8件；而鸭的个体相对较小，可以分割为6件；至于鸡，由于个体更小，可以再适当的分成更小的分割件数。

鹅分割为头、颈、爪、胸、腿等8件；躯干部分分四块（1号胸肉、2号胸肉、3号腿肉、4号腿肉）。鸭躯干部分分为两块（1号鸭肉、2号鸭肉）。

（1）鹅、鸭的分割步骤 第一刀从跗关节取下左爪；第二刀从跗关节取下右爪；第三刀从下颌后颈椎处平直斩下鹅头，带舌；第四刀从第十五颈椎（前后可相差一个颈椎）间斩下颈部，去掉皮下的食管、气管及淋巴；第五刀沿胸骨脊左侧由后向前平移开膛，摘下全部内脏，用干净毛巾擦去腹水、血污；第六刀沿脊椎骨的左侧（从颈部直到尾部）将鹅体、鸭分为两半；第七刀从胸骨端剑状软骨至髋关节前缘的连线将左右分开，然后分成四块，即1号胸肉、2号胸肉、3号腿肉、4号腿肉。

（2）肉鸡的分割步骤

①腿部分割：将脱毛去肠鸡放于平台，鸡首位于操作者前方，腹部向上。两手将左右大腿向两侧整理少许，左手持住左腿以稳住鸡体再用刀分割，将左腿和右腿腹股沟的皮肉割开。用两手把左右腿向脊背拽去，然后侧放于平台，使左腿向上，用刀割断股骨与骨盆之间的韧带，再顺序将连接骨盆的肌肉切断。用左手将鸡体调转方向，腹部向上，鸡首向操作者，用刀切开骨盆肌肉接近尾部约3cm左右，将刀旋转至背中线，划开皮下层至第七根肋骨为止。左手持鸡腿，用刀口后部切压闭孔。左手用力将鸡腿向后拉开即完成一腿。调动鸡体，使腹部向右，另一腿向上，用刀切开骨盆肌肉直至闭孔，再用刀口后部切压闭孔，左手将鸡腿向后拉开，即完成。

②胸部分割：光鸡首位于操作者前方，左侧向上。以颈的前面正中线，从咽颔到最后颈椎切开左边颈皮，再切开左肩胛骨。同样切开右颈皮和右肩胛骨。左手握住鸡颈骨，右手食指从第一胸椎向内插入，然后两手用力向相反方向拉开。

③副产品操作：大翅分割，切开肱骨与鸟喙骨连接处，即成三节鸡翅，一般称为大转弯鸡翅。鸡爪分割，是用剪刀或刀切断胫骨与腓骨的连接处。从嗉囊处把肝、心、肫直至肠全部摘落。摘除肫、嗉带。将肫幽门切开，剥去肫的内金皮，不残留黄色。

④大腿去骨分割：鸡首位于操作者前方，分左右腿操作。左腿去骨时，以左手握住小腿端部，内侧向上，上腿部少许斜向操作者，右手持刀，用刀口前端从小腿顶端顺胫骨和股骨内侧划开皮和肌肉。左手持鸡腿横向，切开两骨相连的韧带为适，切勿切开内侧皮肉和韧带下皮肉。用刀剔开股骨部肌肉中的股骨，用刀口后部，从胫骨下部肌肉，然后再从斩断胫骨处切断。操作右腿时，调转方向，工序同上。

⑤鸡胸去骨分割：首先完成腿分割，光鸡头位于操作者前方，右侧向上，腹部向左，先处理右胸。在颈的前面正中线，从咽颔到最后颈椎切开右边颈皮，用刀切开鸡喙骨和肱骨的筋骨2cm左右。用刀尖顺肩胛骨内侧划开。再用刀口后部从鸡喙骨和肱骨的筋骨处切开肉至锁骨。左手持翅，拇指插入刀口内部，右手持鸡颈用力拉开。用刀尖轻轻剔开锁骨里脊肉，再用手轻轻撕下，使里脊肉成树叶状。左胸处理法是调转方向。操作同上。再从咽喉挑断颈皮，顺序向下，留下食道和气管，切勿挑破嗉皮。最后左手拇指插入锁骨中间的腹内，右手持颈骨用力拉下前胸骨。

2. 分割肉包装

禽类的分割包装，国内采用的主要是无毒聚乙烯塑料薄膜制成的塑料袋，少数要求较高的，也有使用复合薄膜包装袋包装的。国外由于包装材料比较便宜，常采用复合薄膜进行包装。

（三）禽肉的分级

我国对于光禽的规格和等级，历来没有统一的规格和标准，但各地经营部门都有相应的规格和指标。因此，介绍的规格要求和等级标准仅供禽产品加工企业参考使用。

1. 市销的规格等级

光禽要求皮肤清洁，无羽毛及血管毛，无擦伤、破皮、污点及瘀血。其规格等级是把肥度和重量结合起来划分。一级品，肌肉发育良好，胸骨尖不显著，除腿、翅外，有厚度均匀的皮下脂肪层布满全身，尾部肥满；二级品，肌肉发育完整，胸骨尖稍显著，除腿部、两肋外，脂肪层布满全身；三级品，肌肉不很发达，胸骨尖显著，尾部有脂肪层。至于按重量分，则各地规格不尽相同，但一般光鸡：1.1kg以上为一级，0.6kg以上为二级，低于

0.6kg 的为三级；光鸭：1.5kg 以上为一级，1kg 以上为二级；光鹅：2.1kg 以上为一级，1.6kg 以上为二级。

2. 我国出口规格等级

我国出口光禽的等级是有一定标准的。根据对方的实际需要，有时会提出相应的要求与特殊规定，应以买方的要求为标准。我国出口肉禽的规格一般等级如下：

（1）冻鸡肉　冻半净膛肉用鸡：去毛、头、脚及肠，带翅，留肺及肾，另将心、肝、肠胃及颈洗净，用塑料薄膜包裹后放入腹腔内。冻净膛肉用鸡：去毛、头、脚及肠，带翅，留肺及肾。

特级：每只净重不低于1200g。大级：每只净重不低于1000g。中级：每只净重不低于800g。小级：每只净重不低于600g。小小级：每只净重不得低于400g。

（2）冻分割鸡肉

冻鸡翅：大级，每翅净重50g 以上；小级，每翅净重50g 以下。

冻鸡胸：大级，每块净重约250g 以上；中级，每块净重约200g 以上；小级，每块净重约200g 以下。

冻鸡全腿：大级，每只净重约220g 以上；中级，每只净重约180g 以上；小级，每只净重约180g 以下。

（3）冻北京填鸭　带头、翅、掌及内脏，去毛、头及颈部捎带毛根，但不甚显著，鸭体洁净，无血污。

一级品：肌肉发育良好，除腿、翅及其周围外，皮下脂肪布满全体，每只宰后净重不应低于2kg。

二级品：肌肉发育完整，除腿、翅及其周围外，皮下脂肪布满全体，每只宰后净重不应低于1.75kg。出口的肉禽，应当在双方协商原则的基础上，讨论具体的规格要求，卖方应尽量按买方的要求加工，并提供样品。具体要求，应当在产销供货合同中注明，禽加工单位应当按合同的要求生产，使产品符合合同规定的规格等级。

（四）禽肉的冷冻与解冻

把光禽加工成冻禽，就是让禽肉在低温条件下处于一种特殊的干燥状态，使微生物和酶的活动受到抑制。同时，利用冷库进行低温贮藏，肉品的贮藏量大，损失小，并且能最大限度地保存禽肉原有的色、香、味和营养成分。冻禽肉的冷加工一般要经过预冷、冻结和冻藏三个过程。

1. 预冷

预冷一般在冷却间进行。冷却间设有吊挂禽体的挂钩架，屠宰后的光禽就吊挂钩上。冷却设备一般采用冷风机降温；室内温度控制在0～4℃，相对湿度80％～85％，经过几个小时的冷却，禽体内部的温度降至3℃左右时，预冷阶段即可结束。由于预冷一般是在吊钩上进行，禽体下垂往往引起变形。因此在冷却过程中，需要人工进行整形，使外观保持美观。

2. 冻结（冷冻）

禽肉冻结的形式很多，有包装后带箱冻结的也有将禽体整形后，整齐地按照一定规格放置在金属盘内冻结的，还有将禽体用塑料袋包装后，放在悬挂式输送机的吊篮内，进行流水作业式的冻结。从对商品质量的保护来看，快速冻结比缓慢冻结更好一些。另外，从产量上讲，冻结速度加快了，也可以增加冻结的批次，有利提高质量。

冷冻要求分割好的禽体，应当分类用无毒的包装容器包装好。按要求进行大件外包装。急冻库温度要控制在－25℃，在72h以内，要使分割后的禽肉中心温度降至－15℃。贮藏的冷冻库应控制在－18℃左右。分割禽的肉温要控制在－15℃以下。

3. 冻藏

冻结后的禽体，如果需要较长期保存的，应当及时送入冷冻间保存。冷冻库和各种用具应经常保持清洁卫生。库内要求无污垢、无霉菌、无异味、无鼠害、无垃圾，以免污染冷冻过的禽体。进入冻藏间的冻禽，都应保持良好的质量。凡发现变质的、有异味的和没经过检验合格的禽体都不得放入。进入冻藏间的冻禽要掌握贮藏安全期限，定期进行质量检查。发现有变质、酸败、脂肪变黄等现象，应及时迅速的加以处理。冻禽的安全储存期，在库房温度－18℃时，为6～8个月。库内有包装和没有包装的冻禽应当分别堆放，合理安排，充分利用库房，同时要求堆与堆之间，堆与冷排管之间，保持一定的距离，最底层要用木材垫起。堆放要整齐，便于盘查，有利执行先进先出的原则，保证禽肉的质量。

4. 解冻

冻禽的解冻方法有很多，如空气解冻、水解冻、高频解冻等。空气解冻需时间较长。如在温度为3～5℃，相对温度为90％的解冻室中，用空气解冻时需2～3d。如果解冻室的温度不一致，则禽肉汁液的损失和干耗也有差异。目前的空气解冻有缓慢解冻和快速解冻两种。缓慢解冻时，解冻间温度为10～15℃，经过8～12h，解冻即可结束。为了减少微生物的污染，解冻间装有紫外灯杀菌。采用这种解冻方法，肉汁损失小，但解冻时间长，采用快速解冻方法时，解冻间温度需适当提高。并用强热空气循环，解冻时间显著缩短，但肉汁损失大。流水解冻是将禽放在水池中，利用水的温度使其融化，也有用自来水在冻禽表面浇淋解冻的。这种方法简单易行，时间短，干耗少。但水溶性蛋白流失过多，肉色减退，影响禽肉的风味，从解冻后的质量看，浇淋的比浸入水池中的要好，但解冻的时间要长一些。

第三章　宰后肉的变化

动物屠宰后,虽然生命已经停止,但由于动物体还存在着各种酶,许多生物化学反应还没有停止,所以从严格意义上讲,还没有成为可食用的肉,只有宰后经过一系列的变化,才能完成从肌肉(muscle)到可食肉(meat)的转变。动物刚屠宰后,肉温还没有散失,柔软具有较小的弹性,这种处于生鲜状态的肉称作热鲜肉。经过一定时间,肉的伸展性消失,肉体变为僵硬状态,这种现象称为死后僵直(rigor mortis),此时肉加热食用是很硬的,而且持水性也差,因此加热后重量损失很大,不适于加工。如果继续贮藏,其僵直情况会缓解,经过自身解僵,肉又变得柔软起来,同时持水性增加,风味提高,所以在利用肉时,一般应解僵后再使用,此过程称作肉的成熟(conditioning)。成熟肉在不良条件下贮藏,经酶和微生物作用分解变质称作肉的腐败(putrefaction)。屠宰后肉的变化,即包括上述肉的尸僵、肉的成熟、肉的腐败三个连续变化过程。在肉品工业生产中,要控制尸僵、促进成熟、防止腐败。

第一节　肌肉收缩的基本原理

一、肌肉收缩的基本单位

由肌肉的形态结构可知,构成肌肉的基本单位是肌原纤维,在肌原纤维之间充满着液体状态的肌浆和细的网状结构的肌质网体。在肌浆中不仅含有蛋白质,而且还含有 50 多种成分,这些成分中有糖酵解作用的酶类,它与肌原纤维蛋白质、肌质网及肌肉死后的变化有着非常密切的关系。

关于肌原纤维的构造在第一章已经说明了,它是由比较粗的肌球蛋白纤丝和细的肌动蛋白所组成,在每一条肌球蛋白粗丝的周围,有六对肌动蛋白纤丝,围绕排列而构成六方格状结构。在每个肌球蛋白粗丝的周围,有放射状的突起,这些突起呈螺旋状排列,每六个突起排列位置恰好旋转一周。在突起上含有 ATP 酶的活性中心的重酶解肌球蛋白,并能和 F-肌动蛋白结合。粗丝和细丝不是永久性结合的,由于某些因素会产生离合状态,便产生肌肉的伸缩。所说的肌肉收缩和松弛,并不是肌球蛋白粗丝在 A 带位置上的长度变化,而是 I 带在 A 带中伸缩,所以肌球蛋白粗丝的长度不变,只是 F-肌动蛋白细丝产生滑动,在极度收缩时,甚至在 H 区出现一条新的高密度带,亦即收缩时肌原纤维中的肌球蛋白粗丝和肌动蛋白细丝的长度不变,只是重叠部分增加,因此得出结论,认为肌肉收缩主要是由构成肌原纤维的两种蛋白质的粗丝和细丝的相对滑动,即所谓滑动学说。见图 3-1,肌球蛋白纤丝和肌动蛋白纤丝之间的关系,图中 (1)、(2)、(3) 分别表示肌节纵切面在静止、伸长和收缩时的长度。用显微镜观察发现,极度收缩时肌节比一般休息状态时短 20%～50%,而被拉长时则为休息状态下的 120%～180%。

肌肉收缩包括以下四种主要因子:

(1) 收缩因子　肌球蛋白 (myosin)、肌动蛋白 (actin)、原肌球蛋白 (tropomyosin) 和

肌原蛋白（troponin）。

（2）能源 ATP。

（3）调节因子 初级调节因子——钙离子，次级调节因子——原肌球蛋白和肌原蛋白。

（4）疏松因子 肌质网系统（sar-coplasmic reticulum system）和钙离子泵。

肌原蛋白是一种依钙钮（Ca^{2+} dependent switch），可改变原肌球蛋白的位置，以使肌球蛋白头部与肌动蛋白接触。原肌球蛋白为一种中间媒介物，可将信息传达至肌动蛋白和肌球蛋白系统。

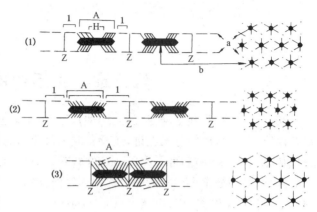

图 3-1 肌肉微细结构纵切面与横断面示意图

（1）静止时肌节长度（约 2.4μm） a—肌球蛋白 b—肌动蛋白

（2）伸长时肌节长度（约 3.1μm）

（3）缩短时肌节长度（约 1.5μm）

二、肌肉收缩与松弛的生物化学机制

肌肉收缩时化学反应如图 3-2 表示。

宰前的肌肉处于静止状态时，由于 Mg^{2+} 和 ATP 形成复合体的存在，妨碍了肌动蛋白与肌球蛋白粗丝突起端的结合。肌原纤维周围糖原的无氧酵解和线粒体内进行的三羧酸循环，使 ATP 不断产生，以供应肌肉收缩之用。肌球蛋白头是一种 ATP 酶，这种酶的激活需要 Ca^{2+} 的激活。

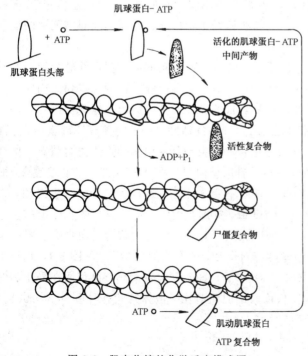

图 3-2 肌肉收缩的化学反应模式图

肌肉收缩时首先由神经系统（运动神经）传递信号，来自大脑的信息经神经纤维传到肌原纤维膜产生去极化作用，神经冲动沿着 T 小管进入肌原纤维，可促使肌质网将 Ca^{2+} 释放到肌浆中。进入肌浆中的 Ca^{2+} 浓度从 10^{-7}mol/L 增高到 10^{-5} mol/L 时，钙离子即与细丝的肌原蛋白钙结合亚基（TnC）结合，引起肌原蛋白三个亚单位构型发生变化，使原肌球蛋白更深地移向肌动蛋白的螺旋槽内，从而暴露出肌动蛋白纤丝上能与肌球蛋白头部结合的位点。钙离子可以使 ATP 从其惰性的 Mg-ATP 复合物中游离出来，并刺激肌球蛋白的 ATP 酶，使其活化。肌球蛋白 ATP 酶被活化后，将 ATP 分解为 ADP＋Pi＋能量，同时肌球蛋白纤丝的突起端点与肌动蛋白纤丝结合，形成收缩状态的肌动球蛋白。

当神经冲动产生的动作电位消失，通过肌质网钙泵作用，肌浆中的钙离子被收回。肌原蛋白钙结合亚基（TN-C）失去 Ca^{2+}，肌原蛋白抑制亚基（TN-l）又开始起控制作用。ATP与 Mg 形成复合物，且与肌球蛋白头部结合。而细丝上的原肌球蛋白分子又从肌动蛋白螺旋沟中移出，挡住了肌动蛋白和肌球蛋白结合的位点，形成肌肉的松弛状态。如果 ATP 供应不足，则肌球蛋白头部与肌动蛋白结合位点不能脱离，使肌原纤维一直处于收缩状态，这就形成尸僵。这里的肌质网起钙泵的作用，当肌肉松弛的时候，Ca^{2+} 被回收到肌质网中，而当收缩时使钙离子被放出。

第二节 肉 的 僵 直

屠宰后的肉尸（胴体）经过一定时间，肉的伸展性逐渐消失，由弛缓变为紧张，无光泽，关节不活动，呈现僵硬状态，称作尸僵。尸僵的肉硬度大，加热时不易煮熟，有粗糙感，肉汁流失多，缺乏风味，不具备可食肉的特征。这样的肉从相对意义上讲不适于加工和烹调。

一、宰后肌肉糖原的酵解

（一）糖酵解作用

作为能量贮藏的来源，肌肉中含有脂肪和糖原。动物屠宰以后，糖原的含量会逐渐减少，动物死后血液循环停止，供给肌肉的氧气也就中断了，其结果促进糖的无氧酵解过程，糖原形成乳酸，直至下降到抑制糖酵解酶的活性为止。反应过程如图 3-3 所示。

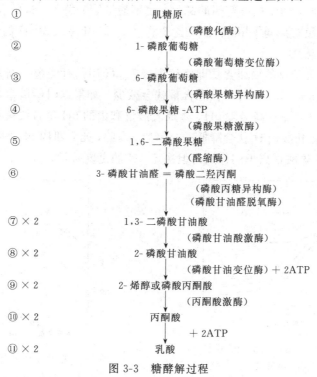

图 3-3 糖酵解过程

$$(C_6H_{10}O_5)_n + 3ADP + 3H_3PO_4 \rightarrow 2CH_3CHOHCOOH + 3ATP + 2H_2O + (C_6H_{10}O_5)_{n-1}$$

从糖原酵解反应过程可以看出，每个葡萄糖产生 2 个分子的乳酸，同时在反应⑧和⑩步各产生 2 个分子的 ATP，除去反应④消耗一个分子 ATP 外，共产生 3 个 ATP。所以，由于糖原的酵解，乳酸增加，肉的 pH 下降。牛肉宰后在 4℃条件下 48h 内糖原、乳酸、pH 的变化如表 3-1。

表 3-1 屠宰后肉的变化 单位：mg/100g

屠宰后延续时间/h	pH	糖 原	乳 酸	无 机 酸
1	6.21	633.7	319.2	70.5
3	6.0	—	314.7	—
6	6.04	—	465.5	—
9	5.75	—	512.8	—
12	5.95	462.0	600	77.7
24	5.56	274.0	700.6	75.3
48	5.68	189.1	692.6	75.4

（二）酸性极限 pH

一般活体肌肉的 pH 保持中性（7.0～7.2），死后由于糖原酵解生成乳酸，肉的 pH 逐渐下降，一直到阻止糖原酵解酶的活性为止，这个 pH 称极限 pH。

哺乳动物肌肉的极限 pH 为 5.4～5.5 之间，达到极限 pH 时大部分糖原已被消耗，这时即使残留少量糖原，由于糖酵解酶的钝化，也不能继续分解了。肉的 pH 下降对微生物，特别是对细菌的繁殖有抑制作用，所以从这个意义来说，死后肌肉 pH 的下降，对肉的加工质量有十分重要的意义。

正常饲养的哺乳动物的糖原含量即使达到极限 pH 还仍有残余。如果在屠宰前剧烈运动，或注射肾上腺素，那么这时的糖原含量就会减少。如果这时候屠宰，死后继续消耗糖原，肉就会产生图 3-4 那样高极限 pH。生成乳酸量和肉的 pH 呈直线关系（图 3-5）。若每克肉增加 $50\mu mol/g$ 乳酸，pH 就会降低一个单位。因此，死后肌肉 pH 的降低，虽然有由于 ATP 等的分解产生磷酸根离子的作用，但决定 pH 的是乳酸量。

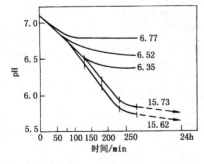

图 3-4 38℃时家兔腰肌 pH 的变化
（图中值表示极限 pH）

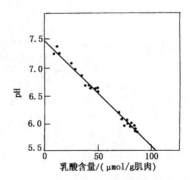

图 3-5 牛头肌肉的乳酸最终
浓度与极限 pH 的关系

　　影响死后肌肉 pH 下降速度和达到最低程度的因素很多，不仅与牲畜的种类、不同的部位、个体的差异等内在因素有关，而且也受屠宰前是否注射药物、环境的温度等外界因素影响。图 3-6 为环境温度对 pH 的影响。环境温度越高，pH 变化越快。

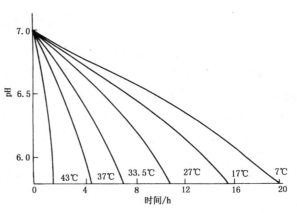

图 3-6　死后肌肉 pH 下降速度与环境温度的影响

　　此外，药物对 pH 也有影响，在屠宰前静脉注射 $MgSO_4$ 肌肉保持松弛的时间长，死后糖原酵解速度缓慢，pH 下降得慢。反之注射钙盐、肾上腺激素，糖的酵解加快。如果家畜宰前强烈的运动，肌肉中含糖原的数量就会减少，极限 pH 增高，反之，如果使其充分休息，供给饲料，则糖原含量多，极限 pH 偏低，见表 3-2。

表 3-2　　　　　　　强烈运动及断食对糖原含量及极限 pH 的影响（去势公牛）

宰前状态	背最长肌		腰肌	
	糖原/（mg%）	极限 pH	糖原/（mg%）	极限 pH
对照（列车运送后经 2 周休息）	975	5.49	1017	5.48
强制运动 1.5h，经 2d 饥饿	1028	5.55	508	5.55
列车运送后经 1.5h 运动	628	5.72	352	6.15

二、死后僵直的机制

　　当家畜刚屠宰后，许多活细胞的物理、化学反应仍然继续进行一段时间，但由于血液循环和供氧的停止，很快即变成无氧状态，这样某些活细胞的生化反应如糖解作用及再磷酸化作用（如 ATP 再合成）在家畜死后则发生变化或停止。最显著变化为肌肉失去可刺激性、柔软性及可伸缩性，肌肉立即变硬，僵直而不可伸缩，这种变化对肉的风味、色泽、嫩度、多汁性和保水性影响相当大。

　　死后僵直产生的原因：动物死后，呼吸停止了，供给肌肉的氧气也就中断了，此时其糖原不再像有氧时最终氧化成 CO_2 和 H_2O，而是在缺氧情况下经糖酵解产生乳酸。在正常有氧条件下，每个葡萄糖单位可氧化生成 39 个分子 ATP，而经过糖酵解只能生成 3 分子 ATP，ATP 的供应受阻。然而体内 ATP 的消耗，由于肌浆中 ATP 酶的作用却在继续进行，因此动物死后，ATP 的含量迅速下降。ATP 的减少及 pH 的下降，使肌质网功能失常，发生崩解，肌质网失去钙泵的作用，内部保存的钙离子被放出，致使 Ca^{2+} 浓度增高，促使粗丝中的肌球蛋白 ATP 酶活化，更加快了 ATP 的减少，结果肌动蛋白和肌球蛋白结合形成肌动球蛋白，引起肌肉收缩表现出肉尸僵硬。这种情况下由于 ATP 不断减少，所以反应是不可逆的，即引起永久性的收缩。

三、死后僵直的过程

详细观察动物死后僵直的过程大体可分为三个阶段：从屠宰后到开始出现僵直现象为止，即肌肉的弹性以非常缓慢的速度进展阶段，称为迟滞期；随着弹性的迅速消失出现僵硬阶段叫急速期；最后形成延伸性非常小的一定状态而停止叫僵硬后期。到最后阶段肌肉的硬度可增加到原来的 10～40 倍，并保持较长时间。

肌肉死后僵直过程与肌肉中的 ATP 下降速度有着密切的关系。在迟滞时期，肌肉中 ATP 的含量几乎恒定，这是由于肌肉中还存在另一种高能磷酸化合物——磷酸肌酸（CP），在磷酸激酶的作用下，由 ADP 再合成 ATP，而磷酸肌酸变成肌酸：

$$ADP+CP \rightarrow 肌酸+ATP$$

在此时期，细丝还能在粗丝中滑动，肌肉比较柔软，这一时期与 ATP 的贮量及磷酸肌酸的贮量有关。

随着磷酸肌酸的消耗殆尽，使 ATP 的形成主要依赖糖酵解，使 ATP 迅速下降而进入急速期。当 ATP 降低至原含量的 15%～20% 时，肉的延伸性消失而进入僵直后期。

由图 3-7 可知，动物屠宰之后磷酸肌酸与 pH 迅速下降，而 ATP 在磷酸肌酸降到一定水平之前尚维持相对的恒定，此时肌肉的延伸性几乎没有变化，只有当磷酸肌酸下降到一定程度时，ATP 开始下降，并以很快的速度进行，由于 ATP 的迅速下降，肉的延伸性也迅速消失，迅速出现僵直现象。因此处于饥饿状态下或注入胰岛素情况下屠宰的动物肉，肌肉中糖原的贮备少，ATP 的生成量则更少，这样在短时间内就会出现僵直，即僵直的迟滞期短。

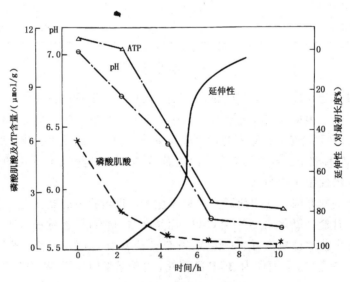

图 3-7　死后僵直期肌肉物理和化学的变化（牛肉 37℃下）

图 3-8、图 3-9 为动物死后肌肉柔软性弹性变化曲线。从图中的五条曲线可以看出，屠宰时动物的生理状态不同，则第一阶段迟滞期长短不同，从 1.5h（第Ⅴ条曲线）到 9h（第Ⅰ条曲线），而急速期从 0.5h（第Ⅲ条曲线）到 2h（第Ⅳ条曲线）。比较图 3-9 中Ⅱ、Ⅲ两条曲线，僵直环境的温度从 17℃升到 37℃，则第一阶段迟滞期延续的时间从 5h 减到 2h，急速期从 1h 减

到 0.5h。屠宰前经 48h～72h 断食的（第Ⅳ条曲线）和未经断食的（第Ⅰ条曲线）第一阶段的迟滞期延续时间从 9h 减少到 6h，而急速期增加 1.5h（第Ⅳ条曲线的急速期比第Ⅰ条曲线的急速期慢）。注射胰岛素屠宰的动物，削弱了宰杀抽搐现象，肌肉的最终 pH 高（第Ⅴ条曲线），迟滞期只有 1.25h，急速期很短，约 1h 左右。肌肉收缩随温度的升高而增大，17℃时收缩 16％，37℃时收缩 32％～45％。

通过上述现象可以证明，引起死后僵直过程的变化，与肌肉中 ATP 的消失有直接的关系。随着 ATP 的消失，肌肉的肌球蛋白与肌动蛋白立即结合，生成肌动球蛋白，因而失去弹性。所以最初阶段迟滞期的长短是由 ATP 含量决定的。

四、冷收缩和解冻僵直收缩

肌肉宰后有三种短缩或收缩形式，即热收缩（heat shortening）、冷收缩（cold shortening）和解冻僵直收缩（thaw shortening）。热收缩是指一般的尸僵过程，缩短程度和温度有很大关系，这种收缩是在尸僵后期，当 ATP 含量显著减少以后会发生，在接近零度时收缩的长度为开始长度的 5％，到 40℃时，收缩为开始的 50％。下面主要介绍冷收缩和解冻僵直收缩。

（一）冷收缩

当牛肉、羊肉和火鸡肉在 pH 下降到 5.9～6.2 之前，也就是僵直状态完成之前，温度

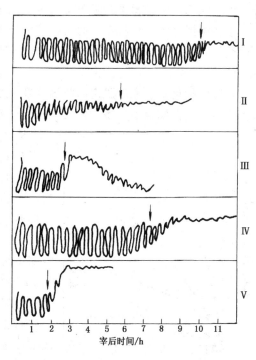

图 3-8　僵直时肌肉柔软性的变化曲线

Ⅰ—用麻醉屠宰防止动物惊恐状态（开始 pH7，最终 pH6，温度为 17℃）

Ⅱ—不用麻醉屠宰动物处于抗拒紧张状态（开始 pH6.5，终止 pH5.9，温度为 17℃）

Ⅲ—与第Ⅱ加工条件相同，而且同一部位肌肉，只是温度升高为 37℃

Ⅳ—动物屠宰前 30min，经 48～72h 的断食，并利用麻醉屠宰（开始 pH7.09，终止 pH6.5，温度为 17℃）

Ⅴ—屠宰时注射胰岛素（开始 pH7.2，终止 pH7.2，温度为 17℃）

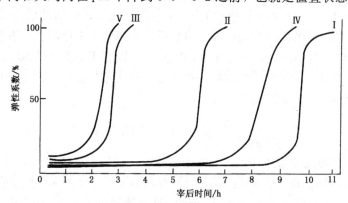

图 3-9　僵直过程中肌肉弹性系数的变化曲线

降低到10℃以下，这些肌肉收缩，并在随后的烹调中变硬，这个现象称为冷收缩，它不同于发生在中温时的正常收缩，而是收缩更强烈，可逆性更小，这种肉甚至在成熟后，在烹调中仍然是坚韧的。由于动物畜龄所造成的韧度差异，与冷收缩时造成的韧度相比是可以忽略的。

由冷收缩可知，死后肌肉的收缩速度未必温度越高，收缩越快，牛、羊、鸡在低温条件下也可产生急剧收缩，该现象红肌肉比白肌肉出现得更多一些，尤以牛肉明显。

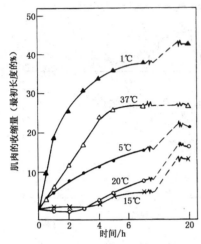

图3-10 牛头肌肉中各温度条件下放置其收缩量

从刚屠宰后的牛屠体上切下一块牛头肌肉片，立刻分别在1～37℃的温度中放置，结果表明：在1℃中贮藏的肉收缩最快、最急剧。在15℃中贮藏的肉收缩得最慢，而且也最小（图3-10）。

温度越高，ATP的消耗越大。低温收缩与ATP减少产生的僵直收缩是不一样的。最近一项研究表明，冷收缩不是由肌质网的作用产生，而是由线粒体释放出来的Ca^{2+}产生的。含有大量线粒体的红色肌肉，在死后厌氧的低温条件下放置，线粒体机能下降而释放出钙，Ca^{2+}再被在低温条件下机能下降的肌质网回收而引起收缩。

还有资料表明，肌肉发生冷收缩的温度范围是0～10℃之间。由于迅速的冷却和肉的最终温度降到0℃，糖酵解的速度显著减慢，但ATP的分解速度在开始时下降，而在低于15℃时开始加速，因此肌肉收缩增加。

为了防止冷收缩带来的不良效果，可采用电刺激的方法，使肌肉中ATP迅速消失，pH迅速下降，使尸僵迅速完成，即可改善肉的质量和外观色泽。

去骨的肌肉易发生冷收缩，硬度较大，带骨肉则可在一定程度上抑制冷收缩，所以目前普遍使用的屠体直接成熟是不太会出现冷收缩的。对于猪胴体，一般不会发生冷收缩。

（二）解冻僵直收缩

肌肉在僵直未完成前进行冻结，仍含有较高的ATP，在解冻时由于ATP发生强烈而迅速的分解而产生的僵直现象，称为解冻僵直。解冻时肌肉产生强烈的收缩，收缩的强度较正常的僵直剧烈得多，并有大量的肉汁流出。解冻僵直发生的收缩严重有力，可缩短50%，这种收缩可破坏肌肉纤维的微结构，而且沿肌纤维方向收缩不够均一。在尸僵发生的任何阶段进行冷冻，解冻时都会发生解冻僵直，但随肌肉中ATP浓度的下降，肌肉收缩力也下降。在刚屠宰后立刻冷冻，然后解冻时，这种现象最明显。因此要在形成最大僵直之后再进行冷冻，以避免这种现象的发生。

五、尸僵和保水性的关系

尸僵阶段除肉的硬度增加外，肉的保水性减少，在最大尸僵期保水性最低。肉中的水分最初时渗出到肉的表面，呈现湿润状态，并有水滴流下。肉的保水性主要受pH的影响。屠宰后的肌肉，随着糖酵解作用的进行，肉的pH下降至极限值5.4～5.5，此pH正是肌原纤维多数蛋白质的等电点附近，所以，这时即使蛋白质没有完全变性，其保水性也会降低。

然而，死后僵直时保水性的降低并不能仅以 pH 下降到肌肉蛋白质的等电点来解释。另一方面的原因是由于 ATP 的消失和肌动球蛋白形成，肌球蛋白纤丝和肌动蛋白纤丝之间的间隙减少了，故而肉的保水性大为降低。此外蛋白质某种程度的变性，肌浆中的蛋白质在高温低 pH 作用下沉淀变性，不仅失去了本身的保水性，而且由于沉淀到肌原纤维蛋白质上，也进一步影响到肌原纤维的保水性。刚宰后的肉保水性好，几小时以后保水性降低，到 48～72h（最大尸僵期）肉的保水性最低。宰后 24h 有 45％的肉汁游离。

六、尸僵开始和持续时间

因动物的种类、品种、宰前状况，宰后肉的变化及不同部位而异。一般鱼类肉尸发生早，哺乳类动物发生较晚，不放血致死较放血致死发生的早，温度高发生的早，持续时间短；温度低则发生的晚，持续时间长。表 3-3 为不同动物尸僵时间。肉在达到最大尸僵时以后，即开始解僵软化进入成熟阶段。

表 3-3　　　　　　　　　　　　尸僵开始和持续时间

	开始时间/h	持续时间/h
牛肉尸	死后 10	15～24
猪肉尸	死后 8	72
兔肉尸	死后 1.5～4	4～10
鸡肉尸	死后 2.5～4.5	6～12
鱼肉尸	死后 0.1～0.2	2

第三节　肉的成熟

尸僵持续一定时间后，即开始缓解，肉的硬度降低，保水性有所恢复，使肉变得柔嫩多汁，具有良好的风味，最适于加工食用，这个变化过程即为肉的成熟。肉的成熟包括尸僵的解除及在组织蛋白酶作用下进一步成熟的过程。也有资料将解僵期与成熟期分别讨论，但实际上在成熟过程中所发生的各种变化，在解僵期已经发生了。

一、肉成熟的条件及机制

（一）死后僵直的解除

尸僵时肉的僵硬是肌纤维收缩的结果，可以认为成熟时又恢复伸长而变为柔软。肌肉死后僵直达到顶点之后，并保持一定时间，其后肌肉又逐渐变软，解除僵直状态。解除僵直所需时间由动物的种类、肌肉的部位以及其他外界条件不同而异。在 2～4℃条件贮藏的肉类，对鸡肉需 3～4h 达到僵直的顶点，而解除僵直需 2d，其他牲畜完成僵直约需 1～2d，而解除僵直猪、马肉需 3～5d，牛肉约需 1～10d 左右。

未经解僵的肉类，肉质欠佳，咀嚼时有硬橡胶感，不仅风味不佳而且保水性也低，加工肉馅时粘着性差。充分解僵的肌肉质地变软，加工产品风味也佳，保水性提高，适于作为加工各种肉类制品的原料。所以，从某种意义来说，僵直的肉类，只有经过解僵之后才能作为食品的"肉类"。

当僵直时，肌动蛋白和肌球蛋白形成交叉链之肌动球蛋白，虽在此系统中加入 Mg^{2+}、Ca^{2+} 和 ATP，能使肌动球蛋白分离，成为肌动蛋白和肌球蛋白，但家畜死后，因 ATP 消失且不能再合成，因此僵直解除并不是肌动球蛋白分解或僵直的逆反应。

关于解僵的实质，很多人进行了大量研究，至今尚未充分判明，但有不少有价值的论述，主要有以下几个方面。

1. 肌原纤维小片化

刚宰后的肌原纤维和活体肌肉一样，是由数十到数百个肌节沿长轴方向构成的纤维，而在肉成熟时则断裂成 $1\sim4$ 个肌节相连的小片状。这种肌原纤维断裂现象被认为是肌肉软化的直接原因。这时在相邻肌节的 Z 线变得脆弱，受外界机械冲击很容易断裂。

产生小片化的原因，首先是因为死后僵直肌原纤维产生收缩的张力，使 Z 线在持续的张力作用下发生断裂，张力的作用越大，小片化的程度越大。

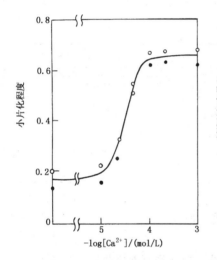

图 3-11　肌原纤维小片化（○）

及肌原纤维解离量（·）

与 Ca^{2+} 浓度的关系

此外，断裂成小片主要是由 Ca^{2+} 作用引起的。死后肌质网功能破坏，Ca^{2+} 从网内释放，使肌浆中的 Ca^{2+} 浓度增高，刚宰后肌浆中 Ca^{2+} 浓度为 $1\times10^{-6}mol/L$，成熟时为 $1\times10^{-4}mol/L$，比原来增高 100 倍。高浓度的 Ca^{2+} 长时间作用于 Z 线，使 Z 线蛋白变性而脆弱给予物理力的冲击和牵引而发生断裂。肌原纤维小片化与 Ca^{2+} 浓度的关系如图 3-11。从图中看出当 Ca^{2+} 浓度在 $1\times10^{-5}mol/L$ 以下时，对小片化无显著影响，而当超过 $1\times10^{-5}mol/L$ 数量时，肌原纤维小片化程度忽然增加，Ca^{2+} 浓度达到 $1\times10^{-4}mol/L$ 时达到最大值。

2. 死后肌肉中肌动蛋白和肌球蛋白纤维之间结合变弱

虽然肌动蛋白和肌球蛋白的结合强度变化尚不十分清楚，但是随着贮藏时间的延长，肌原纤维的分解量逐渐增加，如家兔肌肉在 10℃ 条件下贮藏 2d 的肌原纤维只分解 5%，而到 6d 时近 50% 的肌原纤维被分离，当加入 ATP 时分解量更大。肌原纤维分离的原因，恰与肌原纤维小片化是一致的。小片化是从肌原纤维的 Z 线处崩解，正表明肌球蛋白和肌动蛋白之间的结合减弱了。

3. 肌肉中结构弹性网状蛋白的变化

结构弹性网状蛋白是 1976 年由千叶大学的丸山教授发现的一种蛋白质，它是肌原纤维中除去粗丝、细丝及 Z 线等蛋白质后，不溶性的并具有较高弹性的蛋白质。贯穿于肌原纤维的整个长度，连续的构成网状结构。

从贮藏的肌肉组织中制取肌原纤维，把纤维中的粗丝、细丝、Z 线等抽出，再以 $0.1mol/L$ NaOH 的溶液将可溶性成分除去，而残留所得成分为结构弹性蛋白的数量，在死后鸡的肌原纤维中约占 5.5%，兔肉占 7.2%，它随着贮藏时间的延长和弹性的消失而减少，当弹性达到最低值时，结构弹性蛋白的含量也达到最低值。肉类在成熟软化时结构弹性蛋白质的消失，导致肌肉弹性的消失。

从上述三个方面叙述可知，死后肌肉从僵直到变软，其基本原因是受 Ca^{2+} 不断变化所引起的，对活体肌肉的收缩、松弛是由于受 Ca^{2+} 浓度在 $1×10^{-6}mol/L$ 的增减所调节，而死后由于 Ca^{2+} 增加到 $1×10^{-4}mol/L$，约增加 100 倍，所以使肌原纤维结构脆弱化了。因而在造成肌肉僵直后的变软，上述三种变化是相互关连的。

4. 蛋白酶

成熟肌肉的肌原纤维，在十二烷硫酸盐溶液中溶解后，进行电泳分析，发现肌原蛋白-T 减少，出现了分子质量 3 万 u 的成分。这说明成熟中肌原纤维，由蛋白酶——即肽链内切酶的作用，引起肌原纤维蛋白分解。在肌肉中，肽链内切酶有许多种，如胃促激酶、氢化酶-H、钙离子活化酶Ⅰ和Ⅱ、组织蛋白酶 B、组织蛋白 L 和组织蛋白酶 D，但根据试验表明，在肉成熟时，分解蛋白质起主要作用的为钙离子活化酶、组织蛋白酶 B 和 L 三种酶。

至于肌原蛋白 T 的分解和肌肉软化怎样联系起来，尚不明了。高桥氏主张引起尸僵解除是 Ca^{2+} 的作用，对蛋白酶的作用持否定见解，其理由为：①加酶抑制剂碘醋酸酰胺抑制蛋白酶的活性，同样引起肌原纤维小片化；②酶活性在 pH7.0 时最强，而小片化则在 pH6.5以下；③酶活性在 37℃ 时消失，而此温度促进小片化；④酶在 Ca^{2+} 浓度 $1×10^{-4}mol/L$ 时无活性，此时小片化量最多。应该说在肌肉软化中 Ca^{2+} 作用和蛋白酶作用这两种因素都起作用，因此把两者结合起来考虑是最为合适的。

（二）组织蛋白酶的作用

动物死后成熟的全过程目前还不十分清楚，但经过成熟之后，特别是牛羊肉类，游离氨基酸、10 个以下氨基酸的缩合物增加，游离的低分子多肽的形成，提高了肉的风味，这是普遍公认的。牛肉在 2℃ 经 30d 贮藏之后非蛋白质含氮物可增加到 $45\mu molN/g$，约占全部蛋白质的 2.3%，家兔肉在 3～4℃ 条件贮藏 7d，非蛋白质含氮物可增加到 $55\mu molN/g$。这是在无菌条件下，完全消除了微生物的影响，这说明非蛋白质含氮物的增多是由于肌肉中存在水解蛋白酶的作用而引起的。

根据肌肉的微观构造单位肌原纤维在成熟的不同阶段制备的 SDS 聚丙酰胺凝胶电泳分析，发现在成熟过程中出现有相对分子质量为 30 000 的新的光谱带。这就有力地证实了肌肉结构蛋白质受水解蛋白酶作用的变化，形成水解蛋白质产物，使成熟后肉变软，保水性提高。至于它分解到什么程度目前尚不明白，但至少是由于肉的成熟使游离氨基酸或低分子氨基酸的缩合物增加，形成游离多肽低分子化合物，使肉的风味提高是无可非议的。

存在于肌肉中的水解蛋白酶不只是一种，而是多种。通过研究蛋白质水解物形成的速度和肉的 pH 的关系得知，屠宰后肌肉中主要是由中性和酸性水解蛋白酶的作用。

肉在成熟过程中由于受肽溶液作用的中性肽链端解酶作用的结果，使肌浆、肌原纤维、肌红蛋白等蛋白质分子链上的 N 端基被逐个分离下来，形成了各种低分子肽类化合物。当然反应的生成物因蛋白质中构成 N 端基氨基酸的种类不同，生成的低分子肽类化合物亦不同。因此，肉成熟过程生成肽类化合物极为复杂。

肉成熟中蛋白质溶胞作用的主要酶类是中性肽链内切酶和酸性肽链内切酶。从猪肉中分离出的中性蛋白酶 CAF（Ca^{2+}-activated factor）是和 Ca^{2+} 共存的一种蛋白酶，它受 Ca^{2+} 活化使肌原纤维中的 Z 线消失，活性最适 pH 为中性附近。把中性蛋白酶和肌原纤维放在一起培养，在 pH 为 7，温度在 25℃，经 6h 对 Z 线迅速消失肌原纤维的微观结构就发生变化。当加入 EDTA（乙二胺四乙酸）受到阻碍。

中性蛋白酶的最适宜 pH 是 7.0～7.5 之间，在肉的极限 pH 条件下（pH5.4～5.6），中性蛋白酶的最大活性只有 15%～25%，但在 Ca^{2+} 的作用下加强。动物死后 ATP 的减少，Ca^{2+} 逐渐增加，因此肉成熟时受中性蛋白酶的作用是毫无疑义的。

二、成熟肉的物理变化

肉在成熟过程中肉的性质要发生一系列的物理、化学变化，如肉的 pH、表面弹性、粘性、冻结的温度、浸出物等。

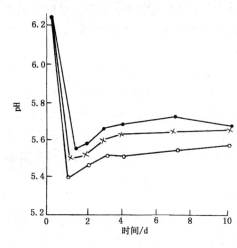

图 3-12　在低温下成熟过程中 pH 的变化

（一）pH 的变化

肉在成熟过程中 pH 发生显著的变化。刚屠宰后肉的 pH 在 6～7 之间，约经 1h 开始下降，尸僵时达到最低，在 5.4～5.6 之间，而后随贮藏时间的延长开始慢慢地上升，见图 3-12。

（二）保水性的变化

肉在成熟时保水性又有回升。保水性的回升和 pH 变化有关，随着解僵，pH 逐渐增高，偏离了等电点，蛋白质静电荷增加，使结构疏松，因而肉的保水性增高。此外随着成熟的进行，蛋白质分解成较小的单位，从而引起肌肉纤维渗透压增高。保水性只能部分恢复，不可能恢复到原来状态，因肌纤维蛋白结构在成熟时发生了变化。

（三）嫩度的变化

随着肉成熟的发展，肉的柔软性产生显著的变化。刚屠宰之后生肉的柔软性最好，而在 2 昼夜之后达到最低的程度。如热鲜肉的柔软性平均值为 74%，贮藏 6 昼夜之后又重新增加，平均可达鲜肉时的 83%。

测定肌纤维的切断力与成熟的关系表明，以 8～10℃条件成熟，2 昼夜内随着成熟的进行，切断力增加，而后则逐渐减小，见表 3-4。

表 3-4　　　　　　　　　　肌纤维的切断力与成熟的关系

状　态	切　断　力/N	
	生　肉	煮　熟　肉
刚宰后热鲜肉	8.92	13.83
贮藏 2 昼夜	9.51	13.44
贮藏 6 昼夜	8.83	10.49

（四）风味的变化

肉在成熟过程中由于蛋白质受组织蛋白酶的作用，游离的氨基酸含量有所增加，主要表现在浸出物质中。新鲜肉中酪氨酸和苯丙氨酸等很少，而成熟后的浸出物中有酪氨酸、苯丙氨酸、苏氨酸、色氨酸等存在，其中最多的是谷氨酸、精氨酸、亮氨酸、缬氨酸、甘氨酸，这些氨基酸都具有增强肉的滋味和香气的作用，所以成熟后的肉类，肉的风味提高，与这些氨基酸成分有一定的关系。此外，肉在成熟过程中，ATP分解产生次黄嘌呤核苷酸（IMP），它为味质增强剂。

三、成熟肉的化学变化

（一）蛋白水解

肉在成熟过程中，水溶性非蛋白质态含氮化合物会增加。如果将处于极限pH5.5～5.8的家兔的背最长肌，在37℃条件下无菌贮藏5～6个月，那么三氯乙酸可溶性氮即非蛋白态氮就会从初期总氮的10%～30%上升到37%（家兔）。开始贮藏后的10d增长速度很快。在低温条件下贮藏，其增长速度较慢。牛背最长肌在2℃条件下贮藏30d其非蛋白态氮增长到45μmol/g肉，家兔背最长肌在3～4℃条件下贮藏7d，增长到55μmol/g肉。

（二）次黄嘌呤核苷酸（IMP）的形成

死后肌肉中的ATP在肌浆中ATP酶作用下迅速转变为ADP，而ADP又在肌激活酶的作用下进一步水解为AMP，再由脱氨酶的作用下形成AMP，反应过程如下：

$$\text{ATP} \xrightarrow[\text{Pi}]{\text{三磷酸腺苷酶}} \text{ADP} \xrightarrow[\text{Pi}]{\text{肌激酶}} \text{AMP} \xrightarrow[\text{NH}_3]{\text{腺苷酸脱氢酶}} \text{IMP} \xrightarrow[\text{Pi}]{\text{磷酸酶}} \text{肌苷}$$

ATP转化成IMP的反应，在肌肉达到极限pH以前一直进行着，当达到极限pH以后，肌苷酸开始裂解，IMP脱去一个磷酸变成次黄苷，而次黄苷再分解生成游离状态的核苷和次黄嘌呤。

成熟的新鲜肉中，IMP约占嘌呤氮的31.28mg/100g，肌苷占25.69mg/100g。不同动物肉IMP的蓄积也不同。鸡肉在宰后8d达到的最高值为8μmol/g，肌苷为1μmol/g，而猪肉在宰后3d最高值达3μmol/g，同时肌苷和次黄嘌呤均相应的增高。这是各种酶的作用力不同的结果。鸡肉伴随ATP的减少而IMP含量增加，其间ADP、AMP没有蓄积，这是因为AMP脱氨酶比其他酶作用强。而猪肉形成IMP同时生成肌苷和次黄嘌呤。表3-5为成熟过程中牛背最长肌IMP含量变化。

表 3-5   **成熟过程中牛背最长肌IMP含量变化**

死后时间/d	含量/（μmol/g）	死后时间/d	含量/（μmol/g）
0	4.71	7	4.20
0.5	5.44	14	2.17
1	4.86	24	0.75
4	4.47		

根据分析结果表明，僵直前的肌肉中ADP很少，而ATP的含量较多；但僵直以后IMP的数量特多，其中肌苷、次黄嘌呤、次黄苷、ADP、ATP、IDP（次黄苷二磷酸）、ITP（次黄苷三磷酸）等较少。

（三）肌浆蛋白溶解性的变化

屠宰后接近24h肌浆蛋白溶解度降到最低程度。表3-6是在4℃条件下成熟过程随时间的延续，肌浆蛋白溶解性的变化，从表中数字看出，刚屠宰之后的热鲜肉，转入到浸出物中的肌浆蛋白最多，6h 以后肌浆蛋白的溶解性就显著减少而呈不溶状态，直到第 1 昼夜终了，达到最低限度，只是最初热鲜肉的 19%。到第 4 昼夜可增加到开始数量 36%，相当第 1 昼夜的 2 倍，以后仍然继续增加。

表 3-6　　　　　　　　　　　宰后肌浆蛋白溶解性的变化

成熟时间/d	蛋白质溶解数量		成熟时间/d	蛋白质溶解数量	
	g/100g 肉	占最初量的百分比/%		g/100g 肉	占最初量的百分比/%
热鲜肉	3.43	100.0	3	1.18	34.4
1/4	1.39	40.5	4	1.24	36.1
1/2	1.01	29.4	6	1.22	35.6
1	0.65	18.9	10	1.29	37.6
2	0.92	26.8	14	1.33	38.4

对盐的溶解性也是新鲜肉最高，经 1~2 昼夜溶解性开始降低，为鲜肉的 65%，以后又继续增加，到 4 昼夜时达 73%。

（四）构成肌浆蛋白的 N-端基的数量增加

随着肉成熟的发展，蛋白质结构发生变化，使肌浆蛋白质氨基酸和肽链的 N-端基（氨基）的数量增多。而相应的氨基酸如二羧酸、谷氨酸、甘氨酸、亮氨酸等都增加，显然伴随着肉成熟进行，构成肌浆蛋白质的肽链被打开，形成游离 N-端基的增多。所以成熟后的肉类，柔软性增加，水化程度增加，热加工时保水能力增高，这些都与 N-端基的增多有一定的关系。

（五）金属离子的增减

在成熟中可看到水提取的金属离子增减情况。Na^+ 和 Ca^{2+} 增加，K^+ 减少。在活体肌肉中，Na^+ 和 K^+ 大部分以游离形态存在于细胞内，一部分与蛋白质等结合。Mg^{2+} 几乎全部处于游离状态，ATP 变成 Mg-ATP，成为肌球蛋白的基质。Ca^{2+} 基本不以游离的形态存在，而与肌质网、线粒体、肌动蛋白等结合。增加的钙可能是某种变化游离出来的。

四、促进肉成熟的方法

不少国家如新西兰、澳大利亚、法国等采用一定的条件加快肉的成熟过程，提高肉的嫩度。通常从两个方面来控制，即加快成熟速度和抑制尸僵硬度的形成。

（一）物理因素的控制

1. 温度

温度高成熟得快，Wilson 等试验 0.455Gy γ 射线照射牛肉，结合防腐进行高温成熟，43℃ 24h 即完成，它和低温 1.7℃ 成熟 14d 获得嫩度效果相同，缩短为原来的 1/10，但这样的肉颜色、风味都不好。

高温和低 pH 环境下，不易形成僵直肌动球蛋白。中温成熟时，尸僵硬度是在中温域引起，此时肌肉缩短度小，因而成熟的时间短。为了防止尸僵时肌肉短缩，可把不剔骨肉在中温域进入尸僵。

2. 电刺激可加快死后僵直的发展

电刺激主要用于牛、羊肉中，这个方法可以防止冷收缩。所谓电刺激是家畜屠宰放血后，在一定的电压电流下，对胴体进行通电，从而达到改善肉质的目的。电刺激使用的电压变化非常显著，有高电压和低电压之分。高电压可以达到 300V 以上，甚至 600V 以上，低电压则为 100V 以下。目前趋向于使用低压电刺激。因为据实验，高压电刺激和低压电刺激能达到同样的效果，而低电压更安全一些。屠宰后的机体用电流刺激可以加快生化反应过程和 pH 的下降速度，促进尸僵过程的进行。对像牛肉和羊肉含有较多红色肌肉的家畜肉，在冷却的时候，随着肉的温度下降 ATP 没有完全消失，因而肌浆网内摄取 Ca^{2+} 的能力降低了，同时 Ca^{2+} 也从线粒体被游离到肌浆中，使肌浆中的 Ca^{2+} 浓度急剧地增加，这样使肌肉发生强烈收缩，而电刺激可以预防这种现象。

电刺激不但可以促进 ATP 的消失和 pH 下降，而且对促进肉质色泽鲜明、肉质软化有明显作用；特别是经过电刺激加工的热鲜肉，易于施行热剔骨，因此可以节省 30%～50% 的冷却能量，节省 70%～80% 冷库容积，对提高肉类加工企业的经济效益有很大意义。

屠宰后的机体用电流刺激可以加快生化反应过程和 pH 的下降速度，促进尸僵过程的进行。近 20 年来人们对电刺激的应用不仅是为了改善肉的质量，而且也是为了解决现代化肉类冷加工中出现的实际问题。生产实践中，要求屠宰后的牛羊胴体在 24h 以内，肉体中心温度降低到 7℃ 以下，必须以相当快的速度冷却，然而快速冷却易产生肌肉冷收缩现象，损害了肉的嫩度。实践证明，当死后肌肉的 pH 迅速降低到 6 以下，就可以防止产生冷收缩。而电刺激可以加快肌肉中的生物化学反应，迅速生成乳酸，使 pH 下降。如 200V 电压，频率为 12.5Hz，刺激时间为 2min，使 pH 迅速降低，最初 pH 越高，下降的幅度越大，刺激后的肌肉在 35℃ 条件经 3～4h 降到 6.2 以下。

最初 pH	pH 下降值
7.2	0.7
7.0	0.5
6.5	0.15
6.2	0

从上述数字可以说明，最初 pH 越高，下降幅度越大，而且刺激的敏感性随死后僵直时间的延长而减弱，反之则相反。根据新西兰资料，对羊胴体，屠宰后 30min 内进行刺激，牛不超过 45min。

胴体不同部位的肌肉，对电刺激的感受性并非一样，白色肌肉比红色肌肉效果显著，pH下降幅度大。如羊的股二头肌（白色肌肉）大于肱三头肌（红色肌肉）下降幅度。根据日本资料介绍，采用瑞典制造低压电刺激装置用羊进行试验。畜体通电时的电压为 3.2～3.8V，频率为 13.8Hz，电刺激时间为 30s、60s 和 180s。实验结果表明，在 60s 以内，对改进肉的色泽、降低 pH、增加肉的粘性、提高加工灌肠肉馅的弹性等都有明显效果。但超过 60s 以后至 180s 效果不显著。

在工业上使用电刺激方法首先是在新西兰。新西兰牛羊肉产量很大，在生产旺季，一些屠宰厂日宰量达 1 万头，因此要在屠宰流水线后对胴体进行快速冷却，使用通常方法，很容易产生冷收缩，这就使新西兰的研究者们最先着手解决使用电刺激所存在的问题，以保证肉的质量。

电刺激可改善肉的嫩度，防止冷收缩。根据法国的资料介绍，刺激后的牛肉可提高嫩度 15%～16%。刺激后的肉类在肉温降低到 10℃ 以下之前，pH 可降低到 6.0 以下，防止冷收缩，为实现热剔骨创造了前提条件。

电刺激可促进肌肉嫩化的机理不够明了，但基本可以概括三条理论来解释：①电刺激加快尸僵过程，减少了冷收缩，这一点是由于电刺激加快了肌肉中 ATP 的降解，促进糖原分解速度，使胴体 pH 很快下降到 6 以下，这时再对牛、羊肉进行冷加工，就可防止冷收缩，提高肉的嫩度；②电刺激激发强烈的收缩，使肌原纤维断裂，肌原纤维间的结构松弛，可以容纳更多的水分，使肉的嫩度增加；③电刺激使肉的 pH 下降，还会促进酸性蛋白酶的活性，蛋白酶分解蛋白质，大分子分解为小分子，使嫩度增加。Savel（1978）指出，经电刺激后的肌肉嫩度与牛肉成熟 7d 后的肌肉嫩度无显著差异。

3. 力学因素

尸僵时带骨肌肉收缩，这时以相反的方向牵引，可使僵硬复合体形成最少。通常成熟时，将跟腱用钩挂起，此时主要是腰大肌受牵引。如果将臀部用钩挂起，不但腰大肌短缩被抑制，而半腱肌、半膜肌、背最长肌均受到拉伸作用，可以得到较好的嫩度。

（二）化学因素

屠宰前注射肾上腺激素、胰岛素等，使动物在活体时加快糖的代谢过程，肌肉中糖原大部分被消耗或从血液中排出。宰后肌肉中糖原和乳酸含量极少，肉的 pH 较高，在 6.4～6.9 的水平，肉始终保持柔软状态。

在最大尸僵期时，往肉中注入 Ca^{2+} 可以促进软化，刚屠宰后注入各种化学物质如磷酸盐、氯化镁等可减少尸僵的形成量。如表 3-7 所示，表中试验组注入肉重 0.5% 的 5% 浓度的各种试剂，对照组注入同量的水。从表中可以看出六偏磷酸钠（Ca^{2+} 螯合剂）、柠檬酸钠（糖解阻抑剂）、氯化镁（肌动球蛋白形成阻抑剂）等，各自显出对尸僵硬度的抑制作用。

表 3-7 　　　　　　刚宰后牛肉注入各种药物 24h 后肉的硬度（剪切力）　　　　　单位：N

试　　剂	试　验　组	对　照　组
焦磷酸钠	372.95	394.72
六偏磷酸钠	300.18	381.28
氯化镁	298.42	381.97
焦磷酸钠和六偏磷酸钠	290.57	391.58
氯化镁和焦磷酸钠	360.69	430.12
氯化镁和六偏磷酸钠	319.99	378.05
柠檬酸钠	339.80	445.03

（三）生物学因素

基于肉内蛋白酶活性可以促进肉质软化考虑，也有从外部添加蛋白酶强制其软化的可能。用微生物和植物酶，可使固有硬度和尸僵硬度都减少，常用的有木瓜酶。方法可以采用临屠宰前静脉注射或刚宰后肌肉注射，宰前注射能够避免脏器损伤和休克死亡。木瓜酶的作用最适温度≥50℃，低温时也有作用。为了预防羊肉的冷收缩，在每 kg 肉中注入 30mg，在 70℃加热后，可收到软化的效果。

第四节　肉的腐败变质

肉的腐败变质是指肉在组织酶和微生物作用下发生质的变化，最终失去食用价值。如果说肉的成熟的变化主要是糖酵解过程（也有核蛋白的分解，脂肪不分解），那么肉变质时的变化主要是蛋白质和脂肪分解过程。肉在自溶酶作用下的蛋白质分解过程，叫做肉的自家溶解，由微生物作用引起的蛋白质分解过程，称作肉的腐败，肉中脂肪的分解过程叫做酸败。

从动物屠宰的瞬间开始直到消费者手中都有产生污染的可能。屠宰过程的胴体有多种外界微生物的污染源，如毛皮、土地、粪便、空气、水、工具、包装容器、操作工人等。

一、肉类腐败变质的原因和条件

肉类腐败是成熟过程的加深，动物死后由于血液循环的停止，吞噬细菌的作用停止了，这就使得细菌有可能繁殖和传播。但在正常条件下屠宰的肉类，肌肉中含有相当数量的糖原，死后由于糖原的酵解，形成乳酸，使肌肉的 pH 从最初的 7.0 左右下降到 5.4～5.6，对腐败细菌的繁殖生长是极为不利的条件，起抑制腐败作用。

健康动物血液和肌肉通常是无菌的，肉类的腐败，实际上主要是由于在屠宰、加工、流通等过程受外界微生物的感染所致。由于微生物作用的结果，不仅改变了肉的感官性质、颜色、弹性、气味等，使肉的品质发生严重的恶化，而且破坏了肉的营养价值，或由于微生物生命活动代谢产物形成有毒物质，因此这一条件下腐败的肉类，能引起人们的食物中毒。

刚屠宰的肉内微生物是很少的，但在屠宰后，微生物的污染随着血液、淋巴浸入机体内，随着时间的延长，微生物增长繁殖，特别是表面微生物的繁殖很快。在屠宰后 2h 内，肌肉组织是活的，组织中含有氧气，这时不可能有厌氧菌，但屠宰之后肌肉组织的呼吸活动很强，消耗组织中的氧气放出 CO_2，8kg 肉每小时要消耗 7mL 氧。随着氧气的消耗，厌氧菌开始活动。厌氧菌繁殖的最适温度在 20℃以上，在屠宰后 2～6h 内，肉温又在 20℃以上，可能有厌氧菌繁殖。

厌氧菌的繁殖不仅与时间有关系，也与牲畜的宰前状态有关，如牲畜宰前疲劳，肌肉中含氧减少，厌氧菌有可能在 2～3h 内繁殖。另外还与肌肉的厚度有关，屠宰后厌氧菌也易繁殖。

肉类的腐败，通常由外界环境中好气性微生物污染肉表面开始，然后又沿着结缔组织向深层扩散，特别是临近关节、骨骼和血管地方，最容易腐败。并且由生物分泌的胶原蛋白酶使结缔组织的胶原蛋白水解形成粘液，同时产生气体，分解成氨基酸、水、二氧化碳、氨气；有糖原存在下发酵，形成醋酸和乳酸。因此形成恶臭的气味。

刚屠宰不久的新鲜肉，通常呈酸性反应，腐败细菌不能在肉表面发展，这是因为腐败细菌分泌物中胰蛋白分解酶，它在酸性介质中不能起作用，因此，腐败细菌在酸性介质中得不到同化所需的物质，生长和繁殖受到抑制。可是在酸性介质酵母和霉菌可以很好的繁殖，并形成蛋白质的分解产物氨类等，以致使肉的 pH 升高，为腐败细菌的繁殖创造了良好的条件，因此，pH 较高在 6.8～6.9 的病畜肉类以及十分疲劳时屠宰的畜肉容易遭到腐败。

霉菌在肉表面的繁殖，通常是在空气不流通、潮湿、污染较严重的部位，如颈部、腹股沟皱褶处、肋骨肉表面等部位。浸入的深度一般不超过 2mm。霉菌虽然不引起肉的腐败，但能引起肉的色泽、气味发生严重恶化，而不适于食用。

微生物对脂肪进行两种酶促反应，一是由于分泌的脂肪酶分解脂肪，产生游离脂肪酸和甘油；另一种是氧化酶通过 β-氧化作用，氧化脂肪，产生氧化的酸败气味。但肉类及其制品发生严重的腐败并不单纯是由于微生物所引起，而是由空气中氧和光线、温度以及金属离子的共同作用的结果。

新鲜肉发生腐败的外观特征主要表现为色泽、气味的恶化和表面发粘。表面发粘是微生物作用产生腐败的主要标志。在流通中，当肉表面的细菌达 $10^7/cm^2$，就有粘液出现，并有不良的气味。达到这种状态所需的日数与最初污染细菌的个数有关，污染的细菌数越多，则腐败越快。也受环境的温度和湿度影响，温度越高，湿度越大，越易产生发粘的现象。

从粘液中发现的细菌多数为革兰氏阴性的嗜氧性假单孢菌属（*Pseudomonas*）和海水无色杆菌（*Achrmobacer*）。这些细菌不产生色素，但能分泌细胞外蛋白水解酶，能迅速将蛋白质水解成水溶性的肽类和氨基酸。

肉的颜色也常常作为评定肉的质量变化的标志之一。肉的气味是鉴别肉的腐败程度的灵敏的感官指标，随着肉的腐败的加剧气味更加严重。

影响肉食腐败细菌发育的因素很多。如温度、湿度、渗透压、氧化还原电位、是否有空气都是不可缺少的条件。

温度是决定微生物生长繁殖的重要因素，温度越高繁殖发育越快。水分是仅次于温度决定肉食品上微生物繁殖的重要因素，一般霉菌和酵母比细菌耐受较高的渗透压。pH 对细菌的繁殖极为重要，所以肉的最终 pH 对防止肉的腐败具有十分重要意义。多数细菌在 pH7 左右最适于繁殖，在 pH4 以下、9 以上繁殖就困难。生肉的最终 pH 越高，细菌越易于繁殖，而且容易腐败，所以屠宰的动物在运输和屠宰过程中过分疲劳或惊恐，肌肉中糖原少，死后肌肉最终 pH 高，肉不耐贮藏。实验证明，平均最终 pH 上升 0.2，就有明显促进腐败的作用。

二、肌肉组织的腐败

肌肉组织的腐败就是蛋白质受微生物作用的分解过程。天然蛋白质通常不能被微生物所同化，这是因为天然蛋白质是高分子的胶体粒子，它不能通过细胞膜而扩散，因此大多数微生物都是在蛋白质分解产物上才能迅速发展，所以肉成熟或自溶为微生物的繁殖准备了条件。

由微生物所引起的蛋白质的腐败作用是复杂的生物化学反应过程，所进行的变化与微生物的种类、外界条件、蛋白质的构成等因素有关，一般的分解过程如下：

$$
蛋白质 \xrightarrow{水解} 多肽 \xrightarrow{水解} 氨基酸 \xrightarrow[氧化、还原作用]{脱氢、脱羧}
\begin{cases}
无机物质 \\
含氮有机碱 \\
羧酸和醇酸 \\
其他有机分解产物
\end{cases}
$$

微生物对蛋白质的腐败分解，通常是先形成蛋白质的水解初步产物——多肽，再水解成氨基酸。有时也可直接由蛋白质分子分离出来。多肽与水形成粘液，附在肉的表面。它与蛋白质不同，能溶于水，煮制时转入肉汤中，使肉汤变得粘稠混浊，利用这点可鉴定肉的新鲜程度。

蛋白质腐败分解形成的氨基酸，在微生物分泌酶的作用下，发生复杂的生物化学变化，产生多种物质：有机酸、有机碱、醇及其他各种有机物质，分解的最终产物为 CO_2、H_2O、NH_3、H_2S、P 等。

有机碱是由氨基酸脱羧作用而形成：

$$RCHNH_2COOH \rightarrow RCH_2NH_2 + CO_2$$

脱羧作用形成大量的脂肪族、芳香族和杂环族的有机碱，由组氨酸、酪氨酸和色氨酸形成相应的组胺、酪胺、色胺等一系列的挥发碱，使肉呈碱性反应。所以挥发性盐基氮是肉新鲜度的分级标准。一级鲜度值小于 15mg/100g，二级鲜度小于或等于 25mg/100g。

有机酸由氨基酸脱氨基和氨基酸发酵而形成，在酶和嫌气性微生物作用下还原脱氨基产生氨和挥发性脂肪酸。

$$RCHNH_2COOH \rightarrow RCH_2COOH + NH_3$$

由此可见，肉在腐败分解过程中会积聚一定量的脂肪酸，其中大部分为挥发性，随蒸汽而跑掉，挥发酸中 90% 是醋酸、油酸、丙酸。分解腐败初期大量是醋酸，其后为油酸。

由于胺的形成使肉呈碱性反应，而有机酸使 pH 降低，因此肉在腐败时常常呈酸性，这是因为有机酸的形成速度快。如新鲜度可疑的腌肉中有机酸的量占 $1.00 \sim 1.85$mg，而腐败肉多为 1.85mg 以上。切碎的肉馅腐败时有机酸形成得更快，因此，在某些情况下，当肉腐败时 pH 并不是移向碱性而是呈酸性。腐败分解形成的其他有机化合物中，有环状氨基酸的分解产物。由这些氨基酸的侧链断裂而形成，属于这些氨基酸有酪氨酸、苯丙氨酸、色氨酸等。例如色氨酸形成吲哚和甲基吲哚。这些物质都是严重腐败的后期产物，其中有的是有毒的，肉中的数量很少。吲哚和甲基吲哚具有非常难闻的臭味，是腐败肉类发出腐烂气味的主要成分。几种氨基酸在细菌酶的作用下发生脱羧基作用，经脱羧基作用把 CO_2 从氨基酸去掉，则产生不愉快的有机胺类。

$$CH_2NH_2COOH \rightarrow CH_3NH_2$$
甘氨酸　　　　甲胺

$$CH_2NH_2 (CH_2)_2CHNH_2COOH \rightarrow CH_2NH_2 (CH)_2CHNH_2$$
鸟氨酸　　　　　　　　腐胺

含硫氢基的氨基酸分解时产生硫化氢和硫醇。

组氨酸　　　　　　　　　　组胺

半胱氨酸　　　　氨基乙硫醇　　　甲硫醇　　甲胺　硫化氢 甲烷

三、脂肪的氧化和酸败

屠宰后，肉在贮藏中，最易变化的成分之一为脂肪。此变化最初为脂肪组织本身所含酶的作用，其次为细菌产生酶的酸败。另一方面因空气中氧的作用，而发生氧化作用。前者属于加水分解（Hydrolysis），后者称之为氧化作用（Oxidation）。水解是由脂肪酶（Lipase）的作用。脂肪腐败的变化过程如下：

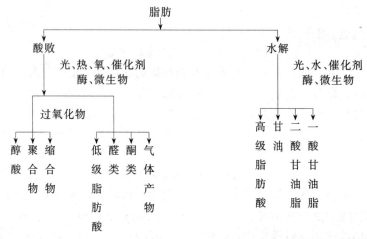

能产生脂肪酶的细菌，可使脂肪分解为脂肪酸和甘油，一般说来，有强力分解蛋白能力的需氧细菌的大多数菌种都能分解脂肪。细菌中具有分解脂肪特性的菌种不同。如假单孢菌属，其中解脂能力最强的是荧光假单孢菌。其他如黄杆菌属、无色杆菌属、产碱杆菌属、赛氏杆菌属、小球菌属、葡萄球菌属、芽孢杆菌属中许多都具有分解脂肪的特性。

能分解脂肪的霉菌比细菌多，常见的霉菌有黄曲霉、黑曲霉、灰绿青霉等。

1. 脂肪的氧化酸败

动物油脂中含有很多不饱和的脂肪酸，如猪脂肪中含有 48.1% 是油酸，7.8% 为亚油酸。鸡脂肪中含 34.2% 油酸和 17.1% 亚油酸。这些不饱和脂肪酸在光、热、催化剂作用下，被氧化成过氧化物。如油酸被氧化的反应为：

$$CH_3(CH_2)_6CH_2CH = CH(CH_2)_7COOH \xrightarrow{O_2} CH_3(CH_2)_6CH_2—\underset{\underset{O—O}{|\quad|}}{CH—CH}(CH_2)_7COOH$$

产生的过氧化物越多，说明油脂氧化越严重或不适于长期贮藏，所以通常以油脂的过氧化值的大小，表示油脂的腐败情况。

氧化所形成的过氧化物是很不稳定的，它们进一步分解成低的脂肪酸、醛、酮等，如庚醛〔$CH(CH_2)_5CHO$〕和十一烷酮〔$CH_3(CH_2)_8\overset{\overset{O}{\|}}{C}—CH_3$〕等它们都具有刺鼻的不良异味。

动物脂肪中含有大量的不饱和脂肪酸，如次亚油酸（十八碳三烯酸）等，在氧化分解的时候产生丙二醛，与硫代巴比妥酸反应生成红色化合物，称为 TBA 值，作为测定脂肪的氧化程度指标。

总之，脂肪的酸败可能有两个过程，其一是由于微生物产生的酶引起的解脂过程；其二是在空气中氧、水、光的作用下，发生水解过程和不饱和脂肪酸的自身氧化。这两种过程可能同时发生，也可能因脂肪性质和贮藏条件不同而发生在某一方面。

脂肪的酸败是经过一系列的中间阶段，形成过氧化物、低分子脂肪酸、醇、酸、醛、酮、缩醛及一些深度分解产物、CO_2、水等物质。脂肪酸败是复杂的，按连锁反应进行，首先形成过氧化物，这种物质极不稳定，很快分解，形成醛类物质，称为醛化酸败，生成酮类物质，称为酮化酸败。醛化酸败主要发生在不饱和脂肪酸，酮化酸败发生在饱和脂肪酸或不饱和脂肪酸。

2. 脂肪的水解

水解是脂肪加入水的过程，也就是在水、高温、脂肪酶、酸或碱作用下脂肪发生水解，形成三个分子的脂肪酸和一个分子的甘油。由于脂肪酸的产生使油脂的酸度增高和熔点增高，产生不良气味使之不能食用。由于脂肪水解使甘油溶于水，油脂重量减轻。游离脂肪酸的形成，使脂肪酸值提高，脂肪酸值可作为水解深度的指标，在贮藏条件下，可作为酸败的指标。脂肪中游离脂肪酸含量的多少，影响脂肪酸败的速度，含量多则加速酸败。脂肪分解的速度与水分、微生物污染程度有关。水分多，微生物污染严重，特别是霉菌和分枝杆菌繁殖时，产生大量的解脂酶，在较高的温度下会使脂肪加速水解。通常水解产生的低分子脂肪酸为蚁酸、醋酸、醛酸、辛酸、壬酸、壬二酸等，并有不良的气味。

四、腐败肉的感官特征

肉在贮藏过程中，由于微生物污染，使肉的脂肪和蛋白质发生一系列的变化，同时在外观上必然产生明显的改变，特别是肉的颜色变为暗褐色，失去光泽，表面粘腻，显得污浊，此外产生腐败的气味，并失去弹性。

对肉进行感官检查，是肉新鲜度检查的主要方法。感官是指人的视觉、嗅觉、触觉及听觉的综合反应。

视觉——肉的组织状态，粗嫩、粘滑、干湿、色调、光泽等。

嗅觉——气味有无，强弱、香、臭、腥、膻等。

味觉——滋味的鲜美、香甜、苦涩、酸臭。

触觉——坚实、松弛、弹性、拉力等。

听觉——检查冻肉、罐头的声音清脆、混浊。

感官检查的方法简便易行，比较可靠。但只有肉深度腐败时才能被查觉，并且不能反映出腐败分解产物的客观指标。

经过冷藏的新鲜肉、不太新鲜肉和不新鲜变质肉的感官指标如表 3-8。

表 3-8　　　　　　　　　　　　**冷藏肉质量的感官指标**

特　　征	新　鲜　肉	不太新鲜肉	变　质　肉
外形	表面有油干的薄膜	胴体表面披有风干的皮或粘液，并且粘手，有时表面有霉菌	胴体表面强烈地发干，或者强烈的发湿或发粘并有霉菌
颜色	表面呈粉红色，或浅红色，新切面呈微湿，但不粘手，具有每种牲畜肉的特有颜色，肉汁透明	表皮呈暗红色，切断面较新鲜的色泽发暗，潮湿触之微粘，把滤纸贴在切面上有水分流在滤纸，肉汁混浊	表面灰色或微绿色，新断面强烈地发粘发湿，切断面呈暗红色，微绿或灰色

续表

特　征	新　鲜　肉	不太新鲜肉	变　质　肉
弹性	切面上肉是致密的，手指压陷的小窝可以迅速地恢复原状	切断面比新鲜肉软且松，手指压陷的小窝不能立即恢复原状	切面上肉质松软，手压陷的小窝不能恢复原状
气味	具有良好的和该种牲畜的特有气味	具有微酸和陈腐的气味，有时外表有腐败的气味，而深层没有腐败气味	在深层内有较显著的腐败气味
脂肪状态	脂肪没有酸败或油污的气味，牛脂肪呈白色、黄色或微黄色，并且坚硬，压紧时碎裂，猪脂肪呈白色，柔软且有弹性，绵羊脂肪呈白色，且致密	脂肪带灰色，且无光泽，微粘手，有时有霉菌和轻微的油污	脂肪灰色，略带脏污色，有霉菌且有发粘的表面，腐败气味或显著的油污味，剧烈腐败时呈微绿色，并且脏污，结构呈胶粘状
骨髓	骨髓充满全部管状骨腔，坚硬、黄色。折断面骨髓有光泽，并且与硬质层不脱离	骨髓稍许脱离管状骨壁，比新鲜的骨髓软且色泽发暗，折断面骨髓没有光泽，呈灰白色	骨髓不能充满全部骨腔，骨髓呈松软状态并粘手，色暗常带灰色
腱关节	腱有弹性、且致密，关节表面平滑，有光泽，关节内组织液透明	腱稍软，白色无光，或浅灰色，关节处有粘液，组织液混浊	腱湿润、泥灰色、发粘，关节处含有多量粘液并呈稀状
煮时肉汤	肉汤透明、芳香，且有大量油滴聚集表面，脂肪味正常	肉汤混浊，无芳香气味，常有陈腐的滋味，汤面油滴小，有油污的滋味	肉汤污秽，有肉末，有酸败的气味，汤面几乎没有脂肪滴，脂肪有腐败的口味

　　屠宰后经兽医卫生检验符合市场鲜销而未冷冻的鲜猪肉的卫生标准如下（表3-9、表3-10）：

表3-9　　　　　　　　　　　新鲜肉感官指标表

项　目	一 级 鲜 肉	二 级 鲜 肉
色泽	肌肉有光泽，红色均匀，脂肪洁白	肌肉色稍暗，脂肪缺乏光泽
粘度	外表微干或微湿润，不粘手	外表干燥或粘手，新切面湿润
弹性	指压后的凹陷立即恢复	指压后的凹陷恢复慢，且不能完全恢复
气味	具有鲜猪肉正常味道	稍有氨味或酸味
煮沸后的肉汤	透明澄清，脂肪团聚于表面，具有香味	稍有混浊，脂肪呈小滴浮于表面，无鲜味

表3-10　　　　　　　　　　　鲜猪肉理化指标表

项　目	指　标	
	一 级 鲜 度	二 级 鲜 度
挥发性盐基氮含量/（mg/100g）	<15	<25
汞含量/（mg/kg，以Hg计）	<0.05	<0.05

第四章　肉的贮藏与保鲜

肉中含有丰富的营养物质，是微生物繁殖的优良场所，如控制不当，外界微生物会污染肉的表面并大量繁殖致使肉腐败变质，失去食用价值，甚至会产生对人体有害的毒素，引起食物中毒。另外肉自身的酶类也会使肉产生一系列的变化，在一定程度上可改善肉质，但若控制不当，亦会造成肉的变质。肉的贮藏保鲜就是通过抑制或杀灭微生物，钝化酶的活性，延缓肉内部物理、化学变化，达到较长时期的贮藏保鲜目的。肉及肉制品的贮藏方法很多，如冷却、冷冻、高温处理、辐射、盐腌、熏烟等。所有这些方法都是通过抑菌来达到目的的。

第一节　肉的低温贮藏

在众多贮藏方法中低温冷藏是应用最广泛、效果最好、最经济的方法。它不仅贮藏时间长而且在冷加工中对肉的组织结构和性质破坏作用最小，被认为是目前肉类贮藏的最佳方法之一。

一、低温贮藏原理

食品的腐败变质主要是由酶的催化和微生物的作用引起的。这种作用的强弱与温度密切相关，只要降低食品的温度就可使微生物和酶的作用减弱，阻止或延缓食品腐败变质的速度，从而达到较长期贮藏的目的。

（一）低温对微生物的作用

微生物和其他动物一样，需要在一定的温度范围内才能生长、发育、繁殖。温度的改变会减弱其生命活动，甚至使其死亡。在食品冷加工中主要涉及的微生物有细菌、霉菌和酵母菌，肉是他们生长繁殖的最佳材料，一旦这些微生物得以在肉上生长繁殖，就会分泌出各种酶，使肉中的蛋白质、脂肪等发生分解并产生硫化氢、氨等难闻的气体和有毒物质，使肉失去原有的食用价值。

根据微生物对温度的耐受程度，可将它们分成四大类（表 4-1），即嗜冷菌、适冷菌、嗜温菌和嗜热菌。

表 4-1　　　　　　　　　　根据生长温度分类微生物

类　　别	生　长　温　度/℃		
	最　低　温	最适生长温度	最　高　温
嗜冷菌	<0～5	12～18	20
适冷菌	<0～5	20～30	35
嗜温菌	10	30～40	45
嗜热菌	40	55～65	<80

温度对微生物的生长繁殖影响很大，随温度的降低，它们的生长与繁殖率降低（表4-2，图4-1），当温度降至他们的最低生长温度时，其新陈代谢活动可降至极低程度，并出现部分休眠状态。

表 4-2   **不同温度下微生物繁殖的时间**

温度/℃	繁殖时间/h	温度/℃	繁殖时间/h
33	0.5	5	6
22	1	2	10
12	2	0	20
10	3	−4	60

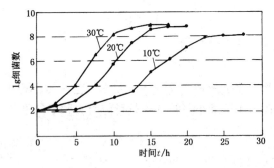

图 4-1　温度对微生物繁殖数量的影响

（二）低温对酶的作用

食品中含有许多酶，一些是食品自身所含有的，而另一些则是微生物在生命活动中产生的，这些酶是食品腐败变质的主要因素之一。酶的活性受多种条件所制约，其中主要是温度，不同的酶有各自最适的温度范围。肉类中各种酶最适合的温度是37～40℃，温度的升高或降低，都会影响酶的活性。一般而言，在0～40℃范围内，温度每升高10℃，反应速度将增加1～2倍，当温度高于60℃时，绝大多数酶的活性急剧下降。温度降低时，酶的活性会逐渐减弱，当温度降到0℃时，酶的活性大部分被抑制。但酶对低温的耐受力很强，如氧化酶、脂肪酶等能耐−19℃的低温。在−20℃左右，酶的活性就不明显了，可以达到较长期贮藏保鲜的目的。所以商业上一般采用−18℃作为贮藏温度。实践证明，对于多数食品在几周至几月内是安全的。

酶的浓度和基质浓度对催化反应速度有很大的影响，肉品冻结时，当温度降至−5～−1℃时，由于肉品中80%的水冻结，使基质浓度和酶浓度提高，而−5～−1℃的低温不足以抑制酶的活性，所以会出现催化反应速度比高温时快的现象。温度对酶活性的影响见图4-2。

（三）低温与寄生虫

鲜猪肉、牛肉中常有旋毛虫、绦虫等寄生虫，用冻结的方法可将其杀灭。在使用冻结方法致死寄生虫时，要严格按有关规程进行。杀死猪肉中旋毛虫的冷冻条件见表4-3。

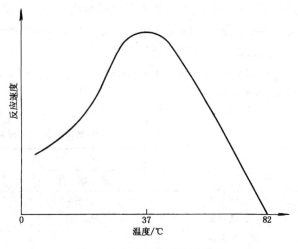

图 4-2　温度对酶活性的影响

表 4-3   杀死猪肉中旋毛虫的冷冻条件

冻结温度/℃	肉的厚度（15cm 以内）	肉的厚度（15~68cm）
-15	20d	30d
-23.4	10d	20d
-29.0	6d	16d

二、肉的冷却与冷藏

（一）冷却的目的

经屠宰初加工之后的肉类温度一般在 40℃左右，这正是微生物生长繁殖和酶作用的最适温度，为了抑制微生物的生长繁殖，减弱酶的活力，必须使肉的温度迅速降低，使微生物和酶的作用在极短的时间内减弱到最低程度。

肉中的水分呈胶体状态，水分由内层向表层扩散性差，在冷却中，冷却介质与肉表面温差较大，表面水分大量蒸发。在适当的冷却条件下，肉体表面形成一干燥表层，称干燥膜。干燥膜可阻止内部水分向表面移动，减少肉水分蒸发，同时还可阻止微生物在表层繁殖和侵入肉内部。

另外，冷却也是达到肉成熟和冻结过程的预处理阶段，冷却肉因肌肉缩紧而易切割加工。冷却可延缓脂肪和肌红蛋白的氧化，使肉保持鲜红色泽和防止脂肪氧化。

（二）冷却方法和条件

1. 冷却方法

空气冷却法是目前畜肉冷却的主要方法，它是通过冷却设备使冷却室内温度保持在 1~4℃左右，冷却终温一般在 0℃左右为好。根据冷却过程中冷却条件的变化可分为一次冷却法和二次冷却法。

一次冷却法：整个冷却过程一次完成。

二次冷却法：整个冷却过程在同一冷却间里分两段来进行。第一阶段，冷却间空气温度较低（2~3℃），空气流速较大（1~2m/s），冷却 2~4h。第二阶段，冷却间空气温度 -2~-1℃，流速 0.1m/s，冷却 18h 左右，在缓慢冷却中使肉表面与中心温度趋于一致。二段冷却的优点是：肉质量好，感官质量好，重量损失减少 40%~50%。

一次冷却法和二次冷却法的有关数据见表 4-4。

表 4-4   肉类冷却的有关数据

品 名	冷 却 方 法		空气平均温度/℃	空气平均流速/（m/s）	肉的初温/℃	肉的终温/℃	冷却时间/h
牛	一次冷却法	慢速	2	0.1	35	4	36
		中速	0	0.5	35	4	24
		快速	-3	0.8	35	4	16
肉	二次冷却法	第一阶段	-5~-3	1~2	35	10~15	8
		第二阶段	-1	0.1	10~15	4	10

续表

品　　名	冷　却　方　法		空气平均温度/℃	空气平均流速/(m/s)	肉的初温/℃	肉的终温/℃	冷却时间/h
猪	一次冷却法	慢速	2	0.1	35	4	36
		中速	0	0.5	35	4	24
		快速	−3	0.8	35	4	13
肉	二次冷却法	第一阶段	−7～−5	1～2	35	10～15	6
		第二阶段	−1	0.1	10～15	4	8

2. 冷却条件

（1）温度　冷却间温度在肉进入前应保持在−4～−2℃，这样在进肉之后，不会引起冷却间温度突然升高。对牛、羊肉而言，为了防止冷收缩的发生，在肉的 pH 高于 6.0 以前，肉温不要降到 10℃以下。

（2）空气相对湿度　冷却间空气相对湿度的大小会影响到微生物的生长繁殖和肉的干耗程度。湿度大，肉的干耗少，但有利于微生物的生长繁殖；湿度小，可抑制微生物活动，但肉的干耗将增加。处理好这一矛盾的方法就是在冷却开始的 1/4 时间内，维持相对湿度 95%～98%，在后期 3/4 时间内，维持相对湿度 90%～95%，临近结束时控制在 90% 左右。

（3）空气流动速度　由于空气热容量小，导热系数小，肉在静止的空气中冷却速度很慢。要想加速冷却，只有增加空气流动速度。但过快的空气流速会增大肉的干耗，故冷却过程中一般空气流速采用 0.5m/s 的流速，最大不超过 2m/s。

3. 冷却过程中的注意事项

（1）吊轨上的胴体，应保持 3～5cm 的间距，轨道负荷每米定额以半片胴体计算，牛为 2～3 片（约 200kg），猪为 3～4 片（约 200kg），羊为 10 片（约 150～200kg）。

（2）不同等级肥度的胴体要分室冷却，使全部胴体在相近时间内完成冷却，同一等级体重有显著差异的，则应把体重大的吊在靠近排风口，以加速冷却。

（3）在平行轨道上，按"品"字形排列，以保证空气的流通。

（4）整个冷却过程中，尽量少开门和人员出入，以维持冷却室的冷却条件，减少微生物的污染。

（5）副产品冷却过程中，尽量减少水滴、污血等物，并尽量缩短进冷却库前停留的时间。

（6）胴体冷却终点以后腿最厚部中心温度达 0～4℃为标准。

（三）冷却肉的贮藏

1. 冷藏条件及时间

冷藏环境的温度和湿度对贮藏期的长短起决定性的作用，温度越低，贮藏时间越长，一般以−1～1℃为宜，温度波动不得超过 0.5℃，进库时升温不得超过 3℃。几种动物性食品的贮藏条件及时间见表 4-5。

2. 冷藏的方法

空气冷藏法：以空气作为冷却介质，由于费用较低，操作方便，是目前冷却冷藏的主要方法。

表 4-5 动物性食品的冷藏条件及时间

品 种	温度/℃	相对湿度/%	贮 藏 时 间
牛肉	0～1	85～90	成熟 2～4 周 最长 5～7 周
羊肉	0～1	85～90	成熟 1/4～1/2 周 最长 1～2 周
小牛肉	0～1	90～95	成熟 1/4～1/2 周 最长 1～2 周
猪肉	0～1	85～90	成熟 1/2～1 周 最长 2～4 周
鸡肉	0～1	85～90	成熟 4～6h 最长 4～14d
一般淡水鱼	−1～0	—	新鲜 2d 最长 5d
一般海水鱼	−1～0	—	新鲜 5d 最长 14d

冰冷藏法：由于 1kg0℃的冰，融化为 0℃的水要吸收 334.9kJ 的热量，故可以此来达到冷藏的目的。它是冷藏运输中最常用的方法。用冰量与外界气温的高低、隔热程度、贮藏时间和食品种类有关。难以准确计算，一般凭经验来估计。

3. 冷却肉冷藏期间的变化

冷藏条件下的肉，由于水分没有结冰，微生物和酶的活动还在进行，所以易发生干耗、表面发粘、发霉、变色等，甚至产生不愉快的气味。

（1）干耗 处于冷却终点温度的肉（0～4℃），其物理、化学变化并没有终止，其中以水分蒸发而导至干耗最为突出。干耗的程度受冷藏室温度、相对湿度、空气流速的影响。高温，低湿度，高空气流速会增加肉的干耗。

（2）发粘、发霉 这是肉在冷藏过程中，微生物在肉表面生长繁殖的结果，这与肉表面的污染程度和相对湿度有关。微生物污染越严重，温度越高，肉表面越易发粘、发霉。

（3）颜色变化 肉在冷藏中色泽会不断地变化，若贮藏不当，牛、羊、猪肉会出现变褐、变绿、变黄、发荧光等。鱼肉产生绿变，脂肪会黄变。这些变化有的是在微生物和酶的作用下引起的，有的是本身氧化的结果。色泽的变化是品质下降的表现。

（4）串味 肉与有强烈气味的食品存放在一起，会使肉串味。

（5）成熟 冷藏过程中可使肌肉中的化学变化缓慢进行，而达到成熟，目前肉的成熟一般采用低温成熟法即冷藏与成熟同时进行，在 0～2℃，相对湿度 86%～92%，空气流速为 0.15～0.5m/s，成熟时间视肉的品种而异，牛肉大约需三周。

（6）冷收缩 主要是在牛、羊肉上发生，它是屠杀后在短时间进行快速冷却时肌肉产生强烈收缩。这种肉在成熟时不能充分软化。研究表明，冷收缩多发生在宰杀后 10h，肉温降到 8℃以下时出现。

三、肉的冻结与冻藏

（一）冻结的目的

肉的冻结温度通常为 −20～−18℃，在这样的低温下水分结冰，有效地抑制了微生物

93

的生长发育和肉中各种化学反应，使肉更耐贮藏，其贮藏期为冷却肉的 5～50 倍。

（二）肉的冷冻过程

1. 肉的冷冻曲线

通常把冻结过程中肉的温度随时间变化的曲线称为肉的冷冻曲线，如图 4-3 所示。

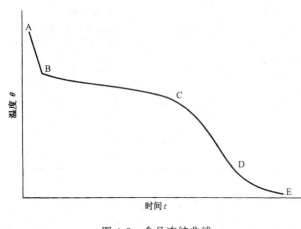

图 4-3　食品冻结曲线

A—B 是肉的冷却阶段，从初温到冰点，在这一阶段由于肉与冷却介质之间温差大，所以降温迅速，曲线比较陡。

B—C 是冰晶形成期，肉中大部分水从液相变为固相，随着水分的结冰，肉的冰点下降，因此变相是在一定温度范围内进行。冰晶形成中要放出大量潜热，故肉的降温缓慢，曲线比较平坦。冰晶的形成大约开始于—1℃左右，到—5℃时肉中的水分 80% 结冰，到—18℃时有大约 95% 的水分结冰。—5～—1℃被称为最大冰结晶生成带。

C—E 是冻结后期，冻结的肉进一步降低温度，伴有很少量的水转变成冰，放出的潜热不多。同时冻结后的肉比热减少、导热系数增大，故降温较快，曲线又变得较陡。

2. 冰晶的形成和分布

冰晶在形成时，首先是形成很小的晶核，而后晶核逐渐变大形成冰晶。冰晶的形成主要在—5～—1℃之间。当肉被冷冻到—5℃时，其中的水分有 80% 被冻结。肉在冻结时形成的冰晶位置是有细胞内外之分的。一般情况下，细胞外溶液浓度低于细胞内液，冰点较高冻结时先在肌细胞间隙中形成冰晶，胞内液体未结冰，其蒸汽压大于胞外，水分从胞内向胞外转移并吸附在胞外冰晶上，使胞外冰晶变大。冷冻速度越慢，水分向外转移的越多，胞内外冰晶的大小、数量差异越大。在慢速冷冻中，水分从胞内向胞外转移，使细胞脱水，盐浓度增大，促使蛋白变性。同时胞间水分形成冰晶时，体积大约增大 9%，产生压力，对细胞的排列和膜都有破坏作用，解冻后不能完全恢复到原来状态。食品冻结时温度与结冰率的关系见图 4-4。

在快速冷冻中肉在—5～—1℃停留时间短，细胞内外几乎同时结冰，减少了水分的转移，冰晶在胞内外分布均匀，冰晶对胞膜的机械损伤也少，解冻后可最大程度地恢复到原来的状态。

3. 冷冻方法

（1）空气冻结法　为以空气作为冷却介质的一种冻结方法。是生产中应用最广

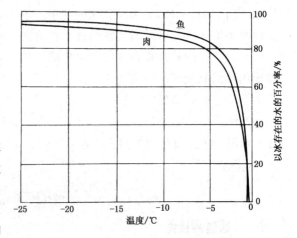

图 4-4　食品冻结时温度与结冰率的关系

泛的方法，其特点是经济方便、速度较慢。

（2）间接冻结法　是把肉放在制冷剂冷却的板、盘、带或其他冷壁上，肉与冷壁接触而冻结的方法。

（3）直接接触冻结法　是把肉与不冻液或制冷剂直接接触而冻结，接触方法有：喷淋法、浸渍法或两者同时使用，常用的制冷剂有盐水、干冰和液氮。

4. 冻结速度

冻结速度的表示方法主要有两种：

（1）用冻结花费时间的长短表示　一般当肉中心温度从 $-1℃$ 降至 $-5℃$ 花费时间少于 30min，称为快速冻结，多于 30min 称为缓慢冻结。

（2）用结冰面的移动速度表示　这是由德国学者普朗克提出来的，取食品结冰面的温度为 $-5℃$，温度为 $-5℃$ 的结冰面在 1h 内从表面向中心移动的距离，即为冻结速度。普朗克将冻结速度划分为三类。

快速冻结：冻结速度 $\geqslant 5\sim20$cm/h

中速冻结：冻结速度 $=1\sim5$cm/h

缓慢冻结：冻结速度 $=0.1\sim1$cm/h

在生产中把肉从 $0\sim4℃$ 降至 $-15℃$，需时间 $48\sim72$h 称为慢冻，需 24h 称为速冻。

目前生产中使用的冻结装置的冻结速度大致如下：

半通风式冻结装置：0.2cm/h　　　　通风式冻结装置：$0.5\sim3$cm/h

流化床冻结装置：$5\sim10$cm/h　　　液氮冻结装置：$10\sim100$cm/h

5. 空气冻结法的冻结条件

牛、羊、猪、禽肉：一般用温度为 $-20\sim-18℃$、相对湿度为 $95\%\sim100\%$、风速 0.2 ~0.3cm/s 的空气，冻结终温为 $-18℃$。

鱼：一般用 $-25℃$ 以下、风速为 $3\sim5$m/s、相对湿度大于 90% 冷风冻结。特殊种类的鱼要求冻结至 $-40℃$ 左右。

（三）冷冻肉的冻藏

将冷冻后的肉贮藏于一定的温度、湿度的低温库中，在尽量保持肉品质量的前提下贮藏一定的时间，就是冻藏。冻藏条件的好坏直接关系到冷藏肉的质量和贮藏期长短。

1. 冻藏条件与冻藏期限

（1）温度　从理论上讲，冻藏温度越低，肉品质量保持得就越好，保存期限也就越长，但成本也随之增大。对肉而言，$-18℃$ 是比较经济合理的冻藏温度。近年来，水产品的冻藏温度有下降的趋势，原因是，水产品的组织纤维细嫩，蛋白质易变性，脂肪中不饱和脂肪酸含量高，易发生氧化。

冷库中温度的稳定也很重要，温度的波动应控制在 $\pm2℃$ 范围内，否则会促进小冰晶消失和大冰晶长大，加剧冰晶对肉的机械损伤作用。

（2）湿度　在 $-18℃$ 的低温下，温度对微生物的生长繁殖影响很微小，从减少肉品干耗考虑，空气湿度越大越好，一般控制在 $95\%\sim98\%$ 之间。

（3）空气流动速度　在空气自然对流情况下，流速为 $0.05\sim0.15$m/s，空气流动性差，温、湿度分布不均匀，但肉的干耗少。多用于无包装的肉食品。在强制对流的冷藏库中，空气流速一般控制在 $0.2\sim0.3$m/s，最大不能超过 0.5m/s，其特点是温、湿度分布均匀，肉品干耗大。对于冷藏胴体而言，一般没有包装，冷藏库多用空气自然对流方法，如要用冷风机强制对流，要避免冷风机吹出的空气正对胴体。

(4) 冻藏期限　冷冻肉的贮藏温度与贮藏期关系见表 4-6。在相同贮藏温度下，不同肉品的贮藏期大体上有如下规律：①畜肉的冷冻贮藏期大于水产品；②畜肉中牛肉贮藏期最长，羊肉次之，猪肉最短；③水产品中，脂肪少的鱼贮藏期大于脂肪多的鱼。虾、蟹则介于二者之间。

表 4-6　　　　　　　　　　**冷冻肉的贮藏温度与贮藏期 （I. I. R. 1992）**

冷冻食品名称	贮藏期/月		
	−18℃	−25℃	−30℃
牛胴体	12	18	24
羊胴体	9	12	24
猪胴体	4~6	12	15
包装好的烤牛肉和牛排	12	18	24
包装好的剁碎肉（未加盐）	10	>12	>12
烤猪肉和排骨	6	12	15
腊肠	6	10	
腌肉	2~4	6	12
鸡	12	24	24
内脏	4		
虾	6	12	12
多脂鱼	4	8	12
少脂鱼	8	18	24

2. 肉在冻藏中的变化

(1) 干耗　干耗也称减重，是肉在冻藏中水分散失的结果，干耗不但使肉在重量上损失，而且影响肉的质量，促进表层氧化的发生。干耗的程度与空气条件有关，空气温度高、流速快可加大干耗，因肉品表层水蒸气压随温度升高而加大。肉类冻藏中的干耗见表 4-7。

表 4-7　　　　　　　　　　**肉类冻藏中的干耗率**　　　　　　　　单位：%

冻藏温度/℃ ＼ 冻藏时间/月	1	2	3	4
−8	0.73	1.24	1.71	2.47
−12	0.45	0.70	0.90	1.22
−18	0.34	0.62	0.80	1.00

温度的波动也会引起干耗的增加，如把肉贮藏在恒定的 −18℃ 条件下，每月水分损失 0.39%，如温度波动在 ±3℃ 之间，则每月水分损失为 0.56%。

包装能减少 4%~20% 的干耗。这取决于包装材料和包装质量。包装材料与肉之间有空隙时，干耗会增加。

（2）冰结晶的变化　指冰结晶的数量、大小、形态的变化。在冰结晶中，水分以三种相态存在，固态冰、液态水、气态的水蒸气。液态水的水蒸气压大于固态冰的水蒸气压，小冰晶的水蒸气压大于大冰晶的蒸汽压，由于上述水蒸气压差的存在，水蒸气从液态移向固态冰，小冰晶表面的水蒸气移向大冰晶表面。结果导致液态水和小冰晶消失，大冰晶逐渐长大，肉中冰晶数量减少。这些变化会增强冰晶对食品组织的机械损伤作用。温度升高或波动都会促进冰晶的变化。

（3）变色　冻藏过程中肉的色泽会逐渐褐变，主要是肌红蛋白氧化成高铁肌红蛋白的结果。温度在氧化上取主要作用，据研究$-15\sim-5℃$时的氧化速度是$-18℃$时的$4\sim6$倍。光照也能促使褐变而缩短冻藏期，如在$-18℃$黑暗条件可贮藏90d的牛肉，在100lx光照条件下只能贮藏10d。脂肪氧化发黄也是变色的主要原因之一。

（4）微生物和酶　病原性微生物代谢活动在温度下降到3℃时停止，当温度下降到$-10℃$以下时，大多数细菌、酵母菌、霉菌的生长受到抑制。

有报告认为组织蛋白酶的活性经冻结后会增大，若反复进行冻结和解冰时，其活性更大。

四、肉 的 解 冻

各种冻结肉在食用前或加工前都要进行解冻，从热量交换的角度来说，解冻是冻结的逆过程。由于冻结、冻藏中发生了各种变化，解冻后肉要恢复到原来的新鲜状态是不可能的，但可以通过控制冻结和解冻条件使其最大程度地复原到原来的状态。

（一）解冻方法和条件

解冻方法很多，如空气解冻法、水解冻法、高频及微波解冻法。从传热的方式上可以归为两类，一类是从外部借助对流换热进行解冻，如空气解冻、水解冻；另一类是肉内部加热解冻，如高频电和微波解冻。肉类工业中大多采用空气解冻法和水解冻法。

空气解冻法：又称自然解冻，以热空气作为解冻介质，由于其成本低，操作方便，适合于体积较大的肉类。这种解冻方法因其解冻速度慢，肉的表面易变色、干耗、受灰尘和微生物的污染。故控制好解冻条件是保证解冻肉质量的关键，一般采用空气温度$14\sim15℃$，风速2m/s，相对湿度95％～98％的空气进行解冻。

水解冻法：以水作为解冻介质，由于水具有较适宜的热力学性质，解冻速度比相同温度的空气快得多，在流动水中解冻速度更快。一般用水温度为10℃左右。水解冻的缺点是营养物质流失较多，肉色灰白。

（二）解冻速度对肉质的影响

解冻是冻结的逆过程，冻结过程中的不利因素，在解冻时也会对肉质产生影响，如冰晶的变化、微生物、酶的作用等。为了保证解冻后肉的状态最大程度地复原到原来的状态，一般对冻结速度均匀，体积小的产品，应用快速解冻，这样在细胞内外冰晶几乎同时溶解，水分可被较好的地吸收，汁液流失少，产品质量高；对体积较大的胴体，采用低温缓慢解冻，因为大体积的胴体在冻结时，冰晶分布不均匀，解冻时熔化的冰晶要被细胞吸收需一定的时间。这样可减少汁液的流失，解冻后肉质接近原来状态。如在$-18℃$下贮藏的猪胴体，用快速解冻汁液流失量为3.05％，慢速解冻时汁液流失量只是1.23％。

第二节 肉的电离辐射贮藏

电离辐射，也叫辐射，是辐射源放出射线，释放能量，使受辐射物质的原子发生电离作用的物理过程。辐射贮藏是利用辐射能量对食品进行杀菌或抑菌，以延长贮藏期的一种食品贮藏技术。它与传统的物理、化学方法相比有如下特点：

（1）在破坏肉中微生物的同时，不会使肉品明显升温，从而可以最大程度地保持原有的感官特征。

（2）包装后的肉可在不需拆包情况下直接照射处理，节约了材料，避免了再次污染。

（3）辐射后食品不会留下任何残留物。

（4）应用范围广。照射剂量相同的不同尺寸、不同品种的食品，可放在同一射线处理场内进行辐射处理。

（5）节能、高效、可连续操作，易实现自动化。

一、辐射源及辐射剂量

（一）辐射源

广义地说：用于食品辐射贮藏的射线包括微波、紫外线、X 射线、β 射线、α 射线和 γ 射线。一般辐射保藏都指后四种。它们的特点如下：

β 射线：为从原子核中射出的带负电荷的高速粒子流。穿透物质的能力比 α 射线强，但电离能力不如 α 射线。

γ 射线：为波长非常短的电磁波束，食品工业中用 ^{60}Co 和 ^{137}Cs 来产生。它能量高，穿透物质的能力极强，电离能力不如 α 射线和 β 射线。

α 射线：穿透物质能力很小，但有很强的电离能力。

X 射线：其本质与 γ 射线相同。

用于肉类辐射保鲜的辐射源主要是放射性同位素 ^{60}Co 和 ^{137}Cs。^{60}Co 和 ^{137}Cs 的辐射能量及半衰期见表 4-8。

表 4-8　　　　　　　　　　**放射性同位素的辐射能量及半衰期**

同　位　素	符　　号	β 粒子能量/Mev	γ 射线能量/Mev	半衰期/年
60 钴	^{60}Co	0.31～1.48	1.173～1.333	5.27
137 铯	^{137}Cs	0.52～1.17	0.662	30

（二）辐射剂量

辐射剂量是表示物质受辐射程度的一些物理量。剂量常用单位是照射量（C/kg）和吸收剂量（Gy）。

照射量：是 X 射线或 γ 射线在单位质量空气中打出的全部电子被空气阻止时，在空气中产生一种负离子的总电荷量。照射量的法定单位是库/千克（C/kg），与伦琴（R）的关系如下：

$$1R = 2.58 \times 10^{-4} C/kg$$

吸收剂量：是电离辐射授与单位质量任何物质的平均能量。法定单位为 J/kg，也称为 Gy。它与以前常用的拉德（rad）关系如下：

$$1rad = 0.01Gy$$

二、辐射的基本效应

（一）化学效应

肉中含有水、蛋白质、脂肪、酶、维生素等，在高能量的射线照射下会发生一些化学变化。

（1）水　水对辐射很敏感，接受辐射能后被电离激活，产生水合电子、羟自由基、过氧化分子等中间产物，最终产物为氢气和过氧化氢等。这些中间产物和最终产物将使细胞各种生物化学活动受阻，使细胞生活机能受到破坏。

（2）蛋白质　辐射使蛋白质的二硫键、氢键、盐键、醚键断裂，破坏蛋白质分子的二级、三级结构，改变其原有的性质。

（3）脂肪　辐射主要使脂肪酸中的 C—C 键断裂，生成正烷类，在有氧的情况下形成过氧化物及氢过氧化物，最后形成醛、酮等物质。

（4）酶　由于酶的主要成分是蛋白质，故对辐射的反应与蛋白质相似。酶的纯度、存在环境条件会影响酶对辐射的敏感性。一般情况下，酶存在的食品体系很复杂，降低了酶对辐射的敏感性，故钝化时需要相当大剂量的辐射。

（5）维生素　纯维生素对辐射很敏感。肉中维生素与其他物质复合存在，其敏感性较低。水溶性维生素对辐射的敏感性小于脂溶性维生素。

（二）生物学效应

辐射的生物学效应是由生物体内的化学变化造成的。可以分为直接效应和间接效应，直接效应即高能量射线与细胞的生命中心直接接解引起的破坏作用，间接效应即水等物质在射线作用下产生的中间物对生物代谢、各种生化反应的影响。两种作用都能杀死微生物。辐射对生物的损伤与生物的种类、辐射剂量、时间等因素有关。不同生物体的辐射致死剂量见表 4-9。

表 4-9　　　　　　　　　　各种生物机体的辐射致死剂量

生　物　体	剂量/Gy	生　物　体	剂量/Gy
昆虫	10～1 000	有芽孢细菌	10 000～50 000
非芽孢细菌	500～10 000	病毒	10 000～200 000

电离辐射杀灭微生物，一般以一定灭菌率所需用的拉德数来表示，通常以杀灭微生物数的 90% 所需剂量计，即残存微生物下降到原数的 10% 时所需剂量，用 D_{10} 值表示。

微生物对辐射的敏感性因种类不同而异，一般而言，抗热能力大的细菌对辐射的抵抗力也较强；革兰氏阳性菌对辐射的抵抗力大于革兰氏阴性菌；带芽胞的菌对辐射的抵抗力大于无芽胞菌；酵母菌对辐射的抵抗力大于霉菌，但却没有革兰氏阳性菌强；病毒对辐射有很强的抵抗力，寄生虫和由肉传播的细菌（meatborne bacteria）对辐射则很敏感。

在食品生产中，根据辐射剂量和杀菌程度，可把辐射杀菌分为三种。

（1）辐射完全杀菌，即辐射灭菌或商业无菌。这种辐射剂量足以使微生物的数量或使有生活能力的微生物降低至很小程度。在处理后没有污染的情况下，以目前现有的方法检不出腐败微生物。这种剂量处理的食品只要不被污染，可在任何条件下长期保藏。对肉食而言，剂量多在 30～40kGy 之间。

（2）辐射针对性杀菌，基本相当于巴氏灭菌法。目的是降低某些有生命力的特定非芽孢致病菌的数量。剂量范围是 5～10kGy。该方法不能杀灭肉中所有微生物，不能保证长期贮藏的肉的微生物的安全性。食品被微生物严重污染后不适合用这种杀菌方法。

（3）辐射选择性杀菌，将食品中腐败性微生物降低到足够低的水平，主要目的是为了保鲜，延长保藏期。通常的剂量范围是 1～5kGy。某些酵母和革兰氏阳性菌能在这种剂量外理过的肉中存活。该辐射法主要用于水分活性高的易腐食品。辐射后的食品贮藏时与其他贮藏方法配合，可使贮藏期延长。

三、辐射对肉品质量的影响

辐射可延长肉的贮藏期，但不能钝化肉深层的酶，这些酶在贮藏期遇到适合条件可继续活动。其中色泽的变化和异味产生是辐射肉品的主要缺点。鲜肉和腌肉会褐变，风味的变化或异味的产生，与辐射程度和肉的品种有关。如鲜牛肉用 40kGy 照射会产生明显的硫化氢味，用 40～100kGy 照射，由于含硫巯基化合物，使肉有明显的"湿狗毛味"。猪、鸡肉在高剂量下，产生异味较少。羊、鹿肉易产生异味。低温和在无氧条件下辐射可减少异味的产生。蛋白质、氮化合物、氨基酸中产生香味的氨基酸对辐射敏感；脂肪酸经辐射会发生氧化，产生过氧化物。

四、辐射食品的安全性

对辐射食品的安全性，已进行了 40 多年的研究。大量的试验结果表明，辐射是一种安全、卫生、经济、实用的新方法，因为辐射不产生毒性物和致突变物。辐射食品无任何残留放射性。采用适当剂量，不会引起食品营养成分和风味的明显变化。

五、辐 射 工 艺

工艺流程如下：

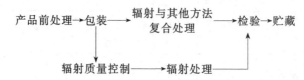

1. 前处理

选择品质好，污染小的肉，为了减少辐射中某些成分的损失，可添加一些添加剂，如抗氧化剂等。

2. 包装

辐射可以带包装进行，为了防止在贮、运、销环节上发生二次污染，包装要有好的密闭性，一般用复合塑料膜包装。

3. 辐射

常用辐射源是 ^{60}Co、^{137}Cs 和电子加速器三种。其中 ^{60}Co 放出的 γ 射线穿透力强，设备较简单、操作容易，被广泛应用。为了减少辐射产生的变色和异味，可使辐射在低温（$-80\sim$ -30℃）无氧条件下进行。不同种肉辐射剂量与贮藏期见表 4-10。

表 4-10　　　　　　　　　　辐照肉品的贮藏时间

肉　　类	辐射剂量/kGy	贮　藏　期
猪肉	$^{60}Co\gamma$ 射线 15	常温 2 个月
鸡肉	γ 射线 2～7	延长贮藏时间
牛肉	γ 射线 5 γ 射线 10～20	3～4 周 3～6 周
羊肉	γ 射线 47～53	灭菌贮藏

美国对鲜猪肉的处理剂量范围为 0.3～1kGy。对鸡肉的处理剂量范围为 ≤3kGy（1990年）（见表 4-11）。

表 4-11　　　　　　　　　　某些食品辐射处理剂量范围

食　　品	辐　射　目　的	剂量范围/万 Gy
肉类及制品	排酸冷冻　长期贮藏	4～6
肉、鱼	0～4℃冷藏	0.05～1.0
肉、蛋	消除特殊病原菌	0.5～1.0
肉类	杀寄生虫	0.01～0.2

第三节　其他贮藏方法

除冷藏、冷冻、辐射外还有许多贮藏方法在生产中应用，如腌制、烟熏、脱水、高压、生物控制、化学贮藏等。

一、高 压 处 理

自 Hile 在 90 多年前（1899 年）使用高压处理食品，延长贮藏期以来到 20 世纪 80 年代，在这方面的研究不多。目前认为高压可使蛋白质变性，酶失活，改善组织结构，杀灭微生物。压力对微生物的杀灭能力依赖于微生物的种类和食品的组成成分（Hoover 等，1989）。研究显示，革兰氏阴性菌对压力较阳性菌敏感，酶母的敏感性介于革兰氏阳性、阴性菌之间。一般在 600MPa 压力下，除蜡状芽孢杆菌（*B. ceneus*）外，都能被杀灭。

二、生物控制系统

人类在生产、生活中利用微生物的作用，创造了许多有特色的肉制品，它们的贮藏期比原料肉长，而且由于发酵作用，这些产品都具有特殊的芳香味。自古以来，人们就利用酸来贮藏肉食。如发酵香肠，它们有较长的贮藏期主要是因为酸化使有害菌被抑制，同时伴有干燥、营养物竞争、抗菌素和 H_2O_2 等的作用协同。乳链球菌肽（Nisin）在肉贮藏上已被许多国家使用。

三、化 学 保 鲜

化学保鲜剂主要是各种有机酸及其盐类，它们单独和配合作用对延长期有一定的效果。

醋酸：抑菌作用较弱，但在酸性条件下作用可增强，在 1.5％的浓度时有明显抑菌作用。在室温下贮藏肉食，醋酸要用较高浓度，如醋渍香肠所用醋酸的浓度＞3.6％。醋酸和蚁酸、抗坏血酸配合使用，效果更好。用醋酸处理的肉食品有醋渍香肠、猪脚与青鱼等。

丙酸和丙酸盐：可抑制霉菌和一些高度需氧菌。由于丙酸有异味，工业上都用丙酸盐作防霉剂。

山梨酸：是良好的真菌抑制剂，在 pH＜6.0 以下效果好。对霉菌、酵母和好气性微生物有较强抑菌作用，但对厌氧菌、嗜酸乳杆菌几乎无效。鸡、鱼肉用山梨酸盐处理可延长货架期。

乳酸钠：是一种中性物质（pH6.5～7.5）加入肉中不会明显改变肉的 pH，近年来，被认为是有效的抗微生物剂，可延长肉的贮藏期。主要用于禽肉。作用机理目前不是很清楚，一般认为主要是能降低水分活性，能跨过分子膜，使细胞内酸化。

四、气 调 保 鲜

气调保鲜是利用调整环境气体成分来延长肉品贮藏寿命和货架期的一种技术。其基本原理是：在一定的封闭体系内，通过各种调节方式得到不同于正常大气组成的调节气体，以此来抑制肉品本身的生理生化作用和抑制微生物的作用。肉质下降是由自身的生理生化作用和微生物作用的结果，这些作用都与 O_2、CO_2 有关。在引起腐败的微生物中，大多数是好氧性的，因而利用低 O_2、高 CO_2 的调节气体体系，可以对肉类进行保鲜处理，延长贮藏期。肉类保鲜中常用的气体是 O_2、CO_2、N_2。

O_2：低氧或无氧可以抑制氧化作用、酶的活性和需氧菌的生长，但会使肌红蛋白失去鲜红的色泽，所以对于不同肉品要用不同的含氧量。

CO_2：高浓度的 CO_2 可明显抑制腐败微生物的生长和降低 pH，这种作用随浓度升高而增大。在气调保鲜中发挥抑菌作用的浓度在 20％以上。

N_2：N_2 是一种惰性气体，在气调保鲜中作为一种填充剂，可防止肉的氧化和酸败，对色泽没有影响。

实际生产中很少单独使用某一种气体，一般是混合使用，常用的混合气体比例见表 4-12。

气调保鲜的效果与肉的质量，贮藏条件（温度）等有关，一般气调贮藏要配合低温效果更好。

表 4-12　　　　　　　　　**肉品气调包装所用混合气体比例**

种　类	贮藏时间/d	气　体　比　例 $O_2 : CO_2 : N_2$
鲜肉	5~12	70 : 20 : 10
香肠、熟肉	28~56	75 : 25 : 0
禽肉	6~14	50 : 25 : 25
鲜肉	>7（1℃条件贮藏）	80 : 20

第五章　肉品加工辅料及特性

在肉制品加工中，往往要加入一定量的天然物质或化学物质，以改善制品的色、香、味、形、组织结构和贮藏性能，这些物质统称为肉制品加工辅料。正确使用辅料，对提高肉制品的质量和产量，增加肉制品的花色品种，提高其营养价值和商品价值，保障生产者和消费者的身体健康，具有十分重要的意义。

第一节　调　味　料

调味料是指加入肉制品中，能起到调节、改善制品风味的物质。有咸味料、甜味料、酸味料、鲜味料等。在肉制品加工中，必须合理地、恰当地、正确地使用调味料，以达到良好的调味效果。

一、咸　味　料

（一）食盐

食盐主要成分是氯化钠。精制食盐中氯化钠含量在 98% 以上，味咸，呈白色细晶体，无可见外来杂质，无苦味、涩味及其他异味，在肉制品中食盐的用量一般为 2%～3%。肉制品中含有大量的蛋白质、脂肪等具有鲜香味的成分，而常常需要有一定浓度的咸味才能表现出来，不然就淡而无味，所以常有"百味之王"之称。是肉制品加工中最重要的调味料。

食盐还具有防腐和增加制品的粘合作用。防腐主要是在食盐脱水作用下的二次效应和氯离子对微生物的直接作用；粘合作用是由于食盐可提取肉中盐溶性蛋白质促进其对水和脂肪的结合能力，减少肉在加热处理过程中游离水的流失。

食盐对人体维持正常生理功能、调节血液渗透压和保持体内酸碱平衡均有重要的作用，是人体不可缺少的物质，但由于 Na^+ 常和高血压相联系，对一些人会导致冠心病的发生。因此患有高血压的人在饮食中常要减少 Na^+ 的摄入量。最近几年，有些加工厂已生产出低盐肉制品，或者用 KCl、$CaCl_2$ 等取代部分 $NaCl$。简单地降低钠盐用量及部分用 KCl 代替，食品味道不佳。新型食盐代用品 Zyest 在国外已配制成功并大量使用。该产品属酵母型咸味剂，可使食盐的用量减少一半以上，甚至 90%，并同食盐一样具有防腐作用，现已广泛用于面包、饼干、香肠、沙司、人造黄油等食品，统称为低钠食品。日本广岛大学也研制了一种不含钠但有咸味的人造食盐，是由与鸟氨酰和甘氨酸化合物类似的 22 种化合物合成，并加以改良后制备而成，称其为鸟氨酰牛磺酸，味道很难与食盐区别。现已投入生产，但售价比食盐高 50 倍。

（二）酱油

酱油是我国传统的调味料，在广东、香港等地又叫老抽。多以粮食和副产品为原料，经自然或人工发酵而制成。优质酱油咸味醇厚，香鲜浓郁，无不良气味，不得有酸、苦、涩等异味和霉味，不混浊，无沉淀。在肉制品中添加酱油不仅起到咸味料的作用，而且具有良好的增色效果。此外，酱油还有防腐和促进某些制品发酵的作用。酱油有普通酱油和特制酱油两大类，普通酱油按其无盐固形物的含量多少可分为一、二、三级；按其形态又分为液体酱油和固体酱油；特制酱油有辣酱油、虾子酱油、白酱油、冬菇酱油等。酱油在肉制品加工中的使用量没有限制，可根据不同的制品需要而定。

（三）黄酱

黄酱又称面酱、麦酱等，是用大豆、面粉、食盐等为原料，经发酵酿造成的调味品。味咸香，色黄褐，为有光泽的泥糊状。其中含 NaCl 12％以上，氨基酸态氮 0.6％以上，还有糖类、脂肪、酶、维生素 B_1、维生素 B_2 和钙、磷、铁等矿物质。在肉品加工中不仅是常用的咸味调料，而且还有良好的提香生鲜、除腥清异的效果。黄酱性寒，又可药用，有除热解烦、清除蛇毒等功能，对热烫火伤、手指肿疼、蛇虫蜂毒等，都有一定的疗效。黄酱广泛用于肉制品和烹饪加工中，使用标准不受限制，以调味效果而定。

二、甜 味 料

（一）蔗糖

蔗糖是最常用的天然甜味剂，呈白色晶体或粉末，精炼度低的呈茶色或褐色。蔗糖甜味较强，其甜度仅次于果糖，果糖：蔗糖：葡萄糖的甜度比为 4：3：2。肉制品中添加少量蔗糖可以改善产品的滋味，并能使肉质松软、色调良好。糖比盐更能迅速、均匀地分布于肉的组织中，增加渗透压，形成乳酸，降低 pH，提高肉的保藏性，并促进胶原蛋白的膨胀和疏松，使肉制品柔软。蔗糖添加量在 0.5％～1.5％左右为宜。但因品种不同而有较大的差异。

（二）葡萄糖

葡萄糖为白色晶体或粉末，常作为蔗糖的代用品，甜度略低于蔗糖。在肉品加工中，葡萄糖除作为甜味料使用外，还可形成乳酸，有助于胶原蛋白的膨胀和疏松，从而使制品柔软。另外，葡萄糖的保色作用较好，而蔗糖的保色作用不太稳定。不加糖的制品，切碎后会迅速褪色。肉品加工中葡萄糖的使用量为 0.3％～0.5％左右。在发酵肉制品中葡萄糖一般作为微生物主要碳源。

（三）d-木糖

d-木糖的分子式 $C_5H_{10}O_5$，呈无色或白色的结晶粉末，具有爽快的甜味，为单斜状结晶，水中溶解度为 125g/100mL，易溶于热乙醇中。甜度较低，约为砂糖的 40％。在肉品加工中不仅作为甜味料使用，而且可用作脂质抗氧化剂和无糖食品及糖尿病患者的食品原料。目前尚无使用标准。

（四）d-山梨糖醇

d-山梨糖醇的分子式 $C_6H_{14}O_6$，又称花椒醇、清凉茶醇，呈白色针状结晶或粉末，溶于水、乙醇、酸中，不溶于其他一般溶剂，水溶液 pH 为 6～7。有吸湿性，有愉快的甜味，有寒冷舌感，甜度为砂糖的 60％。常作为砂糖的代用品。在肉制品加工中，不仅用作甜味料，还能提高渗透性，使制品纹理细腻，肉质细嫩，增加保水性，提高出品率。现在尚未制定使用标准。

（五）饴糖

饴糖又称糖稀，主要是麦芽糖，还有葡萄糖和糊精。饴糖味甜爽口，有吸湿性和粘性。

在肉品加工中常作为烧、烤、酱卤、油炸制品的增色剂和甜味助剂。饴糖以颜色鲜明、汁稠味浓、洁净不酸为上品。使用中要注意阴凉处存放，防止酸败。

（六）索马迁

索马迁是从植物果实中提取的高分子甜味料，是一种有甜味的蛋白质，内含15种氨基酸，含量较多的有甘氨酸、天冬氨酸、苏氨酸、丙氨酸、半胱氨酸、脯氨酸等。其甜度为砂糖的2500倍，市售品甜度一般为砂糖的100倍。常用于火腿、红肠等肉制品和其他食品中。目前尚无制定使用标准。

（七）蜂蜜

蜂蜜又称蜂糖，呈白色或不同程度的黄褐色，透明、半透明的浓稠液状物。含葡萄糖42%、果糖35%、蔗糖20%、蛋白质0.3%、淀粉1.8%、苹果酸0.1%以及脂肪、蜡、色素、酶、芳香物质、无机盐和多种维生素等。其甜味纯正，不仅是肉制品加工中常用的甜味料，而且具有润肺滑肠、解毒补中、杀菌收敛等药用价值。蜂蜜营养价值很高，又易吸收利用，所以在食品中可以不受限制地添加使用。

三、酸 味 料

酸味是由于舌粘膜受到氢离子刺激而引起的感觉，因此，凡是在溶液中能解离出H^+的化合物都具有酸味。在同一pH下，有机酸比无机酸的酸感要强，这是由于有机酸的阴离子带有负电荷，它能中和舌粘膜中的正电荷，使H^+更容易和舌粘膜相吸附。

日常大多数食品的pH在5～6.5，一般无酸味感觉，如果pH小于3时，则酸味感较强，而难以适口，一般酸味的阈值：无机酸pH在3.4～3.5，有机酸pH为3.7～3.9。

酸味剂是食品中主要的调味料之一，不仅能够调味，还可增进食欲，并具有一定的防腐作用，也有助于纤维及钙磷等溶解，因而可促进人体消化吸收。常用的酸味料有以下几种：

（一）醋

醋是我国传统的调味料，有两千多年历史，古时称醋为醯，是以谷类及麸皮等经过发酵酿造而成。醋中酸度在3.5%以上。优质醋不仅具有柔和的酸味，而且还有一定程度的香甜味和鲜味。因此，醋是肉和其他食品最常用的酸味料之一。在肉品加工中，有时添加适量的醋，不仅能给人以爽口的酸味感，促进食欲，帮助消化，而且还有一定的防腐和去腥除膻的作用，有助于溶解纤维素及钙、磷等作用，从而促进人体对这些物质的吸收利用。醋的去腥提香作用在于，某些肉中含有三甲胺等胺类物质，这些物质是腥味的主要成分，属于碱性，醋为酸性，可与其反应将其消除。另外，醋还有软化肉中结缔组织和骨骼，保护维生素C少受损失，促进蛋白质迅速凝固等作用。醋很早就被用作药物，其功效是活血散瘀，下气消胀，消肿解毒。

醋对人体有益无害，所以在制品加工中，可以不受限制地使用，以制品风味需要为度。在实际应用中，醋常与砂糖配合作用，能形成更加宜人的酸甜味；也常与酒混用，可生成具有水果香味的乙酸乙酯，使制品风味更佳。但醋的有效成分是醋酸，受热易挥发，所以应在制品即将出锅时添加。否则，部分醋酸将挥发掉而影响使用效果。

（二）酸味剂

常用的酸味剂有柠檬酸、乳酸、酒石酸、苹果酸、醋酸等，这些酸均能参加体内正常代谢，在一般使用剂量下对人体无害，但应注意其纯度。

四、鲜味料

鲜味是一种复杂的美味，在肉中、鱼中、贝类中等都具有特殊的鲜美滋味，通常简称为鲜味。具有鲜味的食品调料很多，常使用的有氨基酸类、肽、核苷酸类、琥珀酸等。呈味阈值见表5-1。

表 5-1 鲜味剂呈阈值

名　　称	阈值/%	名　　称	阈值/%
L-谷氨酸	0.03	琥珀酸	0.055
L-天门冬氨酸	0.16	5′-次黄嘌呤核苷酸	0.025
DL-α-氨基已二酸	0.25	5′-次嘌呤核苷酸	0.0125
DL-苏羟谷氨酸	0.03		

（一）谷氨酸钠

谷氨酸钠又称味精。谷氨酸有左旋、右旋和外消旋 3 种异构体，具有酸味和鲜味，经适度中和成钠盐后，则酸味消失而鲜味显著。谷氨酸钠最先是由日本的池田菊苗氏从海带中发现的，现多以糖质原料用发酸法生产。谷氨酸钠为无色-白色柱状结晶或结晶性粉末，有特殊的鲜味，其鲜味的产生是由于 α-NH_3^+ 和 γ-COO^- 两个基团之间产生静电吸引，形成五元环状结构的结果。易溶于水，微溶于乙醇，无吸湿性，对光、热、酸、碱都稳定。在 150℃失去结晶水，熔点 195℃，210℃发生吡咯烷酮化，生成焦谷氨酸，270℃发生分解。

在肉品加工中，谷氨酸钠是最常用的鲜味调料之一，其味的临界值为 0.014%，pH3.2时呈味力最低，pH5 以下加热也脱水为焦谷氨酸钠，pH6~7 呈鲜能力最强，pH7 以上加热则消旋变成二钠盐失去鲜味。谷氨酸钠有缓解咸、酸、苦味的作用，并能引出其他食品所具有的自然风味。在肉制品加工中一般用量为 0.2%~0.5% 为宜。

（二）5′-肌苷酸钠

5′-肌苷酸钠又称肌苷酸二钠、肌苷-5′-磷二钠、次黄嘌呤核苷-5-磷酸二钠。最先是在鲣鱼干中发现的鲜味剂，近年来多用制造鱼类罐头的副产物为原料，经离子交换树脂处理制得。

5′-肌苷酸钠呈无色或白色结晶粉末，有特殊的鲜味（松鱼味），易溶于水，难溶于乙醇、乙醚，几乎无吸湿性，对热、稀碱稳定，但能被酶分解。在肉品加工中作为鲜味剂使用，其鲜味比谷氨酸钠强 10~30 倍，与谷氨酸钠混合（1∶7）使用可得倍增的效果，称为强力味精。其用量因原料肉的种类、制品的不同而不同，一般 5′-肌苷酸钠单独使用量为 0.001%~0.01%，因 5′-肌苷酸钠能被酶分解，所以应先把肉加热到 85℃左右，将酶破坏后再添加较为适宜。

（三）琥珀酸钠

琥珀酸钠又称丁二酸一钠，最先在文哈鱼中发现的鲜味成分，现在多把丁二酸与苛性钠生成单盐，中和后进行结晶而成。为无色-白色结晶或白色粉末，无臭，具有特殊的海贝香味，味的临界值为 0.015％，易溶于水。

在肉品加工中作为鲜味料使用，会使制品具有浓厚的鲜味，其用量一般为 0.03％～0.04％。若本品添加过量，则味质变坏，损失鲜味，对此应予注意。在生产实践中，琥珀酸钠可与谷氨酸钠、5′-肌苷酸钠等并用，能增强呈味能力。若与谷氨酸钠并用，多以（2～3）：（8～7）混合。

（四）5′-核糖核苷酸钠

5′-核糖核苷酸钠是用酶分解鲜酵母核酸制得。本品为 5′-肌苷酸钠、5′-乌苷酸钠、5′-尿苷酸钠和 5′-孢苷酸钠的混合物。为白-淡褐色粉末，无臭，有特殊的鲜味，易溶于水，难溶于乙醇、乙醚、丙酮等，吸湿性强，对热、酸、碱稳定，而对酶的稳定性差，特别易受磷酸酶的水解作用而失去呈味能力。

本品同时具有松鱼味和香菇味，所以对食品具有增加鲜味之功能。在肉品加工中，被用作鲜味料，一般用量 0.02％～0.03％。当与谷氨酸钠等鲜味剂合并使用时，可增强呈味能力。为避免酶的分解作用，在使用时最好先将原料肉热处理后再加入。

（五）L-天冬氨酸钠

L-天冬氨酸钠的分子式为 $C_4H_6NH_2O_4 \cdot H_2O$，采用酶转化法制得，即以酶的作用，将氨与顺丁烯二酸或反丁烯二酸加成，得左旋天冬氨酸，再得氢氧化钠中和而制得。为无色-白色柱状结晶或白色晶状粉末，具有爽口清凉的香味感，味的临界值为 0.16％。在肉品加工中，不仅作为鲜味剂使用，而且还有强化剂的作用。L-天冬氨酸钠能促进代谢作用，对处理体内废物、促进肝功能、消除疲劳等，均有着良好的作用。一般使用量为 0.1％～0.5％。若与核酸系列调味品并用，其香味倍增。

五、料　酒

料酒在肉品加工中是广泛使用的调味料之一。通常使用的有黄酒、白酒和果酒三大类，应用最多的是黄酒，常称为料酒，是我国人民酿造饮用最早的一种弱性酒，它是以糯米、粳米、黍米等为原料，用酒曲为糖化发酵剂，再经压榨而得到的一种低度酒，一般酒度为 10°～20°；其次是白酒，果酒应用较少。酒中除了乙醇外，还含有糖、有机酸、氨基酸、酯类等物质。所以酒作为调味料，具有香味浓烈、味道醇和、去腥增香、提味解腻、固色防腐等多种作用。在加工过程中，酒能将肌肉、内脏、鱼类表面液中所含的膻腥味的主要物质三甲胺、氨基戊醛、四氰化吡咯等物质溶解，而乙醇的沸点比水低，加热时腥膻味的物质随乙醇挥发掉，从而达到去腥除膻和解除异味的效果；料酒中的氨基酸与糖结合成芳香醛产生浓郁的醇香味，所以料酒有增香提味的功能。此外，料酒还有重要的医疗作用，能畅通血脉、散淤活血、祛风散寒、消积食、健脾胃之功效。

由于料酒是风味醇美、营养较高、功能优良的调味料，从肉制品辅助材料的角度看，是有益无害的。因此在肉制品加工中，可以不受限制地添加，以正常生产需要而定。

第二节　香　辛　料

香辛料是指具有芳香味和辛辣味的辅助材料的总称。在肉制品中添加可起到增进风味，抑制异味，防腐杀菌，增进食欲等作用。

香辛料的种类很多，按照来源不同可分为天然香辛料和配制香辛料两大类。天然香辛料是指利用植物的根、茎、叶、花、果实等部分，直接使用或简单加工（干燥、粉碎）后使用的香辛料。天然香辛料中往往含有一些细菌和杂质，从卫生角度讲，不宜直接使用；配制香辛料是把天然香辛料经过化学加工处理，提取出其有效成分，再浓缩、调配而成。配制香辛料品质均一，清洁卫生，使用方便，是有发展前途的香辛料。

一、天然香辛料

（一）大茴香

大茴香又称大料、八角茴香等，是木兰科常绿小乔木植物的成熟果实，呈红棕色、八角形，所以称八角茴香。果实含挥发油 5% 左右，油中主要芳香成分是茴香脑，化学名称叫对丙烯基茴香醛。有独特的浓烈香气，性温味辛微甜，有去腥防腐的作用。是肉品加工中的主要调味料，能使肉失去的香气回复，故名茴香。

（二）小茴香

小茴香又称茴香、席香、小茴等，是伞形花科植物小茴香的干燥成熟果实，呈椭圆形略弯曲，黄绿色。气芳香、味微甜，稍有苦辣，性温和，含挥发油 2%～8%，挥发油中含茴香脑 50%～60%，茴香酮 10%～20%。肉制品中添加有增香调味、防腐除膻的作用。

（三）花椒

花椒又称川椒、秦椒等，为芸香科植物花椒的果实。以四川雅安、阿坝、秦岭等地所产为上品。花椒性热味辣，是肉品加工中常用的调味料。主要辛辣成分是三戊烯香茅醇，柠檬烯、萜烯、丁香酚等。花椒不仅能赋予制品以令人适宜的辛辣味，而且还有杀菌抑菌等作用。在肉制品加工中，整粒多供腌制品及酱卤汁使用，粉末多用于香肠及肉糜制品中。

（四）桂皮

桂皮又称肉桂，是樟科植物肉桂树的干燥树皮。皮红棕色，有灰白色花斑，呈卷筒状，香气浓厚者为佳品。桂皮的主要有效成分是桂皮醛，此外，还有少量的丁香油酚、肉桂酸、甲脂等。桂皮性大热，味香辛甜，是酱卤制品的主要调味料之一，也是五香粉的主要原料。

（五）葱类

葱为百合科多年生草本植物，种类很多，在肉品加工中应用较多的有洋葱和大葱。

1. 洋葱

洋葱又称球葱、葱头等，为须根生草本植物，叶鞘肥厚呈鳞片状，密集于短缩茎周围，形成鳞茎的扁球形，可食部分都是鳞茎。洋葱味香辣，主要有效成分是二硫化丙醇缩甲醛、二硫化二烯基、二丙基二硫醚等硫化物，生洋葱辣味很强，当将其加热变熟后，前二种成分还原为丙硫醇，而具有特殊的甜味。洋葱能使肉制品香辣味美，还能除去肉的腥膻味，而且洋葱中含有铁、磷、乙醇、氯仿、丙酮等人体有益的化学物质 30 多种，对高血压、心脏病、糖尿病患者有一定的疗效，所以在肉品加工中经常使用。

2. 大葱

大葱是食品加工和烹饪过程中使用极其普遍、深受喜爱的调味料之一。大葱主要有效成分是挥发油（主要是葱蒜辣素），此外还含有蛋白质、脂肪、糖类、维生素 A、维生素 B、维生素 C 和钙、镁、铁等物质。大葱性辛温、味辣香，具有发汗解表、通阳健胃、祛痰利尿等功能。在肉品加工中，大葱可以提鲜增香，除腥去膻，而且对人体还有医疗保健作用。

（六）大蒜

大蒜又称荤菜，是一种百合科多年生宿根植物大蒜的鳞茎。蒜的全身都含有挥发性大蒜素，其主要有效成分是二烯丙基二硫化物和二丙基二硫化物。此外，蒜中还含有蛋白质、脂肪、糖、维生素 B 和维生素 C、钙、磷、铁等物质。大葱性温味辣。在肉品中使用可起到压腥去膻，增强风味，促进食欲，帮助消化的作用。蒜中的硒，是一种抗诱变剂，它能使处于癌变情况下的细胞正常分解；阻断亚硝胺的合成，减少亚硝胺前体物的生成。所以大蒜还具有良好的防癌、抗癌作用。

（七）姜

姜又称生姜，为姜科植物姜的根茎，呈黄色或灰白色不规则块状，性辛微温，味辣香。其主要成分为姜油酮、生姜醇、姜油素等挥发性物质和淀粉、纤维、树脂等。在肉品加工中可以鲜用也可以干制成粉末使用。姜不仅是广泛应用的调味料，具有调味增香、去腥解腻、杀菌防腐等作用。还有医疗保健的功能，近年来，美国医药界，将姜研成粉末制成胶丸系列产品，其食疗范围很广，疗效较为显著。

（八）辣椒

辣椒的种类很多，在肉品加工中，使用较多的是香辣椒和红辣椒。

1. 香辣椒

为桃金娘科，未成熟干燥果实。精油成分是丁香油酚、桉油醇、丁香油酚甲醚、小茴香萜、丁香油烃、棕榈酸等。香味的主要成分是丁香油酚，具有桂皮、丁香、肉豆蔻的混合香味。所以在肉制品、西餐及鱼肉菜肴中经常使用。

2. 红辣椒

为茄科一年生草本植物的果实，我国各地均有种植。含有挥发油，其中主要成分为辣椒碱，是辣味的主要成分。此外，还含有少量的维生素 C、维生素 E、胡萝卜素和钙、铁、磷等。红辣椒味辣香，不仅有调味功能，还有杀菌、开胃等效用。并能刺激唾液分泌及淀粉酶活性，从而帮助消化，促进食欲。辣椒除调味作用外，还具有抗氧化和着色作用。

（九）胡椒

胡椒是多年生藤本胡椒科植物的果实，有黑胡椒、白胡椒两种。未成熟的胡椒果实短时间地浸入热水中，再捞出阴干，果皮皱缩而黑，称为黑胡椒；成熟果实脱皮后晒干色白叫白胡椒。黑胡椒辛香味较白胡椒强。胡椒含有 8％～9％胡椒碱和 1％～2％的芳香油，辛辣味成分主要是胡椒碱、佳味碱和少量的嘧啶。

胡椒性辛温，味辣香，具有令人舒适的辛辣芳香，它的辣味是一种轻爽的微辣，能很快消失，且不留任何难闻的气味。很早以来就是酱卤、西式等肉制品重要的香辛料。

（十）白芷

白芷为伞形科多年生草本植物白芷的干燥根。呈圆锥形，外表黄白，性辛温，香味浓者为佳品。有祛风止痛及解毒等功效。其主要香味成分为白芷素、白芷醚、香豆精化合物等，有特殊的香气和辛味。

（十一）山萘

山萘又称三萘、山椒、砂姜，是姜科植物山萘地下块状根茎切片干制而成，外皮红黄，断面色白。其中含有挥发油，油中主要成分为龙脑、樟脑油脂、肉桂乙酯等。山萘性辛温，具有较强烈的芳香气味，具有增强风味、除腥提香、抑菌防腐的作用。

(十二) 丁香

丁香又称丁子香，为桃金娘科常绿乔木丁香的干燥花蕾及果实，干花蕾叫公丁香，干果实叫母丁香。公丁香深红棕色，母丁香墨红色。以完整、朵大、油性足、香气浓郁、入水下沉者为佳品。丁香中含挥发香精油很多，所以具有特殊的浓烈香味，兼有桂皮香味。常作为桂皮的代用品。香精油中主要成分是丁香酚、丁香素等挥发性物质。

丁香性辛温，是肉品加工中常用的香料，对提高制品风味具有显著的效果。并有促进胃液分泌、增加胃肠蠕动、帮助消化等作用。丁香油有杀灭白喉、伤寒、痢疾等杆菌的作用。

但丁香对亚硝酸盐有消色作用，在使用时应以注意。

(十三) 砂仁

砂仁又称苏沙、阳春砂、缩砂密，为姜科植物阳春砂和缩砂的干燥成熟果实。以个大、坚实、呈灰色、气味浓香者为佳品。砂仁含约3%的挥发油。挥发油中的主要成分为龙脑、右旋樟脑、乙酸龙脑酯、芳香醇等。

砂仁气味芳香浓烈，性辛温，具有矫臭压腥的作用。含有砂仁的制品，食之清香爽口，风味别致并有清凉口感。肚、肠、猪肉汤、汉堡饼等制品中常用。

(十四) 肉豆蔻

肉豆蔻也称玉果、肉蔻，是肉豆蔻科高大桥木肉豆蔻树的成熟果实干燥而成。呈卵圆形、坚硬、表面有网状皱纹，断面有棕黄色相杂的大理石花纹，以个大、体重、坚实、表面光、油性足，破碎后香气强烈为佳品。气味芳香辛辣，香味成分主要是挥发油 α-松油二环烯、肉豆蔻醚、丁香酚等。

肉豆蔻含脂肪多，油性大。具有增香压腥的调味功能，在肉制品加工中使用很普遍。

(十五) 陈皮

陈皮又称橘皮，为芸香科植物柑橘成熟果实的干燥果皮。主要成分为柠檬烯、橙皮疳、川陈皮素等。陈皮性辛温，气味芳香，微苦。是肉品加工中常用的香辛料之一，能增加制品复合香味。

(十六) 草果

草果为姜科植物草果的干燥种子。椭圆形，红褐色，含有 0.7%～1.6% 的挥发油。性温味辣，多用于酱卤肉制品，常作烹饪香辛料用，特别是烧炖牛肉放入少许，可压膻除腥。

(十七) 荜拨

荜拨为胡椒科植物秋季果实由黄变黑时采摘而得，有调味、提香、抑腥的作用；有温中散寒、下气止痛之功效。肉品加工中常用作卤汁、五香粉等调香料，按正常生产需要使用。

(十八) 芥末

芥末即芥菜子粉，是十字花科草本植物芥菜种子研磨而成。我国各地均有种植。芥末分为黑芥末和白芥末。黑芥末含挥发性精油 0.25%～1.25%，其主要成分为黑芥籽糖苷。白芥末不含挥发性油，其主要成分为白芥籽硫苷。

芥末性温味辣，具有强烈刺激性辛辣味，具有刺激胃液分泌、帮助消化、增进食欲等功效。在肉品加工中使用，不仅能调味压异，还有杀菌防腐的作用。

(十九) 月桂叶

月桂叶为樟科植物，常绿乔木，以叶及皮作为香料。蒸馏可得 1%～3% 月桂油，月桂油中主要成分是桉油精，约占 35%～50%，此外，还含有少量的丁香油酚、丁香油酚酯等。

月桂叶具有清香气味，能除去生肉中的异味，常用作西式肉制品和肉类罐头的矫味剂。此外，在汤、鱼等菜肴中也常使用。

（二十）甘草

甘草系豆科多年生草本植物的根，外皮红棕色，内部黄色，味甜。以外皮细紧，有皱沟，红棕色，质坚实，断面黄白色，味甜者为佳品。成草中含 6%～14%甘草素、甘草甙、甘草醇及葡萄糖、蔗糖等。

甘草常用于酱卤肉制品，干燥粉碎成甘草末可用于肉类罐头等食品，也可制成甘草酸钠盐，代替砂糖使用，如与蔗糖、柠檬酸等合用，其甜味更佳。甘草完全无毒，我国使用不加限制，按正常生产需要而定。

（二十一）麝香草

麝香草为紫苏科植物麝香草的干燥叶子。其精油成分有麝香草脑、香芹酚、沉香醇、龙脑等，烧、炖肉时放入少许，可除去生肉腥臭味，并有提高产品保藏性的作用。

（二十二）辛夷

辛夷为木兰科植物辛夷的干燥花蕾。呈圆锥形，顶尖底粗，下有一果柄，表面有黄色绒毛。性辛温，气清香，味辛辣，在酱卤制品中使用较多。

（二十三）姜黄

姜黄为姜科多年生草本植物的根茎，色橙黄，性辛温，味辣香，稍有苦味，因含有丰富的姜黄素，可从中提取天然的黄色着色剂——姜黄素。

二、配制香辛料

（一）咖喱粉

咖喱粉系外来语，为 curry 的音译，即混合香辛料的意思。呈鲜艳黄色，味香辣，是肉品加工和中西菜肴重要的调味品。其有效成分多为挥发性物质，在使用时为了减少挥发损失，宜在制品临出锅前加入。咖喱粉常用胡椒粉、姜黄粉、茴香粉等混合配制。

几种咖喱粉配方如下（单位：kg）：

配方 1：

芫荽籽粉	5	辣椒粉	10
小豆蔻粉	0.4	胡萝卜籽粉	40
姜黄粉	5		

配方 2：

芫荽籽粉	16	姜粉	1
白胡椒粉	1	肉豆蔻粉	0.5
辣椒粉	0.5	芹菜籽粉	0.5
姜黄粉	1.5	小豆蔻粉	0.5

配方 3：

芫荽籽粉	7	黑胡椒粉	4
精盐	12	桂皮粉	4
黄芥子粉	8	香椒粉	4
辣椒粉	3	孟买肉豆蔻粉	1
姜黄粉	8	芹菜籽粉	1

| 胡萝卜籽粉 | 1 | 莳萝籽粉 | 1 |

（二）五香粉

五香粉是以花椒、八角、小茴香、桂皮、丁香等香辛料为主要原料配制而成的复合香料。因使用方便，深受消费者的欢迎。各地使用配方略有差异。

五香粉的配方如下（单位：kg）：

配方1：

八角	1	五加皮	1
小茴香	3	丁香	0.5
桂皮	1	甘草	3

配方2：

花椒	4	甘草	12
小茴香	16	丁香	4
桂皮	4		

配方3：

| 花椒 | 5 | 桂皮 | 5 |
| 小茴香 | 5 | 八角 | 5 |

配方4：

八角	5.5	桂皮	0.8
山柰	1	白胡椒	0.3
甘草	0.5	姜粉	1.5
砂仁	0.4		

（三）天然香料提取制品

天然香料提取制品是由芳香植物不同部位的组织（如花蕾、果实、种子、根、茎、叶、枝、皮或全株）或分泌物，采用蒸汽蒸馏、压榨、冷磨、萃取、浸提、吸附等物理方法而提取制得的一类天然香料。因制取方法不同，可制成不同的制品，如精油、酊剂、浸膏、油树脂等。

精油是指用水蒸气蒸馏、压榨、冷磨、萃取等天然香料植物组织后提取得到的制品。它与植物油不同，是由萜烯、倍半帖烯芳香族、脂环族和脂肪属等有机化合物组成的混合物。

酊剂是指用一定浓度的乙醇，在室温下浸提天然香料并经澄清过滤后所得的制品。一般每100mL相当于原料20g。

浸膏是指用有机溶剂浸提香料植物组织的可溶性物质，最后经除去所用溶剂和水分后得到的固体或半固体膏状制品。一般每毫升相当于原料2～5g。

油树脂是指用有机溶剂浸提香料植物组织，然后蒸去溶剂后所得的液体制品，其中一般均含有精油、树脂和脂肪。

另外，还有香膏、树脂和净油等天然香料提取制品。

第三节　添　加　剂

添加剂是指食品在生产加工和贮藏过程中加入的少量物质。添加这些物质有助于食品品种多样化，改善其色香味形，保持食品的新鲜度和质量，增强食品的营养价值，并能满足加工工艺过程的需要。

我国食品添加剂技术委员会要求食品添加剂必须达到以下五点要求：

（1）要求食品添加剂无毒性（或毒性极微），无公害，不污染环境。

（2）必须无异味、无臭、无刺激性。

（3）食品添加剂的加入量不能影响食品的色、香、味及食品的营养价值。

（4）食品添加剂与其他助剂复配，不应产生不良后果，要求具有良好的配伍性。

（5）使用方便，价格低廉。

肉品加工中经常使用的添加剂有以下几种：

一、发色剂与发色助剂

在肉类腌制品中最常用的发色剂是硝酸盐及亚硝酸盐，发色助剂是抗坏血酸和异抗坏血酸及其钠盐及烟酰胺等。

（一）硝酸盐

硝酸钾（硝石）及硝酸钠：为无色的结晶或白色的结晶性粉末，无臭稍有咸味，易溶于水。加入硝酸钠后，硝酸盐在微生物的作用下或被肉中还原物质所还原，变成亚硝酸盐。由于肌肉中色素蛋白质和亚硝酸钠发生化学反应形成鲜艳的亚硝基肌红蛋白和亚硝基血红蛋白，这种化合物在烧煮时变成稳定粉红色，使肉呈现鲜艳的色泽。

硝酸盐的用量：理论上讲，硝酸盐的用量应根据肉中肌红蛋白和残留血液中的血红蛋白反应所需要的数量添加，可以根据测定肉中氯化血红素（$C_{34}H_{32}O_4ClFe$）的总量来计算。已经测定出牛肉中的氯化血红素的含量为 $0.042\% \sim 0.060\%$，平均为 0.048%。猪肉中氯化血红素的含量为 $0.022\% \sim 0.042\%$，平均为 0.028%。氯化血红素的相对分子质量为652，亚硝酸钠的相对分子质量为69，一个分子的氯化血红素需要消耗 1 个分子 NO，可以计算腌制牛肉时形成 NOMb 所必需的最低的亚硝酸钠的量（%）：

$$x = 69 \times 0.048/625 = 0.005$$

即 100g 牛肉中加入 5mg 亚硝酸钠就可以保证呈色作用。如由两个分子亚硝酸钠生成一个分子的 NO，则加入亚硝酸钠的数量应增加一倍。另外，必须考虑到亚硝酸盐在腌制、热加工和产品贮藏中的损失。

（二）亚硝酸钠

亚硝酸钠为白色或淡黄色的结晶性粉末，吸湿性强，长期保存必须密封在不透气容器中。亚硝酸盐的作用比硝酸盐大 10 倍，应用微小剂量就可迅速发色。欲使猪肉发红，在盐水中含有 0.06% 亚硝酸钠就已足够；为使牛肉、羊肉发色，盐水中需含有 0.1% 的亚硝酸钠。因为这些肉中含有较多的肌红蛋白和血红蛋白，需要结合较多的亚硝酸盐。但是仅用亚硝酸盐的肉制品，在贮藏期间退色快，对生产过程长或需要长期存放的制品，最好使用硝酸盐腌制。现在许多国家广泛采用混合盐料。用于生产各种灌肠时混合盐料的组成是：食盐 98%，硝酸盐 0.83%，亚硝酸盐 0.17%。

亚硝酸盐毒性强，用量要严格控制。我国颁布的《食品添加剂使用卫生标准》（GB2760—1996）中对硝酸钠和亚硝酸钠的使用量规定如下：

使用范围：肉类罐头，肉制品。

最大使用量：硝酸钠 0.05%，亚硝酸钠 0.015%。

最大残留量（亚硝酸钠计）：肉类罐头不得超过 0.005％，肉制品不得超过 0.003％。

亚硝酸盐对细菌增殖有抑制效果，其中对肉毒梭状杆菌的抑制效果受到重视。研究亚硝酸盐量、食盐及 pH 的关系及可能抑制的范围的模拟试验表明，假定通常的肉制品的食盐含量为 2％，pH 为 5.8～6.0，则亚硝酸钠需要 0.0025％～0.030％。

（三）发色助剂

肉制品中常用的发色助剂有抗坏血酸和异抗坏血酸及其钠盐、**烟酰胺、葡萄糖、葡萄糖酸内酯**等。其助色机理与硝酸盐或亚硝酸盐的发色过程紧密相连。

1. 抗坏血酸、抗坏血酸盐

抗坏血酸即维生素C，具有很强的还原作用，但对热和重金属极不稳定，因此一般使用稳定性较高的钠盐。肉制品中最大使用量为 0.1％，一般为 0.025％～0.05％。在腌制或斩拌时添加，也可以把原料肉浸渍在该物质的 0.02％～0.1％的水溶液中。腌制剂中加谷氨酸会增加抗坏血酸的稳定性。

2. 异抗坏血酸、异抗坏血酸盐

异抗坏血酸是抗坏血酸的异构体，其性质和作用与抗坏血酸相似。

3. 烟酰胺

烟酰胺也能形成稳定的烟酰胺肌红蛋白，使肉呈红色，且烟酰胺对 pH 的变化不敏感。据研究，同时使用维生素 C 和烟酰胺助色效果好，且成品的颜色对光的稳定性要好得多。

4. δ-葡萄糖酸内脂

δ-葡萄糖酸内脂能缓慢水解生成葡萄糖酸，造成火腿腌制时的酸性还原环境，促进硝酸盐向亚硝酸转化，利于 NO-Mb 和 NO-Hb 的生成。

（四）着色剂

着色剂亦称食用色素，系指为使食品具有鲜艳而美丽的色泽，改善感官性状以增进食欲而加入的物质。食用色素按其来源和性质分为食用天然色素和食用合成色素两大类。

食用天然色素主要是由动、植物组织中提取的色素，包括微生物色素。除天然色素藤黄对人体有剧毒不能使用外，其余的一般对人体无害，较为安全。

食用合成色素亦称合成染料，属于人工合成色素。食用人工合成色素多系以煤焦油为原料制成，成本低廉，色泽鲜艳，着色力强，色调多样；但大多数对人体健康有一定危害且无营养价值，因此，在肉品加工中一般不宜使用。

我国国家标准《食品添加剂使用卫生标准》（GB2760—1996）规定允许使用的食用色素主要有红曲米、焦糖、姜黄、辣椒红素和甜菜红等。

1. 红曲米和红曲色素

红曲色素具有对 pH 稳定，耐光耐热耐化学性强，不受金属离子影响，对蛋白质着色性好以及色泽稳定，安全无害（LD_{50}：6.96×10^{-3}）等优点。红曲色素常用作酱卤、香肠等肉类制品、腐乳、饮料、糖果、糕点、配制酒等的着色剂。我国国家标准规定，红曲米使用量不受限制。

2. 甜菜红

甜菜红亦称甜菜根红是食用红甜菜（紫菜头）的根制取的一种天然红色素，由红色的甜菜花青素和黄色的甜菜黄素所组成。甜菜红为红色至红紫色液体、块或粉末或糊状物。水溶液呈红色至红紫色，pH3.0～7.0 比较稳定，pH4.0～5.0 稳定性最大。染着性好，但耐热性差，降解速度随温度上升而增加。光和氧也可促进降解。抗坏血酸有一定的保护作用，稳定性随食品水分活性（A_w）的降低而增加。

我国国家标准规定，甜菜红主要用于罐头、果味水、果味粉、果子露、汽水、糖果、配制酒等，其使用量按正常生产需要而定。

3. 辣椒红素

辣椒红素主要成分为辣椒素、辣椒红素和辣椒玉红素。为具有特殊气味和辣味的深红色粘性油状液体。溶于大多数非挥发性油。几乎不溶于水。耐酸性好，耐光性稍差。辣椒红素使用量按正常生产需要而定，不受限制。

4. 焦糖色

焦糖色亦称酱色、焦糖或糖色，为红褐色至黑褐色的液体、块状、粉末状或粗状物质。具有焦糖香味和愉快苦味。按制法不同，焦糖可分为不加铵盐（非氨法制造）和加铵盐（如亚硫酸铵）生产的两类。加铵盐生产的焦糖色泽较好，加工方便，成品率也较高，但有一定毒性。

液体焦糖是黑褐色的胶状物，为非单一化合物（大约有 100 种不同的化合物）。粉状或块状焦糖呈黑褐色或红褐色。可溶于水和烯醇溶液。焦糖色调受 pH 及在空气中暴露时间的影响，pH6.0 以上易发霉。

焦糖色在肉制品加工中常用于酱卤、红烧等肉制品的着色和调味，其使用量按正常生产需要而定。

5. 姜黄素

姜黄色素是从姜黄根茎中提取的一种黄色色素，主要成分为姜黄素，约为姜黄的 3%～6%，是植物界很稀少的具有二酮的色素，为二酮类化合物。

姜黄素为橙黄色结晶粉末，味稍苦。不溶于水，溶于乙醇、丙二醇，易溶于冰醋酸和碱溶液，在碱性时呈红褐色，在中性、酸性时呈黄色。对还原剂的稳定性较强，着色性强（不是对蛋白质），一经着色后就不易退色，但对光、热、铁离子敏感，耐光性、耐热性、耐铁离子性较差。

姜黄素主要用于肠类制品、罐头、酱卤制品等产品的着色，其使用量按正常生产需要而定。

另外，在熟肉制品、罐头等食品生产中还常用萝卜红、高粱红、红花黄等食用天然色素作着色剂。我国国家标准《食品添加剂使用卫生标准》（GB2760—1996）规定，萝卜红按正常生产需要使用；高粱红最大使用量为 0.04%；红花黄为 0.02%。

二、品质改良剂

（一）磷酸盐

目前多聚磷酸盐已普遍地应用于肉制品中，以改善肉的保水性能。多聚磷酸盐作用的机理迄今仍不十分肯定，但对鲜肉或者腌制肉的加热过程中增加保水能力的作用是肯定的。因此，在肉制品中使用磷酸盐，一般是以提高保水性、增加出品率为主要目的，但实际上磷酸盐对提高结着力、弹性和赋形性等均有作用。尽管其作用机理还不完全清楚，但一般认为是通过以下途径发挥其作用：

1. 提高 pH

成熟肉的 pH 一般在 5.7 左右，接近肉中蛋白的等电点，因此肉的保水性极差，1％的焦磷酸钠溶液 pH 为 10.0～10.2，而 1％的三聚磷酸钠溶液 pH 为 9.5～9.8，1％六偏磷酸钠溶液 pH 为 6.4～6.6，因此磷酸盐可以使原料肉 pH 偏离等电点。

2. 增加离子强度，提高蛋白的溶解性

肉的保水性首先取决于肌原纤维蛋白（肌动蛋白、肌球蛋白、肌动球蛋白），其中肌球蛋白占肌原纤维蛋白的 45％，溶解于离子强度为 0.2 以上的盐溶液中；肌动球蛋白则需在离子强度为 0.4 以上的盐溶液中才能溶解。在一定的离子强度范围内，蛋白溶解度和萃取量随离子强度增加而增加，磷酸盐是能提供较强离子强度的盐类。因此，磷酸盐有利于肌原纤维蛋白溶出。试验表明，不含肌球蛋白的肉糜持水性最差，这表明对持水性影响最大的肌原纤维蛋白是肌球蛋白。

3. 促使肌动球蛋白解离

活体时机体能合成使肌动球蛋白解离的三磷酸腺苷（ATP），但畜禽宰杀后由于三磷酸腺苷水平降低，不能使肌动球蛋白再解离成肌动蛋白和肌球蛋白，而使肉的持水性下降。然而，低聚合度的磷酸盐（焦磷酸盐，三聚磷酸盐）具有三磷酸腺苷类似的作用，能使肌动球蛋白解离成肌动蛋白和肌球蛋白，增加了肉的持水性，同时还改善了肉的嫩度。

4. 改变体系电荷

磷酸盐可以与肌肉结构蛋白结合的 Ca^{2+}、Mg^{2+} 离子结合，使蛋白带负电荷，从而增加羧基之间的静电斥力，导致蛋白结构疏松，加速盐水的渗透、扩散。

各种磷酸盐的保水机理并不完全一样，实验和生产实践证明，各种磷酸盐混合使用比单独使用好，且混合的比例不同，效果也不同。在肉品加工中，使用量一般为肉重的 0.1％～0.4％。用量过大会导致产品风味恶化，组织粗糙，呈色不良。

磷酸盐溶解性较差，因此，在配制腌液时需先将磷酸盐溶解后再加入其他腌制料。最近，美国开发了一种速溶三聚磷酸钠，在冷水中，99％的量能在 15s 内溶解形成澄清液。

在腌制用的盐水中允许使用少量的聚磷酸盐，但在成品中总量不超过 0.5％。在使用磷酸盐时，必须考虑到肌肉组织中大约有 0.1％的天然磷酸盐。

在高浓度情况下（0.4％～0.5％），磷酸盐产生金属性涩味。如果使用的磷酸盐达到最大允许值（0.5％），就可能危害身体健康，短时期腹痛与腹泻，长时期骨骼钙化增大。

肉制品生产中使用的磷酸盐有 20 余种，但我国食品添加剂使用卫生标准（GB2760—1996）中明文规定可用于肉制品的磷酸盐有三种：焦磷酸钠、三聚磷酸钠和六偏磷酸钠。

（1）焦磷酸钠　焦磷酸钠又称焦磷酸四钠，分子式 $Na_4P_2O \cdot 10H_2O$，为无色至白色的结晶性粉末，溶于水，不溶于乙醇，熔点为 988℃，相对密度为 1.824，有吸湿性，需保存在密闭容器内。ADI 为 0～70mg/kg，有较大毒性，可引起肝脏病变、肾炎和水肿，是肉品加工中常使用的保水剂之一。最大使用量为 0.0025％，多与三聚磷酸钠混用。

（2）三聚磷酸钠　三聚磷酸钠的分子式 $Na_5P_3O_{10}$，为无色至白色的玻璃状或片状或者白色粉末，溶于水，是肉品加工中常用的保水剂之一，具有很强的粘着作用，还有防止制品变色、变质、分散的作用，对脂肪有很强的乳化性。添加三聚磷酸钠的肉制品，加热后水流失很少，因此可抑制肉的收缩，提高保水性，增加弹性，使制品光泽变得更好，还能提高出品率。最大使用量为 0.5％。

（3）六偏磷酸钠　六偏磷酸钠又称格雷汉姆盐，分子式 $(NaPO_3)_6$，为无色至白色玻璃状或片状，或者白色状的结晶或粉末，吸湿性大，在潮湿空气中会逐渐变成粘稠液体。具有使蛋白凝固的作用，对金属离子螯合力、缓冲作用、分散作用均很强。溶于水，水溶液呈碱性，是肉品加工中常用的保水剂之一，最大用量为 0.5%。

实践证明，几种磷酸盐混合使用比单一使用效果好，混合磷酸盐的使用量一般为 0.2%～0.45%。其参考混合比见表 5-2。

表 5-2		复合磷酸盐的配方				单位：%
配方	1	2	3	4	5	6
焦磷酸钠	—	2	3	60	40	48
三聚磷酸钠	23	26	85	10	40	25
六偏磷酸钠	77	72	12	30	20	27

（二）淀粉

这是肉品加工中最常用的填充剂之一，加入淀粉后对于肉制品的持水性，组织形态均有良好的效果。这是由于在加热的过程中，淀粉颗粒吸水、膨胀、糊化的结果。据研究，淀粉颗粒的糊化温度较肉蛋白变性温度高，当淀粉糊化时，肌肉蛋白质的变性作用已经基本完成并形成了网状结构，此时淀粉颗粒夺取存在于网状结构中不够紧密的水分，这部分水分被淀粉颗粒固定，因而持水性变好，同时淀粉颗粒因吸水变得膨润而有弹性，并起粘着剂的作用，可使肉馅粘合，填塞孔洞，使成品富有弹性，切面平整美观，具有良好的组织形态，同时在加热蒸煮时，淀粉颗粒可吸收溶化成液态的脂肪，减少脂肪流失，提高成品率。

淀粉的种类很多，归纳起来有下面两类：①谷类淀粉，包括大米淀粉、小麦淀粉、玉米淀粉等；②薯类淀粉，包括马铃薯淀粉、甘薯淀粉等。其成分大体相同，直链淀粉约占 20%～25%，支链淀粉约占 75%～80%。支链淀粉含量越多，粘性越大。

淀粉与水搅拌成浑浊的稀糊状，称为 β 淀粉；β 淀粉加热成膨胀的粘糊状，称为 α 淀粉；即 α 化。不同淀粉 α 化的温度各不相同，薯类淀粉 α 化的温度比谷类淀粉要低，一般多在 70～75℃。α 淀粉放置在常温下会失去粘度又回到 β 淀粉状态，这种现象叫老化，低温（2～5℃）会促进老化的发展。β 淀粉加热糊化会发生膨胀，各种淀粉的膨胀力见表 5-3。

表 5-3		各种淀粉的膨胀力				单位：%
淀　粉	马铃薯	甘　薯	小　麦	玉　米	粳　米	糯　米
膨胀力	44.9	37.5	29.2	24.5	28.0	266.3

淀粉有吸收或吸附空气中水分的性能，马铃薯淀粉吸湿力最大，玉米淀粉吸湿力较小。

根据上述情况，在使用淀粉时，必须根据制品情况，一些质地膨松的制品可选用膨胀力大的糯米淀粉或马铃薯淀粉，质地要求致密的制品应选用膨胀力小的玉米淀粉或粳米淀粉。另外，加淀粉多的肉制品不宜长时间放置，特别是在低温下存放。再者，一些不宜吸湿的制品则需使用吸湿性小的淀粉，如玉米淀粉等。

肉制品淀粉的使用量视品种而定，一般在 5%～30%范围内。高档制品用量宜少，并最好使用玉米淀粉。

（三）大豆蛋白

大豆中含有丰富的蛋白质，脱脂大豆含蛋白质 50%以上。肉品加工中过去有时直接使用脱脂大豆粉，由于其特有的豆腥味，近年使用较少，当前常采用的大豆浓缩蛋白和大豆分离蛋白，对提高肉制品的质量起了积极作用。所以大豆蛋白在肉品加工中得到普遍的重视和广泛的应用。大豆蛋白在肉制品中的主要作用如下：

1. 改善肉制品的组织结构

肉制品结构的致密性和切面的均质性，主要与其加工过程中组织间的粘度有关。大豆蛋白在分离提取过程中，由于经过酸碱处理，使其蛋白质的粘度增强，至大约 90℃左右终止。大豆蛋白和温度的这种相互关系，是由于在 80℃左右时大豆蛋白质分子发生离解和析解，并伴随分子比容的增大，引起蛋白膨胀效应，从而导致粘度的增进，在 90℃左右时这种蛋白质分子裂解和构象的变化作用减弱。大豆蛋白的粘结性还与所处环境的 pH 有关，这是因为任何可溶性蛋白质都有一个特定的 pH 区间，在这个范围内蛋白质分子在溶液中的双电子层、水化层相对稳定，从而呈现优良的胶态状态，表现出最佳的粘度。大豆蛋白的这种最适 pH 是在 6～8 之间，由此可以看出，有利于大豆蛋白粘结性增强的外界条件都与肉制品的加工工艺条件比较吻合。因此，大豆蛋白能够改善肉制品的组织结构。

2. 改善肉制品的乳化性状

肉制品加工中的乳化，是指包含蛋白质、脂肪、糖分、水分和各种添加物的混杂多相体系，加工过程中在机械、化学的作用下，相互分散，彼此联结，最终形成稳定均匀的统一相态。这个乳化相形成过程中，可溶性的活性蛋白质起了相当关键的作用。这些蛋白质，尤其是其中的球蛋白分子，能在脂肪微粒的周围发生迁移、定位、联系和伸展现象，从而构成紧密的膜状物质。与此同时，蛋白质分子中的亲水基因和水分子发生结合，这种作用使原来互不相溶的相态体系紧密相连，形成统一的整体。在加热过程中，可溶性蛋白发生凝胶作用，构成蛋白质矩阵，从而牢固地束缚了脂肪和水分，避免了从组织中离析，达到良好的乳化效果。纯大豆蛋白中含有 90%的大豆球蛋白，它们在环境中的 NaCl 含量达到0.8%以上时就能游离，发挥其活性作用。因此，大豆蛋白在肉制品加工中是一种良好的乳化剂。

3. 加强肉制品的凝胶效应

蛋白质的凝胶构型为立体网络结构，它不仅能束缚水分和脂肪，而且还是风味物质的载体。因此，蛋白质的这种性能具有很大的加工意义。一般来说凝胶结构的稳定性除了受外界环境条件的影响外，功能蛋白质的数量起了决定性的作用，为强化肉制品中的凝胶体系，添加一定数量的功能蛋白质是必要的。大豆蛋白凝胶形成的最适 pH 在通常肉制品加工工艺条件的范围内，因此是一种较合适的功能蛋白添加物。在灌肠和西式火腿等的蒸煮过程中，它的凝胶效应发生在肌纤维收缩前，在肌纤维的外围形成一层致密的覆盖膜，从而大大减轻了由于肌纤维收缩造成的汁液流失，产品中的水溶性维生素和矿物质得以保存，提高了出口率。

大豆蛋白在肉品加工中的使用量因制品不同而不同，一般以添加 2%～12%较为适宜。

（四）酪蛋白酸钠

酪蛋白酸钠又称酪素钠、干酪素钠、酪朊酸钠。为白色至淡黄色颗粒或粉末，合格品基本无臭无味，稍有特殊的香气，而有明显臭味或咸味的为不合格品，不能作食品添加剂。易溶于水，其 pH 为中性。酪蛋白酸钠中含蛋白质 65%，因此，既是乳化稳定剂，又是蛋白源，所以在食品加工中广泛采用。其用量因制品不同而有很大差异，一般为 0.2%～0.5%，个别制品可高达 5%。

（五）食用明胶

食用明胶是用含胶原蛋白的动物骨、皮等为原料，经水解提取而制得的。为半透明淡黄色或无色固体粉末，不溶于冷水而溶于热水，冷却后形成凝胶，5% 以下的溶液不凝成胶冻。主要成分是蛋白质，具有良好的乳化性、粘着性、稳定性和保水性。使用时先用冷水浸泡 10～20min，再加热使其溶解，但温度不要超过 60℃，以防热降解破坏其粘度。因明胶本身是营养物质，故使用量没有严格限制，可根据产品需要确定，通常按生产需要适量使用即可。

（六）海藻酸钠

海藻酸钠分子式 $(C_6H_7O_6Na)_n$，又称藻朊酸钠，是将海藻用碱处理提取精制而成的一种多糖碳水化合物。一般为白色或淡黄色粉末，无臭无味，透明度大，稳定性好。使用中一般配成 2% 以下的水溶液，溶解水温以 30～40℃ 为宜。为了不破坏其粘度，使用温度不应超过 80℃。在肉制品中按正常生产需要使用即可。近年研究发现，海藻胶有利于胆固醇排出体外，能延缓食物通过肠道的时间，有整肠、降糖、抑制病菌的作用，所以日益被人们所重视。

（七）卡拉胶

卡拉胶是由海藻中提取的一种多糖类，主要成分是很易形成多糖凝胶的半乳糖、脱水半乳糖。分子中含硫酸根，多以 Ca^{2+}、Na^+、NH^{4+} 等盐的形式存在。可保持自身重量 10～20 倍的水分。在肉馅中添加 0.6% 时，即可使肉馅保水率从 80% 提高到 88% 以上。

卡拉胶是天然胶质中惟一具有蛋白质反应性的胶质。它能与蛋白质形成均一的凝胶，其分子上的硫酸基可以直接与蛋白质分子中的氨基结合，或通过 Ca^{2+} 等二价阳离子与蛋白质分子上的羧基结合，形成络合物。由于卡拉胶能与蛋白质结合，添加到肉制品中，在加热时表现出充分的凝胶化，形成巨大的网络结构，可保持制品中的大量水分，减少肉汁的流失。并且具有良好的弹性、韧性。卡拉胶还具有很好的乳化效果，稳定脂肪，表现出很低的离油值，从而提高制品的出品率。另外，卡拉胶能防止盐溶性肌球蛋白及肌动蛋白的损失，抑制鲜味成分的溶出。

按国标规定，卡拉胶作为增稠剂主要用于调味品、酱、汤料、罐头制品等食品，其使用量应按生产要求适量添加。按 FAO/WHO（1984 年）规定，卡拉胶在熟火腿、猪前腿肉等按正常生产需要使用；沙丁鱼及其制品、鲭罐头的使用量也按正常生产需要使用即可（仅在汤汁中，单用或与其他增稠剂合用量）。

（八）小麦面筋

小麦面筋不像其他植物或谷物如燕麦、玉米、黄豆等蛋白，小麦面筋具有胶样的结合性质，可以与肉结合，蒸煮后，其颜色比以往肉中添加的面粉深，还会产生膜状或组织样的连结物质，类似结缔组织。在结合碎肉时，裂缝几乎看不出来，就像蒸煮猪肉本身的颜色。

一般是将面筋与水或与油混合成浆状物后涂于肉制品表面；另一种方法是首先把含2％琼脂的水溶液加热，再加2％的明胶，然后冷却，再加大约10％的面筋。这种胶体可通过滚摩或通过机械直接涂擦在肉组织上。此法尤其适于肉间隙或肉裂缝的填补。肉中添加面筋的量随肉块的大小、温度、脂肪的含量不同而异，一般添加量为0.2％～5.0％。

（九）黄原胶

黄原胶为浅黄色至淡棕色粉末，易溶于冷、热水中，溶液中性。遇水分散、乳化变成稳定的亲水性粘稠胶体。低浓度溶液的粘度也很高。粘度不受温度影响。对酸和盐稳定，添加食盐则粘度上升。耐冻结和解冻。不溶于乙醇。

与角豆胶等合用有相乘效应，可提高弹性。与瓜尔豆胶合用可提高粘度。

按我国国标规定，黄原胶作为增稠剂和稳定剂在各种食品中可以使用，其最大使用量为0.3％。

另外，在肉品加工中，特别是一些高档肉制品，亦有使用鸡蛋、蛋白、脱脂乳粉、血清粉、卵磷脂和黄豆粉（蛋白）等作增稠剂、乳化剂和稳定剂，既能增稠又能乳化、保水，但成本较高。

三、防　腐　剂

防腐剂就是能够杀死微生物或抑制其生长繁殖的一类物质。在肉品加工中常用的防腐剂有以下几种：

（一）苯甲酸

苯甲酸又称安息香酸，分子式 C_7H_6O，为具有光泽的可升华的叶片状或针状结晶，无臭或稍有苯甲醛气味。微溶于水，溶于沸水和乙醇，在空气中稳定，但稍有吸湿性。可防止发酵，杀菌力强，在 pH 为 3.5、1：800 的溶液中，1h 内可杀死葡萄球菌及其他细菌；但在 pH 为 5、1：20 的溶液中，却没有确切的杀菌力。但能抑制微生物细胞的呼吸酶系的活性，也有阻碍细胞膜的作用。最大使用量为0.2％。

（二）苯甲酸钠

苯甲酸钠又称安息香酸钠，分子式 C_7H_5NaO，为白色粒状或结晶性粉末，溶于水、乙醇。在空气中稳定，受热熔化，然后碳化。有防止发酵和杀菌的作用，但效力比苯甲酸弱，在酸性环境中杀菌效果较好。最大用量为0.2％。

（三）山梨酸

山梨酸又称花揪酸、清凉茶酸、己二烯（2，4）酸，分子式 $C_6H_8O_2$。无色针状结晶或白色结晶性粉末，无臭或有刺激性气味，难溶于水，易溶于乙醇。抗菌力不很强，但能有效地抑制霉菌、腐败菌、杆菌等微生物的侵蚀，能有效地保持食品的原色、原味，使食品长期保存。pH 在 8 以下，防腐能力稳定，食品成分对防腐效力无影响，对光、热稳定。最大使用量0.10％。

（四）山梨酸钾

山梨酸钾分子式 $C_6H_7KO_2$，无色或白色鳞片状结晶性粉末或颗粒，无臭或稍有气味，长期放置在空气中会吸潮、氧化分解而带色。易溶于水和乙醇。作用与山梨酸相同，因其易溶于水，使用更加方便。最大使用量为0.10％。

四、抗 氧 化 剂

肉制品在存放过程中常常发生氧化酸败，添加抗氧化剂可以延长制品的贮藏期。抗氧化剂品种很多，各国使用的总数约 30 种，我国目前使用的有 6 种，分为油溶性抗氧化剂和水溶性抗氧化剂两大类。油溶性抗氧化剂能均匀地分布于油脂中，对油脂或含脂肪的食品可以很好地发挥其抗氧化作用。目前常用的有人工合成的丁基羟基茴香醚（BHA）、二丁基羟基甲苯（BHT），没食子酸丙酯（PG）等；天然的有生育酚混合浓缩物等。水溶性抗氧化剂是能溶于水的一类抗氧化剂，多用于对食品的护色（助发色剂），防止氧化变色，以及防止因氧化而降低食品的风味和质量等。水溶性抗氧化剂主要有 L-抗坏血酸及其钠盐、异抗坏血酸及其钠盐等（见本章发色助剂）。

（一）茴香醚

丁基羟基茴香醚又名特丁基-4-羟基茴香醚、丁基大茴香醚，简称 BHA。为白色或微黄色的腊状固体或白色结晶粉末，带有特异的酚类臭气和刺激味，对热稳定。不溶于水，溶于丙二醇、丙酮、乙醇与花生油、棉子油、猪油。

丁基羟基茴香醚有较强的抗氧化作用，还有相当强的抗菌力，用 $1.5×10^{-4}$ 的 BHA 可抑制金黄色葡萄球菌，用 $2.8×10^{-4}$ 可阻碍黄曲霉素的生成。使用方便，但成本较高。它是目前国际上广泛应用的抗氧化剂之一。最大使用量（以脂肪计）为 0.01%。

（二）羟基甲苯

二丁基羟基甲苯简称 BHT，别名 2，6-二特丁对甲酚，为白色或无色结晶粉末或块状，无臭无味，对热及光稳定。不溶于水和甘油，易溶于乙醇、乙醚、豆油、棉子油、猪油。

二丁基羟基甲苯抗氧化作用较强，耐热性好，价格低廉。但其毒性相对较高。它是目前国际上特别是在水产品加工方面广泛应用的廉价抗氧化剂。使用范围及其使用量参照 BHA 项。

（三）没食子酸丙酯

没食子酸丙酯简称 PG，又名棓酸丙酯，为白色或浅黄色晶状粉末，无臭、微苦。易溶于乙醇、丙酮、乙醚，难溶于脂肪与水，对热稳定。没食子酸丙酯对脂肪、奶油的抗氧化作用较 BHA 或 BHT 强，三者混合使用时最佳；加增效剂柠檬酸则抗氧化作用更强。但与金属离子作用而着色。

我国《食品添加剂使用卫生标准》（GB2670—1996）规定，没食子酸丙酯的使用范围同 BHA 或 BHT，其最大使用量 0.01%。丁基羟基茴香醚（BHA）与二丁基羟基甲苯（BHT）混合使用时，总量不得超过 0.02%，没食子酸丙酯不得超过 0.005%。

（四）维生素 E

维生素 E 又名生育酚。天然的维生素 E 有 $α$、$β$、$γ$ 等七种异构体。作抗氧化剂使用的生育酚混合浓缩物是生育酚的同分异构体的混合物，是目前国际上惟一大量生产的天然抗氧化剂。

本品为黄色至褐色几乎无臭的澄清粘稠液体，溶于乙醇而几乎不溶于水。可和丙酮、乙醚、氯仿、植物油任意混合，对热稳定。

维生素 E 的抗氧作用比丁基羟基茴香醚（BHA）、二丁基羟基甲苯（BHT）的抗氧化力弱，但毒性低，也是食品营养强化剂。主要适于作婴儿食品、保健食品、乳制品与肉制品的抗氧化剂和食品营养强化剂。在肉制品，水产品、冷冻食品及方便食品中，其用量一般为食品油脂含量的 0.01%～0.2%左右。

国际上还有使用合成品 *dl-α-*生育酚，其形状和作用基本上与 α-生育酚浓缩混合物相同，认为是安全的抗氧化剂和食品营养强化剂，其使用范围和使用量同生育酚混合浓缩物。

第六章 腌腊肉制品

腌腊肉制品是我国传统的肉制品之一，指原料肉经预处理、腌制、脱水、保藏成熟而成的一类肉制品。腌腊肉制品特点：肉质细致紧密，色泽红白分明，滋味咸鲜可口，风味独特，便于携带和贮藏。腌腊肉制品主要包括腊肉、咸肉、板鸭、中式火腿、西式火腿等。

第一节 腌腊肉制品加工原理

肉的腌制是肉品贮藏的一种传统手段，也是肉品生产常用的加工方法。肉的腌制通常用食盐或以食盐为主并添加硝酸钠、蔗糖和香辛料等辅料对原料肉进行浸渍的过程。近年来，随着食品科学的发展，在腌制时常加入品质改良剂如磷酸盐、异维生素C、柠檬酸等以提高肉的保水性，获得较高的成品率。同时腌制的目的已从单纯的防腐保藏发展到主要为了改善风味和色泽，提高肉制品的质量，从而使腌制成为许多肉类制品加工过程中一个重要的工艺环节。

一、腌制过程中的防腐作用

（一）食盐的防腐作用

食盐是腌腊肉制品的主要配料，也是惟一不可缺少的腌制材料。食盐不能灭菌，但一定浓度的食盐（10%～15%）能抑制许多腐败微生物的繁殖，因而对腌腊制品具有防腐作用。肉制品中含有大量的蛋白质、脂肪等成分，但其鲜味要在一定浓度的咸味下才能表现出来。

腌制过程中食盐的防腐作用主要表现在：①食盐较高的渗透压，引起微生物细胞的脱水，变形，同时破坏水的代谢；②影响细菌酶的活性；③钠离子的迁移率小，能破坏微生物细胞的正常代谢；④氯离子比其他阴离子（如溴离子）更具有抑制微生物活动的作用。此外，食盐的防腐作用还在于食盐溶液减少了氧的溶解度，氧很难溶于食盐水中，由于缺氧减少了需氧性微生物的繁殖。

（二）硝酸盐和亚硝酸盐的防腐作用

硝酸盐和亚硝酸盐可以抑制肉毒梭状芽孢杆菌的生长，也可以抑制许多其他类型腐败菌的生长。这种作用在硝酸盐浓度为 0.1% 和亚硝酸盐浓度为 0.01% 左右时最为明显。

肉毒梭状芽孢杆菌能产生肉毒梭菌毒素，这种毒素具有很强的致死性，对热稳定，大部分肉制品进行热加工的温度仍不能杀灭它，而硝酸盐能抑制这种毒素的生长，防止食物中毒事故的发生。

硝酸盐和亚硝酸盐的防腐作用受 pH 的影响很大，在 pH 为 6 时，对细菌有明显的抑制作用，当 pH 为 6.5 时，抑菌能力有所降低，在 pH 为 7 时，则不起作用，但其机理尚不清楚。

二、腌制过程中的呈色变化

（一）硝酸盐和亚硝酸盐对肉色的作用

肉在腌制时食盐会加速血红蛋白（Hb）和肌红蛋白（Mb）氧化，形成高铁血红蛋白（MetHb）和高铁肌红蛋白（MetMb），使肌肉丧失天然色泽，变成紫色调的淡灰色。为避免颜色变化，在腌制时常使用发色剂——硝酸盐和亚硝酸盐，常用的有硝酸钠和亚硝酸钠。加入硝酸钠或亚硝酸钠后，由于肌肉中色素蛋白质和亚硝酸钠发生化学反应形成鲜艳的亚硝基肌红蛋白和亚硝基血红蛋白，这种化合物在烧煮时变成稳定粉红色，使肉呈现鲜艳的色泽。

发色机理：首先硝酸盐在肉中脱氮菌（或还原物质）的作用下，还原成亚硝酸盐；然后与肉中的乳酸产生复分解作用而形成亚硝酸；亚硝酸再分解产生氧化氮；氧化氮与肌肉纤维细胞中的肌红蛋白（或血红蛋白）结合而产生鲜红色的亚硝基（NO）肌红蛋白（或亚硝基血红蛋白），使肉具有鲜艳的玫瑰红色。

$$NaNO_3 \xrightarrow{\text{脱氮菌还原（＋2H）}} NaNO_2 + H_2O$$

$$NaNO_2 + CH_3CH(OH)COOH \longrightarrow HNO_2 + CH_3CH(OH)COONa$$

$$2HNO_2 \longrightarrow NO + NO_2H_2O$$

$$NO + \text{肌红蛋白（血红蛋白）} \longrightarrow NO\text{肌红蛋白（血红蛋白）}$$

亚硝酸是提供一氧化氮的最主要来源。实际上获得色素的程度，与亚硝酸盐参与反应的量有关。

亚硝酸盐能使肉发色迅速，但呈色作用不稳定，适用于生产过程短而不需要长期贮藏的制品，对那些生产周期长和需长期保藏的制品，最好使用硝酸盐。现在许多国家广泛采用混合盐料。用于生产各种灌肠时混合盐料的组成是：食盐98％，硝酸盐0.83％，亚硝酸盐0.17％。

（二）发色助剂抗坏血酸盐对肉色的稳定作用

肉制品中常用的发色助剂有抗坏血酸和异抗坏血酸及其钠盐、烟酰胺等。其助色机理与硝酸盐或亚硝酸盐的发色过程紧密相连。

如前所述硝酸盐或亚硝酸盐的发色机理是其生成的亚硝基（NO）与肌红蛋白或血红蛋白形成显色物质，其反应如下：

$$KNO_3 \xrightarrow[\text{＋2H}]{\text{肉中硝酸还原菌}} KNO_2 + H_2O \tag{1}$$

$$\underset{\text{亚硝酸钾}}{KNO_2} + \underset{\text{乳酸}}{CH_3CHOHCOOH} \rightarrow \underset{\text{亚硝酸}}{HNO_2} + \underset{\text{乳酸钾}}{CH_3CHOHCOOK} \tag{2}$$

$$3HNO_2 \xrightarrow{\text{不稳定分解}} H^+ + NO_3^- + 2NO + H_2O \tag{3}$$

$$NO + Mb(Hb) \longrightarrow NO-Mb(NO-Hb) \tag{4}$$

由反应（4）可知，NO的量越多，则呈红色的物质越多，肉色则越红。从反应式（3）可知，亚硝酸经自身氧化反应，只有一部分转化成NO，而另一部分则转化成了硝酸。硝酸具有很强氧化性，使红色素中的还原型铁离子（Fe^{2+}）被氧化成氧化型铁离子（Fe^{3+}），而使肉的色泽变褐。同时，生成的NO可以被空气中的氧氧化成亚硝基（NO_2），进而与水生成硝酸和亚硝酸：

$$2NO+O_2 \rightarrow 2NO_2$$
$$2NO_2+H_2O \rightarrow HNO_3+HNO_2$$

(5)

反应结果不仅减少了 NO 的量，而且又生成了氧化性很强的硝酸。

发色助剂具有较强还原性，其助色作用通过促进 NO 生成，防止 NO 及亚铁离子的氧化。抗坏血酸盐容易被氧化，是一种良好的还原剂。它能促使亚硝酸盐还原成一氧化氮，并创造厌氧条件，加速一氧化氮肌红朊的形成，完成肉制品的发色作用，同时在腌制过程中防止一氧化氮再被氧化成二氧化氮，有一定的抗氧化作用。若与其他添加剂混合使用，能防止肌肉红色褐变。

腌制液中复合磷酸盐会改变盐水的 pH，会影响抗坏血酸的助色效果，因此往往加抗坏血酸的同时加入助色剂烟酰胺。烟酰胺也能形成稳定的烟酰胺肌红蛋白，使肉呈红色，且烟酰胺对 pH 的变化不敏感。据研究，同时使用抗坏血酸和烟酰胺助色效果好，且成品的颜色对光的稳定性要好得多。

目前世界各国在生产肉制品时，都非常重视抗坏血酸的使用，其最大使用量为 0.1%，一般为 $0.025\% \sim 0.05\%$。

（三）影响腌制肉制品色泽的因素

1. 发色剂的使用量

肉制品的色泽与发色剂的使用量密切相关，用量不足时发色效果不明显。为了保证肉色呈红色，亚硝酸钠的最低用量为 $0.05g/kg$；用量过大时，过量的亚硝酸根的存在又能使血红素物质中的卟啉环的 α-甲炔键硝基化，生成绿色的衍生物。为了确保食用安全，我国国家标准规定：在肉制品中硝酸钠最大使用量为 0.05%；亚硝酸钠的最大使用量为 $0.15g/kg$，在这个安全范围内使用发色剂的多少和原料肉的种类、加工工艺条件及气温情况等因素有关。一般气温越高，呈色作用越快，发色剂可适当少添加些。

2. 肉的 pH

肉的 pH 也影响亚硝酸盐的发色作用。亚硝酸钠只有在酸性介质中才能还原成一氧化氮，所以当 pH 呈中性时肉色就淡，特别是为了提高肉制品的保水性，常加入碱性磷酸盐，加入后会引起 pH 升高，影响呈色效果，所以应注意其用量。在过低的 pH 环境中，亚硝酸盐的消耗量增大，如使用亚硝酸盐过量，又易引起绿变，发色的最适 pH 范围一般为 $5.6 \sim 6.0$。

3. 温度

生肉呈色的过程比较缓慢，但经烘烤、加热后，反应速度加快。而如果配好料后不及时处理，生肉就会褪色，特别是灌肠机中的回料，因氧化而褪色，这就要求操作迅速，及时加热。

4. 腌制添加剂

添加蔗糖和葡萄糖由于其还原作用，可影响肉色强度和稳定性；加烟酸、烟酰胺也可形成比较稳定的红色，但这些物质无防腐作用，还不能代替亚硝酸钠。另一方面香辛料中的丁香对亚硝酸盐还有消色作用。

5. 其他因素

微生物和光线等也会影响腌肉色泽的稳定性，正常腌制的肉，切开后置于空气中切面会逐渐发生褐变，这是因为一氧化氮肌红蛋白在微生物的作用下引起卟啉环的变化。一氧化氮肌红蛋白不但受微生物影响，对可见光也不稳定，在光的作用下 NO-血色原失去 NO，在氧化成高铁血色原,高铁血色原在微生物等的作用下,使得血色素中的卟啉环发生变化,生成绿、黄、无色衍生物,这种褪变现象在脂肪酸败、有过氧化物存在时可加速发生。有时制品在避光的条件下贮藏也会褪色,这是由于 NO-肌红蛋白单纯氧化所造成。如灌肠制品由于灌得不紧,空气混入馅中,气孔周围的颜色变成暗褐色。肉制品的褪色与温度有关,在 2～8℃温度条件下褪色速度比在 15～20℃以上的温度条件下要慢一些。

综上所述,为了使肉制品获得鲜艳的颜色,除了要有新鲜的原料外,必须根据腌制时间长短,选择合适的发色剂,掌握适当的用量,在适宜的 pH 条件下严格操作。此外,要注意低温、避光、并采用添加抗氧化剂,真空包装或充氮包装,添加去氧剂脱氧等方法避免氧的影响,保持腌肉制品的色泽。

三、腌制过程中的保水变化

腌制除了改善肉制品的风味,提高保藏性能,增加诱人的颜色外,还可以提高原料肉的保水性和粘结性。

(一) 食盐的保水作用

食盐能使肉的保水作用增强。Hamm(1957)和 Sherman(1962)认为,Na^+ 和 Cl^- 与肉蛋白质结合,在一定的条件下蛋白质立体结构发生松弛,使肉的保水性增强。此外,食盐腌肉使肉的离子强度提高,肌纤维蛋白质数量增多,在这些纤维状肌肉蛋白质加热变性的情况下,将水分或脂肪包裹起来凝固,使肉的保水性提高。

肉在腌制时由于吸收腌制液中的水分和盐分而发生膨胀。对膨胀影响较大的是 pH、腌制液中盐的浓度、肉量与腌制液的比例等。肉的 pH 越高膨润度越大;盐水浓度在 8%～10% 左右时膨润度最大。

(二) 磷酸盐的保水作用

磷酸盐有增强肉的保水性和粘结性作用。其作用机理是:

(1) 磷酸盐呈碱性反应,加入肉中可提高肉的 pH,从而增强肉的保水性。

(2) 磷酸盐的离子强度大,肉中加入少量即可提高肉的离子强度,改善肉的保水性。

(3) 磷酸盐中的聚磷酸盐可使肌肉蛋白质的肌动球蛋白分离为肌球蛋白、肌动蛋白,从而使大量蛋白质的分散粒子因强有力的界面作用,成为肉中脂肪的乳化剂,使脂肪在肉中保持分散状态。此外,聚磷酸盐能改善蛋白质的溶解性,在蛋白质加热变性时,能和水包在一起凝固,增强肉的保水性。

(4) 聚磷酸盐有除去与肌肉蛋白质结合的钙和镁等碱土金属的作用,从而能增强蛋白质亲水基的数量,使肉的保水性增强。磷酸盐中以聚磷酸盐即焦磷酸盐的保水性最好,其次是三聚磷酸钠、四聚磷酸钠。

生产中常使用几种磷酸盐的混合物,磷酸盐的添加量一般在 0.1%～0.3% 范围,添加磷酸盐会影响肉的色泽,并且过量使用有损风味。

四、肉的腌制方法

肉在腌制时采用的方法主要有四种即干腌法、湿腌法、混合腌制法和注射腌制法。不同腌腊制品对腌制方法有不同的要求,有的产品采用一种腌制法即可,有的产品则需要采用两种甚至两种以上的腌制法。

（一）干腌法

用食盐或盐硝混合物涂擦肉块，然后堆放在容器中或堆叠成一定高度的肉垛。操作和设备简单，在小规模肉制品厂和农村多采用此法。腌制时由于渗透和扩散作用，由肉的内部分泌出一部分水分和可溶性蛋白质与矿物质等形成盐水，逐渐完成其腌制过程，因而腌制需要的时间较长。干腌时产品总是失水的，失去水分的程度取决于腌制的时间和用盐量。腌制周期越长，用盐量越高，原料肉越瘦，腌制温度越高，产品失水越严重。

干腌法生产的产品有独特的风味和质地，中式火腿、腊肉均采用此法腌制；国外采用干腌法生产的比例很少，主要是一些带骨火腿如乡村火腿。

干腌的优点是操作简便，不需要多大的场地，蛋白质损失少，水分含量低、耐贮藏。缺点是腌制不均匀，失重大，色泽较差，盐不能重复利用，工人劳动强度大。

（二）湿腌法

湿腌法即盐水腌制法。就是在容器内将肉品浸没在预先配制好的食盐溶液内，并通过扩散和水分转移，让腌制剂渗入肉品内部，并获得比较均匀的分布，直至它的浓度最后和盐液浓度相同的腌制方法。

湿腌法用的盐溶液一般是 15.3～17.7 °Bé，硝石不低于 1%，也有用饱和溶液的，腌制液可以重复利用，再次使用时需煮沸并添加一定量的食盐，使其浓度达 12 °Bé，湿腌法腌制肉类时，每千克肉需腌 3～5d。

湿腌法的优点是：腌制后肉的盐分均匀，盐水可重复使用，腌制时降低工人的劳动强度，肉质较为柔软，不足之处是蛋白质流失严重，所需腌制时间长，风味不及干腌法，含水量高，不易贮藏。

（三）混合腌制法

采用干腌法和湿腌法相结合的一种方法。可先进行干腌放入容器中后，再放入盐水中腌制或在注射盐水后，用干的硝盐混合物涂擦在肉制品上，放在容器内腌制。这种方法应用最为普遍。

干腌和湿腌相结合可减少营养成分流失，增加贮藏时的稳定性，防止产品过度脱水，咸度适中，不足之处是较为麻烦。

（四）注射腌制法

为加速腌制液渗入肉内部，在用盐水腌制时先用盐水注射，然后再放入盐水中腌制。盐水注射法分动脉注射腌制法和肌肉注射腌制法。

1. 动脉注射腌制法

此法使用泵将盐水或腌制液经动脉系统压送入分割肉或腿肉内的腌制方法，为扩散盐液的最好方法。但一般分割胴体的方法并不考虑原来的动脉系统的完整性，故此法只能用于腌制前后腿。腌制液一般用 16.5～17 °Bé。此法的优点在于腌制液能迅速渗透肉的深处，不破坏组织的完整性，腌制速度快；不足之处是用于腌制的肉必须是血管系统没有损伤，刺杀放血良好的前后腿，同时产品容易腐败变质，必须进行冷藏。

2. 肌肉注射法

肌肉注射法分单针头和多针头两种，肌肉注射用的针头大多为多孔的，但针头注射法适合于分割肉，一般每块肉注射 3～4 针，每针腌制液注射量为 85g 左右，一般增重 10%，肌肉注射可在磅秤上进行。

多针头肌肉注射最适合用于形状整齐而不带骨的肉类，肋条肉最为适宜。带骨或去骨肉均可采用此法。多针头机器，一排针头可多达 20 枚，每一针头中有小孔，插入深度可达 26cm，平均每小时注射 60 000 次，由于针头数量大，两针相距很近，注射时肉内的腌制液分布较好，可获得预期的增重效果。

肌肉注射时腌制液经常会过多地聚集在注射部位的四周，短时间难以散开，因而肌肉注射时就需要较长的注射时间以便充分扩散腌制液而不至于聚集过多。

盐水注射法可以降低操作时间，提高生产效益，降低生产成本，但其成品质量不及干腌制品，风味稍差，煮熟后肌肉收缩的程度比较大。

第二节　腌腊制品的加工

一、腊肉的加工

腊肉指我国南方冬季（腊月）长期贮藏的腌肉制品。用猪肋条肉经剔骨、切割成条状后用食盐及其他调料腌制，经长期风干、发酵或经人工烘烤而成，使用时需加热处理。腊肉的品种很多，选用鲜猪肉的不同部位都可以制成各种不同品种的腊肉，以产地分为广东腊肉、四川腊肉、湖南腊肉等，其产品的品种和风味各具特色。广东腊肉以色、香、味、形俱佳而享誉中外，其特点是选料严格，制作精细、色泽美观、香味浓郁、肉质细嫩、芬芳醇厚、甘甜爽口；四川腊肉的特点是色泽鲜明，皮肉红黄，肥膘透明或乳白，腊香带咸。湖南腊肉肉质透明，皮呈酱紫色、肥肉亮黄、瘦肉棕红、风味独特。腊肉的生产在全国各地生产工艺大同小异，一般工艺流程为：

选料修整→配制调料→腌制→风干、烘烤或熏烤→成品→包装

1. 选料修整

最好采用皮薄肉嫩、肥膘在 1.5cm 以上的新鲜猪肋条肉为原料，也可选用冰冻肉或其他部位的肉。根据品种不同和腌制时间长短，猪肉修割大小也不同，广式腊肉切成长约 38~50cm，每条重约 180~200g 的薄肉条；四川腊肉则切成每块长 27~36cm，宽 33~50cm 的腊肉块。家庭制作的腊肉肉条，大都超过上述标准，而且多是带骨的，肉条切好后，用尖刀在肉条上端 3~4cm 处穿一小孔，便于腌制后穿绳吊挂。

2. 配制调料

不同品种所用的配料不同，同一种品种在不同季节生产配料也有所不同。消费者可根据自行喜好的口味进行配料选择。

3. 腌制

一般采用干腌法、湿腌法和混合腌制法。

（1）干腌　取肉条和混合均匀的配料在案上擦抹，或将肉条放在盛配料的盆内搓揉均可，搓擦要求均匀擦遍，对肉条皮面适当多擦，擦好后按皮面向下，肉面向上的顺序，一层层放叠在腌制缸内，最上一层肉面向下，皮面向上。剩余的配料可撒布在肉条的上层，腌制中期应翻缸一次，即把缸内的肉条从上到下，依次转到另一个缸内，翻缸后再继续进行腌制。

（2）湿腌　腌制去骨腊肉常用的方法，取切好的肉条逐条放入配制好的腌制液中，湿腌时应使肉条完全浸泡在腌制液中，腌制时间为 15~18h，中间翻缸两次。

（3）混合腌制　即干腌后的肉条，再浸泡腌制液中进行湿腌，使腌制时间缩短，肉条腌制更加均匀。混合腌制时食盐用量不得超过 6％，使用陈的腌制液时，应先清除杂质，并在 80℃温度下煮 30min，过滤后冷却备用。

腌制时间视腌制方法、肉条大小、室温等因素而有所不同，腌制时间最短腌 3～4h 即可，腌制周期长的也可达 7d 左右，以腌好腌透为标准。

腌制腊肉无论采用哪种方法，都应充分搓擦，仔细翻缸，腌制室温度保持在 0～10℃。

有的腊肉品种，像带骨腊肉，腌制完成后还要洗肉坯。目的是使肉皮内外盐度尽量均匀，防止在制品表面产生白斑（盐霜）和一些有碍美观的色泽。洗肉坯时用铁钩把肉皮吊起，或穿上线绳后，在装有清洁的冷水中摆荡漂洗。

肉坯经过洗涤后，表层附有水滴，在烘烤、熏烤前需把水晾干，可将漂洗干净的肉坯连钩或绳挂在晾肉间的晾架上，没有专设晾肉间的可挂在空气流通而清洁的地方晾干。晾干的时间应视温度和空气流通情况适当掌握，温度高、空气流通，晾干时间可短一些，反之则长一些。有的地方制作的腊肉不进行漂洗，它的晾干时间根据用盐量来决定，一般为带骨腊肉不超过 0.5d，去骨腊肉在 1d 以上。

4. 风干、烘烤或熏烤

在冬季家庭自制的腊肉常放在通风阴凉处自然风干。工业化生产腊肉常年均可进行，就需进行烘烤，使肉坯水分快速脱去而又不能使腊肉变质发酸。腊肉因肥膘肉较多，烘烤时温度一般控制在 45～55℃，烘烤时间因肉条大小而异，一般 24～72h 不等。烘烤过程中温度不能过高以免烤焦、肥膘变黄；也不能太低，以免水分蒸发不足，使腊肉发酸。烤房内的温度要求恒定，不能忽高忽低，影响产品质量。经过一定时间烘烤，表面干燥并有出油现象，即可出烤房。

烘烤后的肉条，送入干燥通风的晾挂室中晾挂冷却，等肉温降到室温即可。如果遇雨天应关闭门窗，以免受潮。

熏烤是腊肉加工的最后一道工序，有的品种不经过熏烤也可食用。烘烤的同时可以进行熏烤，也可以先烘干完成烘烤工序后再进行熏制，采用哪一种方式可根据生产厂家的实际情况而定。

家庭熏制自制腊肉更简捷，把腊肉挂在距灶台 1.5m 的木杆上（农村做饭菜用的柴火灶），利用烹调时的熏烟熏制。这种方法烟淡、温度低、且常间歇，所以熏制缓慢，通常要熏 15～20d。

5. 成品

烘烤后的肉坯悬挂在空气流通处，散尽热气后即为成品。成品率为 70％左右。

6. 包装

现多采用真空包装，250g、500g 不同规格包装较多，腊肉烘烤或熏烤后待肉温降至室温即可包装。真空包装腊肉保质期可达 6 个月以上。

二、咸肉的加工

咸肉通常指我国盐腌肉，用猪肋条肉经食盐和其他调料腌制不加熏煮脱水工序加工而成的生肉制品，食用时需经热加工。我国不少地方都有生产，其中以浙江咸肉、四川咸肉、上海咸肉等较为著名。咸肉按猪胴体不同部位分连片、段头和咸腿三种。

连片是指整个半片猪胴体，无头尾、带脚爪，腌成后每片重量在 13kg 以上。

段头是不带后腿及猪头的猪肉体，腌成后重量在 9kg 以上。

咸腿也称香腿，是猪的后腿，腌成后重量不低于 2.5kg。

1. 工艺流程

原料修整→开刀门→腌制→成品

2. 操作要点

(1) 原料修整　先对猪胴体进行修整，割除血管、淋巴、碎肉及横隔膜等。

(2) 开刀门　为加速腌制可在猪肉体上割出刀口，俗称开刀门。从肉面用刀划开一定深度的刀口，刀口的深度、大小和多少取决于腌制时气温和肌肉厚薄。

(3) 腌制　腌制时分三次上盐，每 100kg 鲜肉用食盐 15～18kg，花椒微量，碾碎拌匀，有的地方品种也加硝酸钠进行发色，最大使用量每公斤鲜肉不超过 0.5g。

第一次上盐也称初盐，在原料肉的表面均匀擦上少量盐，排出肉中血水，用盐量占总数的 30%；第二次上盐一般在第一次上盐的次日进行，沥干盐卤，再均匀地上新盐，刀口处要塞进适量的盐，肉面上也要适当撒上盐，用盐量 50%；第三次上盐也称复盐，在第二次上盐后 4～5d 进行，经 4～5d 翻倒一次，上下调换位置，同时补充适量新盐，在肉厚的前躯要多撒盐，颈椎、刀门、排骨上必须有盐，肉片四周也要抹上盐，用盐量 20%。

每次上盐后，要堆叠整齐，片次分明，层层压紧，肉面向上，稍有斜度，以便盐卤积聚在胸腔，使盐份渗透到各处。

经过三次上盐后腌 7d 左右，便成半成品——嫩咸肉。以后还要根据气候情况进行翻堆和补充盐，保持肉身不失盐。从第一次上盐起，腌 25d 即为成品。成品率 90%。

3. 咸肉的贮藏

咸肉的贮藏方法有堆垛法和浸卤法两种。堆垛法是在咸肉水分稍干后，堆放在 −5～0℃ 的冷库中，可贮藏 6 个月，损耗量约为 2%～3%。浸卤法是将咸肉浸放在 24～25°Bé 的盐水中。这种方法可延长保质期，使肉色保持红润，没有重量损失。

三、板鸭的加工

板鸭是我国传统禽肉腌腊制品，始创于明末清初，至今有三百多年的历史，著名的产品有南京板鸭和南安板鸭，前者始创于江苏南京，后者始创于江西大余县（古时称南安）。两者加工过程各有特点，下面分别介绍两种板鸭的加工工艺。

(一) 南京板鸭

南京板鸭又称"贡鸭"，可分为腊板鸭和春板鸭两类。腊板鸭是从小雪到立春，即农历十月到十二月底加工的板鸭，这种板鸭品质最好，肉质细嫩，可以保存三个月时间；而春板鸭是从立春到清明，即由农历一月至二月底加工的板鸭，这种板鸭保存时间较短，一般一个月左右。

南京板鸭的特点是外观体肥、皮白、肉红骨绿（板鸭的骨并不是绿色的，只是一种形容的习惯语）；食用时具有香、酥、板（板的意义是指鸭肉细嫩紧密，南京俗称发板）、嫩的特色，余味回甜。

1. 工艺流程

原料选择→宰杀→浸烫褪毛→开膛取出内脏→清洗→腌制→成品

2. 操作要点

（1）原料选择　选择健康、无损伤的肉用性活鸭，以两翅下有"核桃肉"，尾部四方肥为佳，活重在 1.5kg 以上。活鸭在宰杀前要用稻谷（或糠）饲养一个时期（15～20d）催肥，使膘肥、肉嫩、皮肤洁白，这种鸭脂肪熔点高，在温度高的情况下也不容易滴油，变哈喇；若以糠麸、玉米为饲料则体皮肤淡黄，肉质虽嫩但较松软，制成板鸭后易收缩和滴油变味，影响气味。所以，以稻谷（或糠）催肥的鸭品质最好。

（2）宰杀

①宰前断食　将育肥好的活鸭赶入待宰场，并进行检验将病鸭挑出。待宰场要保持安静状态，宰前 12～24h 停止喂食，充分饮水。

②宰杀放血　有口腔宰杀和颈部宰杀两种，以口腔宰杀为佳，可保持商品完整美观，减少污染。由于板鸭为全净膛，为了易拉出内脏，目前多采用颈部宰杀，宰杀时要注意以切断三管为度，刀口过深易掉头和出次品。

（3）浸烫褪毛

①烫毛　鸭宰杀后 5min 内煺毛，烫毛水温以 63～65℃为宜，一般 2～3min。

②褪毛：其顺序为：先拔翅羽毛，次拔背羽毛，再拔腹胸毛、尾毛、颈毛，此称为抓大毛。拔完后随即拉出鸭舌，再投入冷水中浸洗，并拔净小毛、绒毛、称为净小毛。

（4）开膛取内脏　鸭毛褪光后立即去翅、去脚、去内脏。在翅和腿的中间关节处两翅和两腿切除。然后再在右翅下开一长约 4cm 的直型口子，取出全部内脏并进行检验，合格者方能加工板鸭。

（5）清洗　用清水清洗体腔内残留的破碎内脏和血液，从肛门内把肠子断头、输精管或输卵管拉出剔除。清膛后将鸭体浸入冷水中 2h 左右，浸出体内淤血，使皮色洁白。

（6）腌制

①腌制前的准备工作：食盐必须炒熟、磨细，炒盐时每百公斤食盐加 200～300g 茴香。

②干腌：滤干水分，将鸭体人字骨压扁，使鸭体呈扁长方形。擦盐要遍及体内外，一般用盐量为鸭重的 1/15。擦腌后叠放在缸中进行腌制。

③制备盐卤：盐卤由食盐水和调料配制而成。因使用次数多少和时间长短的不同而有新卤和老卤之分。

新卤的配制：采用浸泡鸭体的血水，加盐配制，每 100kg 血水，加食盐 75kg，放入锅内煮成饱和溶液，撇去血污与泥污，用纱布滤去杂质，再加辅料，每 200kg 卤水放入大片生姜 100～150g，八角 50g，葱 150g，使卤具有香味，冷却后成新卤。

老卤：新卤经过腌鸭后多次使用和长期贮藏即成老卤，盐卤越陈旧腌制出的板鸭风味更佳，这是因为腌鸭后一部分营养物质渗进卤水，每烧煮一次，卤水中营养成分浓厚一些，越是老卤，其中营养成分愈浓厚，而鸭在卤中互相渗透、吸收，使鸭味道更佳。盐卤腌制4～5 次后需要重新煮沸，煮沸时可适当补充食盐，使卤水保持咸度，通常为 22～25 °Bé。

④抠卤：擦腌后的鸭体逐只叠入缸中，经过 12h 后，把体腔内盐水排出，这一工序称抠卤。抠卤后再叠入缸内，经过 8h，进行第二次抠卤，目的是腌透并浸出血水，使皮肤肌肉洁白美观。

⑤复卤：抠卤后进行湿腌，从开口处灌入老卤，再浸没老卤缸内，使鸭尸全部腌入老卤中即为复卤，经 24h 出缸，从泄殖腔处排出卤水，挂起滴净卤水。

⑥叠坯：鸭尸出缸后，倒尽卤水，放在案板上用手掌压成扁型，再叠入缸内 2～4d，这一工序称"叠坯"，存放时，必须头向缸中心，再把四肢排开盘入缸中，以免刀口渗出血水污染鸭体。

⑦排坯晾挂：排坯的目的是使鸭肥大好看，同时也使鸭子内部通气。将鸭取出，用清水净体，挂在木档钉上，用手将颈拉开，胸部拍平，挑起腹肌，以达到外形美观，置于通风处风干，至鸭子皮干水净后，再收后复排，在胸部加盖印章，转到仓库晾挂通风保存，2周后即成板鸭。

（7）成品　成品板鸭体表光洁，黄白色或乳白色，肌肉切面平而紧密，呈玫瑰色，周身干燥，皮面光滑无皱纹，胸部凸起，颈椎露出，颈部发硬，具有板鸭固有的气味。

（二）南安板鸭

南安板鸭产于江西省大余县，是江西省的名特产品，它造型美观，皮肤洁白，肉嫩骨脆，腊味香浓。但加工方法不同于南京板鸭，各有特色。

南安板鸭加工季节是从每年秋分至大寒，其中立冬至大寒是制作板鸭的最好时期。可分早期板鸭（9月中旬至10月下旬）、中期板鸭（11月上旬至12月上旬）、晚期板鸭（12月中旬至翌年元月中旬），以晚期板鸭质量最佳。

1. 工艺流程

鸭的选择→宰杀→脱毛→割外五件→开膛→去内脏→修整→腌制→造型晾晒→成品

2. 操作要点

（1）鸭的选择　制作南安板鸭选用大粒麻鸭，该品种肉质细嫩、皮薄、毛孔小，是制作南安板鸭的最好原料。或者选用一般麻鸭。原料鸭饲养期为 90～100d，体重约 1.25～1.75kg，然后以稻谷进行育肥 28～30d，以鸭子头部全部换新毛为标准。

（2）宰杀、脱毛　同南京板鸭。

（3）割外五件　外五件指两翅、两脚和一带舌的下颌。割外五件时，将鸭体仰卧，左手抓住下颌骨，右手持刀从口腔内割破两嘴角，右手用刀压住上颌，左手将舌及下颌骨撕掉；用左手抓住左翅前臂骨，右手持刀对准肘关节，割断内外韧带，前臂骨即可割下；再用左手抓住脚掌；用同样方法割去右翅和右脚。

（4）开膛　鸭体仰卧在操作台上，尾朝向操作者，稍向外仰斜，双手将腹中线（俗称外线）压向左侧约 0.8～1cm，左手食指和大拇指分别压在胸骨柄和剑状软骨处，右手持刀刃稍向内倾斜，由胸骨柄处下刀，沿外线向前推刀，破开皮肤及胸大肌（浅层肌肉），再将刀刃稍向外倾斜向前推刀斩断锁骨，剖开腹腔。左边胸骨、胸肉较多的称大边，右边胸骨、胸肉较少的称小边。然后将两侧关节劈开，便于造型。

（5）去内脏　在肺与气管连接处将气管拉断并抽出，再将心脏、肝脏取出，然后将直肠畜粪前推，距肛门 3cm 处拉断直肠，手持断端将肠管等内脏一起拉出，最后用手指剥离肺与胸壁连接的薄膜，将肺摘除，扒内脏时底板不能留有血迹、粪便，不能污染鸭体。

（6）修整　先割去睾丸或卵巢及残留内脏，将鸭皮肤朝下，尾朝前，放在操作台上，右手持刀放在右侧肋骨上，刀刃前部紧贴胸椎，刀刃后部偏开胸椎 1cm 左右，左手拍刀背，将肋骨斩断，同时，将与皮肤相连的肌肉割断，并推向两边肋骨下，使皮肤上部粘有瘦肉。用同样的方法斩断另一侧肋骨。两侧肋骨斩断，刀口呈八字形，俗称劈八字。劈八字时母鸭留最后两根肋骨，公鸭全部斩断，最后割去直肠断端、生殖器及肛门，割肛门时只割去三分之一，使肛门在造型时呈半圆形。

（7）腌制

①盐的标准：将盐放入铁锅内用大火炒，炒至无水气，凉后使用。早水鸭（立冬前的板鸭）每只用盐 150～200g，晚水鸭（立冬后的板鸭）每只用盐 125g 左右。

②擦盐：将待腌鸭子放在擦盐板上，将鸭颈椎拉出 3～4cm，撒上盐再放回揉搓 5～10 次，再向头部刀口撒些盐，将头颈弯向胸腹腔，平放在盐上，将鸭皮肤朝上，两手抓盐在背部来回擦，擦至手有点发粘。

③装缸腌制：擦好盐后，将头颈弯向胸腹，皮肤朝下，放在缸内，一只压住另一只的三分之二，呈螺旋式上升，使鸭体有一定的倾斜度，盐水集中尾部，便于尾部等肌肉厚的部位腌透。腌制时间 8～12h。

（8）造型晾晒

①洗鸭：将腌制好的鸭子从缸中取出，先在 40℃ 左右的温水中冲洗一下，以除去未溶解的结晶盐，然后将鸭放在 40～50℃ 的温水中浸泡冲洗 3 次，浸泡时要不断翻动鸭子，同时将残留内脏去掉，洗净污物，挤出尾脂腺，当僵硬的鸭体变软时即可造型。

②造型：将鸭子放在长 2m、宽 0.63m 吸水性强的木板上，先从倒数第四、第五颈椎处拧脱臼（早水鸭不用），然后将鸭皮肤朝上尾部向前放在木板上，将鸭子左右两腿的股关节拧脱臼，并将股四头肌前推，使鸭体显得肌肉丰满，外形美观，最后将鸭子在板上铺开，四周皮肤拉平，头向右弯，使整个鸭子呈桃圆形。

③晾晒：造型晾晒 4～6h 后，板鸭形状已固定，在板鸭的大边上用细绳穿上，然后用竹竿挂起，放在晒架上日晒夜露，一般经过 5～7d 的露晒，小边肌肉呈玫瑰红色，明显可见 5～7 个较硬的颈椎骨，说明板鸭已干，可贮藏包装。若遇天气不好，应及时送入烘房烘干。板鸭烘烤时应先将烘房温度调整至 30℃，再将板鸭挂进烘房，烘房温度维持在 50℃ 左右，烘 2h 左右将板鸭从烘房中取出冷却，待皮肤出现奶白色时，再放入烘房内烘干直至符合要求取出。

（9）成品包装　传统包装采用木桶和纸箱的大包装。现在结合各种保存技术进行单个真空包装。

（10）成品规格

外观：造型平整，似桃圆形，皮肤乳白，毛脚干净，底板色泽鲜艳，无霉变、无生虫、无盐霜，鸭身干爽，干度 7～8 成，颈椎显露 5～7 个骨节，肌肉呈棕红色，肋骨呈白色，大腿的肉丰满坚实。

食味：气味纯正，腊味香浓，咸淡适中，肉嫩骨脆，有板鸭固有的风味。

第三节　中式火腿

火腿狭义地讲是指用猪胴体后腿或前腿经腌制、整形或长期成熟的生肉制品。广义地讲，还包括用块状畜禽肉经腌制、滚揉、压模、煮制等工序加工而成的熟肉制品。我国生产的火腿制品分为中式火腿和西式火腿两大类。

中式火腿指用猪胴体后腿（带脚爪）经食盐低温腌制（0～10℃）、堆码、上挂、整形等工序，并在自体酶和微生物作用下，经过长期成熟而成，色、香、味、形具特点，并耐贮藏。我国养猪发达地区，均有火腿或类似火腿产品的加工制作，其中以浙江的金华火腿、云南的宣威火腿和江苏的如皋火腿名气最大，质量最佳，被誉为我国"三大名腿"。中式火腿大都皮薄爪细、肉质红白鲜艳、肌嫩肉肥，便于长期贮藏。三大火腿的加工方法基本相同，以金华火腿加工精细，产品质量最佳。

一、金华火腿

金华火腿又称南腿，素以造型美观，做工精细，肉质细嫩，味淡清香而著称于世。相传起源于宋代，距今已有 800 余年的历史。早在清朝光绪年间，已畅销日本、东南亚和欧美等地，1915 年在巴拿马国际商品博览会上荣获一等优胜金质大奖。1985 年又荣获中华人民共和国金质奖。

（一）工艺流程

鲜猪肉后腿→修整腿坯→上盐→腌制 6～7 次→洗腿 2 次→晒腿→整形→发酵→修整→堆码→成品

（二）操作要点

1. 鲜腿的选择

原料是决定成品质量的重要因素，没有新鲜优质的原料，就很难制成优质的火腿。选择金华"两头乌"猪的鲜后腿，皮薄爪细，腿心饱满，瘦肉多，肥膘少，腿坯重 5～7.5kg，平均 6.25kg 左右的鲜腿最为适宜。

2. 修割腿坯

修整前，先用刮毛刀刮去皮面上的残毛和污物，使皮面光滑整洁。然后用削骨刀削平耻骨，修整坐骨，除去尾椎，斩去脊骨，使肌肉外露，再把过多的脂肪和附在肌肉上的浮油割去，将腿边修成弧形，腿面平整。再用手挤出大动脉内的淤血，最后使猪腿成为整齐的柳叶形。

3. 腌制

修整好腿坯后，即进入腌制过程。腌制是加工火腿的主要工艺环节，也是决定火腿质量的重要过程。金华火腿腌制系采用干腌堆叠法，用食盐和硝石进行腌制，腌制时需擦盐和倒堆 6～7 次，总用盐量约占腿重的 9%～10%，约需 30d 左右。根据不同气温，适当控制加盐次数、腌制时间、翻码次数，是加工金华火腿的技术关键。腌制火腿的最佳温度在 0～10℃之间。以 5kg 鲜腿为例，说明其具体加工步骤。

（1）第一次上盐　俗称小盐。目的是使肉中的水分、淤血排出。用 100g 左右的盐撒在脚面上，敷盐要均匀，敷盐后堆叠时必须层层平整，上下对齐。堆码的高度应视气候而定。在正常气温下，以 12～14 层为宜，天气越冷，堆码越高。

（2）第二次上盐　又称大盐。即在小盐的翌日做第二次翻腿上盐。在上盐以前用手压出血管中的淤血。必要时在三签头上放些硝酸钾。把盐从腿头撒至腿心，在腿的下部凹陷处用手指粘盐轻抹，用盐量约为 250g 左右，用盐后将腿整齐堆叠。

（3）第三次上盐（又称复三盐）　第二次上盐 3d 后进行第三次上盐，根据鲜腿大小及三签处余盐情况控制用盐量。复三盐用量大约 95g 左右，对鲜腿较大、脂肪层较厚、三签处余盐少者适当增加盐量。

（4）第四次上盐（复四盐）　第三次上盐后，再过 7d 左右，进行复四盐。目的是经过上下翻堆后调整腿质、温度，并检验三签处上盐溶化程度，如大部分已溶化需再补盐，并抹去腿皮上的粘盐，以防止腿的皮色发白无亮光。这次用盐约 75g 左右。

（5）第五次或第六次上盐（复五盐或复六盐）　这两次上盐的间隔时间也都是 7d 左右。目的主要是检查火腿盐水是否用得适当，盐分是否全部渗透。大型腿（6kg 以上）如三签头上无盐时，应适当补加，小型腿则不必再补。

经过六次上盐后，腌制时间已近 30d，小型腿已可挂出洗晒，大型腿进行第七次腌制。从上盐的方法看，可以总结口诀为：头盐上滚盐，大盐雪花盐，三盐靠骨头，四盐守签头，五盐六盐保签头。

腌制火腿时应注意以下几个问题：

①鲜腿腌制应根据先后顺序，依次按顺序堆叠，标明日期、只数。便于翻堆用盐时不发生错乱、遗漏；

②4kg 以下的小火腿应当单独腌制堆叠，避免和大、中火腿混杂，以便控制盐量，保证质量；

③腿上擦盐时要有力而均匀，腿皮上切忌擦盐，避免火腿制成后皮上无光彩；

④堆叠时应轻拿轻放，堆叠整齐，以防脱盐；

⑤如果温度变化较大，要及时翻堆更换食盐。

4. 洗腿

鲜腿腌制后，腿面上留的粘浮杂物及污秽盐渣，经洗腿后可保持腿的清洁，有助于火腿的色、香、味，也能使肉表面盐分散失一部分，使咸淡适中。

洗腿前先用冷水浸泡，浸泡时间应根据腿的大小和咸淡来决定，一般需浸 2h 左右。浸腿时，肉面向下，全部浸没，不要露出水面。洗腿时按脚爪、爪缝、爪底、皮面、肉面和腿尖下面，顺肌纤维方向依次洗刷干净，不要使瘦肉翘起，然后刮去皮上的残毛，再浸漂在水中，进行洗刷，最后用绳吊起送往晒场挂晒。

5. 晒腿

将腿挂在晒架上，用刀刮去剩余细毛和污物，约经 4h，待肉面无水微干后打印商标，再经 3～4h，腿皮微干时肉面尚软开始整形。

6. 整形

所谓整形就是在晾晒过程中将火腿逐渐校成一定形状。整形要求做到小腿伸直，腿爪弯曲，皮面压平，腿心丰满和外形美观，而且使肌肉经排压后更加紧缩，有利于贮藏发酵。整形晾晒适宜的火腿，腿形固定，皮呈黄色或淡黄，皮下脂肪洁白，肉面呈紫红色，腿面平整，肌肉坚实，表面不见油迹。

7. 发酵

火腿经腌制、洗晒和整形等工序后，在外形、质地、气味、颜色等方面尚没有达到应有的要求，特别是没有产生火腿特有的风味，与腊肉相似。因此必须经过发酵过程，一方面使水分继续蒸发，另一方面使肌肉中蛋白质、脂肪等发酵分解，使肉色、肉味、香气更好。将腌制好的鲜腿晾挂于宽敞通风、地势高而干燥库房的木架上，彼此相距 5～7cm，继续进行 2～3 个月发酵鲜化，肉面上逐渐长出绿、白、黑、黄色霉菌（或腿的正常菌群）这是发酵基本完成，火腿逐渐产生香味和鲜味。因此，发酵好坏和火腿质量有密切关系。

火腿发酵后，水分蒸发，腿身逐渐干燥，腿骨外露，需再次修整，即发酵期修整。一般是按腿上挂的先后批次，在清明节前后即可逐批刷去腿上发酵霉菌，进入修整工序。

8. 修整

发酵完成后，腿部肌肉干燥而收缩，腿骨外露。为使腿形美观，要进一步修整。修整工序包括修平耻骨、修正股骨、修平坐骨，并从腿脚向上割去脚皮，达到腿正直，两旁对称均匀，腿身呈柳叶形。

9. 堆码

经发酵整形后的火腿，视干燥程度分批落架。按腿的大小，使其肉面朝上，皮面朝下，层层堆叠于腿床上（见图 6-1）。堆高不超过 15 层。每隔 10d 左右翻倒 1 次，结合翻倒将流出的油脂涂于肉面，使肉面保持油润光泽而不显干燥。

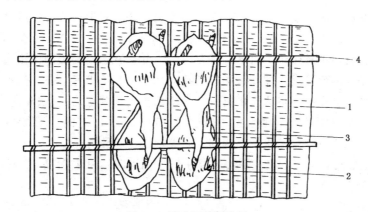

图 6-1　腌火腿堆码方法

1—簟笆　2—腌腿　3—压住血筋　4—竹片

（三）金华火腿的质量规格

火腿的质量主要从颜色、气味、咸度、肌肉丰满程度、重量、外形等方面来衡量。

火腿分级的技术性很强，它不同于其他产品，不是靠仪器或化验来鉴定，而是以独特的方式——竹签检插后，再用嗅觉来确定。竹签检插位置是：

第一签　在蹄膀部分膝盖骨附近插入膝关节处。

第二签　在商品规格所谓中方段，髋骨部分髋关节附近插入。

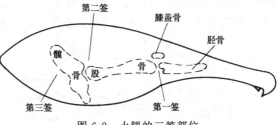

图 6-2　火腿的三签部位

第三签　在中方与油头交界处，骶骨与荐椎间插入（见图 6-2）。

金华火腿的规格和质量标准见表 6-1。

表 6-1　　　　　　　　　　　　金华火腿的规格和质量标准

等级	香味	肉质	每只质量	外形
特级	三签香	瘦多肥少，腿心饱满	2.5～5kg	"竹叶"形，细皮，小脚，爪弯，脚直，皮色黄亮，无毛，无红疤，无损伤，无虫蛀鼠咬，油头小，无裂缝，小蹄至龙眼骨40cm以上，刀工光洁，皮面印章端正清楚
一级	二签香一签好	瘦多肥少，腿心饱满	>2kg	出口腿无伤疤，内销腿无火红疤，其他要求与特级相同

续表

等级	香味	肉　质	每只质量	外　形
二级	一签香 二签好	腿心稍偏薄，但不露股骨的股臼，腿头部分稍咸	>2kg	"竹叶"形，爪弯，脚直稍粗，无虫蛀，无鼠咬，刀工细致，无毛，劈面印章清楚
三级	三签中 一签有异味	腿质较咸	>2kg	无鼠咬伤，刀工略粗，印章清楚

二、宣威火腿

宣威火腿又称云腿，迄今已有300多年的历史，产于云南宣威市。据史书记载：早在清朝雍正五年（1727年），宣威火腿就以"身穿绿袍、肉质厚、精肉多、蛋白丰富、鲜嫩可口、咸淡相宜，食而不腻……"而享有盛名。1915年，在巴拿马国际博览会上，宣威火腿荣获金质奖，是云南最早进入国际市场的名特食品之一。1923年，在广州召开全国各地食品赛会上，宣威火腿受到各界人士的好评。孙中山先生为其题词："饮和食德"。

宣威地处云贵高原的滇东北地区，海拔在1 700～2 868m之间，地形地貌复杂多样，具有冬春干燥，夏秋潮湿，雨量集中，四季不明等特点，年平均气温13.3℃。每年霜降至大寒节令期间，地处高寒山区的宣威平均气温在7.3～12.5℃，相对湿度62.2％～73.8％，这段时间最适宜加工火腿。

（一）工艺流程

鲜腿→修整→腌制→堆码→上挂→成熟

（二）操作要点

1. 鲜腿修整

宣威火腿采用乌金猪后腿加工而成。选择90～100kg健康的猪后腿，在倒数1～3根腰椎处，沿关节砍断，用薄皮刀由腰椎切下，修腿肘耻骨要砍得均匀整齐，呈椭圆形（见图6-3）。鲜腿要求毛光、血净、洁白，肌肉丰满，骨肉无损坏，卫生合格，肢重7～10kg为宜。

食盐用云南一平浪盐矿生产的一级食用盐。

热的鲜腿应放在阴凉通风处冷却12～24h到手摸发凉，完全凉透为止。根据腿的大小形状，看腿定形，即鲜腿大而肥，肌肉丰满者修割呈琵琶型；腿小而瘦，肌肉较薄者修割呈柳叶形。先修去肌膜外和骨盘上附着的脂肪及结缔组织，除净渍血，在瘦肉外侧留4～5cm肥肉，多余的全部割掉，修割时注意不要割破肉表面的肌膜，也不能伤骨骼。经过修整后的鲜腿，外表美观。

把冷凉修整好的鲜腿放在干净桌子上，

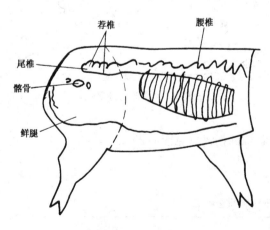

图6-3　修割鲜腿位置图

先把耻骨旁边的血筋切断，左手捏住蹄爪，右手顺腿向上反复挤压多次，使血管中的积血排出。

2. 腌制

宣威火腿的腌制采用干腌法，用盐量为 7%，不加任何发色剂；擦腌三次，翻码三次即可完成。

(1) **擦头道盐**　将鲜腿放在木板上，从脚干擦起，由上而下，先皮面后肉面，皮面可用力来回搓出水（约搓 10 次左右，腿中部肉厚的地方要多擦几次盐）。肉面顺着股骨向上，从下而上的顺搓，并顺着血筋揉搓排出血水，擦至湿润后敷上盐。在血筋、膝关节、荐椎和肌肉厚的部位多擦多敷盐，但用力勿过猛，以免损伤肌肉组织，每只腿约擦 5min，腌完头道后，将火腿堆码好。

第一次用盐量为鲜腿重的 2.5%。

(2) **堆码**　通常堆码在木板或篾笆上，膝关节向外，腿干互相压在血筋上，每层之间用竹片隔开，堆叠 8～10 层，使火腿受到均匀压力。擦完头道盐后，堆码 2～3d，擦二道盐。

(3) **擦二道盐**　腌制方法同前，用盐量为鲜腿重的 3%，用盐量在三次盐量中最大。由于皮面回潮变软，盐易擦上，比擦头道盐省力。

(4) **擦三道盐**　擦完二道盐后，堆码 3d，即可擦三道盐，用盐量为鲜腿重的 1.5%，腿干处只将盐水涂匀，少敷或不敷盐，肉面除只在肉厚处和骨头关节处进行揉搓和敷盐外，其余的地方仅将盐水及盐敷均匀。堆码腌制 12d，每隔 3～5d 将上下层倒换堆叠，俗称翻码一次。翻码时要注意上层腌腿脚干压住下层腿部血管处，通过压力使淤血排出，否则会影响成品质量或保藏期。

鲜腿经 17～18d 干腌后，肌肉由暗红转为鲜艳的红色，肌肉组织坚硬，小腿部呈橘黄色且坚硬，此时标明已腌好腌透，可进行上挂。

3. 上挂

当地老百姓常说："火腿臭不臭在于腌，香不香在于管，"可见腌制和管理是保证火腿质量的关键所在。

上挂前要逐只检查是否腌透腌好。用长 20cm 的草绳，大双套结于火腿的趾骨部位，挂在通风室内，成串上挂的，要大支挂上，小支挂下，或大中小分挂成串，皮面和腹面一致，只与只隔有一定距离，挂与挂之间应留有一人宽过道，便于管理检查，通风透气，逐步风干。

4. 成熟管理

掌握三个环节，一是上挂初期即清明节前，严防春风对火腿侵入，造成火腿暴干开裂；若发现已有裂缝，随即用火腿的油垢补平；二是早上打开门窗 1～2h，保持室内通风干燥，使火腿逐步风干；三是立夏后，要注意开、关门窗，使室内保持一定的湿度，让其发酵，端午节后火腿发酵成熟后,要适时开窗保持火腿干燥结实,这段时间室内月平均温度为13.3～15.6℃，相对湿度为 72.5%～79.8%。日常管理工作应通过火腿失水、风干情况，调节开关门窗的时间长短。根据早、晚、晴、阴天，控制温湿度的变化。天气过冷，湿度较大。天气炎热，要防止苍蝇产卵生蛆，火腿走油，生毛虫。发现火腿生毛虫，可在生虫部位滴上 1～2 滴生香油，待虫爬出后，用肥肉填满虫洞；做好防蝇、防虫、防鼠等工作。

火腿的特性与其他腌腊肉不同，整个加工周期需 6 个月，火腿发酵成熟后，食用时才有火腿应有的香味和滋味。此时肌肉呈玫瑰红色，色香味俱佳。这时的火腿称为新腿。每年雨季，火腿都要生绿霉，是微生物和化学分解作用的继续，使火腿的品质不断提高，故以二三年老腿的滋味更好。

5. 成品率

鲜腿平均重 7kg，成品腿平均重 5.75kg，成品率 78%，二年的老腿成品率为 75%左右，三年及三年以上的老腿，成品率为 74.5%左右。

（三）宣威火腿的质量规格

成熟较好的宣威火腿，其特点是脚细直伸，皮薄肉嫩，琵琶形或柳叶形，皮面黄色或淡黄色，肌肉切面玫瑰红色；油润而有光泽；脂肪乳白色或微红色；肉面无裂缝，皮与肉不分离；品尝味鲜美酥脆，嚼后无渣，香而回甜，油而不腻，盐度适中；三签清香。一般火腿分为特级、一级和合格品三个等级。

特级火腿：腿心肌肉凸现饱满，跨边小，肥膘薄，肉瘦多肥少；干燥，致密结实，无损伤；三签香气浓郁。

一级火腿：腿心肌肉稍平，跨边、肥膘一般，腿脚细；干燥，致密结实，无损伤；三签清香。

合格品：腿心肌肉偏平，跨边、肥膘较大，腿脚粗；干燥，致密结实，轻度损伤；上签清香，中下签无异味。

宣威火腿的成品规格如下：

1. 感官指标

宣威火腿的色泽、组织状态、气味等感官指标见表 6-2。

表 6-2　　　　　　　　　　　　宣威火腿感官指标

项　　目	特级（一级）	合　格　品
色泽	肌肉切面成玫瑰红色或桃红色，脂肪切面白色或微红色，有光泽。骨髓桃红色或腊黄色，有光泽	肌肉切面呈暗红色或深玫瑰红色，脂肪切面白色或淡黄色，光泽稍差，骨髓桃红色或腊黄色，光泽较差
组织状态	切面平整，肌肉干燥致密结实，脂肪细嫩光滑，红白分明	切面平整，肌肉干燥致密结实，脂肪细嫩光滑，红白分明，有少量斑点
气味	具有火腿特有的香味	稍有酱味、豆豉味或酸味
煮熟品尝	尝味时盐味适度，香而回甜，无其他异味	尝味时允许有轻度的酸味，盐味偏咸、香气平淡

2. 理化指标

宣威火腿的理化指标见表 6-3。

表 6-3　　　　　　　　　　　　宣威火腿的理化指标

项　　目	指　　标	
水分/%（以瘦肉计）	≤48	
食盐含量/%（以瘦肉计）	≤12.5	
蛋白质含量/%	≥18	
粗脂肪/%	≤45	
亚硝酸盐残留量（以 $NaNO_2$ 计）/（mg/kg）	≤20	
过氧化值含量≤/（meq/kg）	一级 20	二级 32
三甲胺氮含量≤/（mg/100g）	一级 1.3	二级 2.5

第七章 干肉制品

肉类食品脱水干制是人类对肉最早的加工和贮藏方法。特别是我国肉脯、肉干、肉松具有加工方法相对简单、易于贮藏和运输、食用方便、风味独特等特点。这类肉制品不仅在我国是一种深受消费者喜爱的肉制品，而且，我国干肉制品的加工方法对世界肉制品加工也有很大影响，亚洲许多国家在干肉制品加工中所用配方和加工方法都起源于我国。随着近年来远红外加热干燥和微波加热干燥设备的发展，使用传统干肉制品加工方法发生了很大变化。营养学、卫生学的发展对传统干肉制品产生了影响，因此干肉制品的加工工艺和配方也得到了丰富和发展，生产出了营养、卫生的新型干肉制品。

干肉制品是指将肉先经熟加工，再成型干燥或先成型再经热加工制成的干熟类肉制品。这类肉制品可直接食用，成品呈小的片状、条状、粒状、团粒状、絮状。干肉制品主要包括肉干、肉脯和肉松三大类。

第一节 干制原理与方法

一、干肉制品的贮藏原理

食品的干燥是指自食品中除去水分，因此又称其为脱水，但有人认为干燥与脱水不完全相同。就处理方法而言，干燥是用自然日光处理，而人工干燥则为脱水。也有人认为用热源直接烘烤为干燥，利用间接的热风、蒸汽、减压、冻结等法干燥者为脱水。就制品的性质而言，有人认为食用时须用水复原者为脱水制品，不加水复原者为干燥食品。但主要过程都是脱水。

所谓脱水干制品又称干制品或者称脱水制品。肉类等易腐食品的脱水干制，既是一种古老的贮藏手段，也是一种加工方法。对某种肉类制品来说，是主要的加工过程，而对另一些肉制品则可能是工艺过程中的一个环节。肉类中含水量约达 70%，经过脱水之后，不仅极大地缩小产品的体积。而且使水分含量减少到 6%～10%。

微生物的繁殖和肉的腐败变质不仅与肉的含水量有关，更与肉的水分活性（A_w）有关。各种微生物的繁殖对 A_w 都有一定的要求。凡 A_w 低于最低值时，微生物不能繁殖。A_w 高于最低值时，微生物易繁殖。微生物发育所需最低 A_w：一般细菌、酵母为 0.88～0.90，霉菌为 0.80，好盐性细菌为 0.75，耐干性霉菌为 0.65，耐渗透性酵母为 0.60。各种微生物的生命活动，是用渗透的方式摄取营养物质，必须要有水分存在，如蛋白质性食品，适于细菌繁殖发育最低限度的含水量为 25%～30%，霉菌为 15%。因此，肉类脱水之后使微生物失去获取营养物质的能力，达到保藏的目的。

食品的保藏性除与微生物有关外，还与酶的活力、脂肪的氧化等有关。随着 A_w 的降低，食品的稳定性增加。但脂肪的氧化与其他因素不同，在 A_w 为 0.2～0.4 时反应速度最慢，接近无水状态时，反应速度又增加。一般地讲，脱脂干燥肉的含水量为 15% 时，其 A_w 低于

0.7。因此干肉制品含水量应低于 20%。

在自然干燥的条件下，并不能使干制品中的微生物完全致死。因为各种不同状态的微生物对脱水作用的抗受能力是不同的，如形成孢子的微生物抗脱水干燥能力强。所以，由于微生物的生长特性以及食品的性质、干燥后的保藏条件等不同，并不能使干制品达到无菌的状态。

脱水干制肉品较其他贮藏或加工方法，在营养物质含量相同的情况下，其重量低，体积小，便于携带、运输，适于贮藏，适于军用和某些特种工作的需要。各种不同形态牛肉产品的密度见表 7-1。

表 7-1   各种不同形态牛肉产品的密度   单位：t/m^3

商　品	干　燥　后	干　燥　前
冻牛肉	2.69	7.48
冻牛肉（不带骨）	2.21	4.88
咸牛肉罐头	1.52	4.45
脱水牛肉	1.52	2.12

干制品也有一定的缺点，食用时常要复水，而且需要较长的时间或特殊的条件，如干制的牛蹄筋等，食用时需较长时间的复水。干制过程中某些芳香物质和挥发性成分，常随水分的蒸发而散到空气中去，同时在干燥时（非真空的条件）易发生氧化作用，尤其在高温下变化更为严重。我国传统的肉松或肉干等干制品，有的不是直接用鲜肉加工干制的，而是一种调味性的干制品，它几乎完全失去对水分的可逆性，不能恢复鲜肉状态。而近代的肉制品工业生产中，以接近新鲜肉状态直接脱水干燥，既能达到减轻重量，缩小体积，便于携带，食用方便的目的，又能保持肉的组织结构和营养成分不发生变化，添加适量的水立即恢复原料原来的状态。

二、肉的干制方法

肉类脱水干制方法，随着科学技术不断发展，也不断的改进和提高。按照加工的方法和方式，目前已有自然干燥、人工干燥、低温冷冻升华干燥等。按照干制时产品所处的压力和加热源可以分为常压干燥、微波干燥和减压干燥。

（一）根据干燥的方式分类

1. 自然干燥

自然干燥法是古老的干燥方法，要求设备简单，费用低，但受自然条件的限制，温度条件很难控制，大规模的生产很少采用，只是在某些产品加工中作为辅助工序采用，如风干香肠的干制等。

2. 烘炒干制

烘炒干制法亦称传导干制。靠间壁的导热将热量传给与壁接触的物料。由于湿物料与加热的介质（载热体）不是直接接触，又称间接加热干燥。传导干燥的热源可以是水蒸气、热力、热空气等。可以在常温下干燥，亦可在真空下进行。加工肉松都采用这种方式。

3. 烘房干燥

烘房干燥法亦称对流热风干燥。直接以高温的热空气为热源，借对流传热将热量传给物料，故称为直接加热干燥。热空气既是热载体又是湿载体。一般对流干燥多在常压下进行。因为在真空干燥情况下，由于气相处于低压，热容量很小，不能直接以空气为热源，必须采用其他热源。对流干燥室中的气温调节比较方便，物料不致于过热，但热空气离开干燥室时，带有相当大的热能。因此，对流干燥热能的利用率较低。

4. 低温升华干燥

在低温下一定真空度的封闭容器中，物料中的水分直接从冰升华为蒸汽，使物料脱水干燥，称为低温升华干燥。较上述三种方法，此法不仅干燥速度快，而且最能保持原来产品的性质，加水后能迅速恢复原来的状态，保持原有成分，很少发生蛋白质变性。但设备较复杂，投资大，费用高。

此外，尚有辐射干燥、介电加热干燥等，在肉类干制品加工中很少使用，故此处不作介绍。上述几种干燥方法除冷冻升华干燥之外，其他如自然传导、对流等加热的干燥方式，热能都是从物料表面传至内部，物料表面温度比内部高，而水分是从内部扩散至表面，在干燥过程中物料表面先变成干燥固体的绝热层，使传热和内部水分的汽化及扩散增加了阻力，故干燥的时间较长。而微波加热干燥则相反，湿物料在高频电场中很快被均匀加热。由于水的介电常数比固体物料要大得多，在干燥过程中物料内部的水分总是比表面高。因此，物料内部所吸收的电能或热能比较多，则物料内部的温度比表面高。由于温度梯度与水分扩散的温度梯度是同一方向的，所以，促进了物料内部的水分扩散速度增大，使干燥时间大大缩短，所加工的产品均匀而且清洁。因此在食品工业中广泛应用。

（二）按照干制时产品所处的压力和热源分类

肉置于干燥空气中，则所含水分自表面蒸发而逐渐干燥。为了加速干燥，则需扩大表面积，因而，常将肉切成片、丁、粒、丝等形状。干燥时空气的温度湿度等都会影响干燥速度。为了加速干燥，不仅要加强空气循环，而且还需加热。但加热会影响肉制品品质，故又有了减压干燥的方法。肉品的干燥根据其热源不同，可分为自然干燥和加热干燥，而干燥的热源有蒸汽、电热、红外线及微波等；根据干燥时的压力，肉制品干燥方法包括常压干燥和减压干燥，减压干燥包括真空干燥和冷冻干燥。

1. 常压干燥

鲜肉在空气中放置时，其表面的水分开始蒸发，造成食品中内外水分密度差，导致内部水分向表面扩散。因此，其干燥速度是由水分在表面蒸发速度和内部扩散的速度决定的。但在升华干燥时，则无水分的内部扩散现象，是由表面逐渐移至内部进行升华干燥。

常压干燥过程包括恒速干燥和降速干燥两个阶段，而降速干燥阶段又包括第一降速干燥阶段、第二降速干燥阶段。

在恒速干燥阶段，肉块内部水分扩散的速率要大于或等于表面蒸发速度，此时水分的蒸发是在肉块表面进行，蒸发速度是由蒸汽穿过周围空气膜的扩散速率所控制，其干燥速度取决于周围热空气与肉块之间的温度差，而肉块温度可近似认为与热空气湿球温度相同。在恒速干燥阶段将除去肉中绝大部分的游离水。

当肉块中水分的扩散速率不能再使表面水分保持饱和状态时，水分扩散速率便成为干燥速度的控制因素。此时，肉块温度上升，表面开始硬化，干燥进入降速干燥阶段。该阶段包括两个阶段：水分移动开始稍感困难阶段为第一降速干燥阶段，以后大部分成为胶状水的移动则进入第二降速干燥阶段。

肉品进行常压干燥时，温度对内部水分扩散的影响很大。干燥温度过高，恒速干燥阶段缩短，很快进入降速干燥阶段，但干燥速度反而下降。因为在恒速干燥阶段，水分蒸发速度快，肉块的温度较低，不会超过其湿球温度，加热对肉的品质影响较小。但进入降速干燥阶段，表面蒸发速度大于内部水分扩散速率，致使肉块温度升高，极大的影响肉的品质，且表面形成硬膜，使内部水分扩散困难，降低了干燥速率，导致肉块中内部水分含量过高，使肉制品在贮藏期间腐烂变质。故确定干燥工艺参数时要加以注意。在干燥初期，水分含量高，可适当提高干燥温度，随着水分减少应及时降低干燥温度。现在有人报道在完成恒速干燥阶段后，采用回潮后再行干燥的工艺效果良好。据报道，用煮熟肌肉在回转式烘干机中干燥过程中出现了多个恒速干燥阶段。干燥和回潮交替进行的新工艺有效地克服了肉块表面干硬和内部水分过高这一缺陷（S. F. C hang，1991）。除了干燥温度外，湿度、通风量、肉块的大小、摊铺厚度等都影响干燥速度。常压干燥时温度较高，且内部水分移动，易与组织酶作用，常导致成品品质变劣、挥发性芳香成分逸失等缺点，但干燥肉制品特有的风味也在此过程中形成。

2. 微波干燥

用蒸汽、电热、红外线烘干肉制品时，耗能大，时间长，易造成外焦内湿现象。利用新型微波能技术则可有效的解决以上问题。微波是电磁波的一个频段，频率范围为300～3 000MHz。微波发生器产生电磁波，形成带有正负极的电场。食品中有大量的带正负电荷的分子（水、盐、糖）。在微波形成的电场作用下，带负电荷的分子向电场的正极运动，而带正电荷的分子向电场负极运动。由于微波形成的电场变化很大（一般为300～3 000MHz），且呈波浪性变化，使分子随着电场的方向变化而产生不同方向的运行。分子间的运动经常产生阻碍、摩擦而产生热量，使肉块得以干燥。而且这种效应在微波一旦接触到肉块时就会在肉块内外同时产生，而无需热传导、辐射、对流，在短时内即可达到干燥的目的，且使肉块内外受热均匀，表面不易焦糊。但微波干燥设备有投资费用较高、干肉制品的特征性风味和色泽不明显等缺点。

3. 减压干燥

食品置于真空中，随真空度的不同，在适当温度下，其所含水分则蒸发或升华。也就是说，只要对真空度作适当调节，即使是在常温以下的低温，也可进行干燥。理论上水在真空度为613.18Pa以下的真空中，液体的水则成为固体的水，同时自冰直接变成水蒸气而蒸发，即所谓升华。就物理现象而言，采用减压干燥，随着真空度的不同，无论是水的蒸发还是冰的升华，都可以制得干制品。因此肉品的减压干燥有真空干燥（vaccum dehydration）和冻结干燥（freeze-dry，freezed dehydration）两种。

真空干燥是指肉块在未达结冰温度的真空状态（减压）下加速水分的蒸发而进行干燥。真空干燥时，在干燥初期，与常压干燥时相同，存在着水分的内部扩散和表面蒸发。但在整个干燥过程中，则主要为内部扩散与内部蒸发共同进行干燥。因此，与常压干燥相比较，干燥时间缩短，表面硬化现象减小。真空干燥虽使水分在较低温度下蒸发干燥，但因蒸发而芳香成分的逸失及轻微的热变性在所难免。

冻结干燥相似于前述的低温升华干燥，是指将肉块冻结后，在真空状态下，使肉块中的冰升华而进行干燥。这种干燥方法对色、味、香、形几乎无任何不良影响，是现代最理想的干燥方法。我国冻结干燥法在干肉制品加工中的应用才起步，相信会得到迅速发展。冻结干燥是将肉块急速冷冻超至$-40\sim-30℃$，将其置于可保持真空度$13\sim133Pa$的干燥室中，因冰的升华而进行干燥。冰的升华速度，因干燥室的真空度及升华所需要而给予的热量所决定。另外，肉块的大小、薄厚均有影响。冻结干燥法虽需加热，但并不需要高温，只供给升华潜热并缩短其干燥时间即可。冻结干燥后的肉块组织为多孔质，未形成水不浸透性层，且其含水量少，故能迅速吸水复原，是方便面等速食品的理想辅料。同理贮藏过程中也非常容易吸水，且其多孔质与空气接触面积增大，在贮藏期间易被氧化变质，特别是脂肪含量高时更是如此。

第二节 干肉制品的质量控制

一、干制对肉性质的影响

肉类及其制品经过干制要发生一系列的变化，组织结构、化学成分等都要发生一定的改变，这些变化直接关系到产品的质量和贮藏条件。由于干制的方法不同，其变化的程度也有所差别。

1. 物理性质的变化

肉类在干制过程中的物理变化，首先是由于水分的蒸发而质量减少，体积缩小。质量的减少应当等于其水分含量的减少，但常常是前者略小于后者。物料容积的减少也应当等于水分减少的容积，但实际上前者总是小于后者。因为物料的组成都有其各自不同的物理性质，一般在水分减少时，组织内形成一定的孔隙，其容积减少自然要小些，特别是现代的真空条件下的脱水，其容积变化不大。其次，在干燥过程中物料的色泽要发生变化，其主要原因是随着水的减少，其他物质的浓度增加了，以及在贮藏过程中发生的某些化学变化引起的改变，一般使物料色泽发暗。第三，随着干燥的进行，由于溶液浓度增加，产品的冰点下降。

2. 物料的化学变化

肉类在干燥过程中所发生的化学变化，随干燥条件和方法不同而异。一般来说，干燥的时间越长，肉质的变化越严重。这是因为干燥的条件下，有利于组织酶和微生物的繁殖，特别在较低温接近自然干燥的条件下，易于使肉质遭受分解和腐败，并易使肉体表面脂肪氧化，而使产品的气味、色泽恶化，尤其在较高温度和氧气存在的条件下贮藏的脱水肉类制品，色泽易变黄，并产生不良的气味。脱水鲜牛肉贮藏12个月游离脂肪酸含量的变化见表7-2。

表 7-2　　　　　　　　　　脱水鲜牛肉贮藏 12 个月脂肪酸变化

含水量/%	脂肪酸（以油酸计）含量/（mg/kg）	
	20℃	37℃
7.5	17	36
5.0	12	24
3.2	6	13

所以，贮藏脱水干制肉类制品，最好是采用防止空气和氧接触的复合薄膜包装，并在低温下贮藏。由于干燥的条件和方法不同，产生化学变化的情况是不同的。肉类的脱水制品大部分都经过煮制后进行脱水干燥，煮制时常常要损失 10% 左右的含氮浸出物和大量的水分；同时破坏了自溶酶的作用，干燥的时间又较短，故对产品质量变化不大。相反在自然条件下，空气的湿度大，干燥缓慢，有利于酶和细菌的作用，促使肉质的变化。在真空条件下，温度低，干燥迅速，酶和微生物受到抑制，肉质变化轻微。

肉质在干燥过程中生物化学变化是复杂的，其中主要是肌肉蛋白质的凝固变性，对其煮熟干燥制品由于蛋白质受热已发生了热凝固，故干燥温度对蛋白质变性的影响就不必考虑了。但对生肉及盐干产品，则加热干燥中发生蛋白质的变化对质量的影响是显著的。肌肉中的蛋白质主要是肌纤维蛋白和肌溶蛋白，凝固的温度通常在 55～62℃。在常温下干燥时，随干燥时间的延长，可溶性逐渐降低。

其次，有人研究干燥的温度不同，对干制品的消化吸收率有不同的影响，如干燥时温度过高，消化吸收率降低。

3. 组织结构变化

肉类经脱水干燥之后，其组织结构复水性等发生显著的变化，特别是在热风对流条件下干燥的产品，不仅口味变得坚韧难于咀嚼，复水之后也很难恢复原来的新鲜状态。其变化的程度与干燥的方法、肉的 pH 等因素有关。用冷冻升华干燥法加工的产品是最理想的，复水之后组织的特性接近于新鲜状态。产生这些变化的原因，不外乎由于脱水产品组织微观结构以及分子结构的纤维空间排列的紧密，纤维个体不易被咀嚼分开，则感到坚韧。

二、干肉制品的质量控制

干肉制品贮藏期间质量变劣主要表现在两个方面：其一是霉味和霉斑的问题已在国内引起了生产者和研究者的重视，并采取了很多措施，取得了一定效果。但干肉制品中酸价的升高和酸败味的产生在国内并未引起人们重视，而仅在出口干肉制品中才加以考虑。

（一）霉味和霉斑的形成及其控制

1. 霉味和霉斑的形成

研究结果表明，干肉制品产生霉味和霉斑的主要原因是水分活性过高、脂肪含量过高或贮藏时间过久。含水量和含盐量决定着水分活性。干肉制品中含水量一般为 20%，含盐量为 5%～7%，但水分含量过高和含盐量过低是导致霉味和霉斑生产的直接原因。另外，若干肉制品中脂肪含量过高，或者长期高温贮藏都会导致脂肪离析移至干肉制品表面，进而附着于包装袋上，甚至渗出袋外，使各种有机物附着，造成袋外霉菌生长繁殖，成为引起干肉制品霉变的另一个原因。

2. 霉味和霉斑的防止

据报道用 PET/PE 复合膜一般包装，只要牛肉干水分含量控制在 17%，含盐量控制在 7%，则 10 个月不会发生霉变；若采用 PET/Al/PE 复合膜包装，即使含水量达 20%，牛肉干贮藏 10 个月也无霉变。若进行充氮包装，则 14 个月无变质。因此，含水量、含盐量、包装材料及方式等都会影响干肉制品的保质期。

（二）脂肪的氧化及其控制

1. 脂肪的氧化

尽管干肉制品是用纯瘦肉加工而成，但其中仍含有一定量的脂肪小囊；另外，为了使干肉制品保持一定的柔软性和油润的外观，在加工过程中需加适量的精炼油脂。来自这两方面的油脂在干肉制品的加工贮藏过程中被氧化，其结果一方面使肉制品的酸价升高，严重时伴有酸败味；另一方面在氧化的过程中产生一些对人体有害的物质，如过氧化物及其分解产物作用于细胞膜而影响细胞的功能。据报道，脂类中的过氧化物和氧化胆固醇与肿瘤和动脉粥样硬化发生有关。还有人指出，脂类氧化的二级产物丙二醛是形成亚硝胺的催化剂和诱变剂。

研究表明，肉品氧化是肉中不饱和脂肪酸的氧化分解所致，究其原因有三种：一是组织酶；二是微生物；三是自动氧化。进一步的研究证明肉品的氧化是肉中三烯脂肪酸和多烯脂肪酸（具有 4 个或 4 个以上双键的脂肪酸）自动氧化所致，并在此过程中产生许多挥发性物质。T.C.WU 等人用气相色谱-质谱联用的方法对肉品中的这些挥发性物质作了分析。在鉴定出的 32 种化合物中有 30 种是脂肪自动氧化的产物。除了二甲基二硫化物外，其他的化合物与肉品中的 TBA（硫代巴比妥酸值）呈显著正相关，而 TBA 与肉品香气和鲜味呈显著负相关。因此 TBA 值反映了肉制品的氧化程度。

肉制品中脂肪的自动氧化是脂肪对氧的缓慢摄取所致，遵循游离基反应的机制，其反应步骤如下：

第一步：引发 RH（不饱和脂肪酸）→R·＋H·（游离基）

第二步：传递 R·＋O_2→ROO·（过氧游离基）

　　　　ROO·＋RH→R·＋ROOH（氢过氧化物）

第三步：分解 ROOH→RO·＋HO·

第四步：终止 R·＋R·→R·R

　　　　R·＋ROO·→ROOR

　　　　ROO·＋ROO·→ROOR＋O_2

在第一步反应过程中，少量的脂肪（RH）被热、光或金属离子、催化剂等因素活化而分解成不稳定的游离基 R·和 H·。由于游离基能重新结合成 RH、RR、H_2、H_2O 等，因此易于消失。当有分子氧存在时，游离基可能与 O_2 生成过氧化物游离基，进而引起其他不饱和脂肪酸脱氢，生成不太稳定而易于分解的氢过氧化物。它在热、光及金属离子作用下分解形成新的游离基，使链锁反应继续进行，故将该氧化反应称为"自动氧化"。

脂肪氧化产生的氢过氧化物称为初级氧化产物。氢过氧化物继续分解产生的二级氧化产物醛、酮、醇、烃、酯等羰基化合物，具有刺激性气味，通常称其为"酸败气味"。

2. 脂肪氧化的控制

国外干肉制品的酸价要求在 0.8 以下。要控制酸价，必须采取综合措施。

（1）控制成品 A_w　研究表明，脂肪对氧的吸收率与水分活性显著相关。随着水分活性的降低，脂肪氧化的速率降低。当 A_w 在 0.2～0.4 时，脂肪氧化的速度最低，接近无水状态时，反应速度又增加，且干制品得率降低，柔软性丧失。干肉制品的水分含量一般控制在 8％～16％为宜。

（2）选用新鲜原料肉，缩短生产周期　脂肪的吸氧量与原料肉停留时间成正比，因此原料肉进厂后，应进入预冷库并尽快投入生产，降低水分含量以减缓氧化反应。在生产过程中，要避免堆积以防肉块温度升高，否则会加速脂肪的氧化反应。

（3）选择合理的干燥工艺及设备　干肉制品的干制过程中，若温度过高或时间过长，都会加速脂肪的氧化速度。干肉制品的干燥工艺要根据肉块的大小、厚薄、形态及糖等辅料的添加量，确定出恒速干燥阶段和降速干燥阶段所需要的温度和时间，制定出合理的干燥工艺参数，尽可能减少高温烘烤时间。一般地讲，在恒速干燥阶段，可采用较高温度除去表面的自由水分。进入降速干燥阶段后，要适当降低烘烤温度，甚至可采取回潮与烘烤交替的工艺烘干，加快脱水速率，减少高温处理时间。另外，烘干设备可设计成二段通气型（恒速和减速阶段各为一段），这不仅能减少能耗，也能减缓氧化反应的速度。

（4）添加油脂的类型　干肉制品中添加油脂可使成品柔软油润。但添加的油脂必须是经过精炼的、酸价很低的、饱和脂肪酸较多的油脂。

（5）添加脂类氧化抑制剂　用于肉制品的抗氧化剂种类很多，目前国内比较重视天然抗氧化剂的研究。总体上肉制品中的抗氧化剂包括防止游离基产生剂和游离基反应阻断剂两种：

①防止游离基产生剂：用金属配位剂，通过离子化作用，阻止游离基的产生。如乙二胺四乙酸（EDTA）、儿茶酚（DTPA）以及柠檬酸盐和磷酸盐等。据报道在煮肉时添加一定三聚磷酸盐和六聚磷酸盐都具有螯合金属离子、防止腌肉脂肪氧化的功能。据报道，在碎牛肉中添加 $CuCl_2$ 具有一定的抗氧化能力。

②游离基反应阻断剂：这一类化合物能提供氢原子给游离基从而终止链锁反应。如酚类化合物，包括 BHT、BHA、特丁基对苯二酚（TBHQ）、生育酚和没食子酸丙酯。

生育酚的抗氧化性来自苯环上六位的羟基，结合成酯后失去抗氧化性。在一般情况下，生育酚对动物油脂的抗氧化效果比对植物油的效果大，且热稳定性好。如对猪油，生育酚的抗氧化性几乎可与 BHA 相同，但 BHA 在 200℃加热 2h 则 100％挥发，而生育酚 200℃加热 3h 后仅损失 50％。特别是天然生育酚比合成的 α-生育酚的热稳定性还好。此外，生育酚抗光、抗紫外线、抗放射性也比 BHA、BHT 强，这对用透明薄膜包装时具有重要意义。在实际使用时，BHT、没食子酸丙酯与 BHA 混合涂抹在包装材料内面，并以柠檬酸或其他有机酸为增效剂。抗坏血酸、异抗坏血酸及其盐类和柠檬酸及其盐类不仅能增加制品的抗氧能力，而且能提高色泽的稳定性。

由于合成抗氧化剂在营养和卫生方面的问题，近年来越来越重视天然抗氧化剂的研究和应用。具有抗氧化物质的香辛料有胡椒、小豆蔻、肉桂、丁香、芫荽、姜、肉豆蔻等。其他植物中也含有抗氧化剂，如：芝麻中的芝麻酚、芝麻精，米中的米糠素，栎树皮中的栎精等。

其他抑制氧化的方法：控制好环境因素、物理条件和包装材料也能有效抑制脂类氧化。防止氧化的最有效的方法是除去氧气或阻止氧气的渗入。使用不透氧的包装膜、真空或气调包装、控制贮藏温度等措施，都有利防止脂肪的氧化。在配方中添加乳或乳清制品，也能改善干肉制品的色泽和抗氧化性能，这与其所含的还原糖所具有的还原性和美拉德反应有关，因美拉德反应中的类黑精也具有抗氧化作用。

第三节 干肉制品加工

一、肉松的加工

肉松是将肉煮烂，再经过炒制、揉搓而成的一种营养丰富、易消化、食用方便、易于贮藏的脱水制品。除猪肉外还可用牛肉、兔肉、鱼肉生产各种肉松。我国著名的传统产品是太仓肉松和福建肉松。

（一）太仓肉松

太仓肉松始创于江苏省太仓地区，有 100 多年的历史，曾在巴拿马展览会获奖（1915年），1984 年又获部优质产品称号。

1. 原料肉的选择和处理

选用瘦肉多的后腿肌肉为原料，先剔除骨、皮、脂肪、筋腱，再将瘦肉切成 3～4cm 的方块。

2. 配方（单位：kg）

猪瘦肉	100	50°白酒	1.0
精盐	1.67	八角茴香	0.38
酱油	7.0	生姜	0.28
白糖	11.11	味精	0.17

3. 加工工艺

将切好的瘦肉块和生姜、香料（用纱布包起）放入锅中，加入与肉等量的水，按以下三个阶段进行：

（1）肉烂期（大火期） 用大火煮，直到煮烂为止，大约需要 4h 左右，煮肉期间要不断加水，以防煮干，并撇去上浮的油沫。检查肉是否煮烂，其方法是用筷子夹住肉块，稍加压力，如果肉纤维自行分离，可认为肉已煮烂。这时可将其他调味料全部加入，继续煮肉，直到汤煮干为止。

（2）炒压期（中火期） 取出生姜和香料，采用中等火力，用锅铲一边压散肉块，一边翻炒。注意炒压要适时，因为过早炒压工效很低，而炒压过迟，肉太烂，容易粘锅炒糊，造成损失。

（3）成熟期（小火期） 用小火勤炒勤翻，操作轻而均匀。当肉块全部炒松散和炒干时，颜色即由灰棕色变为金黄色，成为具有特殊香味的肉松。

4. 肉松（太仓式）卫生标准

（1）感官指标 呈金黄色或淡黄色，带有光泽，絮状，纤维疏松，无异味臭味。

（2）理化指标 水分≤20%。

（3）细菌指标 细菌总数≤3000 个/g，大肠菌群≤40 个/100g，致病菌（系指肠道致病菌及致病性球菌）不得检出。

5. 包装和贮藏

肉松的吸水性很强，长期贮藏最好装入玻璃瓶或马口铁盒中，短期贮藏可装入单层塑料袋内，刚加工成的肉松趁热装入预先消毒和干燥的复合阻气包装袋中，贮藏于干燥处，可以半年不会变质。

（二）福建肉松

与太仓肉松的加工方法基本相同，只是在配料上有区别，在加工方法上增加油炒工序，制成颗粒状，因成品含油量高而不耐贮藏。

1. 配方（单位：kg）

猪瘦肉	50	酱油	5
白糖	4	猪油	200

2. 炒松

经切割、煮熟的肉块放在另一锅内进行炒制，加少量汤用小火慢慢炒，待汤汁全烧干后再分小锅炒制，使水分慢慢地蒸发，肌肉纤维疏散改用小火烘焙成肉松坯。

3. 油酥

经炒好的肉松坯再放到小锅中用小火烘焙，随时翻动，待大部分松坯都成酥脆的粉状时，用筛子把小颗粒筛出，剩下的大颗粒的松坯倒入已液化猪油中，要不断搅拌，使松坯与猪油均匀结成球形圆粒，即为成品。

4. 成品质量指标

呈均匀的团粒，无纤维状，金黄色，香甜有油，无异味。

（三）其他肉松配方

1. 温州猪肉松（单位：kg）

瘦猪肉	50	绍兴酒	1
酱油	2	小茴香	0.05
精盐	750	大料	0.05
葱	0.5	桂皮	0.1
白糖	2.5	花椒	0.05

2. 哈尔滨牛肉松（单位：kg）

瘦牛肉	50	白糖	3
酱油	9	味精	0.2
精盐	1	绍兴酒	1.5

3. 羊肉松（单位：kg）

瘦羊肉	50	生姜	0.25
精盐	3.5~4	胡椒	0.05~0.1
醋	1.5	味精	0.1~0.15
白糖	2.5~4	白酒	0.75~1

4. 鸡肉松（成都）（单位：kg）

鸡肉	50	酱油	3
精盐	0.5	肉蔻	0.1
白糖	2	胡椒	0.25
白酒	0.25	葱	0.25
姜	0.25		

二、肉干的加工

肉干是用猪、牛等瘦肉经煮熟后，加入配料复煮、烘烤而成的一种肉制品。因其形状多为 1cm³ 大小的块状。按原料分为猪肉干、牛肉干等；按形状分为片状、条状、粒状等；

按配料分为五香肉干、辣味肉干和咖喱肉干等。

（一）一般肉干的加工

1. 原料肉的选择与处理

多采用新鲜的猪肉和牛肉，以前、后腿的瘦肉为最佳。先将原料肉的脂肪和筋腱剔去，然后洗净沥干，切成 0.5kg 左右的肉块。

2. 水煮

将肉块放入锅中，用清水煮开后撇去肉汤上的浮沫，浸烫 20～30min，使肉发硬，然后捞出切成 1.5cm×1.5cm×1.5cm 的肉丁或切成 0.5cm×2.0cm×4.0cm 的肉片（按需要而定）。

3. 配方（见表 7-3）

表 7-3　　几种肉干的配方（按 100kg 瘦肉计算）　　单位：kg

配　方	食　盐	酱　油	五 香 粉	白　糖	黄　酒	生　姜	葱
1	2.5	5.0	0.25	—	—	—	—
2	3.0	6.0	0.15	—	—	—	—
3	2.0	6.0	0.25	8.0	1.0	0.25	0.25

如无五香粉时，可将茴香、陈皮及肉桂适量包扎在纱布内，然后放入锅内与肉同煮。

4. 复煮

取原汤一部分，加入配料，用大火煮开，当汤有香味时，改用小火，并将肉丁或肉片放入锅内，用锅铲不断轻轻翻动，直到汤汁将干时，将肉取出。

5. 烘烤

将肉丁或肉片铺在铁丝网上用 50～55℃进行烘烤，要经常翻动，以防烤焦，需 8～10h，烤到肉发硬变干，味道芳香时即成肉干。牛肉干的成品率为 50% 左右，猪肉干的成品率约为 45% 左右。

6. 包装和贮藏

肉干先用纸袋包装，再烘烤 1h，可以防止发霉变质，能延长保质期。如果装入玻璃瓶或马口铁罐中，约可贮藏 3～5 个月。肉干受潮发软，可再次烘烤，但滋味较差。

（二）成都麻辣猪肉干

1. 配方（单位：kg）

猪瘦肉	50	味精	0.05
精盐	0.75	辣椒面	1～1.25
酱油	2	花椒面	0.15
白糖	0.75～1	五香粉	0.05
芝麻油	0.5	芝麻面	0.15
白酒	0.25	菜油	适量

2. 加工工艺

加工的前几道工序都基本相同，只是初煮后各有不同，将煮好的肉块切成长 5cm，宽

1cm 长条的小块，用盐、白酒、1.5kg 酱油混合为腌制液，腌制 30min，然后油炸，捞出后用白糖、味精和 0.5kg 酱油混合拌均匀，再把炸好的肉块倒入混合调料中充分拌和冷却。辣椒面、芝麻油放入炸好的肉块中，拌均匀即为成品。

（三）上海咖喱猪肉干

1. 配方（单位：kg）

猪瘦肉	50	味精	0.25
高粱酒	1	咖喱粉	0.25
精盐	1.5	酱油	1.5
白糖	6		

2. 加工工艺

经初煮后的肉块再切成长 1.5cm、宽 1.3cm 的肉块，然后把小肉块、配料、3.5～4kg 煮肉汤放入锅内用火炒制，待肉汤炒干后出锅，再放入筛网上送入温度 60～70℃煤烤炉内烘烤 6～7h，出炉后即为成品。

咖喱粉配方（按 50kg 原料肉计　单位：kg）

姜黄粉	30	碎桂皮	6
白辣椒	6.5	姜片	1
芫荽	4	大料	2
小茴香	3.5	花椒、胡椒	适量（混合后磨成粉末即可）

（四）天津果汁牛肉干

配方（单位：kg）

牛肉	50	白酒	0.25
精盐	1～1.5	丁香	0.025
白糖	2.15～2.2	大茴香	0.05
硝酸钠	0.075	桂皮	0.075
酱油	1.5	果汁	0.1
葱	0.5	香精	少许
姜	0.25		

（五）羊肉干

配方（单位：kg）

羊肉	50	葱	0.25～0.5
精盐	1.5～1.65	味精	0.1
豆油	2.5～3.5	花椒	0.1～0.15
白糖	1.05	白酒	0.1～0.2
生姜	0.5～0.75		

三、肉脯的加工

肉脯是经过直接烘干的干肉制品，与肉干不同之处是不经过煮制，多为片状。肉脯的品种很多，但加工过程基本相同，只是配料不同，各有特色。

（一）靖江猪肉脯

1. 原料肉的选择与修割

选猪后腿瘦肉，剔除骨、脂肪、筋膜，然后装入模中，送入急冻间冷冻至中心温度为

−0.2℃出冷冻间，将肉切成 12cm×8cm×1cm 的肉片。

2．配方（单位：kg）

瘦肉	50	白糖	6.75
酱油	4.25	胡椒	0.05
鸡蛋	1.5	味精	0.25

3．加工工艺

（1）肉片与配料充分混合，搅拌均匀，腌渍一段时间，使调味料吸收到肉片内，然后把肉片平摆在筛上。

（2）烘干　将装有肉片的筛网放入烘烤房内，温度 65℃，烘烤 5～6h 后取出冷却。

（3）烘烤　把烘干的半成品放入高温烘烤炉内，炉温为 150℃，使肉片烘出油，呈棕红色。烘熟后的肉片用压平机压平，即为成品。

（二）天津牛肉脯

1．配方（单位：kg）

牛瘦肉	50	精盐	0.75
白糖	6	酱油	2.5
姜	1	味精	0.1
白酒	1	安息香酸钠	0.1

2．加工工艺

肉片与配料拌均匀，腌制 12h，烘烤 3～4h 即为成品。

（三）上海肉脯

1．配方（单位：kg）

鲜猪肉	125	硝酸钠	0.25
精盐	2.5	酱油	10
白糖	18.7	香料	0.5
曲酒（60°）	2.5	小苏打	0.75

2．加工工艺

加工工艺与靖江猪肉脯相同。

第八章 酱卤制品

在水中加食盐或酱油等调味料以及香辛料,经煮制而成的一类熟肉类制品称作酱卤制品。

酱卤制品是我国传统的一类肉制品,其主要特点是成品都是熟的,可以直接食用,产品酥润,有的带有卤汁,不易包装和贮藏,适于就地生产,就地供应。近些年来,由于包装技术的发展,已开始出现精包装产品。酱卤制品几乎在全国各地均有生产,但由于各地的消费习惯和加工过程中所用配料、操作技术不同,形成了许多地方特色风味的产品。有的已成为社会名产或特产,如苏州酱汁肉、北京月盛斋酱牛肉、南京盐水鸭、德州扒鸡、安徽符离集烧鸡等,不胜枚举。

酱卤制品突出调味与香辛料以及肉的本身香气,食之肥而不腻,瘦不塞牙。酱卤制品随地区不同,在风味上有甜、咸之别。北方式的酱卤制品咸味重,如符离集烧鸡;南方制品则味甜、咸味轻,如苏州酱汁肉。由于季节不同,制品风味也不同,夏天口重,冬天口轻。

酱卤制品中,酱与卤两种制品特点有所差异,两者所用原料及原料处理过程相同,但在煮制方法和调味材料上有所不同,所以产品特点、色泽、味道也不相同。在煮制方法上,卤制品通常将各种辅料煮成清汤后将肉块下锅以旺火煮制;酱制品则和各辅料一起下锅,大火烧开,文火收汤,最终使汤形成肉汁。在调料使用上,卤制品主要使用盐水,所用香辛料和调味料数量不多,故产品色泽较淡,突出原料的原有色、香、味;而酱制品所用香辛料和调味料的数量较多,故酱香味浓。酱卤制品因加入调料的种类、数量不同又有很多品种,通常有五香制品、红烧制品、酱汁制品、糖醋制品、卤制品以及糟制品等。

第一节 酱卤制品加工原理

酱卤制品的加工方法有两个主要过程:一是调味,二是煮制(酱制)。

一、调 味

调味就是根据各地区消费习惯、品种的不同而加入不同种类和数量的调味料,加工成具有特定风味的产品。调味的方法根据加入调味料的时间大致可分为基本调味、定性调味、辅助调味三种。在加工原料整理之后,经过加盐、酱油或其他配料进行腌制,奠定产品的咸味,称基本调味。原料下锅后,随同加入主要配料如酱油、盐、酒、香料等,加热煮制或红烧,决定产品的口味称定性调味。加热煮制之后或即将出锅时加入糖、味精等以增进产品的色泽、鲜味,称辅助调味。

调味应根据各产品独有的特色,选用不同种类的调味料,五香、红烧制品这类的特点是在加工中用较多酱油,另外在产品中加入八角、桂皮、丁香、花椒、小茴香等五种香料,或少用1~2味香料;酱汁制品是在红烧的基础上使用红曲色素做着色剂,产品为樱桃红色,鲜艳夺目,稍带甜味,产品酥润;蜜汁制品在辅料中加入大量的糖分,产品色浓味甜;糖醋制品是在辅料中加入糖和醋，使产品具有甜酸的滋味；采用"香糟"糟制，使产品保持固有色泽和曲酒香味的称作糟制品；采用卤制辅料，以卤煮为主的产品为卤制品。

二、煮　制

煮制是酱卤制品加工中主要工艺环节，有清煮和红烧之分。清煮在肉汤中不加任何调味料，只是清水煮制，红烧是在各种调味料中进行煮制。无论是清煮还是红烧对形成产品的色、香、味、形及产品的化学成分的变化等都有决定的作用。

煮制也就是对产品实行热加工的过程，加热的方式有水煮、蒸汽加热等，其目的是改善感官性质，减低肉的硬度，使产品达到熟制，容易消化吸收。肉在烧煮时，温度达到50℃蛋白质开始凝固变化；60℃时肉汁开始流出；70℃时肉凝结收缩，肉中色素变性，由红色变灰白色；80℃呈酸性反应时，结缔组织开始水解，胶原纤维转变为可溶于水的胶原蛋白，各肌束间的连结性减弱，肉变软；90℃稍长时间煮制蛋白质凝固硬化，盐类及浸出物由肉中析出，肌纤维强烈收缩，肉反而变硬；继续煮沸（100℃）蛋白质、碳水化合物部分水解，肌纤维断裂，肉被煮熟（烂）。因此，肉品在煮制过程中其结构、成分都要发生显著变化。

（一）物理性变化

肉类在煮制过程中最明显的变化是失去水分，质量减轻。如以中等肥度的猪、牛、羊肉为原料，在100℃的水中煮沸30min质量减少的情况见表8-1。

表 8-1　　　　　　　　　　肉类水煮时质量的减少　　　　　　　　　单位:％

名称	水分	蛋白质	脂肪	其他	总量
猪肉	21.3	0.9	2.1	0.3	24.6
牛肉	32.2	1.8	0.6	0.5	35.1
羊肉	26.9	1.5	6.3	0.4	35.1

为了减少肉类在煮制时营养物质的损失，提高出品率，在原料加热前经预煮的过程，将小批原料放入沸水中经短时间预煮，使产品表面的蛋白质立即凝固，形成保护层，减少营养成分的损失，提高出品率。用150℃以上的高温油炸，亦可减少有效成分的流失。

此外，肌浆中肌浆蛋白质，当受热之后由于蛋白质的凝固作用而使肌肉组织收缩硬化，并失去粘性。但若继续加热，随着蛋白质的水解以及结缔组织中胶原蛋白质水解成动物胶等变化，而肉质又变软。

肉加热时的颜色改变，由于受到加热的方法、时间、温度的影响而呈现不同的颜色。如肉温在60℃以下，肉的颜色几乎没有什么变化，仍呈鲜红色；而升高到60～70℃，变为粉红色，再升高到70～80℃以上变为淡灰色。这主要是由于肌肉中的色素肌红蛋白热变性的变化造成的。肌红蛋白变性之后成为不溶于水的物质。肉质在煮制时，一般都以沸水下锅为好，一方面使肉表面蛋白质迅速凝固，阻止了可溶性蛋白质溶入汤中；另一方面可以减少大量的肌红蛋白质溶入汤中，保持肉汤的清澈透明。

（二）蛋白质变化

1. 肌肉蛋白质变化

　　肉经加热煮沸时，有大量的汁液流出，体积缩小，这是构成肌肉纤维的蛋白质因加热变性发生凝固而引起的。肌球蛋白的热凝固温度是 45～50℃，当有盐类存在时，在 30℃ 即开始变性。肌溶蛋白的热凝固温度是 55～56℃。肌球蛋白由于变性凝固，再继续加热则发生收缩，肌肉中水分被挤出，当加热到 60～75℃ 失水最多，随温度的升高反而相对减少。这是因为动物肉煮制时随着温度的升高和煮制时间的延长，由胶原转变成明胶，要吸收一部分水分，而弥补了肌肉中所流失的水分。

　　由于加热，肉的保水性、pH、酸碱性基团及可溶性蛋白质发生相应的变化，其幅度随着加热温度的上升而不同。

　　20～30℃ 时，肉的保水性、硬度、蛋白质缓冲液、可溶性都没有发生变化。

　　30～40℃ 时，随着温度上升保水性缓慢地下降，蛋白质的可溶性、ATP 酶的活性也产生变化。折叠的肽链伸展，以盐结合或以氢结合的形式产生新的侧链结合。

　　40～50℃ 时，保水性急剧下降，硬度也随温度上升而急剧增加，等电点移向碱性方向，酸性基团特别是羧基减少，而形成酯结合的侧链（R—CO—O—R′）。

　　50～55℃ 时，保水性、硬度、pH 等暂时停止变化，酸性基也停止减少。

　　55～80℃ 时，保水性又开始下降，硬度增加，pH 升高，酸性基又开始减少，并随着温度的上升各有不同程度的加深，但变化的程度不像在 40～50℃ 范围内那样急剧，尤其是硬度的增加和可溶性的减少不大。分子之间继续形成新的侧链结合，产生集结，开始进一步凝固。到 60～70℃ 时肉的热变性基本结束。80℃ 以上开始生成硫化氢，影响肉的风味，使肉的风味降低。

　　从加热温度的不同对 pH 影响来研究保水性，当 pH 偏离等电点两侧加热时，在酸性一侧则随 pH 减少，保水性增高；在碱性一侧则随 pH 的增大，保水性增大。肉的保水性最低点是在等电点 pH 时，等电点随着加热温度的升高向碱性方向移动。这种现象表明肌肉蛋白质因加热而酸性基减少。

　　根据加热对肌肉蛋白质的酸碱性基团影响的研究结果表明，从 20～70℃ 的加热过程中，碱性基团的数量几乎没有什么变化，但酸性基团大约减少 2/3。酸性基团的减少同样表现为不同的阶段有所不同，从 40℃ 开始急速减少，50～55℃ 停止，55～60℃ 又继续减少，一直减少到 70℃。当 80℃ 以上时开始形成 H_2S。所以加热时由于酸性基的减少，肉的 pH 上升。显然蛋白质受热变性时发生分子结构的变化，因此，蛋白质的某些性质发生根本改变，丧失了原来的可溶性，更易于受胰蛋白酶的分解，容易被消化吸收。

　　2. 结缔组织中蛋白质变化

　　结缔组织在加热中的变化，对决定加工制品形状、韧性等有重要的意义。肌肉中结缔组织含量多，肉质坚韧，但在 70℃ 以上长时间煮制，结缔组织多的反而比结缔组织少的肉质柔嫩。这是由于结缔组织受热软化的程度对肉的柔软起着更为突出作用的缘故。

　　结缔组织中的蛋白质主要是胶原蛋白和弹性蛋白。一般加热条件下弹性蛋白几乎不发生多大变化，主要是胶原蛋白的变化。肉在水中煮制时，由于肌肉组织中胶原纤维在动物体不同部位分布的情况不同，肉发生收缩变形。当温度加热到 64.5℃ 时，其胶原纤维在长度方向可迅速收缩到原长度的 60%。因此，肉在煮制时收缩变形的大小是由肌肉间结缔组织的分布所决定的。同样，在 70℃ 条件下，沿着肌肉纤维纵向切开，不同部位其收缩的程度不同（见表 8-2）。经过 60min 煮制以后，腰部的肌肉块收缩可达 50%，而腿部肌肉只收缩 38%。所以，腰部肌肉块会有明显的变形。

表 8-2　　　　　　　　　　　　煮制时间与肌肉收缩程度的关系

煮制时间/min	肉块长度/cm	
	腰　部	大腿部
0	12.0	12.0
15	7.0	8.3
30	6.4	8.0
45	6.2	7.8
60	5.8	7.4

引起胶原蛋白急剧收缩的温度称作热收缩温度（T_S）。这是衡量胶原蛋白稳定性的一个尺度。肉皮主要是由胶原蛋白所构成的，因动物种类不同，而 T_S 亦不相同。哺乳动物的 T_S 较高，鱼类则较低。例如牛皮的 T_S 是 63℃，低温海域的鳕鱼的 T_S 在 40℃ 以下。

煮制过程中随着温度的升高，胶原吸水膨润而成为柔软状态，机械强度减低，逐渐分解为可溶性的明胶。但胶原转变成明胶的速度取决于胶原的性质、结缔组织的结构、热加工的时间和温度。如猪肉的结缔组织比牛羊更容易被破坏转变成明胶。在同样条件下，幼畜肉中的胶原分解比成年畜肉的胶原分解要快 1.3～1.5 倍。即使同一牲畜不同部位转变成明胶的程度也是不一样的。随着煮制时间的不同，不同部位胶原纤维转变成明胶的数量相差很大。因此，在加工酱卤制品时应根据胴体的不同部位和加工产品的要求合理使用。胶原转变成明胶的速度，虽然随着温度升高而增加，但只有在接近 100℃ 时才能迅速转变，同时亦与沸腾的状态有关，沸腾得越激烈转变得越快。同样大小的牛肉块不同部位中的胶原在不同煮制时间转变成明胶量见表 8-3。

表 8-3　　　　　　在 100℃ 条件下煮制不同时间转变成明胶的量　　　　　单位：/%

时　间 部　位	20min	40min	60min
腰部肌肉	12.9	26.3	48.3
背部肌肉	10.4	23.9	43.5
后腿肌肉	9.0	15.6	29.5
前臂肌肉	5.3	16.7	22.7
半 腱 肌	4.3	9.9	13.8
胸　肌	3.3	8.3	12.1

（三）脂肪的变化

加热时脂肪熔化，包围脂肪滴的结缔组织由于受热收缩使脂肪细胞受到较大的压力，细胞膜破裂，脂肪熔化流出。随着脂肪的熔化，释放出某些与脂肪相关连的挥发性化合物，这些物质给肉和肉汤增补了香气。

肉中的脂肪煮制时会分离出来，不同动物脂肪被分离所需的温度不同，牛脂为 42～52℃，牛骨脂为 36～45℃，羊脂为 44～55℃，猪脂为 28～48℃，禽脂为 26～40℃。

脂肪在加热过程中有一部分发生水解，生成甘油和脂肪酸，因而使酸价有所增高，同时也发生氧化作用，生成氧化物和过氧化物。加热水煮时，如肉量过多或沸腾剧烈，易形成脂肪的乳浊化，使肉汤呈浑浊状态，脂肪易于被氧化，生成二羟基酸类而使肉汤带有不良气味。

（四）风味的变化

生肉的香味是很弱的，但是加热之后，不同种类动物肉产生的很强烈的特有风味，通常被认为是由于加热导致肉中的水溶性成分和脂肪的变化形成的。加热肉的风味成分与氨、硫化氢、胺类、羰基化合物、低级脂肪酸等有关。它们同风味的本质已经有了相当广泛的研究。现在认为，在肉的风味里，有共同的部分，也有因肉的种类不同的特殊部分。共同成分主要是水溶性物质，如加热含脂肪很少的肌肉，对牛肉和猪肉所得到的风味物质大致相同，可能是氨基酸、肽和低分子的碳水化合物之间进行反应的一些生成物（氨基-羰基反应）。特殊成分则是因为不同种类肉的脂肪和脂溶性物质的不同。由于加热所形成的特有风味，如羊肉不快的气味是由辛酸和壬酸等饱和脂肪酸所致。现在研究认为主要是己酸及癸酸。加热前后猪肉和牛肉的游离脂肪酸的存在情况见表 8-4。

表 8-4 　　　　　　　加热前后游离脂肪酸的变化 　　　　　　　单位：mg/g

酸的种类	牛 肉		猪 肉	
	加热前	加热后	加热前	加热后
月桂酸	0.04	0.16	0.08	0.56
豆蔻酸	0.49	2.04	0.54	1.39
十四碳烯酸	0.36	2.24	—	—
十五烷酸	0.06	0.15	—	—
软脂酸	2.24	4.91	2.89	3.62
十六碳烯酸	1.31	4.98	1.64	3.45
十七碳烯酸	0.19	0.44	—	—
硬脂酸	0.96	1.37	0.77	3.21
油酸	9.24	19.74	17.01	28.52
亚油酸	0.58	1.34	5.45	13.27
亚麻酸	—	—	1.04	1.45
总 计	15.47	37.37	29.42	55.47

肉的风味在一定程度上因加热的方式、温度和时间的不同而不同。没有经过成熟的牛肉风味淡薄，在空气中加热，游离脂肪酸的量显著增加。当加热到 80℃ 以上有硫化氢产生，并随着加热温度的升高而逐渐增多。仔羊的腿部肉在烹调加工时，内部温度达到 65℃ 时，不如达到 75℃ 时的保持肉的风味强。因此认为加热的温度对风味的影响较大。关于加热的时间，有的报道说在 3h 内随时间的增加风味也增加，再延长时间则减弱。肉的风味，也在于

煮制时加入香辛料、糖、含有谷氨酸等添加物而得到改善。但是，尽管肉的风味受复杂因素的影响，主要还是由肉的种类差别所决定。如牛、羊由于品种不同而肉的风味不同。通常认为老的动物肉比幼小的有更强的风味，例如成年牛肉具有特有的滋味而小牛肉则不具备。另外同一种动物不同部位之间的肌肉也有差异。如腰部肌肉不如膈肌风味好，牛的背最长肌不如半腱肌的风味好。此外，动物屠宰后肉的 pH 越低，则风味越好。

（五）浸出物的变化

在加热过程中，由于蛋白质变性和脱水的结果，汁液从肉中分离出来，汁液中浸出物溶于水，易分解，并赋予煮熟肉的特殊风味。肌肉组织中含有的浸出物是很复杂的，有含氮浸出物和非含氮浸出物两大类。含氮浸出物有游离的氨基酸、二肽、尿素、胍的衍生物、嘌呤碱等，是影响肉风味的主要物质。其中游离氨基酸含量最多，约占 1%，其中最有价值是谷氨酸：

$$\underset{\displaystyle HOOC-CH-CH_2-CH_2-COOH}{\overset{\displaystyle NH_2}{|}}$$

它具有特殊的香味，当浓度达到 3×10^{-4} 时，即表现出特殊的肉香味，浓度增大则香味更加显著。此外，如丝氨酸、丙氨酸、甘氨酸等都具有香味。但相反亦有些氨基酸，如色氨酸、缬氨酸不但没有香味，还有苦味。

牛的肌肉中含有 $0.05\% \sim 0.15\%$ 的嘌呤碱。它在肌肉中有两种状态，一种以游离状态存在的亚黄嘌呤（6-羟基尿环），另一种以结合状态存在的次亚黄嘌呤核苷酸状态存在。

亚黄嘌呤 　　　　　　　　　　　次亚黄嘌呤核苷酸

成熟肉的游离状态的亚黄嘌呤增加，而结合状态的次亚黄嘌呤核苷酸减少。前者是形成肉的特殊芳香气味的主要成分。

肌肉中还含有水溶性物质，主要是糖原和乳酸。在加热水煮过程中，同水一起从肉中被溶解在肉汤中。有人取机械方式脱脂后的 0.5kg 和 2kg 的牛肉块，放在冷水中煮至沸点，经半小时取出，放在另一个器皿中，这样重复 5 次，浸出的肉汤经 3h 冷却，脱脂过滤后测定其可溶性物质、矿物质、肌酸、肌肝以及溶于肉汤中的凝固性蛋白质。研究认为两个肉块从开始煮沸到煮沸半小时为止，进入肉汤中的可溶性浸出物占整个煮制时间内分离出可溶性物质的 80% 以上。特别是小块肉从开始至煮沸半小时的瞬间最强烈。

浸出物中的胱氨酸、半胱氨酸、蛋氨酸以及谷胱苷肽等，其中都含有硫疏基。在罐头加热杀菌时，硫或疏基脱掉，被还原产生硫化氢。硫化氢与容器、内容物中的铁以及其他金属元素化合形成黑色或暗色的硫化物，是变黑的一个重要原因。加热肌肉时产生硫化氢，其产生量与肌肉汁液的 pH 有显著关系，在酸性时少，碱性时则多，见表 8-5。

对各种肉类加热时，发现鱼、禽、畜肉与水一起加热，至 60℃ 以上时，都产生挥发性硫化物，将其残渣再与水一起加热时则又会产生，反复进行操作数次乃至十次才没有硫化物产生，这就证明在肌肉组织的不溶性成分中，存在着由于加热而分解的硫化物。而鱼肉比家畜动物肉产生的更多。

表 8-5	鲸鱼肉在加热中产生硫化氢量		
加热前 pH	3.4	6.2	8.5
硫化氢量/（mg/100g）	0	9.37	27.72

　　肉在煮制过程中可溶性物质的分离受很多因素的影响。首先是由动物肉的性质所决定，如种类、性别、年龄以及动物的肥瘦等。其次是肉的冷加工方法的影响，视冷却肉或者冷冻肉、自然冻结或是人工机械制冷冻结的情况不同而异。此外，不同部位的肉浸出物也不同，例如牛肉的后大腿部及臀部较胸部含有较多的含氮浸出物和矿物质。

　　肉在煮制过程中分离出的可溶性物质不仅和肉的性质有关，而且也受加热过程一系列因素影响。如入水前水的温度、肉和水的比例、煮沸的状态、肉的大小等等。通常是浸在冷水中煮沸的损失多，热水中少。强烈沸腾损失的多，缓慢煮沸的少。水越多，可溶性物质损失的越多，肉块越大损失的越少。

　　（六）维生素的变化

　　肌肉与脏器组织中大部分是 B 族维生素——硫胺素、核黄素、烟酸、维生素 B_6、菸酸、泛酸、生物素、叶酸及维生素 B_{12} 的良好来源。脏器组织中含有多量的维生素 A 和维生素 C。在热加工过程中通常维生素的含量降低。丧失的量取决于处理的程度和维生素的敏感性。硫胺素对热不稳定，加热时在碱性环境中被破坏，但在酸性环境中比较稳定。如炖肉可损失60％～70％的硫胺素、26％～42％的核黄素。猪肉和牛肉在 100℃ 水中煮沸 1～2h 后，吡哆醇损失量多，猪肉在 120℃ 灭菌 1h 吡哆醇损失 61.5％，牛肉中损失 63％。

第二节　酱卤制品的加工

一、酱　制　品

（一）苏州酱汁肉

　　苏州酱汁肉是江苏省苏州市著名肉食产品，为苏州的陆稿荐熟肉店所创造，历史悠久，享有盛名。

　　酱汁肉的产销季节性很强，通常是在每年的清明节（4 月 5 日前后）前几天开始供应，到夏至（6 月 22 日前后）结束。在这约两个半月的时间内，在江南正值春末夏初，气候温和，根据苏州的地方风俗，清明时节家家户户都有吃酱汁肉和青团子的习惯，由于肉呈红色，团子呈青绿色，两种食品一红一绿，色泽艳丽美观，味道鲜美适口，颇为消费者欢迎。因此流传很广，为江南的一特产食品。

　　1. 产品特点

　　酥润浓郁，皮糯肉烂，入口即化，肥而不腻，色泽鲜艳。

　　2. 配方（单位：kg）

猪肋条肉　　　　　　　　　100　　　　黄酒　　　　　　　　4～5

白糖	5	八角	0.2
精盐	3～3.5	鲜姜	0.2
红曲米（磨碎）	1.2	葱（捆成束）	2
桂皮	0.2		

各种香辛料用洁净的纱布袋装好后下锅，红曲米磨成粉末，越细越好，须经开水浸泡过滤，然后放入锅内。

3. 原料整理

先用江南太湖流域的地方品种猪，俗称湖猪，这种猪毛稀、皮薄、小头细脚，肉质鲜嫩，每头猪的重量以出白肉 35kg 左右为宜，取其整块肋条（中段）为酱汁肉的原料。

将带皮的整块肋条肉，用刮刀将毛、污垢刮除干净，剪去奶头，切下奶脯，斩下大排骨的脊椎骨，斩时刀不要直接斩到肥膘上，斩至留有瘦肉的 3cm 左右时，好剔除脊椎骨。形成带有大排骨肉的整方肋条肉，然后开条（俗称抽条子），肉条宽 4cm，长度不限。条子开好后，斩成 4cm 见方的方块，尽量做到每千克肉约 20 块，排骨部分每千克 14 块左右。肉块切好后，把五花肉、排骨肉分开，装入竹筐中。

4. 酱制

根据原料规格，分批下锅在开水中煮沸，五花肉约 10min，排骨肉约 15min，捞起后在清水中冲去污沫，将锅内汤撇去浮油后并全部舀出。在锅底放上拆好骨头的猪头 10 只，加上香料，在猪头上面先放上五花肉，后放上排骨肉，如有碎肉，可装在小竹篮中，放在锅的中间，加入适量的肉汤，用大火烧煮 1h 左右，当锅内水烧开时，再加入红曲米、黄酒和白糖（约 4kg），用中火再煮 40min 起锅。起锅时须用尖筷逐块取出，放在盘中逐行排列，不能叠放。

锅中剩下的香料可重复使用，不可浪费，桂皮用到折断后横断面发黑，八角用到掉角为止。

5. 制卤

酱汁肉的质量关键在于制卤。上品卤汁色泽鲜艳，口味甜中带咸，以甜为主，具有粘稠、细腻、无颗粒等特点。卤汁的制法是：将余下的 1kg 白糖加入成品出锅后的肉汤锅中，用小火煎熬，并用铲刀不断地在锅内翻动，以防止发焦起锅巴，锅内汤汁逐渐形成薄糊状时即成卤汁。舀出放在钵或小缸等容器中，用盖盖严，防止昆虫及污物落入，出售时应在酱肉上浇上卤汁，如果天气凉，卤汁冻结，须加热熔化后再用。

（二）无锡酱排骨

1. 产品特点

无锡酱排骨最早产于江苏省无锡，又称无锡酥骨头。产品色泽酱红，油滴光亮，咸中带甜。

2. 配方（单位：kg）

猪肋排及胸腔骨、大排骨	50	小茴香	0.125
粗盐	1.5	丁香	0.015
硝酸钠	0.015	味精	0.03
清水	1.5	黄酒	1.5
姜	0.25	酱油	5
桂皮	0.15	白糖	3

精盐   1

3. 原料整理

选用猪的胸腔骨（即炒排骨、小排骨）为原料，也可采用肋条（去皮去膘，称肋排）和脊背大排骨。骨肉重量比约为 1:3。斩成宽 7cm、长 11cm 左右的长方块，如以大排骨为原料，则斩成厚约 1.2cm 的扇形块状。

4. 腌制

将硝酸钠、盐用水溶解拌和，洒在排骨上，要洒得均匀，然后置于缸内腌制。腌制时间：夏季 4h，春秋季 8h，冬季 10～24h。在腌制过程中须上下翻动 1～2 次，使咸味均匀。

5. 白烧

将坯料放入锅内，加满清水烧煮，上下翻动，撇出血沫，经煮沸后取出坯料，冲洗干净。

6. 红烧

将葱、姜、桂皮、小茴香、丁香分装成三个布袋，放在锅底，再放入坯料，加上黄酒、红酱油、精盐及去除杂质的白烧肉汤，汤的数量掌握在低于坯料平面 3.3cm 处。盖上锅盖，用旺火煮开并持续 30min，改用小火焖煮 2h。在焖煮过程中不要上下翻动，焖至骨肉酥透时，加入白糖，再用旺火烧 10min，待汤汁变浓即退火出锅摊在盘上，再将锅内原汁撇去油质碎肉，取出部分加味精调匀后，均匀地洒在成品上。锅内剩余汤汁（即老汤或老卤）注意保存，循环使用。

（三）酱牛肉

酱牛肉是一种味道鲜美、营养丰富的酱肉制品，它深受消费者欢迎。

1. 产品特点

色泽呈褐色，块形整齐，大小均匀，烂熟，味道鲜美，香气扑鼻，无膻气。

2. 配方（单位：kg）

瘦牛肉	50	鲜姜	0.5
精盐	3	大蒜	0.05
面酱	4	茴香面	0.15
白酒	0.2	五香粉	0.2
葱	0.5		

3. 原料整理

选择没有筋腱和肥膘的瘦牛肉，切成 0.5～1kg 重的方块。然后将肉块倒入清水中洗涤干净，同时除去肉块上面覆盖的薄膜。

葱需洗净后切成段；大蒜需去皮；鲜姜应切成末后使用。五香粉应包括桂皮、大茴香、砂仁、花椒、紫蔻。

4. 烫煮

把肉块放入 100℃ 的沸水中煮 1h，为了去除腥膻味，可在水中加入几块萝卜，到时把肉块捞出，放在清水中浸漂洗涤干净，清洗的水要求达饮用水标准，多洗几次，洗至无血水为止。

5. 煮制

在 2kg 左右清水中，加入各种调料与漂洗过的牛肉块一起放入锅内煮制，水温保持在 95℃左右（勿使沸腾），煮 2h 后，将火力减弱，水温降低到 85℃左右，在这个温度继续 2h 左右，这时肉已烂熟，立即出锅，冷却后即得成品。成品不可堆叠，须平摆。

酱牛肉的出品率约在 60％左右，可保存 3～4d。

（四）北京酱肘子

北京酱肘子以天福号最有名，是北京的著名产品。天福号开业于清代乾隆三年，至今已有 200 多年的历史。

1. 产品特点

北京天福号酱肘子呈黑色，吃时流出清油，香味扑鼻，利口不腻，外皮和瘦肉同样香嫩，除供应北京市场需求，曾行销东北和上海、天津等地，颇受消费者欢迎。

2. 配方（单位：kg）

肘子	100	八角	0.1
粗盐	4	糖	0.8
桂皮	0.2	黄酒	0.8
鲜姜	0.5	花椒	0.1

3. 原料整理

选用带皮无刀伤和刀口、外形完整的猪肘子。精选猪肘子后，浸泡在温水中，刮净皮上的油垢和镊去残毛，洗涤干净。

4. 酱制

洗净后的肘子下锅，加入配料，用旺火煮 1h，待汤的上层出油时，取出肘子，用清洁的冷水冲洗，与此同时，捞出锅后煮肉汤中的残渣碎骨，撇去汤表面的泡沫及浮油，再把锅内煮肉的汤用箩过滤两次，彻底去除汤中的肉骨渣。然后再把已煮过并清洗的肘子肉放入原锅汤内，用更旺的火烧煮 4h，最后用微火焖 1h（汤表面冒小泡），即为成品。

（五）南京酱鸭

南京酱鸭据传已有 200 多年历史，是金陵酱卤制品中的一支奇葩。它以糖色为基色，辅助酱油适量使之着色均匀，制作方法是卤酱兼用，是一种独特烹调方法。

1. 产品特点

该产品有光泽、色暗红、香气浓郁、口味鲜嫩，风味优于盐水鸭。

2. 配方（单位：kg）

新鲜肥仔鸭	1.5	葱	0.1
酱油	0.25	麻油	0.125
白糖	0.3	桂皮、丁香、甘草、大茴香	共 0.05
生姜	0.05		

3. 原料整理

先将生姜去皮洗净，葱摘去根须和黄叶洗净。

将光仔鸭切除翅、爪和舌，在右翅下开一小口，取出内脏。疏通、洗净，用清水浸泡后，沥干血水，放入盐水卤中浸泡约 1h，取出挂起沥干卤汁。汤锅点火加热，放入清水 2kg 烧沸后，左手提着挂鸭的铁钩，右手握勺用开水浇在鸭身上，使鸭皮收紧，挂起沥干。

4. 浇糖色

炒锅点火，放入麻油 100g，白糖 200g，用勺不停炒动，待锅中起青烟时，倒入热水一碗拌匀。再用左手提着挂鸭的铁钩，右手握勺舀锅中的糖色，均匀浇在鸭身上，待吹干后再浇一次，挂起吹干。

5. 酱制

在汤锅中放入清水 5kg、酱油 250g、白糖 100g，并将生姜、香葱、丁香、桂皮、甘草用布袋装好，放入汤锅中，加热至沸，撇去浮沫，转用文火，将鸭放入锅中，用盖盘将鸭身揿入卤中，使鸭肚内进入热卤，加盖盖严，再烧约 20min。改用旺火烧至锅边起小泡（不可烧至沸点），揭去盖盘，取出酱鸭，沥干卤汁，放入盘中，待冷却后抹上麻油即成。

（六）酱鹅

1. 产品特点

酱鹅制品，其加工着重在"酱"字上，色泽酱红，能刺激食欲，历来是很受消费者欢迎的熟禽制品。

2. 配方（按 50 只鹅计，单位：kg）

酱油	2.5	砂仁	0.01
盐	3.75	红曲米	0.375
白糖	2.5	生姜	0.15
桂皮	0.15	葱	1.5
八角	0.15	黄酒	2.5
陈皮	0.05	硝	0.03（用水溶化成1）
丁香	0.015		

3. 原料整理

选用重量在 2kg 以上的太湖鹅为最好，宰杀后放血，去毛，腹上开膛，取尽全部内脏，洗净血污等杂物，晾干水分。

用盐把鹅身全部擦遍，腹腔内也要洒盐少许，放入木桶中腌渍，根据不同季节掌握腌渍时间，夏季为 1～2d，冬季需 2～3d。

4. 酱制

下锅前，先将老汤烧沸，将上述辅料放入锅内，并在每只鹅腹内放入丁香 1～2 只，砂仁少许，葱段 20g，姜 2 片，黄酒 1～2 汤匙，随即将鹅放入沸汤中，用旺火烧煮。同时加入黄酒 1.75kg；汤沸后，用微火煮 40～60min，当鹅的两翅基本熟透时即可起锅，盛放在盘中冷却 20min 后，在整只鹅体上，均匀涂抹特制的红色卤汁，即为成品。

5. 卤汁的制作

用 25kg 老汁（酱猪头肉卤）以微火加热熔化，再加热煮沸，放入红曲米 1.5kg，白糖 20kg，黄酒 0.75kg，姜 200g，用铁铲在锅内不断搅动，防止锅底结巴，熬汁的时间随老汁的浓度而定，一般加热到卤汁发稠时即可。以上配制的卤汁可连续使用，供 400 只酱鹅生产。

6. 食用方法

酱鹅挂在架上要不滴卤，外貌似整鹅状，外表皮呈琥珀色。

食用时，取卤汁 0.25kg，用锅熬成浓汁，在鹅身上再涂沫一层，然后鹅切成块状，装在盘中，再把浓汁烧在鹅块上，即可食用。

二、卤 制 品

(一) 镇江肴肉

镇江肴肉是江苏省镇江市著名传统肉制品，历史悠久，闻名遐迩。

1. 产品特点

肴肉皮色洁白，晶莹碧透，卤冻透明，有特殊香味，肉质细嫩，味道鲜美，也称水晶肴肉。肴肉还有肉色红润，肉香宜人，入口香酥、鲜嫩，瘦肉不塞牙，肥肉不腻口，切片成形，结构细密等特点。具有香、酥、鲜、嫩四大特色。

2. 配方（按 100 只去爪猪蹄髈计，单位：kg）

黄酒	0.25	花椒	0.075
盐	13.5	八角茴香	0.075
葱段	0.25	硝水（硝酸钠 0.03 拌和于水 5 中）	3
姜片	0.125	明矾	0.03

3. 原料整理

选料时一般选薄皮猪，活重在 70kg 左右，以在冬季肥育的猪为宜。肴肉用猪的前后蹄髈加工而成，以前蹄髈为最好。

取猪的前后腿，除去肩胛骨、臂骨与大小腿骨，去爪、去筋、刮净残毛，洗涤干净，然后置于案板上，皮朝下，用铁钎在蹄髈的瘦肉上戳小洞若干，用盐均匀揉擦表皮，用盐量占 6.25%，务求每处都要擦到。层层叠叠放在腌制缸中，皮面向下，叠时用 3% 硝水溶液洒在每层肉面上。多余的盐洒于肉面上。在冬季腌制需 6~7d，甚至达 10d 之久，用盐量每只约 90g；春秋季腌制 3~4d，用盐量约 110g，夏季只须腌 6~8h，需盐 125g 左右。腌制的要求是深部肌肉色泽变红为止。

出缸后，用 15~20℃的清洁冷水浸泡 2~3h（冬季浸泡 3h，夏季浸泡 2h），适当减轻咸味除去涩味，同时刮除污迹，用清水洗净。

4. 煮制

用清水 50kg，加食盐 5kg 及明矾粉 15~20g，加热煮沸，撇去表层浮沫，使其澄清。将上述澄清盐水注入锅中，加 60°曲酒 250g，白糖 250g，另外取花椒及八角各 125g，鲜姜、葱各 250g，分别装在两只纱布袋内，扎紧袋口，作为香料袋，放入盐水中，然后把腌好洗净的蹄髈 50kg 放入锅内，猪蹄髈皮朝上，逐层摆叠，最上面一层皮面向下，上用竹编的箅盖盖好，使蹄髈全部浸没在汤中。用旺火烧开，撇去浮在表层的泡沫，用重物压在竹盖上，改用小火煮，温度保持在 95℃左右，时间为 90min，将蹄髈上下翻换，重新放入锅内再煮 3~4h（冬季 4h，夏季 3h），用竹筷试一试，如果肉已煮烂，竹筷很容易刺入，这就恰到好处。捞出香料袋，肉汤留下继续使用。

5. 压蹄

取长宽都为 40cm 的边高 4.3cm 平盘 50 个，每个盘内平放猪蹄髈 2 只，皮朝下。每 5 只盘叠压在一起，上面再盖空盘 1 只。20min 后，将盘逐个移至锅边，把盘内的油卤倒入锅内。用旺火把汤卤煮沸，撇去浮油，放入明矾 15g，清水 2.5kg，再煮沸，撇去浮油，将汤卤舀入蹄盘，使汤汁淹没肉面，放置于阴凉处冷却凝冻（天热时凉透后放入冰箱凝冻），即成晶莹透明的浅琥珀状水晶肴肉。

煮沸的卤汁即为老卤，可供下次继续使用。

6. 食用方法

镇江肴肉宜于现做现吃，通常配成冷盘作为佐酒佳肴。食用时切成厚薄均匀、大小一致的长方形小块装盘，并可摆成各种美丽的图案。食用肴肉时，一般均佐以镇江的又一名产——金山香醋和姜丝，这就更加芳香鲜润，风味独特。

（二）南京盐水鸭

南京盐水鸭一年四季均可生产，是江苏省南京市著名地方传统特产，至今已有 400 多年历史。

1. 产品特点

盐水鸭的特点是腌制期短，复卤期也短，可现作现售。盐水鸭表皮洁白，鸭肉鲜嫩，口味鲜美，营养丰富，细细品味时，有香、酥、嫩的特色。

2. 加工方法

（1）选料　选用当年健康肥鸭，宰杀拔毛后切去翅膀和脚爪，然后在右翅下开膛，取出全部内脏，用清水冲净体内外，再放入冷水中浸泡 1h 左右，挂起晾干待用。

（2）腌制　先干腌，即用食盐和八角粉炒制的盐，涂擦鸭体内腔和体表，用盐量每只鸭 100～150g，擦后堆码腌制 2～4h，冬春季节长些，夏秋季节短些。然后扣卤，再行复卤 2～4h 即可出缸。复卤即用老卤腌制，老卤是加生姜、葱、八角熬煮加入过饱和盐水腌制卤。

（3）烘坯　腌后的鸭体沥干盐卤，把鸭逐只挂于架子上，推至烘房内，以除去水气，其温度为 40～50℃，时间约 20～30min，烘干后，鸭体表色未变时即可取出散热。注意烘炉要通风，温度决不宜高，否则会影响盐水鸭品质。

（4）上通　用 6cm 长中指粗的中空竹管或芦柴管插入鸭的肛门，俗称"插通"或"上通"。再从开口处填入腹腔料，姜 2～3 片，八角 2 粒，葱 1～2 根，然后用开水浇淋鸭体表，使肌肉和外皮绷紧，外形饱满。

（5）煮制　水中加三料（葱、生姜、八角）煮沸，停止加热，将鸭放入锅中，开水很快进入体腔内，提鸭头放出腔内热水，再将鸭放入锅中让热水再次进入腔内，依次一一将鸭坯放入锅中，压上竹盖使鸭全浸在液面以下，焖煮 20min 左右，此时锅中水温约在 85℃左右，然后加热升温到锅边出现小泡，这时锅内水温约 90～95℃时，提鸭倒汤再入锅焖煮 20min 左右后，第二次加热升温，水温约 90～95℃时，再次提鸭倒汤，然后焖 5～10min，即可起锅。在焖煮过程中水不能开，始终维持在 85～90℃左右。否则水开肉中脂肪熔解导致肉质变老，失去鲜嫩特色。

3. 食用方法

煮好的盐水鸭冷却后切块，取煮鸭的汤水适量，加入少量的食盐和味精，调制成最适口味，浇于鸭肉上即可食用。切块时必须凉后切，否则热切肉汁易流失，切不成形。

（三）佛山猪扎蹄

1. 产品特点

广东佛山猪扎蹄制法特殊，配料考究，皮爽肉脆，造型美观，是佛山特产之一。

2. 原料整理

选用肉嫩皮薄、重约 0.5kg 左右猪腿，去毛、洗净，用刀取出全部骨头、筋络，脚皮不带肉，不破不损，保持完整。夏天还须把脚皮翻转，擦些盐粒，以防变质。按瘦肉 350g、肥肉 200g 的比例，把肥瘦肉切成条状，厚度约 0.3cm，修去筋络、杂质，然后腌制。

3. 腌制

第一次瘦肉腌制配方（按 100kg 瘦肉计，单位：kg）：

酒	0.4	生抽（酱油）	0.5
糖	0.7	五香粉	0.02
精盐	0.25		

第一次肥肉腌制配方（按 100kg 肥肉计）：不用生抽，其余同上。

将腌好的瘦肉入炉烤至五成熟，取出再腌制 15min 左右。

第二次瘦肉腌制配方（单位：kg）：

酒	0.4	芝麻油	0.15
生抽王（酱油的一种）	0.5	五香粉	0.2
糖	0.7		

腌好后按猪脚长短切好。

4. 制馅

将以上腌好的肥瘦肉作为馅，瘦肉在底，肥肉在上，一层一层地装满猪脚皮为止。然后用水草均匀地捆扎 6～7 圈。注意造型美观，不能扎成一头大一头小，要扎牢，避免松散。

5. 煮熟

用疏眼麻布将大茴香、小茴香、甘草、草果、桂皮、莲子包成一袋，与扎好的猪脚同放入锅内（先放清水）加少许汾酒，用微火煮，待猪脚转色约七成熟时，用钢针在脚皮戳孔，捞起锅面杂质，减小火力，烧熟出锅。

6. 冷卤浸泡

将猪脚浸泡在冷卤内 12h，取出加少量卤汁和芝麻油即可食用。

卤水的配方（按清水 50～70kg 计，单位：kg）：

大茴香	0.2	甘草	0.1
小茴香	0.2	桂皮	0.5
草果	0.2	丁香	0.05
花椒	0.2	汾酒	0.5
莲子	0.2	盐	3

7. 保存方法

用原汁卤水浸泡扎蹄，每天用火烧开，可保藏 10 多天，其味不减。

（四）酱卤大肠

1. 产品特点

产品颜色呈酱红色，无腥味，甜咸适宜，具有特有香味。

2. 配方（单位：kg）

经整理后的原料肠	50	小茴香、桂皮	0.15～0.16
酱油	1	糖	0.25
盐	1	葱、姜	各 0.25

3. 原料整理

鲜猪大肠用清水洗一次，每 50kg 用矾末 500g，放入桶内或缸内用木棒推挤，将粘膜排尽，再用清水冲洗干净。

把肠放入清水容器内将里层翻出，洗清肠内腔，再翻至原状，绕成圈形，从中间用绳索扎起，每把约 5kg，扎成把后放于开水锅内，煮沸 10min。

大肠经初步煮沸后捞起，用清水冲洗干净，放入缸内，每 50kg 放醋 500g，用木棒推挤透，排除腥味，再用清水洗净挂起，用刀在圈内下部切断，淋净水分，准备配料煮制。

4. 煮制

先将大肠放进锅内，同时放入老卤、盐、小茴香、桂皮、姜、葱，卤放到与原料坯相平为止，盖上锅盖，用急火烧至沸腾后放入酱油、酒，烧煮约 1h 后放糖，再用小火焖煮半小时，在锅内放一层冷卤，出锅即为成品。

（五）卤猪肝

1. 配方（单位：kg）

清水	50	大葱	0.5
盐	4	鲜姜	0.25
大茴香	0.075	桂皮	0.05
花椒	0.075		

2. 原料整理

选择新鲜猪肝，且须经卫生检验合格。用清水洗净，撕去胆囊，遇有被胆汁污染的肝脏应修去胆迹，并修去肝蒂、肠膜等，清水浸泡 1～2h，然后煮制。

3. 煮制

先将卤汤烧开，然后加入配料进行调卤，再放入猪肝，卤要浸没于肝的表层。

卤猪肝实际上就是煮猪肝，煮猪肝要用急火，煮沸后须用中火。煮制一般需要 1.5～2h，因为煮的猪肝都是整只猪肝，卤汁不易渗透进去，深层温度难于达 100℃，因而"断红"不易，故煮制时间要长，煮后将肝置于容器内凉透即为成品。

三、烧　鸡

烧鸡是酱卤制品中重要的一大类熟禽制品，该产品历史悠久，分布广，全国各地均有生产，因产品具有色艳、味美、肉嫩等特点，深受广大消费者欢迎。在传统烧鸡品种中，国内享有盛誉的有安徽符离集烧鸡、河南道口烧鸡、山东德州扒鸡三大品种。20 世纪 80 年代末，随着我国食品工业的发展，根据消费者对食品的高要求，南京农业大学食品科学系吸取传统烧鸡的精华，改进落后的作坊式的生产工艺，研制出"南农烧鸡"新品种。

（一）符离集烧鸡

符离集烧鸡是安徽名产，已有上百年历史，原名红鸡，后经改进，成为食林之秀，遂以符离集烧鸡之名传扬四海。

1. 产品特点

产品皮色酱红，肉质白嫩，咸淡适口，肥而不腻，口感滑嫩，肉烂丝连，造型独特，形态完整美观，风味独特。具有体小、形美、色艳、味香之特点。

2. 配方（按 100kg 重的原料光鸡计，单位：kg）

食盐	4.5	大茴香	0.3
白糖	1	三萘	0.07

良姜	0.07	陈皮	0.02
小茴香	0.05	丁香	0.02
砂仁	0.02	辛夷	0.02
肉蔻	0.05	草果	0.05
白芷	0.08	硝酸钠	0.02
花椒	0.01	葱、姜	各0.8～1
桂皮	0.02		

上述香料用纱布袋装好并扎好口备用。此外，配方中各香辛料应随季节变化及老汤多少加以适当调整。

3.原料选择

宜选择当年新（仔）鸡，每只活重1.0～1.5kg，并且健康无病。

4.生加工

（1）宰杀　宰杀前禁食12～24h，颈下切断三管，刀口要小，部位正确。宰后约2～3min即可转入下道工序。

（2）浸烫和褪毛　浸烫水温60～63℃，褪毛顺序从两侧大腿开始→右侧背→腹部→右翅→头颈部。在清水中洗净细毛，搓掉皮肤上的表皮，使鸡胴体洁白。

（3）开膛和造型　将清水泡后的白条鸡取出，使鸡体倒置，将鸡腹肚皮绷紧，用刀贴着龙骨向下切开小口（切口要小），以能插进两手指为宜。用手指将全部内脏取出后，清水洗净内脏。

用刀背将大腿骨打断（不能破皮），然后将两腿交叉，使跗关节套叠插入腹内，把右翅从颈部刀口穿入，从嘴里拔出向右扭，鸡头压在右翅两侧，右小翅压在大翅上，左翅也向里扭，用与右翅一样方法，并呈一直线，使鸡体呈十字形。造型后，用清水反复清洗，然后穿杆将水控净。

5.熟加工

（1）上色和油炸　沥干的鸡体，用饴糖水或蜂蜜水均匀的涂抹于全身，饴糖与水的比例通常为1∶2，稍许沥干。然后将鸡放至加热到150～200℃间的植物油中，翻炸约1min左右，使鸡呈柿黄色时取出。油炸时间和温度至关重要，温度达不到时，鸡体上色不好。油炸时必须严禁弄破鸡皮。

（2）煮制　将各种配料连袋装于锅底，然后将鸡坯整齐地码好，倒入老汤，并加适量清水，使液面高出鸡体，上面用竹篦压盖，以防加热时鸡体浮出液面。先用旺火将汤烧开，煮时放盐，后放硝酸钠及亚硝酸钠，以使鸡色鲜艳，表里一致。然后用文火徐徐焖煮至熟，一般说当年仔鸡约煮2h，隔年以上老鸡约煮4h。煮时火候很重要，对烧鸡的香味、鲜味都有影响，出锅捞鸡要小心，一定要确保造型完好，不散、不破，注意卫生。

（二）道口烧鸡

道口烧鸡产于河南省滑县道口镇。开创于清朝顺治18年，至今已有300多年历史。

1.产品特点

造型美观，色泽鲜艳，黄里带红，肉嫩易嚼，口咬齐茬，味香独特。

2.配方（按100只鸡为原料计，单位：kg）

其秘诀为"若要烧鸡香，八料加老汤"。

砂仁	0.015	草果	0.03
丁香	0.003	良姜	0.09
肉桂	0.09	白芷	0.09
陈皮	0.03	食盐	2～3
豆蔻	0.015	亚硝酸钠	0.015～0.018

3. 原料选择

选择鸡龄在半年到 2 年以内，活重在 1～1.25kg 之间的鸡，尤以雏鸡和肥母鸡为佳，鸡的体格要求胸腹长宽、两腿肥壮、健康无病。

4. 生加工

(1) 宰杀、浸烫、褪毛　同符离集烧鸡。

(2) 开膛与造型　将在水中浸泡的鸡体取出，于脖根部切一小口，用手指取出嗉囊和三管，将鸡身向上，左手拿住鸡体，右手持刀将鸡的胸骨中间切断，并用手捺折，将体腔内内脏全部掏净，用清水多次冲洗，直至鸡体内外干净洁白为止，并去爪、割去肛门。

造型是道口烧鸡一大特色。根据鸡的大小，取高粱秆一截插入腹内，撑开鸡体，再在鸡的下腹部开一小圆洞，把两只腿交叉插入洞内，两翅交叉插入鸡口腔内，使鸡体成为两头尖的半圆形。把造型完毕的鸡尸浸泡在清水中 1～2h，使鸡体发白后取出沥干。

5. 熟加工

(1) 上色和油炸　沥干水分的鸡体，均匀的涂上稀释的蜂蜜水溶液，水与蜂蜜之比为 6∶4，稍许沥干，然后将鸡放入 150～180℃的植物油中，翻炸约 1min 左右，待鸡体呈柿黄色时取出。油炸温度很重要，温度达不到时，鸡体上色不好。油炸时严禁破皮。

(2) 煮制　用纱布袋将各种香料装入后扎好口，放于锅底，然后将鸡体整齐码好，倒入老汤，并加适量的清水，液面高于鸡体表层 2cm 左右，上面用竹篦压住，以防煮制时鸡体浮出水面。先用旺火将水烧开，然后放亚硝酸钠。改用文火将鸡焖煮至熟，焖煮具体时间视季节、鸡龄、体重等因素而定，一般 3～5h。恰当地掌握煮制的火候。

煮烂出锅时应注意保持造型的美观与完整，不得使鸡体破碎，并注意卫生。

(三) 德州扒鸡

德州扒鸡产于山东德州，又名德州五香脱骨扒鸡，是著名的地方特产。由于操作时扒火慢焖达到烂熟程度，故名"扒鸡"，它已有七十多年的历史。扒鸡一年四季均可加工，但以中秋节后加工质量最佳。德州扒鸡驰名全国，享有盛誉。

1. 产品特点

其产品的特点是色泽金黄，肉质粉白，皮透微红，香味透骨，鲜嫩如丝，油而不腻，尤其熟烂异常，热时一抖即可脱骨。

2. 配方 （按 200 只鸡重约 150kg 计，单位：kg）

八角	0.1	陈皮	0.05
桂皮	0.125	花椒	0.1
肉蔻	0.05	砂仁	0.01
丁香	0.025	小茴香	0.1
白芷	0.12	草蔻	0.05
草果	0.05	精盐	3.5
三萘	0.075	酱油	4

生姜	0.25	葱	0.5

3. 原料选择

以中秋节后加工的仔鸡为最好，每只鸡活重1.0~1.5kg。要求健康无病。

4. 生加工

宰杀和造型：颈部宰杀放血，经浸烫褪毛，腹下开膛，除净内脏，以清水洗净后，将两腿交叉盘至肛门内，将双翅向前由颈部入口处伸进，在喙内交叉盘出，形成卧体含双翅的状态，造型优美。

5. 熟加工

（1）上色和油炸　把做好造型的鸡用毛刷涂抹饴糖水于鸡体上，吹晾干后，再放至油温150℃油锅内炸1~2min，当鸡坯呈金黄透红为止。防止炸的时间过长，变成黄褐色，影响产品质量。

（2）煮制　将配制的香辛料用纱布袋装好并扎好口，放入锅内，将炸好的鸡沥干油，按顺序放入锅内排好，将老汤和新汤对半放入锅内，汤加至淹没鸡身为止，上面用铁篦子或石块压住以防止汤沸时鸡身翻滚。先用旺火煮沸1~2h（一般新鸡1h，老鸡约2h），改用微火焖煮，老鸡8~10h，新鸡6~8h，煮时姜切片、葱切段塞入鸡腹腔内，出锅后即为成品。

四、糟 制 品

我国生产糟肉的历史悠久，早在《齐民要术》一书中就有关于糟肉加工方法的记载。到了近代，逐渐增加了糟蹄髈、糟脚爪、糟猪头肉、糟猪舌、糟猪肚、糟圈子以及糟鸡、糟鹅等品种，统称糟货。按各自的整理方法进行清洗整理，均与糟肉同时糟制，其制作方法基本相同。上海市每年夏季均有糟肉生产，深受消费者称道，成为上海市特色肉制品。糟制肉制品的加工环节较多，而且须有冰箱设备。由于糟制肉制品须保持一定冷度，食用时又须加冷冻汁，并须放在冰箱中保存，才能保持其鲜嫩、爽口特色，食用时应把它先浸在糟卤内和胶冻同时吃，更有滋味。

（一）糟肉

1. 产品特点

糟肉具有胶冻白净，清凉鲜嫩，爽口沁胃，并有糟香味等特点。

2. 配方（单位：kg）

原料肉	50	五香粉	0.015
炒过的花椒	1.5~2	盐	0.85
陈年香糟	1.5	味精	0.05
上等黄酒	3.5	上等酱油	0.25
高粱酒	0.25		

3. 原料整理

选用新鲜、皮薄而又细腻的方肉、前后腿肉为原料。方肉块按肋骨横斩对半开，再顺肋骨直斩成宽15cm，长11cm的长方块，成为肉坯。前后腿肉亦斩成同样规格。

4. 白煮

将肉坯倒入锅内煮，水须超过肉坯表面，旺火煮至肉汤沸腾后，撇去血沫，减小火力继续烧煮，直至骨头容易抽出时为止。用筷子和铲刀把肉坯捞出，出锅后，一面拆骨，一面在肉坯两面敷盐。

5. 准备陈糟

香糟50kg，用1.5～2kg炒过的花椒，加盐拌和后，置入缸内，用泥封口，待第二年使用，称为陈年香糟。

6. 搅拌香糟

每50kg肉用陈年香糟1.5g，五香粉15g，盐250g，放入缸内。先放入少许上等黄酒，用手边浇边拌，并徐徐加黄酒和高粱酒100g，直至糟酒完全拌和，没有结块时为止，称为糟酒混合物。

7. 制糟露

用白纱布置于搪瓷桶上，四周用绳扎牢，中间凹下。在纱布上衬表蕊纸一张，把糟酒混合物倒在纱布上，上面加盖，使糟酒混合物通过表蕊纸、纱布过滤，徐徐将汁滴在桶内，称糟露。表蕊纸是一种具有极细孔洞的纸，也可用其他类似纸张代替。

8. 制糟卤

将白煮肉汤撇去浮油，用纱布过滤倒入容器内，加盐0.6kg，味精50g，上等酱油1kg，高粱酒150g，拌和冷却，数量掌握在15kg左右为宜。将拌和辅料后的白汤倒入糟露内拌和均匀，即为糟卤。

9. 糟制

将冷透的糟肉坯皮朝外侧，圈砌在盛有糟卤的容器中，糟货桶须事先放在冰箱内。将另一盛冰的细长桶置于糟货桶中间，加速冷却，直至糟卤凝结成冻时为止。

（二）苏州糟制鹅

1. 产品特点

本品皮白肉嫩，香气扑鼻，鲜美爽口，翅膀及鹅蹼各有特色。

2. 配方（按2～2.5kg太湖鹅50只为原料计，单位：kg）

陈年香糟	2.5	葱	1.5
黄酒	3	生姜	0.2
炒过的花椒	0.025	盐、味精、五香粉	各适量
大曲酒	0.25		

3. 加工工艺

将宰杀、放血、去毛、去内脏后洗净的光鹅放入清水中浸泡1h后取出，沥干水分。

烧煮：将整理后的鹅坯放入锅内用旺火煮沸，除去浮沫，随即加葱500g、生姜50g、黄酒500g，再用中火煮40～50min后起锅。

起锅：在每只鹅身上撒些精盐，然后从正中剥开成两片，头、脚、翅斩下，一起放入经过消毒的容器中约1h，使其冷却。锅内原汤撇去浮油，再加酱油750g、精盐1.5kg、葱1kg、生姜150g、花椒25g于另一容器中，待其冷却。

糟浸：用大糟缸一只，将冷却的原汤倒入缸内，然后将鹅块放入，每放两层加些大曲酒，放满后所配的大曲酒正好用光，并在缸口盖上一只带汁香糟的双层布袋，袋口比缸口大一些，以便将布袋捆扎在缸口。袋内汤汁滤入糟缸内，浸卤鹅体。待糟液滤完，立即将糟缸盖紧，焖4～5h，即为成品。

香糟的做法：香糟 2.5kg，黄酒 2.5kg，倒入盛有原汤的另一容器内拌和均匀。
糟鸭的加工方法同糟鹅。

五、其他酱卤制品

（一）湖南糖醋排骨

此产品是湖南省著名特产，已有 200 多年历史。

1. 产品特点

本品特点是香、鲜、脆、酸、甜、辣，久嚼有回味，为佐酒佳肴。

2. 配方（单位：kg）

原料排骨	50	味精	0.1
精盐	0.75～1	辣椒粉	0.15
硝酸钠	0.012	醋	0.25
白糖	5	芝麻油	0.15

3. 原料整理

选用去皮去膘的猪排骨（俗称脆骨，即软排）。在去硬骨时，留下排骨尖，将每根肋骨分别切开，再横剁成四方形，每块大小约为 1～1.3cm，按配方比例将精盐和硝拌和于坯料内，腌 8～12h（夏季 4h），待小排骨发红时，即可油炸。

4. 油炸、炒制

将腌好的坯料倒入油锅中（油温 150～190℃）进行油炸，以 10kg 油炸 2～2.5kg 小排为宜，一小批、一小批地炸，炸至呈金黄色时捞出，并把余油倒出，洗净油锅，放入糖和味精，加适量的水，熬出糖汁，再倒入炸好的小排骨，用铲刀铲动数次，加入醋、芝麻油拌和 3～4 次，出锅后即为成品。

（二）蜜汁蹄髈

本品是苏州、无锡、常熟及上海等地的特产，尤其是上海的蜜汁蹄髈具有特色。由于蹄髈（肘子）是"肉中上品"，因此，蜜汁蹄髈特别受消费者欢迎。

1. 配方（单位：kg）

蹄髈	50	桂皮	3～4 块
盐	1	茴香	0.1
冰糖屑或白糖	1.5	黄酒	1
葱	0.5	红曲米	少许
姜	1		

2. 加工工艺

先将蹄髈刮洗干净，倒入沸水中余一刻钟，捞出洗净血沫、杂质。锅内先放好衬垫物，将葱、姜、香料用纱布袋装好扎好口放入锅内，再放入蹄髈，将白汤加至平蹄髈表面（白汤每 50kg 加盐 1kg，须先煮开）。旺火煮开后，加入黄酒，再煮开，将红曲米汁均匀浇于肉上，以使肉体呈樱桃红色为标准。转至中火，煮约 45min，加入冰糖屑或白糖，加盖煮 30min，煮至汤发稠，肉八成酥，骨能抽出不粘肉时出锅，平放盘上（不能叠放），抽出骨头即为成品。

（三）上海凤冠牌白斩鸡

凤冠牌白斩鸡又名小绍兴白斩鸡，是上海特产。

1. 产品特点

本品皮光亮油黄，肉净白；鸡香纯正，无腥味；皮嫩肉嫩，味鲜润口，肥而不腻；肌肉饱满，形体完整。

2. 选料

以优质当年浦东鸡为原料，要求躯体丰满健壮，皮下脂肪适中，除毛后皮色淡黄。原料鸡须经宰前检疫，宰后检验确认合格。

3. 工艺

（1）宰杀　口腔刺杀放血，浸烫煺净鸡毛。开膛刀口要小，去尽内脏，清洗干净。

（2）烧煮　先将鸡坯放入沸汤内浸煮，一俟煮沸即提出，使鸡形丰满、定型。然后，将鸡再放入汤内烧煮。在烧煮过程中，须上下翻动，注意按鸡的生长期长短准确掌握火候，要求熟而不烂，嫩而不生，基本能保存良好营养成分。

（3）冷却　鸡坯一经煮熟，立刻出锅，投入净化冷水中强制冷却。

4. 蘸料配制

作蘸料的料可采用酱油 500g，白糖、味精、葱、姜少许，加净水配制。鲜味独特，久蘸不淡。

第九章　熏烤肉制品

熏烤肉制品一般是指以熏烤为主要加工方法生产的肉制品。熏和烤为两种不同的加工方法，加工的产品可分为熏烟制品和烧烤制品两类。

第一节　熏烤肉制品加工原理

一、肉制品熏制原理

肉制品的熏制是利用木材、木屑、茶叶、甘蔗皮、红糖等材料不完全燃烧而产生的熏烟和热量使肉制品增添特有的熏烟风味，提高产品质量的一种加工方法。

烟熏作为一种长期保藏食品的方法，从古代就被人类所利用。通过熏烟物质在肉等产品表面的沉积和附着，可提高保藏性。有时可同时进行干燥（或加热）。熏烤肉制品由于使用了熏、烧、烤的特殊加工工艺，所以，使产品不仅色泽鲜艳夺目，肉质嫩脆可口，而且风味浓郁，形态完整，深受广大消费者的喜爱。但是，随着冰箱、冰柜进入一般家庭，人们无需再过多地考虑贮藏问题，更多的是注重选择色香味形俱全的优良制品。因而，烟熏的目的也由原来仅仅为了保存而逐渐转变到增加产品风味、改善外观和提高嗜好性方面来。

（一）熏烟的作用

熏烟即是木材不完全燃烧产生的烟气，对肉制品进行熏烤的工艺过程。从熏前干燥开始到烟熏经过一定时间的加热，使混在物料中的各种酶活化、微生物的增减、水分的散发伴随溶存物质的浓缩以及烟气味的附着等对制品产生各种影响，实质上也是制品的成熟发酵过程。其主要作用有以下几点。

1. 呈味作用

烟气中的许多有机化合物附着在制品上，赋予特有的烟熏香味，如酚、芳香醛、酮、羰基化合物、酯、有机酸类物质。特别是甲基苯、愈创木酚、麝香草酚、甲基愈创木酚、丁香酚的香气最强，使制品增加香味。试验证明，只有酚类使制品具有烟熏的风味。其次，伴随着烟熏的加热，促进微生物或酶蛋白及脂肪的分解，通过生成氨基酸和低分子肽、碳酰化合物、脂肪酸等，使肉制品产生独特风味。

2. 发色作用

烟熏时赋予肉制品良好的色泽，表面呈亮褐色，脂肪呈金黄色，肌肉组织呈暗红色。肉制品保持特有的色泽，是引起食欲的重要因素，因此发色程度是影响质量的一个重要方面。发色的原因是由熏烟成分与制品成分和空气中氧发生化学反应的结果，加温可促进发色效果。猪肉灌肠熏烟加热时发色情况与明度变化见表9-1。烟熏时不加热则不发色或发色不完全，在不同温度范围内，发色效果也不同。这可能有两个原因，一是硝酸盐还原为亚硝酸盐情况不好而不发色；另是熏烟加热促进硝酸盐还原菌增殖及由于加热蛋白质变性，游离出半胱氨酸，促进硝酸盐还原，发色效果良好。焦油的吸附产生独特的烟熏颜色。

表 9-1　　　　　　　　　　　不同加热时间的比明度和发色程度

	未加热	20℃				60℃				0℃
		1h	4h	8h	20h	1h	2h	3h	4h	72h
L	55.77	51.38	53.20	53.85	53.48	50.89	51.58	53.10	53.85	52.73
A	3.23	5.62	6.56	6.86	8.55	7.04	10.11	9.59	11.50	8.28
B	8.63	6.65	7.33	7.75	7.28	4.87	6.33	8.53	7.31	7.90
	9.21	8.71	9.87	10.35	11.23	8.56	11.93	12.51	13.23	11.44
$\tan\theta$	2.67	1.19	1.12	1.13	0.85	0.69	0.63	0.84	0.64	0.95
θ	69°30′	49°50′	48°19′	48°30′	40°24′	30°42′	30°03′	39°56′	32°28′	43°39′
肉眼所见	未发色	未发色	中心部稍发色	稍微发色	微发色	轻度发色	发色良好	发色良好	发色良好	中心部发色

3. 脱水干燥作用

肉制品烟熏的同时也伴随着干燥。因为，在肉制品的烟熏工艺中，事先要进行干燥，使制品表面脱水，抑制细菌的发育，同时在烟熏过程中利于烟气的附着和渗透。烟熏和干燥都是加温过程，两者复合作用使制品蛋白质凝固和水分蒸发而有一定硬度，组织结构致密，质地良好。烟熏温度高则硬度大，在温度 20～80℃范围内重量损失是低温比高温少。烟熏时在温度作用下，促进组织酶的活动，使制品保持一定的风味。某些西式肉制品干燥和烟熏的温度、时间标准条件见表 9-2。

表 9-2　　　　　　　　　西式肉制品干燥和烟熏温度、时间标准

制品名称	干燥		烟熏	
	温度/℃	时间	温度/℃	时间
波罗那香肠	38～50	2～3h	50～65	3～4h
	50～60	1～2h	57～60	2h
	50	1～2h	85	2～4h
法兰克福香肠	33～55	1～2h	50～60	2～3h
	33～50	1～2h	66～70	3～3.5h
维也纳香肠	33	1h	38～50	40min
	50	1h	60～63	3h
里昂香肠	38～50	2～3h	50～65	3～4h
肝肠	50	1h	43～49	1～1.5h
	38	1.5h	50	2.5h
带骨火腿	30	2～3d	27～33	4～5d
	30	2～3d	30～45	5～10d
剔骨火腿	50	1～2h	27	20～48h
熏肉（培根）	30	2～3d	30～45	3～5d

4. 杀菌作用

由于烟气中含有抑菌的物质，如有机酸、乙醇、醛类等。随着烟气成分在肉制品中的

沉积，使肉制品具有一定防腐特性。熏烟的杀菌作用较为明显的是在表层，产品表面的微生物经熏制后可减少10％。大肠杆菌、变形杆菌、葡萄球菌对烟最敏感，3h即死亡。只有霉菌及细菌芽孢对烟的作用较稳定。酚、甲醛、有机酸杀菌作用较强。

5. 抗氧化作用

烟中许多成分具有抗氧化性质，试验表明，熏制品在温度15℃下保存30d，过氧化值无变化。而未经过烟熏的肉制品过氧化值增加8倍。烟中抗氧化作用最强的是酚类，其中以邻苯二酚、邻三酚及其衍生物作用尤为显著。

（二）烟熏材料及烟气的形成

1. 烟熏材料

烟熏材料应选用树脂少、烟味好且防腐物质含量多的材料。一般多用硬木，如柞木、桦木、栎木、杨木等，日本多使用樱花树、青冈栎、小橡子木等，欧美国家主要使用山核桃木、山毛榉木、白桦木、白杨木、表岗栎木等。树脂含量高的木材如松木、榆木、桃杏木等因燃烧时产生大量黑烟，使肉制品表面发黑，并含有多萜烯类的不良气味。柿子树、桑树等树脂含量虽不高，但会产生异味也不适宜作烟熏材料。乙醛和石炭酸等防腐性物质含量少的材料，也不适于做烟熏材料，但这类材料不会直接给制品带来影响，可作为淡烟熏材料使用。此外，根据日本斋藤的试验结果表明稻壳和玉米秆也是很好的烟熏材料。

2. 熏烟成分

熏烟是由水蒸气、气体、液体和微粒固体组成的混合物。烟气中化学成分常因烟熏材料的种类和燃烧条件的不同而不尽相同，并随烟熏的进行不断发生变化。因此，了解和捕捉熏烟的化学成分是非常重要的。

（1）烟中的有机化合物　W.E.Kramlich等人已从木材产生的烟中分离出200多种化合物。表9-3列举了几种主要物质。烟的化学成分中对肉制品质量影响较大的是石炭酸类、有机酸类、乙醇类、羰基化合物及碳氢化合物等。

表 9-3　　　　　　　　　　　**从烟中分离出的有机化合物**

分类	化学成分名称
石炭酸类 （20～30mg/kg）	邻甲氧基苯酚，4-甲邻甲氧基苯酚，4-乙邻甲氧基苯酚，4-丙邻甲氧基苯酚，4-烯丙基邻甲氧基苯酚，香子兰醛，石炭酸，2,6-甲氧基碳酸，2,6-甲氧基-甲石炭酸，2,6-甲氧丙石炭酸，甲酚
醇类	甲醇，乙醇，丙醇，稀丙醇，异丁基醇，异戊基醇，甲基甲醇
有机酸 （550～625mg/kg）	蚁酸，醋酸，丙炔酸，酪酸，酮酪酸，戊酸，己酸，庚酸，辛酸，壬烷酸，癸酸，巴豆酸，甲基巴豆酸，戊烯酸，呋喃羧酸，软脂酸，松香酸
酮类 （190～200mg/kg）	丙酮，丁酮，甲丁酮，戊酮，甲戊酮，乙酮，丁烯，1,3二甲基丁酮，丁二酮
醛类 （165～220mg/kg）	甲醛，乙醛，丁醛，异丁醛，戊醛，异戊醛 α，甲基戊醛，丙烯醛，巴豆（丁烯）醛，异丁烯醛，基巴豆醛，丙醛，丙酮醛，糠醛，甲基糠醛
碳氢化合物	苯，甲苯，二甲苯，异丙基苯，杜烯，麝香草酚，苯并蒽，二苯蒽，嵌二萘，4-甲基嵌二萘，苯嵌二萘

注：括号内是 Petter 和 Lane 1940 年提供的硬木烟成分的值。

石炭酸具有抗氧化作用、防腐性，但不能增加肉制品的风味。

乙醇也有防腐作用，但烟中乙醇类不能杀死细菌，乙醇主要作为挥发性成分的载体起作用。

有机酸也具有防腐作用，产生酸味，同时还有独特的气味，加强烟熏效果。不过这些酸类要起到这种效果需要相当的量。如果量小，其酸度和气味未必会对制品产生好影响。也就是说，酸度除损坏风味外，还会促进蛋白质凝固，阻碍制品组织的形成。而其气味则会破坏制品的风味平衡。所以，在实际中不要过多期望有机酸类起到多大效果。

醛类、酮类等羰基化合物和石炭酸类在烟成分中对熏制都起到重要作用。制品所产生的最基本的熏香和风味都是由这些成分提供的。以前认为醛类也有杀菌力，可提高制品的保藏性，但实际上醛类的杀菌效果不大。

碳氢化合物在烟中的含量微乎其微，但其中的苯并芘和二苯并蒽的致癌作用比其有益作用要大得多。

（2）燃烧条件和成分　木材在燃烧的不同阶段所产生的烟，其成分是不同的。木材燃烧的初期产生脱水现象，然后引起酸化和分解。变化从外表慢慢向中心部发展。

当木材中心部还留有水分，而表面温度超过100℃时，表面发生酸化和分解，一氧化碳、二氧化碳、甲醇、蚁酸、醋酸形成。随着中心部的脱水和水分的减少，木材温度逐渐上升，水分接近于零，温度基本达到300～400℃。在这期间，200～260℃的温度中，木头燃烧的气体、挥发性有机酸的产生变得明显起来，到260～310℃时主要产生木醋液。达到310℃以上时，木质开始分解，产生石炭酸及其诱导体。

在以上的燃烧变化中，如果限制供氧，就会在烟的成分中出现差异。一般说，如果明显地限制供氧，烟就会变成碳素粒子和羧酸含量多的物质。相反，如果供氧量多，酸和石炭酸的生成量就会增加，在供氧量是完全氧化所需氧气的8倍量时，酸和石炭酸产生得最多。

被称为烟成分中最有效的石炭酸类，燃烧温度到400℃时产生最多。因此，烟熏燃烧温度保持在这个程度较为理想，但是，这个温度也是苯并芘等多环化合物的最大生成带。因而，从将致癌性物质限制在最小范围来说，这个温度不适宜，这是烟熏中的一个问题。目前作为带妥协性的控制温度是340℃。不过这个温度也许会随着今后设备及烟熏方法的进步而产生变化。

（三）烟熏方法

烟熏方法分为常规法和特殊法两大类，常规法也称标准法，是用烟气熏制；特殊法又叫速熏法，是用非烟的液熏和电熏。应用最广泛的是常规熏烟，其中又分为多种方法，如图9-1所示。

1. 直接烟熏法

直接烟熏法是在烟熏室内，用直火燃烧木材直接发烟熏制，根据烟熏温度不同分为以下几种。

（1）冷熏法　熏制温度为15～30℃，在低温下进行较长时间（4～20d）的烟熏。熏制前物料需要盐渍、干燥成熟。熏后产品的含水量低于40%，可长期贮藏。此法一般在冬季进行，而在夏季或温暖地区，由于气温高，温度很难控制，特别当发烟少的情况下，容易发生酸败现象。常用于带骨火腿、培根、干燥香肠等的熏烟，用于烟熏不经过加热工序的制品。

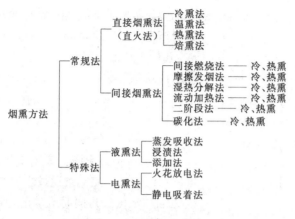

图 9-1　烟熏方法分类

（2）温熏法　温度在 30～50℃，用以培根、带骨火腿及通脊火腿。这种方法烟熏温度超过了脂肪熔点，所以很容易流出脂肪，而且使蛋白质开始受热凝固，因此肉质变得稍硬。此法通常采用橡木、樱木和锯末熏制，放在烟熏室的格架低部，在熏材上面放上锯末，点燃后慢慢燃烧，室内温度逐步上升。用这种温度熏制，重量损失少，制成的产品风味好。但这种烟熏时间限制在 5～6h 左右，最长不超过 2～3d。熏制后产品还需进行水煮过程才成产品。

（3）热熏法　温度在 50～80℃，实际上常用 60℃熏制，是广泛应用的一种方法。在此温度范围内蛋白质几乎全部凝固。其表面硬化度较高，而内部仍含有较多水分，有较好弹性。可用此法急剧干燥和附着烟味。但达到一定限度就很难再进行干燥，烟味也很难附着。因此，烟熏时间不必太长，最长不超过 5～6h。因为在短时间内就会形成较好的烟熏色泽。但这种方法难以形成较好的烟熏香味，而且要注意不能升温过快，否则会有发色不均的现象。

（4）焙熏法　温度为 90～120℃，是一种特殊的熏烤方法，包含有蒸煮或烤熟的过程，应用于烤制品生产。由于熏制温度较高，熏制的同时达到熟制的目的，制品不必进行热加工就可以直接食用，而且熏制的时间较短。

2. 间接烟熏法

这是一种不在烟熏室内发烟，而是利用单独的烟雾发生器（smoke generator）发烟，将燃烧好的具有一定温度和湿度的熏烟送入烟熏室（cabinet），对肉制品进行熏烤的烟熏方法。这种方法不仅可以克服直接法烟气密度和温度不均现象，而且可以将发烟燃烧温度控制在 400℃以下，减少有害物质的产生，因而间接法得到广泛的应用。间接烟熏法按烟的发生方法和烟熏室内的温度条件分为以下几种：

（1）燃烧法（smouldering method）　将木屑倒在电热燃烧器上使其燃烧，再通过风机送烟的方法。此法将发烟和熏制分在两处进行。烟的生成温度与直接烟熏法相同，需减少空气量和通过控制木屑的湿度进行调节。但有时仍无法控制在 400℃以内。所产生的烟是靠送风机与空气一起送入烟熏室内的，所以烟熏室内的温度基本上由烟的温度和混入空气的温度所决定。这种方法是以空气的流动将烟尘附着在制品上，从发烟机到烟熏室的烟道越

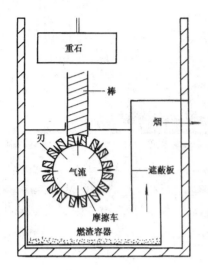

图 9-2　摩擦发烟装置

短焦油成分附着越多。

（2）摩擦发烟法（friction method）　摩擦发烟是应用钻木取火的发烟原理进行发烟的方法。如图 9-2 所示，在硬木棒上压以重石，硬木棒抵住带有锐利摩擦刀刃的高速旋转轮，通过剧烈的摩擦产生热量使削下的木片热分解产生烟，靠燃渣容器内水的多少来调节烟的温度。

（3）湿热分解法（wet method or condensate method）　此法是将水蒸气和空气适当混合，加热到 300～400℃后，使热量通过木屑产生热分解（图 9-3）。因为烟和水蒸气是同时流动的，因此变成潮湿的高温烟。一般送入烟熏室内的烟温度约 80℃，故在烟熏室内烟熏之前制品要进行冷却。冷却可使烟凝缩，附着在制品上，因此也称凝缩法。

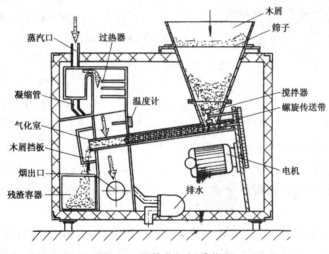

图 9-3　湿热分解烟熏装置

（4）流动加热法（fluidsation）　如图 9-4 所示，此法是用压缩空气使木屑飞入反应室内，经过 300～400℃的过热空气，使浮游于反应室内的木屑热分解。产生的烟随气流进入烟熏室。由于气流速度较快，灰化后的木屑残渣很容易混入其中，需要通过分离器将两者分离。

（5）二步法（two-stage method）　二步法是 Tilgner 等人开发出来的方法，其理论依据是熏烟成分受烟中的石炭酸等有机酸控制，其量取决于热分解时的温度和以后的氧化条件。该方法是将产烟分为两步。第一步是将氮气或二氧化碳等不活性气体加热至 300～400℃，使木屑产生热分解。第二步是将 200℃的烟与加热的氧或空气混合，送入烟熏室。这样在 300～400℃的高温中产生的烟就可以完全不氧化，以后在 200℃左右的温度下，才使它氧化、缩合、重合，从而得到石炭酸及有机酸含量较高的安全烟。

（6）碳化法（carbonizing）　将木屑装入管子，用调整为 300～400℃的电热碳化装置使其碳化，产生烟气。由于空气被排除，因此产生的烟状态与低氧下的干馏一样。这种烟是在干燥浓密状态下得到的。

间接熏烟法也可根据熏烟的烟温分为冷熏法和热熏法。冷熏法的烟温为 15～25℃，热熏法为 55～60℃。通常间接法所使用的烟温较低，直接可以进行冷熏。热熏则必须给烟加温再进行烟熏。

3. 速熏法

根据使用的物质和设备的特征，速熏法还可以分为电熏法和液熏法。

(1) 电熏法　电熏法是应用静电进行烟熏的一种方法。将制品吊起，间隔 5cm 排列，相互连上正负电极，在送烟同时通上 15～20kV 高压直流电或交流电，使自体（制品）作为电极进行电晕放电。烟

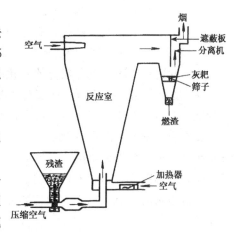

图 9-4　流动加热烟熏装置

的粒子由于放电作用而带电荷则急速地吸附在制品表面并向内部渗透，比通常烟熏法缩短 1/20 时间。可延长贮藏期，由于制品内部甲醛含量较高，因此不易生霉。缺点是烟的附着不均匀，制品尖端吸附较多，成本较高。目前尚未得到普及。

(2) 液熏法　液熏法是不用烟熏，而是将木材干馏去掉有害成分，保留有效成分的烟收集起来进行浓缩，制成水溶性的液体或冻结成干燥粉末，作为熏制剂进行熏制。其方法是：液体制剂可加热蒸发使气体附在制品上，或浸泡、喷洒在制品上；固体粉末制剂可直接添加到制品中。

（四）烟熏对肉的影响

肉在烟熏过程中，由于烟成分的蓄积和渗透作用而引起肉各种性质的变化。

1. 重量变化

在熏制过程中重量变化的主要原因是在一定温度下造成肉中水分的蒸发，同时伴随着挥发性的其他物质如挥发性酸、挥发油的挥发，但这些物质本身的量不大，蒸发程度不像水分那么大，因此对重量影响很小。

2. 主要化学成分的变化

(1) 蛋白质的变化　熏制的肉制品最显著的变化是可溶性蛋白质态氮、浸出物氮增加。猪肉经过熏制处理后 pH、—SH、—NH₂ 态氮、游离氨基态氮的变化见表 9-4。由表可知，经熏制后，肌肉蛋白质中的 pH 降低、—SH 基减少，这是因为烟气成分与肉中的官能团反应的结果。

表 9-4　　　　　　　　　　　　　烟熏对猪肉蛋白质性质的影响

项　目	未处理	加热	加热烟熏
pH	5.31	5.48	4.95
游离—SH 基含量/（μmol/g）	91.87	120.37	69.81
氨基酸态氮含量/（mg/g 蛋白质）	9.05	7.06	6.57
茚三酮阳性反应物质含量/（μmol/g 蛋白质）	526.67	559.67	540.30
茚三酮阳性反应物质含量/（μmol/g 材料）	179.90	259.70	229.90

（2）油脂变化　由于烟中有机酸在肉中的沉积，肉制品的酸价明显增大，游离脂肪酸含量也增加，碘值升高。其次，因为烟中含有的酚类及其衍生物，油脂的性质更稳定。

3. 熏制肉制品物理性质的变化

熏制过程中伴随着各种成分的变化，肉制品的物理性质也发生相应的变化。

（1）发色作用　发色作用不仅与腌制有关，还与烟熏有相当的关系。如果不进行烟熏，就不会产生增色现象。随着烟熏时间的延长，颜色越来越浓重，且烟熏温度越高，呈色越快。火腿和香肠的色调通过烟熏不断发生变化。有人认为这种变化的原因主要是烟熏过程中细菌的生长发育促进硝酸盐还原为亚硝酸盐引起的。烟熏环是在熏制肠断面经常可以看到的现象。烟熏环是指肠断面周围显示淡红色的环，中心部位呈灰褐色或中间出现不发色环。在猪肉肠的烟熏工艺中，细菌数异常增加，与此同时烟熏环消失，整个肠呈鲜艳的淡红色。

（2）形成油亮透明的光泽　熏鱼等制品呈透明油亮有光泽的状态，是由于盐渍时肌肉组织中的球蛋白溶于盐溶液中形成溶胶，它因烟熏干燥而生成透明有光泽的油膜。另一方面是由于熏烟中醛和酚类缩合成的树脂膜所形成的。

（五）烟熏设备

在常规烟熏方法中将烟熏法分为直接烟熏法和间接烟熏法两大类，相对应的烟熏设备大致也分为两种。即直接发烟式和间接发烟式。

1. 直接发烟式

直接发烟式是很早以前使用的烟熏方法。操作形式是在烟熏室内燃烧烟熏材料使其产生烟雾，称为直火式或自然对流式。一般将烟熏室的地面作炉床，通过开闭风门来调节控制空气流和室内温度。这种烟熏室操作简便，投资少，适合小规模生产时使用，但这种设备存在着室内温度和烟气不均匀、原材料利用率低等问题。操作人员需要一定的经验，否则很难得到均匀一致的产品。

2. 间接发烟式

目前使用最多的还是间接发烟式烟熏室。这种装置的烟雾发生器放在室外，通过管道将烟送入烟熏室。因为送入烟熏室的烟是通过机械来完成的，所以也称为强制循环式。使用间接式烟熏室，可以完全解决直接式烟熏室的缺点，即温度、烟流不均匀、原料利用率低及操作复杂等问题。使用间接式发烟装置时，由于在烟熏工艺中还存在一个热效率问题，因此烟熏室还需附设加温设备。在这种装置上配备室内的烟浓度、温度控制装置，就可以自动控制烟熏全过程，甚至还可以自动完成下一步的蒸煮和冷却工序。这种带有全自动控制装置的烟熏室称作全自动烟熏室。目前主要的有美国开发的阿尔卡式、阿特摩斯式和德国开发的盖尔摩斯式等。

（1）阿特摩斯式　阿特摩斯式烟熏室的结构是由烟雾发生器产生的烟和装在烟熏室外背面的热风发生装置发出的热风一起被混合，通过喷嘴喷到烟熏室内，用烟流均衡温湿度和烟浓度。一个烟雾发生器可以同时向几个烟熏室送烟。阿特摩斯式烟熏室的主要特征有：气体燃烧效率高，可节约燃料及木屑；烟熏室内的温度差为 ±2℃，可使室内各部温度保持均衡；用一个烟熏室就可以在短时间内完成从烟熏到冷却的全工序，从而降低了成本；通过温湿度控制，制品损耗可以控制在 $1\%\sim3\%$ 的范围。

（2）盖尔摩斯式　盖尔摩斯式是用电制造水蒸气（180℃以上）吹到木屑上使其发烟，

这样水蒸气中就会含有烟成分，达到烟熏目的。盖尔摩斯式的主要特征为：通过凝缩作用使烟成分附着在制品上，达到短时间均衡烟熏；几乎没有损耗；由于是将水蒸气吹向木屑的，因此烟成分中不含焦油、煤子油和木馏油等有害物质；不会弄脏烟熏室和制品；不需要排烟管等。

二、肉制品烤制原理

肉制品的烤制也称烧烤，烧烤制品系指鲜肉经配料腌制，最后经过烤炉的高温将肉烤熟的肉制品。

（一）烤制的基本原理

烤制是利用热空气对原料肉进行的热加工。原料肉经过高温烤制，产品表面产生一种焦化物，从而使肉制品表面增强酥脆性，产生美观的色泽和诱人的香味。

肉类经烧烤能产生香味，是由于肉类中的蛋白质、糖、脂肪、盐和金属等物质在加热过程中，经过降解、氧化、脱水、脱羧等一系列变化，生成醛类、酮类、醚类、内酯、呋喃、吡嗪、硫化物、低级脂肪酸等化合物，尤其是糖、氨基酸之间的美拉德反应，它不仅生成棕色物质，同时伴随着生成多种香味物质，脂肪在高温下分解生成的二烯类化合物，从而赋予肉制品的香味。蛋白质分解产生谷氨酸，与盐结合生成的谷氨酸钠，使肉制品带有鲜味。

此外，在加工过程中，腌制时加入的辅料也有增香的作用。如五香粉含有醛、酮、醚、酚等成分，葱、蒜含有硫化物；在烤猪、烤鸭、烤鹅时，浇淋糖水所用的麦芽糖，烧烤时这些糖与皮层蛋白质分解生成的氨基酸，发生美拉德反应，不仅起着美化外观的作用，而且产生香味物质。

烧烤前浇淋热水和晾皮，使皮层蛋白凝固、皮层变厚、干燥，烤制时，在热空气作用下，蛋白质变性而酥脆。

（二）烧烤方法

烧烤的方法基本上有两种，即明炉烧烤和挂炉烧烤。

1. 明炉烧烤法

明炉烧烤是用铁制的、无关闭的长方形烤炉，在炉内烧红木炭，然后把腌制好的原料肉，用一条烧烤用的长铁叉叉住，放在烤炉上进行烤制，在烧烤过程中，有专人将原料肉不断转动，使其受热均匀，成熟一致。这种烧烤法的优点是设备简单，比较灵活，火候均匀，成品质量较好，但花费人工多。广东的烤乳猪就是采用此种烧烤方法。此外，野外的烧烤肉制品，多属此种烧烤方法。

2. 挂炉烧烤法

挂炉烧烤法也称暗炉烧烤法，即是用一种特制的可以关闭的烧烤炉，如远红外烤炉、家庭电焗炉、缸炉等，前两种烤炉的热源为电，后者的热源为木炭。在炉内通电或烧红木炭，然后将腌制好的原料肉（鸭坯、鹅坯、鸡坯、猪坯、肉条）穿好挂在炉内，关上炉门进行烤制。烧烤温度和烤制时间视原料肉而定。一般为200～220℃，加工叉烧肉烤制25～30min，加工鸭（鹅）烤制30～40min，加工猪烤制50～60min。挂炉烧烤法应用比较多，它的优点是花费人工少，对环境污染少，一次烧烤的量比较多，但火候不是十分均匀，成品质量比不上明炉烧烤好。

第二节　熏烤肉制品的加工

一、烟熏肉制品的加工

在现代肉制品加工中，烟熏实际上已不是一个完整的加工方法，在大多数情况下烟熏仅是某一制品的一个工艺过程，如培根、香肠等。这些产品在本书其他章节中已有介绍，此处仅介绍传统肉制品中的几种代表产品。

（一）北京熏肉

1. 原料

选用三级的鲜猪肉或冻肉均可。

2. 配方（按 100kg 原料计，单位：kg）

花椒	0.05	鲜姜	0.3
大料	0.15	大葱	0.5
桂皮	0.2	盐	6
茴香	0.1	白糖或红糖	0.1～0.4

3. 原料处理

猪肉去骨后，用喷灯燎毛修理，洗净血块、杂质。切成 15cm 见方的肉块，切完后用净水泡 2h。

4. 煮制

按重量比例将配料放入锅内加水煮沸。开锅后把肉放入锅内，大开锅后撇净汤面泡沫，每隔 20min 翻一次，共 2～3 次。煮沸时间 1h 左右。起锅。

5. 熏制

煮制出锅后的肉，皮向上码放在熏屉盘上。然后在铁锅内加入糖，将码好肉的熏屉放于锅上，用旺火将锅烧热生烟，熏制 5～10min，即为成品。

（二）熏鸡

1. 原料处理

先用骨剪将胸部的软骨剪断，然后将右翅从宰杀刀口处插入口腔，从嘴里穿出，将翅转压翅膀下，同时将左翅转回。最后将两腿打断并把两爪交叉插入腹腔中。

2. 烫皮

将处理好的鸡体投入沸水中，浸烫约 2～4min 左右，使鸡皮紧缩，固定鸡形，捞出晾干。

3. 油炸

先用毛刷将 1∶8 的蜜水均匀刷在鸡体上，晾干。然后在 150～200℃油中进行油炸，将鸡炸至柿黄色立即捞出，控油，晾凉。

4. 煮制

（1）配方（按 100 只鸡为原料计，单位：kg）

水	100	味精	0.1
精盐	7	白酒	0.5

白糖	0.5	白芷	0.1
鲜姜	0.25	陈皮	0.1
大葱	0.15	草果	0.15
大蒜	0.15	砂仁	0.05
花椒	0.25	豆蔻	0.05
八角	0.25	桂皮	0.15
丁香	0.15	桂枝	0.1
山柰	0.15		

（2）煮制　先将调料全部放入锅内，然后将鸡排放在锅内，加水 75～100kg，点火将水煮沸，以后将水温控制在 90～95℃，视鸡体大小和鸡的日龄煮制 2～4h，煮好后捞出，晾干。

5. 烟熏

先在平锅上（或烟熏炉）放上铁帘子，再将鸡胸部向下排放在铁帘上，待铁锅底微红时将糖按不同点撒入锅内迅速将锅盖盖上，约 2～3min（依铁锅红的情况决定时间长短，否则将鸡体烧糊或烟熏过轻），出锅后晾凉。

6. 涂油

将熏好的鸡用毛刷均匀地涂刷上特等香油（一般涂刷三次）。

二、烧烤肉制品的加工

烧烤肉制品的品种很多，有名的主要有北京烤鸭、烤乳猪、江苏常熟烤鸡、广东烤鹅、叉烧肉、四川灯影牛肉等。

（一）北京烤鸭

北京烤鸭是我国著名的特产，它以优异的品质和独有的风味闻名于国内外。它具有色泽红润、鸭体丰满、皮脆肉嫩、鲜香味美、肥而不腻的特点。

1. 原料

制作北京烤鸭的原料应选用经过填肥的活重在 2.5～3kg 以上的，饲养期约 40～50 日龄的北京填鸭或樱桃谷鸭，或重约 2kg 以上的光鸭。

2. 制坯

（1）宰杀　将活鸭倒挂宰杀放血，再用 62～63℃的热水浸烫、脱毛。

（2）整理　剥离食道周围的结缔组织，把脖颈伸直，将打气筒的气嘴从刀口插入皮肤与肌肉之间，向鸭体充气，让气体充满在皮下脂肪和结缔组织之间，使鸭子保持膨大的外形。然后在右翼下开膛（刀口呈月牙形状），取出内脏，并用 7cm 长的秸秆从刀口送入膛内支持胸膛，使鸭体造型美观。

（3）清洗胸腹腔　将 4～8℃的清水，从右翼下灌进胸腹腔，然后把鸭体倒立起来倒出胸腹腔内的水，如此反复数次直至洗净为止。

（4）烫皮　用鸭钩在鸭胸脯上端 4～5cm 的颈椎骨右侧下钩，钩尖从颈椎骨左侧突出，使鸭钩穿颈上，将鸭坯稳固挂住。然后用 100℃的沸水烫皮，先烫刀口处及其四周皮肤，使皮肤紧缩，防止从刀口处跑气，接着再浇淋其他部位，一般情况下，用三勺水即可把鸭坯烫好。烫皮的目的在于使表皮毛孔紧缩，烤制时减少从毛孔中流失脂肪；另外是使皮肤层蛋白质凝固，烤制后表皮酥脆。

（5）烧挂糖色　烫皮后便浇淋 10% 的麦芽糖水溶液。先淋两肩，后淋两侧，通常三勺糖水即可淋遍全身。上糖色的目的是使烤制后的鸭体呈枣红色，同时增加表皮的酥脆性，适口不腻。

（6）晾皮　将烫皮挂糖色后的鸭坯，放在阴凉通风处晾皮。目的是蒸发肌肉和皮层中的一部分水分，使鸭坯干燥，烤制后增加表皮的酥脆性，保持胸脯不跑气下陷。

（7）灌汤和打色　制好的鸭坯在进入烤炉之前，先向鸭体腔内灌入 100℃ 的汤水约 70～100mL，称为"灌汤"。目的是强烈地蒸煮腔内的肌肉脂肪，促进快熟，即所谓"外烤里蒸"，使烤鸭达到外脆里嫩的特色。灌好汤后，再向鸭坯表皮浇淋 2～3 勺糖液，称"打色"。目的是弥补挂糖色不均匀的部位。

3. 挂炉烤制

烤鸭能否烤好，很重要在于掌握炉温，也即火候。温度过高或过低，直接影响烤鸭的质量和外形。正常的炉温应为 230～250℃。烤制的方法如下：鸭坯进炉后，先挂在炉膛的前梁上，先烤右侧刀口的一边，使高温较快进入体腔内，促进腔腔内汤水汽化，达到快熟；当鸭坯右侧呈橘黄色时，再转烤左侧，直到两侧颜色相同为止。然后用烤鸭杆挑起，并转动鸭体，烧烤胸部和下肢等部位。这样左右转动，反复烤几次，使鸭坯全身呈橘红色，便可送到烤炉的后梁，鸭背向火，继续烘烤 10～15min 即可出炉。

烤制时间视鸭坯大小和肥度而定。一般重 1.5～2.0kg 的鸭坯，需在炉内烤 30～40min。烤制时间过短，鸭坯烤不透。时间过长，火头过大，易造成皮下脂肪流失过多，使皮下形成空洞，皮薄如纸，从而失去烤鸭脆嫩的独特风味。鸭坯重，肥度高，烤制时间相对长些，母鸭肥度较公鸭高，烤制时间也比公鸭稍长。

鸭子是否烤熟有两个方面标志：一是鸭子全身呈枣红色，从皮层里面向外流白色油滴；二是鸭体变轻，一般鸭坯在烤制过程中失重 0.5kg 左右。

烤鸭最好现制现食，久藏会变味失色，在冬季室温 10℃ 时，不用特殊设备可保存 7d，若有冷藏设备可保存稍久，不致变质，吃前短时间回炉烤制或用热油浇淋，仍能保持原有风味。

（二）烧鹅

烧鹅也称烤鹅。我国各地都有制作，但以广东烧鹅较好。它的特点是色泽鲜红，皮脆肉香，肥而不腻，味美适口。

1. 原料

选择经过肥育的、活重在 2.3～3.0kg 的肉用仔鹅，最好是体肥肉嫩，骨细而柔适用于烧烤的品种。

2. 配方（按 50kg 鹅坯计，单位：g）

五香粉盐为：精盐	2000	五香粉	200
搅拌均匀			
酱料为：调味酱（由豉酱、蒜头、油、盐、糖调制而成）			1000
白糖	200	芝麻酱	100
白酒	50	生抽	200
碎葱白	100		

3. 制坯

活鹅放血宰杀、去毛后，在鹅体的尾部开直口，取出内脏，用水洗净鹅体，并在两关节处切除脚和翅膀，便成鹅坯。一般在每只鹅坯腹腔内大约放五香粉1汤匙，或放进酱料2汤匙，并使其在体腔内分布均匀，再用针将刀口缝合好。用70℃以上的热水烫洗鹅坯，稍干后再把麦芽糖水溶液涂抹在鹅体表面，放在阴凉、通风处晾干。

4．烤制

把已晾干的鹅坯送进烤炉，先鹅背向火，用微火烤20min，将鹅体烤干，然后把炉温升高至200℃，转动鹅体，使胸部向火烤25～30min，便可出炉。出炉后在烤熟的鹅身上涂一层花生油便为成品。

烤鹅出炉，稍凉后食用最佳。烤鹅最好现烤现吃，放置时间过长，色、香、型均有变化，质量下降。

（三）烤鸡

1．原料

烤鸡用的原料鸡一般选用40～60日龄，体重在1.5～1.75kg的肉用仔鸡。这种原料鸡肉质香、嫩，净肉率高，烤制成烤鸡成品率高，风味好。

2．配方及调制（单位：kg）

（1）腌制料（按50kg腌制液计）

生姜	0.1	花椒	0.1
葱	0.15	食盐	8.5
八角	0.15		

将各种香辛料用纱布包好，放入水中熬煮，沸腾后将料水倒入腌制缸内，加盐溶解，冷却后备用。

（2）腹腔涂料

香油或精炼鸡油	0.15	味精	0.015
鲜辣粉	0.05		

（3）腹腔填料（按每只鸡计）

生姜	0.01	香菇（湿）	0.01
葱	0.015		

3．制坯

（1）宰杀　将符合要求的鸡经放血、浸烫、脱毛，腹下开膛取出全部内脏，用清水冲洗干净。

（2）整形　将全净膛的光鸡先从跗关节处去除脚爪，再从放血处的颈部表皮横切断，向下推脱颈皮，切去颈骨，去掉头颈，最后将两翅膀反转成8字形。

（3）腌制　将整形后的光鸡逐只放入腌制缸中腌制。腌制时间根据鸡的大小、气温高低而定，一般腌制时间为40～60min。腌制好后捞出，挂鸡晾干。

（4）加料　把腌好的鸡放于台上，先在鸡腹腔内均匀涂上腹腔涂料，每只鸡约放5g。再向每只鸡腹腔内填入生姜10g、葱15g、香菇10g。然后用钢针绞缝腹下开口。

（5）烫皮上糖　将缝好口的光鸡逐只放入加热到100℃的浓度为10%的饴糖水溶液中浸烫0.5min左右，取出，晾干待烤。

4．烤制　一般用远红外电烤炉烤制，先将炉温升至100℃后，将鸡挂入炉内。当炉温升至 180℃时，恒温烤制 15～20min，此时主要是以烤熟为目的；然后将炉温升至 240℃的温度下再烤 5～10min，使鸡的外表皮上色、发香。当鸡体全身上色达均匀的橘红色或枣红色时即可出炉。出炉后趁热在鸡的表皮上擦上一层香油，使皮更加红艳发亮，即为成品。

（四）广东烤乳猪

广东烤乳猪也称脆皮乳猪，是广东的特产，也是广东省著名的烧烤制品。它具有色泽鲜艳、皮脆肉香、入口即化的特点。

1. 原料

选用皮薄、身肥丰满、活重在 5～6kg 的乳猪。

2. 配方（按一只重约 2.5kg 的光猪计，单位：g）

五香盐*	50	五香粉	0.5
白糖	200	汾酒	40
调味酱	100	大茴香粉	0.5
南味豆腐乳	25	味精	0.5
芝麻酱	50	麦芽糖	50
蒜蓉（去皮捣碎的蒜头）	25		

＊五香盐由五香粉 25、精盐 25 混合而成

3. 制坯

（1）将乳猪屠宰、放血、去毛，开膛取出内脏，冲洗干净，将头和背脊骨从中劈开（勾破猪皮），取出脑髓和脊髓，斩断第四肋骨，取出第五至八肋骨和两边肩胛骨。后腿肌肉较厚部位，用刀割花，使辅料易于渗透入味和快熟。

（2）将劈好洗净的乳猪放在平案板上，把五香盐均匀地擦在猪的胸腹腔内，腌制 20～30min，用钩把猪身挂起，使水分流出，取下放在案板上，再涂白糖、调味酱、芝麻酱、南味豆腐乳、蒜蓉、味精、汾酒、五香粉、大茴香粉等拌匀，涂在猪腔内腌 20～30min。

（3）用乳猪铁叉（如图 9-5）把猪从后腿穿至嘴角，在上叉前要把猪撑好。方法是用两条长约 40～43cm 和两条长约 13～17cm 的木条，长的作直撑，短的木条作横撑。然后用草或铁丝将前后腿扎紧，以固定猪体形，使烧烤后猪身平正，均衡对称，外形美观。

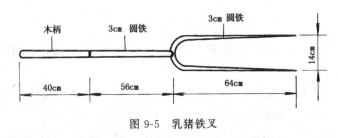

图 9-5　乳猪铁叉

（4）上猪叉后用沸水浇淋猪全身，稍干后再浇上麦芽糖溶液，或用排笔蘸糖浆刷匀猪全身，挂在通风处晾干表皮后，进行烤制。

4. 烧烤

烤猪可用明炉烧烤法，也可用挂炉烧烤法。明炉烤乳猪是将炉内木炭烧红后，把腌制好的猪坯用长铁叉叉住，放在炉上烧烤。先用慢火烧烤约 10min，以后逐渐加大火力。烧烤时不断转动猪身，使其受热均匀，并不时针刺猪皮和扫油，目的是使猪烤制后表皮酥脆。直

至猪皮呈现红色为止，一般烧烤 50～60min。烤猪明炉见图 9-6。

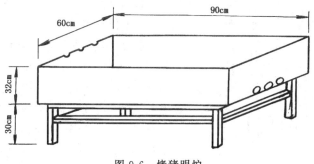

图 9-6　烤猪明炉

挂炉烤乳猪一般使用烤鸭、烤鹅用炉。先将木炭烧至 200～220℃，或通电使炉温升高，然后把猪坯挂入炉内，关上炉门烧烤 30min 左右，在猪皮开始转色时取出，针刺，并在猪身泄泌时，用棕扫将油扫匀，再放入炉内烤制 20～30min，便可烤熟。

猪坯烤成熟猪的成品率为 72%～75%。烤熟的乳猪一般切片上席，同时配备有专门的蘸料，如鲜海酱等。

（五）广东化皮烧猪

广东化皮烧猪是广东著名的烧烤制品，也是广东的名特食品。化皮烧猪的特点是皮色鲜红、松脆，具有烧烤产品特有的香味，鲜美可口，是佐膳佳品。人们习惯用烧猪作为馈赠礼品，尤其是在节日更为普遍。

1. 原料

选用 25～30kg（不包括内脏）、皮薄的、肥瘦适宜的猪体作为加工原料。

2. 配方（按原料肉 100kg 重计，单位：kg）

精盐	1.5	珠油（珠油为酱油的一种，色浓，一般作着色
五香粉	0.015	用）　　　　　　　　　　　　　　　0.2

3. 制坯

（1）原料处理　将猪屠宰、脱毛、去内脏后，从猪体后部脊骨旁分别顺脊骨劈开两道，但不要劈穿皮，保持原猪只，再挖除脑，割去舌、尾、耳等，剥去板油，剔除股骨、肩胛骨，割除股骨部位的瘦肉，同时在瘦肉较厚的部位用刀割花，便于吸收辅料和烤熟。

（2）腌制　把五香粉、精盐、珠油等调味料拌匀，然后均匀地擦抹在猪坯内腔及割花处，使调味料渗入肌肉，腌制 20～30min。

（3）装猪　将腌好的猪坯用铁环倒挂在钢轨上，用圆木插入猪耻骨两边，把猪脚屈入体内，用小铁钩勾好猪前脚。

（4）燎毛　用汽油或煤油喷灯，把未去掉的猪残毛烧去。然后用清水清洗，再用小刀刮去皮上的杂质、污物。

（5）上麦芽糖　用 30% 的麦芽糖水遍擦猪体外面，要擦均匀，渗透猪皮并晾干。麦芽糖水只擦一次，不可重复，否则会使猪皮色泽变暗，不够鲜明，或者烧成一块白一块红，影响质量。

4. 烧烤

广东化皮烧猪烧烤用热源有木炭和电热远红外线等。

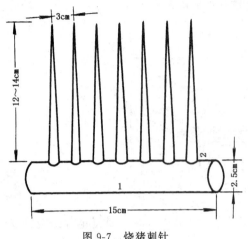

图 9-7　烧猪刺针
1—钢管手柄　2—φ6mm 铁条刺针

化皮烧猪的烧烤方法是先将腌好的猪坯挂入炉内（头向下），用慢火烤至皮熟（称为"够身"），时间约 30min，然后把猪取出，用特制刺针（图 9-7）从皮刺入，遍刺全身。针刺处既不要用力过大，但也不能太轻，以刺过皮层为宜。对猪体受火力较多的部位，可以贴上湿草纸，以缓和火力，避免烧焦。针刺后把猪坯放回炉内关上炉门，并将炉温升高到 250～280℃左右，继续烧烤，烧到皮肤呈红色、起小泡，猪体流出的油水为白色即熟。一般前后约烧烤 1.5h。

（六）叉烧肉

叉烧肉在广东、上海、北京、江苏等地均有加工制作，但由于各地所用辅料和工艺不尽相同，而各具特色，现主要介绍广式叉烧肉。

广式叉烧肉又称"广东蜜汁叉烧"，是广东著名的烧烤肉制品之一，也是我国南方人喜食的一种食品。广式叉烧具有色泽鲜明、光润香滑的特点。

1. 原料

选去皮的猪前腿或后腿瘦肉为原料。

2. 配方（按原料肉 10kg 计，单位：kg）

白糖	0.8	或者白糖	0.75
精盐	0.2	生抽	0.4
生抽	0.4	老抽	0.1
老抽（酱油的一种，色深、味浓、带甜）0.5		精盐	0.15
汾酒	0.3	50°白酒	0.2
芝麻酱	0.1	香油	0.14
五香粉	0.01	麦芽糖	0.5

3. 腌制

先将选好的原料肉切成 40cm×4cm×1.5cm 重约 250～300g 的肉条。然后把切好的肉条放入盆内，加入酱油、白糖、精盐拌匀，腌制 40～60min，每隔 20min 翻动一次。待肉条充分吸收辅料后，再加白酒、香油拌匀，然后用叉烧铁环（图 9-8）将肉条逐条穿上，每环穿 10 条。

4. 烧烤

将炉温升至 100℃，然后把用铁环穿好的肉条挂入炉内，关上炉门进行烤制，炉温逐渐升高至 200℃左右。烧烤约 25～30min。烧烤过程中，注意调换方向，转动

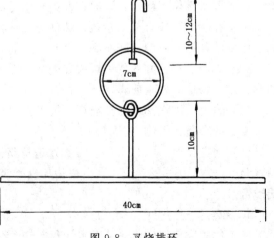

图 9-8　叉烧排环

肉条，使其受热均匀。肉条顶部若有发焦，可用湿纸盖上。烤好出炉后将肉条浸于麦芽糖溶液中上色，再放入炉内烤 2～3min，取出，即为成品。

广东叉烧肉最好当天加工，当天销售，不宜久存。隔天的叉烧肉会失去固有的色、香、味。若不能售完，可在 0℃条件下冷藏，第二天复烤后方能出售。

第十章 香 肠 制 品

第一节 香肠制品的分类和原辅材料

一、香肠制品的分类

肉经腌制（或不腌制）、绞切、斩拌、乳化成肉馅（肉丁、肉糜或其混合物）并添加调味料、香辛料或填充料，充入肠衣内，再经烘烤、蒸煮、烟熏、发酵、干燥等工艺（或其中几个工艺）制成的肉制品被称为香肠制品。香肠制品的种类繁多，据报道法国有 1500 多个品种，瑞士的 Bell 萨拉米工厂常年生产 750 种萨拉米产品，我国各地生产的香肠品种至少也有上百种。我国和美国的香肠分类方法如下所述。

（一）我国香肠制品的分类

我国按照加工工艺的差异，将香肠制品分为四类。

1. 中国香肠

以猪肉为主要原料，经切碎或绞碎成丁，用食盐、硝酸钠、糖、曲酒、酱油等辅料腌制后，充入可食性肠衣中，经晾晒、风干或烘烤等工艺制成的肠制品。食用前需经熟制加工，产品中不允许添加淀粉、血粉、色素及其他非肉组分。产品具有典型的酒香和腊香味。主要产品有皇上皇腊肠、正阳楼风干肠、顺香斋南肠、枣肠、香肚等产品。

2. 发酵香肠

以牛肉或猪、牛肉为主要原料，经绞碎或粗斩成颗粒，添加食盐、（亚）硝酸钠等辅助材料，充入可食性肠衣中，经发酵、烟熏、干燥、成熟等工艺制成的肠类制品。典型产品有萨拉米香肠（Salami）、熏香肠（Summer sausage）等。

3. 熏煮香肠

以肉为原料，经切碎、腌制、绞碎、斩拌处理后，充入肠衣内，再经烘烤、蒸煮、烟熏（或不烟熏）、冷却等工艺制成的肉制品。这类产品是我国目前市场上品种和数量最多的一类产品。按照有关的行业标准，熏煮香肠中的淀粉添加量应小于原料肉重的 5％。

4. 粉肠

以淀粉和肉为主要原料，按照与熏煮香肠相近的工艺生产而成的一类制品，淀粉添加量可以大于原料肉重的 10％。

（二）美国香肠的分类

1. 生鲜香肠

原料肉（主要是新鲜猪肉，有时添加适量牛肉）不经腌制，绞碎后加入香辛料和调味料充入肠衣内而成。这类肠制品需在冷藏条件下贮藏，食用前需经加热处理，如意大利鲜香肠（Italian sausage）、德国生产的油煎香肠（Bratwurst Sausage）等。目前国内这类香肠制品的生产量很少。

2. 生熏肠

这类制品可以采用腌制或未经腌制的原料，加工工艺中要经过烟熏处理但不进行熟制加工，所以最终产品还是生的，消费者在食用前要进行熟制处理。

3. 熟熏肠

经过腌制的原料肉，绞碎、斩拌后充入肠衣中，再经熟制、烟熏处理而成。

4. 干制和半干制香肠

半干香肠最早起源于北欧，是德国发酵香肠的变种，它含有猪肉和牛肉，采用传统的熏制和蒸煮技术制成。其定义为绞碎的肉在微生物的作用下，pH 达到 5.3 以下，在热处理和烟熏过程中（一般均经烟熏处理）除去 15％的水分，使产品中水分与蛋白质的比率不超过 3.7∶1 的肠制品。

干香肠起源于欧洲的南部，是意大利发酵香肠的变种，主要是由猪肉制成，不经熏制或煮制。其定义为：经过细菌的发酵作用，使肠馅的 pH 达到 5.3 以下，然后干燥除去 20％～50％的水分，使产品中水分与蛋白质的比率不超过 2.3∶1 的肠制品。

二、香肠制品的原辅材料

（一）原料

生产香肠的原料范围很广，除了猪肉、牛肉外，羊肉、兔肉、禽肉、鱼肉及它们的内脏、头肉、血液等均可作为香肠制品的原料。生产香肠所使用的原料肉必须是经兽医卫生检验确认为安全卫生的肉，严禁使用不新鲜的肉和病、死肉作为香肠制品的原料，而且原料肉的挥发性盐基氮含量应小于 15mg/100g。

（二）辅助材料和肠衣

1. 植物性辅料

在香肠生产中常添加一些植物性辅料，其中以淀粉应用最为广泛。淀粉分子结构是由许多右旋葡萄糖聚合而成的，其聚合度在 100～30000 之间，可用热水分为两部分，溶化部分称为直链淀粉，约占 25％，不溶化部分称为支链淀粉。直链淀粉是由右旋葡萄糖的 α-1，4 糖苷键所组成的直链分子，支链淀粉是由右旋葡萄糖生成的分枝巨大的分子，大部分是 α-1，4 糖苷键，小部分是 β-1，6 糖苷键。不同的淀粉中支链淀粉和直链淀粉的比例是不相同的，支链淀粉的比例越大，淀粉的粘度越大。研究表明，淀粉加入肉制品中，对肉制品的保水性和肉制品的组织结构均有良好的影响。淀粉的这种作用是由于在加热过程中淀粉颗粒吸水膨润、糊化造成的。淀粉颗粒的糊化温度比肉蛋白质的变性温度高，淀粉糊化时肌肉蛋白质的变性作用已经基本完成并形成了网状结构，此时淀粉颗粒夺取存在于网状结构中结合不够紧密的水分，并将其固定，因而使制品的保水性提高；同时淀粉颗粒因吸水而变得膨润而富有弹性并起粘合剂的作用，可使肉馅粘合、填塞孔洞，使产品富有弹性，切面平整美观，具有良好的组织形态。另外在加热煮制时，淀粉颗粒可以吸收熔化成液态的脂肪，减少脂肪流失，提高成品率。

肉品工业中常用的淀粉有土豆淀粉、玉米淀粉、小麦淀粉等。挪威食品研究所的 G. Skrede 研究了六种淀粉对肉制品食用品质的影响，结果发现，土豆淀粉最适于作香肠制品的添加剂，蒸煮温度、冷藏对香肠制品食用品质的影响最小。

当淀粉与水共热时，淀粉颗粒膨胀变成有粘性、半透明的凝胶的过程叫做淀粉的糊化或淀粉的α化。淀粉糊化的实质是当淀粉与水共热时，随着温度的提高，淀粉分子剧烈的振动，从而断开分子间的键，使它们的氢键位置同较多的水分子结合，由于水的穿透以及更多的更长的淀粉链段的分离，增加了结构的无序性，减少了结晶区域的数目和大小，从而形成凝胶。常见淀粉的糊化温度见表 10-1。

表 10-1 淀粉颗粒特性

淀粉种类	颗粒直径/μm	糊化温度/℃
玉米	15	61～72
马铃薯	33	62～68
甘薯	25～50	82～83
木薯	20	59～70
小麦	20～22	53～64
米	5	65～73

注：资料引自王璋译．食品化学．轻工业出版社，1991。

糊化的淀粉在低温下贮藏，产生凝结而沉淀的现象叫做淀粉的老化。其实质是淀粉分子又自动再排列，形成致密、高度晶化的、不溶解的淀粉分子微束。

添加大量淀粉的肉制品在低温贮藏时极易产生淀粉的老化现象。

2. 肠衣

肠衣是香肠类制品和肉馅直接接触的一次性包装材料，也是流通过程中的容器，因此肠衣在香肠生产中占有重要的位置。肠衣必须有足够的强度以容纳内容物，且能承受在充填、打结和封口时的机械力。在香肠加工和贮藏过程中肉馅随着温度的变化有收缩和膨胀的现象，要求肠衣也应具有收缩拉伸的特性。

肉类工业常用的肠衣包括两大类，即天然肠衣和人造肠衣。

（1）天然肠衣 天然肠衣也叫动物肠衣，是由猪、牛、羊的消化器官和泌尿系统的脏器除去粘膜后腌制或干制而成的。常用牛的大肠、小肠、盲肠（俗称拐头）和食管；猪的大肠、小肠；羊的小肠、盲肠（拐头）和猪、牛、羊的膀胱等。天然肠衣具有良好的韧性和坚实度，能够承受加工过程中热处理的压力，并有和内容物同样收缩和膨胀的性能，具有透过水气和熏烟的能力，而且食用安全，因此是理想的肠衣。但其缺点是直径不一，厚薄不均，多成弯曲状，需要在专门的条件下贮藏等。

猪的肠衣每 100 码合为一把（91.5m），每把不得超过 18 节，每节不得短于 1.35m。常见肠衣的分路标准见表 10-2。

表 10-2 部分盐渍肠衣的分路标准　　　　　　　　　　　单位：mm

分路 品种	一路	二路	三路	四路	五路	六路	七路
猪小肠	24～26	26～28	28～30	30～32	32～34	34～36	36 以上
猪大肠	60 以上	50～60	45～50	—	—	—	—

续表

品种＼分路	一路	二路	三路	四路	五路	六路	七路
羊小肠	22 以上	20～22	18～20	16～18	14～16	12～14	—
牛小肠	45 以上	40～45	35～40	30～35	—	—	—
牛大肠	55 以上	45～55	35～45	30～35	—	—	—

(2) 人造肠衣 人造肠衣是用人工方法把动物皮、塑料、纤维、纸或铝箔等材料加工成的片状或筒状薄膜，按照原料的不同有胶原肠衣、纤维素肠衣和塑料肠衣等。

①胶原肠衣：胶原肠衣是用皮革制品的碎屑抽提出胶原纤维蛋白，然后在碱液中挤压成型制成的管状肠衣，分可食和不可食两种。一般在使用前用温水泡湿备用；

②纤维肠衣：纤维肠衣又分为纤维素肠衣和纤维状肠衣两种。前者是单纯的用纤维粘胶挤压而成，其原料取自天然的纤维如棉花、木屑、亚麻或其他纤维。纤维状肠衣是用马尼拉麻等高强度纤维做纸基，制成连续的筒形后再渗透纤维素粘胶而成。这两种肠衣都能透过水分和水蒸气，亦可烟熏，还可染色和印刷，但都不能食用；

③塑料肠衣：这种肠衣无通透性，因此只能煮，不能熏，目前国内应用较多的是聚偏二氯乙烯 (PVDC)。用这种肠衣制作的肠制品一经蒸煮加热，肠衣就会收缩并紧紧包住充填物，产品的外观较好。但是冷却后肠衣会出现皱褶，可在 80℃左右的热水中浸泡 5～10s，皱褶即可消退；

④玻璃纸肠衣：又称透明纸，是一种再生胶质纤维素薄膜，其纵向强度大于横向强度，吸水性大。具有不透过油脂、干燥时不透气、强度高等特点。

第二节 肌肉蛋白质的胶凝特性和肉乳浊液

一、肌肉蛋白质的胶凝特性

重组肉制品和肉糜类产品生产的成功与否，取决于肌肉蛋白质的功能特性，具体的说就是取决于肌肉蛋白质的胶凝性、保水性、保脂性和乳化性。肌肉蛋白质的功能特性是决定最终产品品质的关键因素。而蛋白质的溶解性则是完成上述功能性的基础。溶出的肌肉蛋白质在加热过程中，经过分子构型的改变和聚集，最终经胶凝过程而形成凝胶。肌肉蛋白质的胶凝特性决定了乳化类肉糜产品中肉糜间的结合特性和物理稳定性。

肌原纤维蛋白质主要包括肌球蛋白和肌动蛋白，是肌细胞的主要组分，也是肌肉中主要的可萃取性蛋白质。在肌肉的生理离子强度下 (0.15～0.20mol/L)，肌球蛋白是不溶的，以彼此分离的粗肌丝的形式存在于肌原纤维中。当添加食盐和磷酸盐使肉的离子强度提高 0.3～0.6mol/L 时，肌球蛋白能被有效的溶解和萃取，且提高肉的 pH (偏离其等电点) 能促进肌球蛋白的溶出。在较高离子强度和合适的 pH 条件下，肌球蛋白保持其可溶性。当降低肉的离子强度到 0.3mol/L 以下时，肌球蛋白又自发的聚集成微丝，尽管这种合成的微丝的长度和形态是不均匀的，而且缺乏天然肌球蛋白中存在的结合蛋白质。根据 pH 和离子强度的不同，这种合成的粗微丝的结构各异。一般的，pH 越低，这种微丝越长、越粗。

从肉品加工学的角度出发，萃取肌球蛋白和其他盐溶性蛋白质的最终目的是为了获得重组肉制品和肉糜类肉制品的良好结合特性。令人感兴趣的是，不同种类的肉或同种家畜中不同类型的肉，其肌球蛋白的萃取量是不同的。在相同的 pH 和离子强度条件下，鸡胸肉肌原纤维释放的肌球蛋白的量高于腿肉。红肌和白肌中含有的肌球蛋白从构成上是不完全相同的，但是肌球蛋白萃取量的差异则可能是肌原纤维蛋白质的超微结构的不同和与肌球蛋白结合的细胞骨架蛋白的不同造成的，而不是源于肌球蛋白自身溶解性的差异。不言而喻，尸僵前的肉中萃取的肌球蛋白的量多于尸僵后的肉，但是 pH 大于 5.8 的尸僵后的鸡胸肉（不包括腿肉）中可萃取的肌球蛋白的量多于尸僵前，可能的解释是尸僵后鸡胸肉中蛋白分解的量较多（蛋白分解活性较高）。

萃取的肌球蛋白在加热过程中能形成凝胶，并具有肌肉食品体系所要求的各种流变特性。肌肉蛋白质的凝胶从过程上可以分为蛋白质的变性、蛋白质-蛋白质间的相互作用（聚集）和蛋白质的凝胶三个步骤。肌肉蛋白质凝胶的形成是不可逆的，且是在蛋白质的变性温度之上，由变性蛋白质分子间的相互作用而形成，其最根本的原因是热诱导的蛋白质间相互作用。许多因素能影响肌肉蛋白质的凝胶过程，并可能干扰蛋白质间的交联而导致凝胶过程的失败（见表 10-3）。

表 10-3	影响肌肉蛋白质凝胶的因素
pH	猪肉凝胶的最适 pH 在 5.8~6.1
离子强度	结构细腻的凝胶在离子强度为 0.25mol/LKCl，结构粗糙的为 0.60mol/LKCl
蛋白质浓度	蛋白质的临界浓度为 2mg/mL，剪切力模数随着蛋白质浓度的平方的增加而增加
温度	44~56℃加热比 58~70℃加热获得的蛋白质凝胶具有更高的剪切力模数和更大的弹性
肌肉类型	红肌形成的凝胶比白肌形成的凝胶更为坚硬而质脆，且凝胶的强度与肌球蛋白的含量有关

Ziegler 通过对肌动球蛋白的热变性研究得出，在 30~35℃的温度范围内，原肌球蛋白从 F-肌动蛋白的骨架上解离；38℃时，F-肌动蛋白的超螺旋结构解离成单链；40℃时，肌球蛋白的重链和轻链分离，随后重链的头颈结合部发生构型变化；40~50℃时，肌动球蛋白解离；50~55℃时，轻酶解肌球蛋白由螺旋结构变为盘绕结构；当温度超过 70℃时，G-肌动蛋白构型发生变化。但上述温度范围受肉的种类、pH、离子强度和热处理过程中肉的升温速率的影响，且肉的盐溶性蛋白质是肉结构性蛋白质的混合物，不同的蛋白质其变性温度是不一致的，因此，肌肉凝胶过程的三过程发生的温度范围会有一定程度的重叠。

蛋白质的变性包括蛋白质四级结构解离成亚单位以及二级和三级结构的部分展开。形成凝胶的蛋白质其三维结构的特征和机制以及它们彼此间的相互作用尚未完全搞清楚，然而，大部分的研究工作实际上聚焦在有规则的蛋白质-蛋白质相互作用之前及蛋白质变性的必要性上。天然蛋白质在适度加热的情况下变性为变性蛋白质，变性蛋白质的有序聚集而成凝胶，变性蛋白质的无序聚集则发生凝结。变性蛋白质是有序聚集还是无序凝结，取决于蛋白质的聚集速度，适宜的较慢的聚集有利于凝胶的形成（热处理过程中最适的升温速率为 0.8~1.1℃/min）。聚集前蛋白质的充分变性，以及较慢的聚集过程中部分展开的多肽链定向排列的越好，将有利于细致均一、高弹性的凝胶结构的形成。

在肌肉蛋白质热诱导凝胶的形成过程中，肌球蛋白具有不可替代的作用。研究发现，完整的肌球蛋白分子单体、肌球蛋白分子的尾部在加热过程中能形成高强度的凝胶，而肌球蛋白分子中的头部亚单位（S_1）的凝胶性能则较差，因此肌球蛋白的尾部是形成凝胶结构的主要构成组分并在凝胶基质的功能特性方面起重要作用。肌球蛋白头部受热变性后，其疏水性基团暴露，肌球蛋白头部通过疏水性结合，有序聚集在脂肪滴的外周构成吸附界面膜，而肌球蛋白的尾部则呈现放射状伸向周围的基质。在适宜的温度范围内，肌球蛋白的尾部发生不可逆的变性，由原来有序的螺旋结构转变为无序的盘绕结构，这些呈放射状排列的无序盘绕的肌球蛋白尾部交联其他游离的肌球蛋白和与肌动蛋白结合的肌球蛋白而形成凝胶基质的网状结构，构成了凝胶基质的基本构架。肌动蛋白无凝胶特性，但肌动蛋白却能促进和提高肌球蛋白的凝胶特性。有研究报告指出，当体系中肌球蛋白与肌动蛋白的物质的量的比为 2∶7 时，肌动蛋白对肌球蛋白凝胶的促进作用最大，此时，肌肉蛋白质总量的 15%～20% 以肌动球蛋白复合体的形式存在，而剩余的大部分以游离的肌球蛋白形式存在。肌动蛋白促进肌球蛋白凝胶作用的实质在于肌动蛋白与肌球蛋白结合形成肌动球蛋白，后者交联肌球蛋白的尾部亚单位与游离的或与肌动蛋白结合的肌球蛋白相结合，增加肉的凝胶强度。由于肌球蛋白微丝的解离是不完全的，所以未解离的肌球蛋白微丝可能通过其突出于微丝的头部彼此交联对肌球蛋白的胶凝有所贡献，而且肌球蛋白微丝的长度影响肌球蛋白凝胶的强度。其他的肌原纤维蛋白质在某些条件下可能也参与了凝胶的形成，但它们的作用较小。

红肌与白肌的肌球蛋白的凝胶特性是不同的。鸡腿肉和胸肉的盐溶性蛋白质间蛋白质变性和蛋白质-蛋白质聚集的机制是相似的，但胸肉肌球蛋白的蛋白质-蛋白质聚集所需的温度较低，而腿肉肌球蛋白的聚集速度较快（40～50℃范围内）。肌肉中肌球蛋白与肌动球蛋白的质量比从死后 0.5h 的 7 降低为死后 24h 的 0.8，且胸肉肌球蛋白在盐溶液中聚合形成了更长和更有序的微丝，故尸僵后鸡胸肉的凝胶强度大于尸僵前。鸡胸肉盐溶性蛋白质的凝胶强度大于腿肉的，有关的确切原因尚不十分清楚。

肌球蛋白在肉糜制品的胶凝特性上具有非常重要的作用，因此有关肌球蛋白溶解和胶凝的理化学参数对于高品质肉制品的配方设计和生产具有重要的作用。而肌球蛋白的理化学性质是由其一级结构中的氨基酸组成所决定的。例如，近来的研究发现，肌球蛋白尾部从 C 末端开始的一段区域（大约由 100 氨基酸残基组成的片段），是控制肌球蛋白在低离子强度条件下不溶解和影响肌球蛋白凝胶结构的主要部位，因此利用基因重组技术，就有可能改变该片段的氨基酸组成，使其在较低的离子强度下能够溶解，从而为低盐肉制品的开发奠定理论基础。

二、肉乳浊液及其品质控制

（一）乳浊液

乳浊液是指一种或多种液体分散在另一种不相溶的液体中所构成的分散体系。分散相的液珠一般均大于 $0.1\mu m$。通常把乳浊液中以液珠形式存在的那一相称为内相（分散相、不连续相），容纳分散相的液体称为外相（分散介质、连续相）。一般遇到的乳浊液总有一个相是水相，另一个相是油相。外相为水，内相是油的乳浊液，称为水包油型乳浊液，用 O/W 表示，相反内相是水，外相是油的乳浊液，称为油包水型乳浊液，用 W/O 表示。我们常以单位体积物体的表面积来表示该物质的分散程度，也称比表面。若以 V 代表总体积，以 S 代表总面积，S_0 代表比表面，则

$$S_0 = S/V$$

对于 1 个立方体，若每边长为 L，则其体积为 L^3，表面积为 $6L^2$，所以比表面是：

$$S_0 = S/V = 6L^2/L^3 = 6/L$$

上式说明：分散相粒子愈小，我们称之为分散程度愈高，则体系的表面积愈大，表面能也愈高，体系亦愈不稳定。

（二）乳浊液的稳定因素

乳浊液是高度分散的不稳定体系，因为它有巨大的界面，所以体系的能量增大了，为了提高乳浊液的稳定性可以采取下述措施：

1. 降低油-水界面的界面张力

加入表面活性物质是达到此目的的有效方法。凡是能够使体系的表面状态发生明显变化的物质都是表面活性物质。表面活性物质的一个重要特征是加入少量的表面活性物质，表面张力就会显著的降低。这是因为表面活性物质的分子总是由亲水的极性部分和亲油的非极性部分组成，当它溶于水后，根据极性相似相溶的规则，活性剂的极性部分留在水中，而非极性部分朝向非极性的有机溶剂，这样，表面活性剂分子倾向于分布在表面上，并整齐地取向排列，形成一吸附层，此时的表面已不再是原来纯水的表面，而是掺有亲油的碳氢化合物分子的表面，由于极性和非极性分子间相互排斥，所以加有表面活性剂的界面张力下降。同时，由于吸附层界面膜的形成，在这层界面膜上，分子定向紧密排列，强度也相应增大，因此液体合并时，受到的阻力也增加。

2. 利用双电层的排斥作用

大多数物质与极性介质（如水）接触，它们的表面都会带上电荷，带电的机理可能是由于电离或是吸附。表面电荷能影响表面附近极性介质中离子的分布，带异号电荷的离子受表面电荷的吸引而趋向于物质的表面，带同号电荷的离子被表面电荷排斥而远离物质表面，使表面附近极性介质中的正负离子发生相互分离的趋势；与此同时，热运动又有使正负离子均匀分布的趋势，在这两种相反的趋势作用下，异号离子和同号离子将以扩散的方式分布到带电离子表面附近的极性介质中。因此，双电层由内层的表面吸附层和外层的在表面电场和无规则的热运动作用下、异号离子和同号离子在一定距离内在一定的浓度梯度下分布的扩散层所构成。具有双电层的胶粒是电中性的，故扩散层内的异号电荷数与表面电荷数是相等的。当两个粒子相互接近时，双电层就产生一个相互作用区，其中就会有过量反离子存在，因为其中的渗透压大于体相，体相中的溶剂分子就扩散到作用区内，以降低其渗透压；相应的将二个粒子间距拉大，从而稳定乳浊液。

（三）肉类乳浊物

肉类乳浊物（meat emulsion）是由绞碎的肉、脂肪颗粒、水、香辛料和溶解的蛋白质在各种吸引力的作用下形成的复杂的分散体系，其中盐溶性的蛋白质，尤其是肌球蛋白和肌动球蛋白不仅是重要的结构组分，同时也参与了脂肪颗粒外周蛋白质吸附界面膜（IPF）的形成。

此类乳浊物中的外相，并不是一简单的液体，而是一种复杂的胶体系统，一种较为恰当的解释为两种相系是由固体分散在一液体中，此液相是食盐和蛋白质的水溶液，同时还

有肌纤维颗粒和结缔组织存在。因此，这种乳浊物不稳定的象征，除了分散颗粒的絮凝和聚集导致基质和脂肪的分离外，还会导致基质本身失去稳定而渗水，制品会发生下述三种情况：

①结成小团而形成不均匀的组织；

②二相分离使脂肪游离聚集在肠内容物与肠衣间；

③基质破坏而放出水和肉汁液。

于是，有关肉乳浊物的稳定性，我们必须考虑两项决定性的性质，即肌肉的保水性和基质的稳定性与保油性。肉乳浊物的基质是由大分子的纤维状肌肉蛋白及由它们建立起来的肌原丝所组成的一种亲水胶体体系。肌肉蛋白质由于其独特的构造和特性，有些肌肉蛋白质本身就是非常优秀的乳化剂，可以稳定肉乳浊物的乳化系统，同时，借助肌肉蛋白的保水性，对连续相的稳定性也有所助益。

有关肉乳浊物的稳定性，可用下述的两种理论来解释，即乳化理论和物理包埋理论。值得指出的是，两种理论并不是相互排斥的，或许两种理论都参与了肉乳浊物的稳定。

乳化理论认为，肉乳浊物中的肌原纤维蛋白质吸附在脂肪颗粒的外周，形成了一个稳定的界面膜，从而稳定肉乳浊物。在肉的破碎过程中，摩擦力使得部分脂肪熔化，肌球蛋白分子中的重酶解肌球蛋白头部具有较高的疏水性，因此肌球蛋白分子的头部朝向油相定向排列，而肌球蛋白分子的尾部则朝向水相排列，从而形成脂肪颗粒外周的定向吸附膜，其他的蛋白质通过蛋白质-蛋白质间的相互作用，与肌球蛋白的单分子层相连。在乳化理论中，肌球蛋白的乳化特性是保持肉乳浊液稳定的关键因素。

物理包埋理论认为，肉乳浊物的稳定性源于大量的完整的脂肪细胞被物理性的包埋在蛋白质热诱导凝胶的三维网状结构之中。支持这一理论的科学家通过对肉乳浊物的电镜照片的研究和对肉乳浊物的物理分析认为，肌原纤维蛋白质的乳化性与其他的稳定机制相比是次要的。但是许多科学家认为，物理包埋理论不能很好的解释肉乳浊液的稳定性。因为在 35～50℃的温度范围内，肉乳浊液中的脂肪将发生液化，而此时肌肉蛋白质的胶凝过程才刚刚开始，当温度升高到 50～70℃的范围内、肌肉蛋白质完成胶凝过程时，肉乳浊物中的脂肪已全部被液化，液化的脂肪将分散在肉乳浊物的基质中，而这种现象无论在稳定的还是不稳定的肉乳浊物中均未发生。因此乳化理论在肉乳浊物的稳定上具有更为重要的作用。

（四）影响肉乳浊物稳定性的因素

1. 食盐的添加量

近年来，随着保健意识的加强，消费者期望摄食低食盐含量的肉食品，肉品工业为了迎合这一消费变化亦降低肉食品中的食盐用量。众所周知，在肉食品的加工过程中，添加食盐的目的有：

①溶解肌肉蛋白质产生我们所期望的食品质构；

②提供风味；

③抑制微生物的生长。

食盐对肉乳浊液稳定性的影响备受瞩目。肉乳浊液稳定的主要基础之一是在脂肪颗粒外周形成一层由肌球蛋白、肌动蛋白和 synemin 三种蛋白质组成的具有一定强度和致密性的吸附界面膜，而食盐的添加量则对上述三种蛋白质的萃取量有重要的影响。Gordon (1991) 报道，添加 2.5%NaCl 时，鸡胸肉中蛋白质的萃取量为 $26.79mg/mL$，而添加 1.5%

NaCl 时，仅为 13.52mg/mL。低食盐含量的肉乳浊液，由于 SSP 的萃取量少而导致稳定性差，显示了较高的脂肪和汁液的分离能力，产品的出品率明显降低。因此降低食盐的用量是必需的，但也是有限度的，最低为 2.0%。必要时，应使用其他的氯盐（KCl 或 $MgCl_2$）进行替代，或改变产品的加工方法。

2. 斩拌作业的温度和时间

肉乳浊液是以肉中脂肪作为分散相，食盐和蛋白质的水溶液以及散在的肌纤维颗粒和结缔组织共同组成的复杂的具有胶体性质的复合体为分散介质的分散体系，作为分散相的动物脂肪，以颗粒形式散在于连续相中，脂肪球的外周包有一层由肌肉的盐溶性蛋白质定向排列组成的吸附界面膜。肉乳浊物的稳定性便获得于以下两种功能的平衡点上。第一种功能与界面蛋白质膜的厚度有关。该界面膜应该具有适宜的厚度和弹性，不仅能有效的包裹脂肪颗粒，降低界面张力，稳定肉乳浊物，而且该界面膜在热处理过程中，还应能在其脆弱处产生一些细小的孔隙(safety valve)，这些细小的孔隙作为压力释放机制的通道，释放热处理过程中因受热分子运动加剧而具有较高压力的液体脂肪，以保持界面吸附膜的完整性。第二种功能与分散介质的完整性和密度以及热处理过程中保持这种完整性的能力有关。

关于这种分散介质的详细结构目前不太清楚（仅有的几种假设模式仍不能很好的解释这一结构）。无论如何，这种基质的不稳定将使制品出现渗水的现象。斩拌作业的最终斩拌温度与斩拌作业时间对上述的两种功能起着决定性的影响。斩拌作业的目的在于混碎原料精肉与脂肪的同时充分的萃取肌肉的盐溶性蛋白质，完成对斩拌、绞碎过程中游离脂肪的乳化过程。肌肉盐溶性蛋白质的萃取量除了受食盐等因素的影响外，肉馅的温度亦影响其萃取量。研究结果证实，肌肉中盐溶性蛋白质的最适萃取温度为 4～7℃，当肉馅温度超过7.2℃时，SSP 的萃取量显著减少。斩拌过程中，由于斩刀的高速旋转，肉馅的升温是不可避免的，适宜的温度升高亦是所需的，但必须控制这一最终温度。

影响脂肪在肉乳浊物系统中行为的主要因素为：

①自物理破坏的脂肪细胞中释放出来的脂肪量；

②脂肪总的熔化特性。

有专家发现，牛的脂肪在两个区带熔化，6～14℃时较少，18～30℃较多，猪的脂肪在 6～14℃和 18～30℃大致相等。组成脂肪的不饱和脂肪酸比例越高，其熔点就越低，结果就不需太多的热使脂肪充分的分散，同时过高的斩拌温度将导致肌肉盐溶性蛋白质的变性而失去乳化性。于是以猪脂和牛脂为配方时，其最终温度应低于 16℃。鸡肉制品则为 10～12℃。

斩拌时间对肉乳浊物的稳定亦具有重要影响。适宜的斩拌时间对于增加原料的细度、改善制品的品质是必需的。但斩拌过度，则会导致脂肪颗粒变得过小，大大增加脂肪球的表面，以致萃取的蛋白质不能在全部脂肪颗粒表面形成适度厚度的完整的吸附膜，而出现脂肪分离的现象。当斩拌时间合计为 6.5min（转速为 1750r/min 时，斩拌 2.5min；3500r/min时，斩拌 4min）时，法兰克福牛肉香肠的多汁性、硬度、弹性、咀嚼性和总体接受性最好，因此，斩拌过程中就要通过添加冰屑以降低肉馅及斩拌机的温度来控制斩拌时间。

3. 原料肉的品质

肌肉蛋白质通常被分为三类，即肌原纤维蛋白质（50%～55%）、肌浆蛋白（30%～34%）、肉基质蛋白质（10%～15%），在这些蛋白质中盐溶性的肌原纤维蛋白质的乳化力优于水溶性的肌浆蛋白质（标准状况下，一定量的蛋白质所能乳化脂肪的最高量称为乳化力,因为在肉类乳浊液中的蛋白质从不被脂肪所饱和,因此乳化力更具科学性)。有报告称:SSP 的乳化力在 pH6.0～6.5 间最高,且在 pH5～6 范围内随食盐浓度的增高而增高。Hegarty 等用纯化的肌肉蛋白质测定乳化力,发现有如下顺序:肌动蛋白>肌球蛋白>肌动球蛋白>肌浆蛋白,胶原蛋白的乳化力很低或几乎没有乳化性。因此,原料肉的品质直接影响到肉乳浊物的稳定性。当原料肉的骨骼肌含量减少时则肌肉的乳化力降低。胴体的不同部位肌肉的乳化力不同,内脏肌肉的乳化力远小于骨骼肌,另外 PSE 肉和低 pH 肉的乳化力也低。由低乳化力的原料肉进行乳化,所得到的肉乳浊物是不稳定的,极易造成乳浊物的破乳而导致油脂分离,影响产品的品质。

4. 原料中瘦肉与脂肪的比例及脂肪的品质

从胶体化学的观点来看,对一定体相而言,相体积分数为 0.26～0.74 时,O/W 或 W/O 型乳浊液就可以形成。因此,在肉乳浊物中即使是瘦肉与脂肪在 50∶50 的情况下,仍可以形成稳定的乳浊液,故脂肪分离现象很大程度上是由于脂肪的分散状态、脂肪的品质或斩拌的升温所致。在乳化脂肪时,被乳化的那部分脂肪是由于机械作用而从脂肪细胞中游离出来的脂肪。一般而言,内脏脂肪由于具有较大的脂肪细胞和较薄的细胞壁,易使脂肪细胞破裂而释放出脂肪,这样乳化时需要的乳化剂的量就多,因此生产乳化肠时,最好使用背部脂肪。如脂肪处于冻结状态,在斩拌或绞碎过程中,会使更多的脂肪游离出来,故首先应将脂肪进行解冻。

5. 加工延迟时间

斩拌好的肉乳浊物在进一步加工处理之前,可能会因工序设置等问题不得不存放一定时间,但是随着存放时间的延长,包裹脂肪球的界面膜会由于膜蛋白质的降解(如酶解)变得脆弱,而使肉乳浊物的稳定性降低,导致较高的汁液分离,因此,肉乳浊物的存放时间不宜超过几个小时。

第三节　中式香肠的加工

一、广式香肠的加工

广式香(腊)肠是以鲜(冻)肉为原料,加入辅料,经腌制、灌肠、晾晒、烘烤等工序加工而成,具有广式特色的生干腊肠。以"皇上黄"最为有名,其外形美观,色泽鲜亮,香醇可口,曾数次被评为优质产品。

1. 原料

选用新鲜或冻猪前后腿肉,以每 100kg 原料计,瘦肉占 70%,肥肉占 30%。

2. 配方(单位:kg)

食盐	2.8～3	一级生抽	2～3
白糖	9～10	硝酸钠	0.05
50°以上的汾酒	3～4	口径 28～30mm 的猪小肠衣	适量

3. 加工工艺

(1)原料整理　将选好的猪的前后腿肉,分割后去除筋、腱、结缔组织,分别切成 10～12mm 的瘦肉丁和 9～10mm 的肥肉丁,用 35℃的温水冲洗油渍、杂物,使肉粒干爽。

（2）拌馅和灌肠　将瘦、肥肉丁倒入拌馅机中，按配方要求加入辅料和清水，搅拌均匀。此时需要注意的是，拌馅的目的在于"匀"，拌匀为止，但需防止搅拌过度，使肉中的盐溶性蛋白质溶出，影响产品的干燥脱水过程。

拌好的肉馅用灌肠机灌入猪的小肠衣中，每隔一定间距打结。灌制要适度，过紧会涨破肠衣，过松影响成品的饱满结实度。然后针刺肠身，将肠内空气和多余的水分排出，再用温水清洗表面油腻、余液，使肠身保持清洁。

（3）晾晒与烘烤　将灌好的肠坯挂在晾棚上，在日光下晾晒 3h 后翻转一次，约晾晒半天后转入烘房，在 45～55℃ 条件下烘烤 24h 左右，包装即为成品。

4. 广式香肠的质量标准

（1）外观和感官要求　外观和感官要求见表 10-4。

表 10-4　　　　　　　　　　　　　　　广式香肠的外观和感官要求

项　目	指　标
组织及形态	肠体干爽，呈完整的圆柱形，表面有自然皱纹，断面组织紧密
色泽	肥肉呈乳白色，瘦肉鲜红、枣红或玫瑰红色，红白分明，有光泽
风味	咸甜适中，鲜美适口，腊香明显，醇香浓郁，食而不腻，具有广式腊肠的特有风味
长度及直径	长度 150～200mm，直径 17～26mm
内容物	不得含有淀粉、血粉、豆粉、色素及外来杂质

（2）理化要求　理化要求见表 10-5。

表 10-5　　　　　　　　　　　　　　　广式香肠的理化要求

项　目		优级	一级	二级
蛋白质含量/%	≥	22	20	17
脂肪含量/%	≤	35	45	55
水分含量/%	≤		25	
食盐（以 NaCl 计）含量/%	≤		8	
总糖（以葡萄糖计）含量/%	≤		20	
酸价（以 KOH 计）含量/（mg/g）	≤		4	
亚硝酸盐（以 $NaNO_2$ 计）含量/（mg/kg）	≤		20	

（3）保质期　保质期见表 10-6。

表 10-6　　　　　　　　　　　　　　　广式香肠的保质期　　　　　　　　　　单位：d

贮藏温度 包装方式	25℃以下	0～5℃
散装	15	90
普通包装	30	120
真空包装	90	180

二、莱芜顺香斋香肠的加工

莱芜顺香斋香肠是山东省莱芜地区传统风味食品，历史悠久，距今已有160多年的历史。莱芜顺香斋香肠由山东省莱芜吐丝口"顺香斋"所创制。由于其制品肉鲜料精、配料适宜、鲜香味美而行销北京、天津、上海以及东北、西北各地，深为消费者欢迎。

1. 配方（单位：kg）

猪肉	50	大茴香粉	0.125
精盐	2.5	企边桂粉	0.125
深色酱油	6	石落子	0.12
丁香粉	0.125	花椒粉	0.17
砂仁粉	0.125	猪小肠衣	适量

2. 加工工艺

（1）原料加工 猪肉剥去猪皮，剔去骨头，切成1cm见方的肉丁。

（2）制馅 切好的肉块加砂仁粉、企边桂粉、丁香粉、大茴香粉、石落子、花椒粉、精盐，再加深色酱油，搅拌均匀。放置20min即成馅料。

（3）灌馅 猪小肠衣用温水泡软，洗净，沥去水，灌入馅料。每间隔20cm为一节，用细绳扎好，并注意针刺排气。

（4）晒肠衣 灌好的肠体挂在竹竿上，在阳光下晒23d，以晒干肠皮为准。

（5）晾晒 将晒好的肠体放在阴凉通风的厂棚里晾1个月左右。

（6）煮制 老汤倒入锅内，再加深色酱油，旺火烧开，放入晾好的肠体，上面压以重物，使肠体全部浸没在水中。煮开后，要把肠子翻个，注意起泡处用针刺破，排出油水和气体，要防止肠体破裂，再压以重物，即好。煮制时间约30min。

（7）成品 煮好的肠体出锅，沥水，放在竹竿上，晾4h，凉透即为成品。

三、如皋香肠的加工

如皋香肠历史悠久，始产于1906年，以选料严格，讲究辅料，成品肉质紧密，肉馅红白分明，香味浓郁，口味鲜美而著称，是我国的著名香肠之一。

1. 原料

采用经兽医卫生检验、健康无病的猪肉，不得采用槽头肉等下脚料，其肥瘦比例为瘦肉75%～80%、肥膘20%～25%，肠衣采用口径为32～34mm的猪的5路小肠衣。

2. 配方（以每100kg原料计，单位：kg）

白糖	6	60°曲酒	0.5
食盐	3.5	葡萄糖	1

3. 加工工艺

（1）原料整理 将选好的原料去皮、去膘、剔尽骨头，修去筋膜、肌腱，再将瘦肉和肥膘分别切成1～1.2cm见方的小方丁。

（2）拌馅 将切好的瘦肉和肥肉丁放入容器内，将食盐撒在肉面上，充分拌匀后静止30min，再放入糖、酱油等其他辅料，拌匀后即可灌肠。

（3）灌肠 用清水将肠衣漂洗干净，利用灌肠机将肠馅灌入肠衣内，用针在肠身上戳孔放出空气，用手挤抹肠身使其粗细均匀、肠馅结实，两头用花线扎牢，串挂于竹竿上以待晾晒。

（4）晾晒　将香肠置于晾晒架上晾晒，香肠之间保持一定距离，以利通风透气。一般冬季晾晒 10～12d，夏季 6～8d，晾晒至瘦肉干、肠衣皱、重量为原料重量的 70％左右即可。

（5）入库晾挂保管　将晾好的香肠放入通风良好的库房内晾挂 20～30d 左右，使其缓慢成熟和干燥，产生特有的香味，包装即为成品。

四、临清香肠的加工

临清香肠为临清传统产品，加工方法与前类似。

1. 配方（单位：kg）

精肉	45	砂仁粉	0.075
肥肉	5	莳萝子	0.04
丁香粉	0.1	白糖	0.5
玉果粉	0.1	白酒	0.5
花椒粉	0.075	一级酱油	6
桂皮粉	0.05	食盐	1.5
大茴粉	0.05		

2. 加工工艺

加工工艺与前类似。

第四节　熏煮香肠的加工

熏煮香肠是指肉经腌制、绞切、斩拌、乳化成肉馅，充填入肠衣中，经烘烤（或不烘烤）、蒸煮、烟熏（或不烟熏）、冷却等工艺制成的肠类制品。各种熏煮香肠的加工工艺大同小异。

一、熏煮香肠的加工

（一）原料肉的选择与初加工

生产香肠的原料范围很广，主要有猪肉和牛肉，另外羊肉、兔肉、禽肉、鱼肉及它们的内脏均可作为香肠的原料。生产香肠所用的原料肉必须是健康的，并经兽医检验确认是新鲜卫生的肉。原料肉经修正，剔去碎骨、污物、筋、腱及结缔组织膜，使其成为纯精肉，然后按肌肉组织的自然块形分开，并切成长条或肉块备用。用于生产熏煮香肠的脂肪多为皮下脂肪。经修整后切成 5～7cm 的长条。

（二）腌制

腌制的目的是使原料肉呈现均匀的鲜红色；使肉含有一定量的食盐以保证产品具有适宜的咸味；同时提高制品的保水性和粘性。根据不同产品的配方将瘦肉加食盐、亚硝酸钠、混合磷酸盐等添加剂混合均匀，送入 2±2℃的冷库内腌制 24～72h。肥膘只加食盐进行腌制。原料肉腌制结束的标志是瘦猪肉呈现均匀的鲜红色、肉结实而富有弹性。

（三）绞碎

将腌制的原料精肉和肥膘分别通过筛孔直径为 3mm 的绞肉机绞碎。绞肉时应注意，即使从投料口将肉用力下按，从筛板流出的肉量也不会增多，而且会造成肉温上升，对肉的结着性产生不良影响。绞脂肪比绞肉的负荷更大，因此，如果脂肪的投入量与肉相等的话，会出现旋转困难的问题，而且绞肉机一旦转不动，脂肪就会熔化，从而导致脂肪分离。

（四）斩拌

斩拌操作是熏煮肠加工过程中一个非常重要的工序，斩拌操作控制的好与坏直接与产品的品质有关。斩拌时，首先将瘦肉放入斩拌机内，均匀铺开，然后开动斩拌机，继而加入（冰）水，以利于斩拌。加（冰）水后，最初肉会失去粘性，变成分散的细粒子状，但不久粘着性就会不断增强、最终形成一个整体，然后再添加调料和香辛料，最后添加脂肪。在添加脂肪时，要一点一点地添加，使脂肪分布均匀。斩拌时，由于斩刀的高速旋转，肉料的升温是不可避免的，但过度升温就会产生乳浊液破坏的问题，因此斩拌过程中应添加冰屑以降温。以猪肉、牛肉为原料肉时，斩拌的最终温度不应高于 16℃，以鸡肉为原料时斩拌的最终温度不得高于 12℃，整个斩拌操作控制在 6～8min 之内。

斩拌结束后，用搅拌速度继续转动几转，以排出肉馅中的气体。

（五）灌制

灌制又称充填。是将斩拌好的肉馅用灌肠机充入肠衣内的操作。灌制时应做到肉馅紧密而无间隙，防止装得过紧或过松。过松会造成肠馅脱节或不饱满，在成品中有空隙或空洞。过紧则会在蒸煮时使肠衣胀破。灌制所用的肠衣包括天然动物肠衣及人造肠衣两大类，目前应用较多的是 PVDC 肠衣、尼龙肠衣、纤维素肠衣等。灌好后的香肠每隔一定的距离打结（卡）。

（六）烘烤

烘烤是用动物肠衣灌制的香肠的必要加工工序，传统的方法是用未完全燃烧木材的烟火来烤，目前用烟熏炉烘烤是由空气加热器循环的热空气烘烤的。烘烤的目的主要是使肠衣蛋白质变性凝结，增加肠衣的坚实性；烘烤时肠馅温度提高，促进发色反应。

一般烘烤的温度为 70℃ 左右，烘烤时间依香肠的直径而异，约为 10～60min。

（七）煮制

目前国内应用的煮制方法有二种，一种是蒸汽煮制，适于大型的肉食品厂；另一种为水浴煮制，适于中、小型肉食品厂。无论那种煮制方法，均要求煮制温度在 80～85℃ 之间，煮制结束时肠制品的中心温度大于 72℃。

（八）烟熏、冷却

烟熏可在多功能烟熏炉中进行，烟熏主要是赋予制品以特有的烟熏风味，改善制品的色泽，并通过脱水作用和熏烟成分的杀菌作用增强制品的保藏性。

烟熏的温度和时间依产品的种类、产品的直径和消费者的嗜好而定。一般的烟熏温度为 50～80℃，时间为 10min～24h。

熏制完成后，用 10～15℃ 的喷淋冷水喷淋肠体 10～20min，使肠坯温度快速降下来，然后送入 0～7℃ 的冷库内，冷却至库温，贴标签再行包装即为成品。

（九）香肠制品生产过程中的配方技术

1988 年，USDA 对香肠制品中脂肪和水的添加量作出规定，在香肠制品的最终产品中，脂肪和添加水的量之和必须小于40%，其中添加水的量应大于10%，相应的脂肪的最高添加量为30%，脂肪含量应大于5%。

添加水的量%＝产品的水分含量%－（4×产品蛋白质含量%）

因此一个水分含量为62%、蛋白质含量为12%熏煮香肠，其添加水的最大量为：

添加水的量%＝62%－（4×12%）＝14%；且产品中脂肪的含量应不大于26%。

我们需要知道的是在配料时，添加多少水才能使最终产品中的添加水量为10%。

有100kg原料肉，其蛋白质含量为17%、水分含量为60%；在产品配方中添加的辅助材料总量为3kg；不考虑产品工序间转运损失，产品的蒸煮损失为8%、冷却损失为2%。

那么：

添加水的量%＝水分含量%－（4×蛋白质含量%）

即：

$(100×60\%+X)/(100+3+X)-4×(17\%×100)/(100+3+X)=8\%+2\%$

$X=1830/90=20.33$（kg）

就是说，如果没有加工损失的话，添加20.33kg的水将满足最终产品中外加水分10%的要求。

考虑到蒸煮损失和冷却损失，外加水的量应为：

$100+3+20.33=123.33$（kg）（最终的配方重量）

$123.33÷0.92=134.05$（kg）（调整8%的蒸煮损失）

$134.05÷0.98=136.79$（kg）（调整2%的冷却损失）

$136.79-123.33=13.46$（kg）（预期的最终失量）

配方中总的外加水量为$13.46+20.33=33.79$（kg）

二、高温火腿肠的加工

高温火腿肠是以鲜或冻畜、禽、鱼肉为主要原料，经腌制、斩拌、灌入塑料肠衣、高温杀菌加工而成的乳化型香肠。

（一）加工工艺

1. 原料肉的处理

选择经兽医卫检合格的热鲜肉或冷冻肉，经修整处理去除筋、腱、碎骨与污物，用切肉机切成5～7cm宽的长条后，按配方要求将辅料与肉拌匀，送入2±2℃的冷库内腌制16～24h。

2. 绞肉

将腌制好的原料肉，送入绞肉机，用筛孔直径为3mm的筛板绞碎。

3. 斩拌

将绞碎的原料肉倒入斩拌机的料盘内，开动斩拌机用搅拌速度转动几圈后，加入碎冰总量的2/3，高速斩拌至肉馅温度4～6℃，然后添加剩余数量的碎冰继续斩拌，直到肉馅温度低于14℃，最后再用搅拌速度转几圈，以排除肉馅内的气体。总的斩拌时间要大于4min。

4. 充填

将斩拌好的肉馅倒入充填机的料斗内，按照预定充填的重量，充入PVDC肠衣内，并自动打卡结扎。

5. 灭菌

填充完毕经过检查的肠坯（无破袋、夹肉、弯曲等）排放在灭菌车内，顺序堆入灭菌锅进行灭菌处理。规格为 58g 的火腿肠，其灭菌参数为：

$$\frac{15min-23min-20min}{121℃} \quad（反压 0.2～0.22MPa）。$$

灭菌处理后的火腿肠，经充分冷却，贴标签后，按生产日期和品种规格装箱，并入库或发货。

（二）火腿肠的品质标准（SB/T10251-2000）

1. 火腿肠的外观和感官标准见表 10-7。

表 10-7   火腿肠的外观和感官标准

项　目	指　标
外观	肠体均匀饱满，无损伤，表面干净，密封良好，结扎牢固，肠衣的结扎部位无内容物
色泽	断面呈淡粉红色
质地	组织紧密，有弹性，切片良好，无软骨及其他杂物
风味	咸淡适中，鲜香可口，具固有风味，无异味

2. 火腿肠的细菌标准见表 10-8。

表 10-8   火腿肠的细菌标准（GB2725.1-1994）

项　目	指　标	
	出厂	销售
菌落总数/（个/g）	≤20000	≤50000
大肠菌群/（个/100g）	≤30	≤30
致病菌（系指肠道致病菌和致病性球菌）	不得检出	不得检出

3. 火腿肠的理化标准见表 10-9。

表 10-9   火腿肠的理化等级标准

项目		特级	优级	普通级
水分/%	≤	70	67	64
蛋白质含量/%	≥	12	11	10
脂肪含量/%	≤		6～16	
淀粉含量/%	≤	6	8	10
食盐（以 NaCl 计）含量/%	≤		3.5	
亚硝酸钠含量/（mg/kg）	≤		30	
其他食品添加剂			应符合 GB2760 的规定	

三、几种熏煮香肠的加工

（一）法兰克福香肠（Frankfurter）

1. 配方（单位：kg）

牛肉修整肉	18.1	脱脂奶粉	1.8
猪颊肉	11.3	食盐	1.4
牛头肉	9.0	白胡椒	0.1127
标准修整猪碎肉	6.8	肉蔻	0.0045
冰	13.6	姜粉	0.007

2. 加工工艺

将充分冷却的原料肉（0～2℃）通过3mm筛孔直径的绞肉机绞碎，加入斩拌机中斩拌，首先用低速斩拌几转，当肉显示粘性时，加入总量2/3的冰屑和辅料快速斩拌至肉馅温度为4～6℃，再加入剩余的冰屑快速斩拌至肉馅终温低于14℃，充入肠衣内（20～22mm口径的羊小肠衣）打结后45℃烘烤10～15min（相对湿度95％）、55℃烘烤5～10min、58℃熏制10min（相对湿度30％）、68℃熏煮10min（相对湿度40％），78℃（100％相对湿度）熟制到制品中心温度大于67℃即为成品。

（二）小红肠（Wiener）

小红肠又名维也纳香肠。将小红肠夹在面包中就是著名的快餐食品——热狗。

1. 配方（单位：kg）

牛肉	55	胡椒粉	0.19
猪精肉	20	玉果粉	0.13
奶脯或白膘	25	食盐	3.5
淀粉	5	口径为18～20mm的羊小肠衣	适量

2. 加工工艺

原料经腌制、绞碎、斩拌、灌肠（每节长12～14cm）、烘烤、煮制而成。

（三）大红肠

大红肠又称茶肠，是欧洲人喝茶时食用的肉食品。

1. 配方（单位：kg）

牛肉	45	玉果粉	0.125
猪精肉	40	大蒜	0.2
白膘	5	食盐	3.5
淀粉	5	口径为6～7cm的牛肠衣	适量
白胡椒粉	0.2		

2. 加工工艺

原料腌制、绞碎、斩拌、灌肠（每节长45cm）、烘烤（70～80℃、45min）、熟制（90℃水浴1.5h）、冷却后即为成品。

（四）哈尔滨大众红肠（原名里道斯肠，系从俄罗斯传入）

1. 配方（单位：kg）

猪精肉	40	肥膘肉	10

淀粉	3.5	胡椒粉	0.05
食盐	1.75～2	大蒜	0.25
味精	0.05		

2. 加工工艺

原料经腌制、绞碎、斩拌后灌入直径 30mm 的猪的小肠衣中，烘烤 1h，85℃水煮 25min，35～40℃熏制 12min。

（五）北京蒜肠

1. 配方（单位：kg）

猪精肉	30	大茴香粉	0.1
肥肉	20	味精	0.05
淀粉	0.015	蒜	1
胡椒粉	0.1	食盐	2.75

2. 加工工艺

腌制、绞碎、斩拌、灌肠后烘烤、熟制、烟熏、冷却即为成品。

（六）肝肠

1. 配方（单位：kg）

猪肝	22.7	脱脂奶粉	1.4
标准修整碎猪肉	18.1	食盐	0.9
牛肉修整肉	4.5	白胡椒	0.1127
洋葱	2.3		

2. 加工工艺

牛、猪肉用 12.7mm 的筛孔绞肉机绞碎，肝和其他的配料、肉在斩拌机中斩匀，使肠馅充分乳化，灌入肠衣中，熟制到肠中心温度在 66～67℃之间。

（七）血肠

1. 配方（单位：kg）

血	38.5	白胡椒	0.1127
猪肥膘丁	6.8	肉蔻	0.0282
洋葱	2.3	桂皮	0.014
食盐	0.9		

2. 加工工艺

将洋葱绞成细浆，连同猪肥膘丁、食盐、调味料一起加到血液中，灌入肠衣，煮制到肠中心温度达到 67～68℃，冷却即为成品。

（八）青岛一级红肠

青岛一级红肠其外观呈枣红色，有经熏烤加工后产生的细密皱纹，长 40cm 左右，长短粗细一致，切面结实而富有弹性，色泽玫瑰红，肥丁白色，结构光滑紧密，入口清香，微有蒜味和红肠固有的烟熏味。

1. 配方（单位：kg）

猪肉	100	白胡椒粉	0.25
淀粉	5	味精	0.3
玉果粉	0.1	大蒜	0.5

盐	3.5	亚硝酸钠	0.015

2. 加工工艺

选用合格的白条猪肉，经剔骨选料，配以辅料，经腌制、拌馅、灌肠、熟制、烘烤而成。

（九）烟台熏肠

1. 配方（单位：kg）

特精肉	40	精盐	1.5
肥肉	10	白胡椒	0.05
淀粉	6	五香粉	0.05
白糖	0.75	硝酸钠	0.015
味精	0.1		

2. 加工工艺

同青岛一级红肠。

（十）桂花肠

1. 配方（单位：kg）

猪肉	35～40	味精	0.1
肥肉	10～15	盐	1
硝石	0.012	桂花油	少许
白糖	2		

2. 加工工艺

将原料切成 3cm×5cm 的肉块，加入辅料拌匀，腌 24h 后加工熟制而成。

第十一章 发酵肉制品

所有的发酵肉制品，其微生物稳定性及感官特性都在某种程度上取决于生产过程中乳酸菌的发酵。这类产品最显著的特点是具有较好的保藏性能和独特的风味特性。发酵香肠是发酵肉制品中产量最大的一类代表性产品。除发酵香肠外，发酵肉制品中的另一大类产品就是发酵干火腿。广义地说，我国的传统腌腊肉制品如腊肠、腊肉和火腿均应划归发酵肉制品之列，不过，本章主要针对欧美等国家的发酵香肠类产品作一概述，有关我国传统腌腊制品的内容请读者参见第十章。

发酵香肠是指将绞碎的肉（通常指猪肉或牛肉）、动物脂肪、盐、糖、发酵剂和香辛料等混合后灌进肠衣，经过微生物发酵而制成的具有稳定的微生物特性和典型的发酵香味的肉制品。

发酵香肠可以以多种肉类为原料，采用不同的产品配方和添加剂，使用不同的加工条件进行生产，所以人们至今已经开发的产品种类不计其数。如仅德国生产的发酵香肠就超过 350 种，其中还没有计入许多产量很低的品种。要对发酵香肠进行分类是比较困难的，通常根据加工过程时间的长短、最终的水分含量和最终的水分活度值这些标准将发酵香肠分成三大类：涂抹型、短时加工切片型和长时加工切片型（见表 11-1）。或者，发酵香肠可以简单地分成干香肠或半干香肠。半干香肠实际上包括了涂抹型和短时加工切片型两种。这种分类并不是人为的简单划分，它是从对公众健康意义的角度分类的，这是因为猪旋毛虫能够在半干香肠中存活但却不能在干香肠中存活。在美国，含有猪肉的半干香肠必须加热到 58.3℃ 以上，以确保杀死其中的寄生虫（包括猪旋毛虫）。在其他国家也有类似的法规。

表 11-1　　　　　　　　　　　　发酵香肠的分类（一）

类　型	加工时间/d	最终水分含量/%	最终水分活度	举　　例
涂抹型	3～5	34～42	0.95～0.96	德国的 Teewurst 肠和 Frische 生软质猪肉香肠
短时加工切片型	7～28	30～40	0.92～0.94	美国的夏肠，德国的图林根肠
长时加工切片型	12～14	20～30	0.82～0.86	德国、丹麦和匈牙利的萨拉米肠；意大利的吉诺亚肠；法国的干香肠；西班牙的辣干香肠

发酵香肠还可以根据肉馅颗粒的大小、香肠的直径、使用或不使用烟熏以及成熟过程中是否使用霉菌等方面来进行分类。此外，人们还习惯按照产品在加工过程中失去水分的多少将发酵香肠分成干香肠、半干香肠和不干香肠等，其相应的加工过程中的失重大约分别为30%以上、10%～30%和10%以下（如表 11-2）。这种分类方法虽然不很科学，但却被业内人士和消费者普遍接受。

表 11-2 发酵香肠的分类（二）

产品类型	干燥失重	烟 熏	表面霉菌及酵母菌	举 例
风干肠	>30%	不熏	有	萨拉米肠，法国粗红肠
熏干肠	>20%	熏	无	德国 Katenrauchwurst
半干肠	<20%	熏	无	美国熏香肠
不干肠	<10%	常熏	无	德国 Teewurst，鲜生软质猪肉香肠

值得指出的是，地中海地区各国在生产发酵香肠时总是将发酵和干燥紧密地结合，最终产品的微生物稳定性主要依靠较低的水分活度值来控制；而在中欧、北欧、美国等国家，相当数量的发酵香肠产品只有很轻微的干燥，其产品的微生物稳定性几乎完全依靠微生物发酵产生的有机酸（主要是乳酸）来控制；在亚洲，泰国生产的传统发酵牛肉香肠—Mam以及我国的传统腊肠，基本上也是依靠较低的水分活度控制产品的保藏性。

已有证据表明，发酵香肠在成熟过程中发生的蛋白水解能提高蛋白质的消化率。例如，一种猪肉和牛肉混合香肠经 22d 发酵后，其净蛋白质消化率从 73.8% 提高到了 78.7%，而粗蛋白质的消化率则从 92.0% 提高到了 94.1%。

第一节 发酵肉制品的加工

所有的发酵香肠都具有相似的基本加工工艺，如图 11-1 所示。值得指出的是，干发酵香肠加工过程中的干燥成熟和半干发酵香肠生产过程中的加热，其目的都是杀死产品中的猪旋毛虫，不过并不能杀死产品中的病原菌。

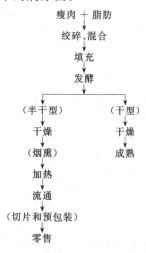

图 11-1 发酵香肠的基本加工工艺流程

一、原 辅 料

（一）原料肉

用于制造发酵香肠的肉馅中瘦肉一般占 50%～70%，几乎可以使用任何一种肉类原料，不过通常需根据各地的饮食传统做出选择。比如，在欧洲的大部分地区、美国以及亚洲的许多国家，猪肉是使用最广泛的原料。而在其他国家和地区，人们更多地使用羊肉和牛肉作为原料。鸡肉也可用于发酵香肠的生产，可是目前的产量很低。不管使用什么种类的原料肉，都必须保证产品具有很好的质量，不允许存在明显的质量瑕疵如血污等。

影响原料肉作为发酵香肠加工适应性的主要因素包括持水力、pH 和颜色。当使用猪肉作为原料时，初始 pH 应在 5.6～6.0 范围，这样有利于发酵的启动，保证 pH 的下降。因此，DFD 肉不适合加工发酵香肠，而 PSE 肉可以用于生产干发酵香肠，但其添加量以不超过 20% 为宜。另外，人们通常认为以老龄动物肉为原料生产的干发酵香肠质量更好，所以常常优先选用这类原料。

在许多传统加工方法中，脱骨后的原料肉通常在使用前于冷藏室内用冷风吹干，这样做被认为有利于改进发酵香肠的质量。可是现在人们对此仍存有异议，而且冷风吹干会增加额外的费用。

原料肉需具有较好的卫生质量以减少发酵初期有害微生物与乳酸菌的竞争，这对涂抹型萨拉米肠的加工尤为重要，否则如果原料肉中初始有害微生物数量较高，则会导致最终产品的微生物稳定性下降。目前在欧美国家不允许使用机械脱骨肉糜作为发酵香肠的原料，就是因为这类产品中有害微生物的数量较多，同时功能性质又较差。不过，有人将其用于涂抹型香肠的生产后发现对最终产品的微生物稳定性没有产生太大的不良影响。在生产涂抹型发酵香肠时，为了防止脂肪的分离改善涂抹性能，必须采取特殊的措施如将肉和脂肪与添加的大豆分离蛋白或酪蛋白钠进行预乳化。

尽管许多发酵香肠中脂肪含量很高（干发酵香肠最终产品中脂肪含量有时高达 50%），但一般不选用高脂肪含量的肉块，脂肪通常是单独添加的成分。

（二）脂肪

脂肪是发酵香肠中的重要组成成分，干燥后的含量有时可以高达 50%。脂肪的氧化酸败是发酵香肠（尤其是干香肠）贮藏过程中最主要的质量变化，是限制产品保质期的主要因素。因此要求使用熔点高的脂肪，也就是说脂肪中不饱和脂肪酸的含量应该很低。牛脂和羊脂因气味太大，不适于用作发酵香肠的脂肪原料。一般认为色白而又结实的猪背脂是生产发酵香肠的最好原料。这部分脂肪只含有很少的多不饱和脂肪酸，如油酸和亚油酸的含量分别为总脂肪酸的 8.5% 和 1.0%，这些多不饱和脂肪酸极其容易发生自动氧化。如果猪饲料中多不饱和脂肪的含量较高，脂肪组织会较软，使用这样的猪脂肪后会导致最终产品的风味和颜色发生不良变化，并且会迅速发生脂肪氧化酸败，缩短保质期。

任何一种脂肪都不能较长时间贮藏在会引起早期变质的条件下。因此，为降低猪脂肪中的过氧化物含量，宰后猪脂肪应立即快速冷冻，同时避免长期贮藏。在一些国家，允许与脂肪一起添加抗氧化剂，BHT 和 BHA 应用最为广泛，但被怀疑会引起不良的毒理学反应。在有些国家，还允许使用下列添加剂：抗坏血酸棕榈酸酯、人工合成的天然抗氧化剂如合成生育酚、富含生育酚的天然提取物等；迷迭香草和某些香辛料如大蒜和肉豆蔻皮也具有一定的抗氧化性能。抗坏血酸可以作为抑制脂肪氧化的添加剂，但在许多情况下其主要作用是作为腌制剂中的发色助剂，以形成并保持产品良好的颜色。

（三）腌制剂

腌制剂中主要包括氯化钠、亚硝酸盐或硝酸盐、抗坏血酸钠等。

1. 氯化钠

氯化钠在发酵香肠中的添加量通常为 $2.5\%\sim3.0\%$，能够将原料的初始水分活性（A_w）降到 0.96 左右。在某些意大利萨拉米肠中其添加量更大一些，干燥后制品中的含量可以达到 8% 以上。这样高的氯化钠含量与亚硝酸盐（浓度可以达到 150mg/kg）以及低 pH 结合，形成了一个强有力的抑制体系，使得原料中的大部分有害微生物的生长被抑制，同时有利于乳酸菌和小球菌的生长。氯化钠在肉馅中还起到溶解蛋白质的作用，将肌原纤维蛋白（盐溶蛋白）部分溶出，以便在肉粒周围包裹一层薄膜，形成乳糜状，提高了肉粒之间的粘结性，有利于形成好的产品质地。此外，氯化钠也是形成产品滋味的重要成分之一。

2. 亚硝酸盐

除了干发酵香肠外，其他类型的发酵香肠在腌制时首先选用亚硝酸盐。亚硝酸盐可直接加入，添加量一般小于 150mg/kg。亚硝酸盐对形成发酵香肠最终的颜色和推迟脂肪氧化都是非常重要的，NO_2^- 还能够抑制大多数革兰氏阴性细菌的生长，同时对抑制肉毒梭状芽孢杆菌的生长也尤为重要，此外，还有利于形成腌制肉特有的香味。

尽管氯化钠和 NO_2^- 对最终产品的稳定性起到一定作用，但是在大多数情况下其主要作用则是在发酵初期创造一种适合于乳酸菌生长的选择性优势条件，同时抑制有害微生物的生长。在含水量和水分活度相对较高的半干香肠中，亚硝酸盐维持最终产品稳定性的作用是最大的。

3. 硝酸盐

在生产发酵香肠的传统工艺中或在生产干发酵香肠过程中一般加入硝酸盐而不加入亚硝酸盐，添加量通常为 $200\sim600$mg/kg，甚至更大一些。不过人们普遍认为，发酵香肠中的这一添加量偏高。同所有肠类肉制品一样，最终在加工中起作用的仍然是亚硝酸盐，所以加入的硝酸盐必须经微生物或还原剂（如抗坏血酸钠）还原为亚硝酸盐，为此肉馅中应保证含有足够数量的硝酸还原微生物的存在，有时需在发酵剂中添加。如果肉馅在刚开始腌制时亚硝酸盐的浓度就很高，会明显抑制对产生风味化合物或其前体物有益的微生物的活力。因此，用硝酸盐作腌制剂生产的干香肠在风味上常常要优于直接添加亚硝酸盐生产的发酵香肠。

在某些地方传统产品中，既不添加硝酸盐也不添加亚硝酸盐，比如西班牙的辣干香肠，其中少量存在的硝酸盐是从其他成分中转化而来的，主要来源是大蒜粉和辣椒粉。

4. 抗坏血酸钠

抗坏血酸钠为腌制剂中的发色助剂，起还原剂的作用。能将硝酸根离子还原为亚硝酸根离子，再将后者还原为 NO；或者将高铁肌红蛋白和氧合肌红蛋白还原为肌红蛋白。

（四）碳水化合物

宰后猪肉或牛肉的肌糖原在无氧呼吸条件下迅速酵解成乳酸，至 pH5.4 左右到达最低 pH。我们知道，微生物能利用葡萄糖产生乳酸，但是一旦其所能利用的单糖碳原被耗尽，许多好氧或兼性厌氧细菌就会利用氨基酸作碳原进行生长繁殖，从而导致肉的腐败。因此在肉中添加碳水化合物并结合除氧可以适当延长肉的货架期。碳水化合物的存在和无氧环境会促进乳酸菌的生长，而乳酸菌的代谢产物是乳酸，这样就进一步降低了肉的 pH，从而抑制了其他细菌（尤其是腐败菌和致病菌）的生长，防止肉的腐败变质，保证产品的食用安全性。

刚宰完的鲜猪肉和鲜牛肉，其中葡萄糖的含量分别只有 $7\mu mol/g$ 和 $4.5\mu mol/g$ 左右，这意味着其宰后的 pH 不可能大幅度下降，为了保证获得足够低的 pH，就需要添加一定数量的碳水化合物。在发酵香肠生产中所添加的碳水化合物一般是葡萄糖与低聚糖的混合物。因为如果只添加葡萄糖，需要添加的量较大，会导致 pH 下降太快，使肉中的某些酸敏感细菌不能生长，而这些细菌对发酵香肠的成熟和最终产品的特性是有益的；反之，如果添加的葡萄糖数量过少或者只添加降解速度很慢的低聚糖，香肠在发酵后的成熟过程中，由于温度较高（可达近 30℃以上），可能导致有害微生物的生长。只有将这两种糖结合使用，才能保证既获得较低的初始 pH，抑制有害微生物的生长，又不会对有益于香肠特性的成熟菌造成损害。两种糖的添加量通常为 0.4%～0.8%，发酵后香肠的 pH 为 4.8～5.0。但是在生产意大利式萨拉米肠时添加量较低，为 0.2%～0.3%。这是因为这类发酵香肠中一般添加硝酸盐而不添加亚硝酸盐，添加碳水化合物的量要少，以降低有机酸形成的速度，从而避免硝酸盐还原微生物过早被抑制。相反，在生产美式半干发酵香肠时为保证使 pH 快速下降，添加量一般较大，可达 2.0%，产品的最终 pH 为 4.5 左右，口味偏酸。

尽管在发酵香肠生产中添加碳水化合物已经是常规做法，但有人通过对发酵肉制品商业化进程的系统研究后，对在发酵香肠中添加碳水化合物的作用提出质疑。研究表明，在未使用外加发酵剂制造的一种德式香肠中，不添加碳水化合物时的酸化速率与含有 0.8%或 1.6%的糖时的酸化速率相同。这说明添加的糖类要么没有被利用要么只被利用了一部分。相反，另外的研究显示，在一种意大利香肠中添加 0.2%的糖，结果这些糖在发酵过程中被完全利用。

添加碳水化合物的量不能过多，不然会使肉馅的初始水分活度较低，再加上所添加的氯化钠也会降低初始水分活度，以至于过低的水分活度使发酵难以启动，影响产酸速率和 pH 的下降。

在有些国家，还采用添加奶粉的办法作为乳糖的来源，或者添加马铃薯粉作为淀粉的来源。这些添加物主要是作为肉类填充剂使用的，由于它们的持水性与肉不同，结果在产品干燥过程中会带来一些问题。

（五）酸化剂

添加酸化剂的目的是保证在发酵初期 pH 能够迅速下降。有专家认为，对于不添加发酵剂生产的发酵香肠来说，使用酸化剂对保证产品的安全性非常重要。在涂抹型产品中酸化剂经常与发酵剂结合使用，这类产品尤其需要 pH 在短时间内降下来。可是，对其他类型的产品，人们通常认为同时使用酸化剂和发酵剂会导致产品质量较差。

许多生产商优先选用的酸化剂是葡萄糖酸-δ-内酯，添加量为 0.5%左右。在发酵香肠中葡萄糖酸-δ-内酯能够在 24h 之内水解为葡萄糖酸，迅速降低肉馅的初始 pH，对干燥成熟初期有害的酸敏感细菌产生抑制作用，但同时这也干扰了微生物还原硝酸盐的活力和芳香物质的形成，因此常用于不干发酵香肠的生产，一般不用于干发酵香肠中。

有些发酵香肠在生产中直接添加乳酸或其他有机酸作为酸化剂。由于肉中蛋白质遇酸凝固，肉馅的均匀一致性会因此发生改变，进而给后面的填充操作造成困难。不过这一问题可以通过将有机酸用部分氢化植物油形成的膜衣包埋的方法加以解决。膜衣在发酵过程中因温度升高而熔化并释放出有机酸，这种释放过程也会在室温下发生，但有时只有在加热时当温度达到 60～65℃以上才熔化。葡萄糖酸-δ-内酯也可以采用包埋的方法，这样可以避免由于机械冲击或者其他原因造成的过早水解而带来的问题。

（六）发酵剂

目前，在半干发酵香肠生产中几乎普遍使用微生物发酵剂，但在干发酵香肠生产中只有像德国等少数国家越来越多地使用发酵剂，而其他国家和地区则很少使用发酵剂。不过发酵剂在发酵香肠生产中的作用和价值正在得到越来越广泛的认同。发酵香肠中使用的发酵剂主要由乳酸菌组成，添加的主要目的是为了改进产品质量的稳定性同时对发酵过程进行控制。当腌制剂中使用的盐类为硝酸盐而非亚硝酸盐时，发酵剂中常常还要包含一种或两种硝酸盐还原细菌如小球菌或葡萄球菌的菌株。葡萄球菌也可以在无乳酸菌的情况下单独添加。有关发酵剂的更详细的内容将在本章第四节"微生物发酵剂"中讨论。

有研究指出，在肉类发酵过程中存在多种乳杆菌，它们一般都具有两种酶活性，即硝酸盐还原酶和亚硝酸盐还原酶。亚硝酸盐还原酶又有两种类型，分别为血红素依赖型和非血红素依赖型。前者在发酵过程中的最终产物是氨；而后者则生成 NO_2 和 NO，有利于产品玫瑰红色的形成，不过一般情况下，该酶活性很低不足以满足生产的需要。

（七）香辛料及其他组分

大多数发酵香肠的肉馅中均可以加入多种香辛料，如黑胡椒、大蒜（粉）、辣椒（粉）、肉豆蔻和小豆蔻等。胡椒粒或粉是各种类型的发酵香肠中添加最普遍的香辛料，用量一般为 0.2%～0.3%。其他香辛料如辣椒（粉）、大蒜（粉）、肉豆蔻、灯笼椒等，也可以添加到发酵香肠中，种类和用量视产品类型和消费者的嗜好而定。香辛料在发酵香肠中发挥以下几方面的作用：①赋予产品香味；②刺激乳酸的形成，这是因为像胡椒、芥末、肉豆蔻等香辛料中锰的含量较高，而锰是乳酸菌生长和代谢中多种酶所必需的微量元素，包括关键的糖酵解酶如 6-二磷酸果糖缩醛酶；③抗脂肪氧化，大蒜、迷迭香等香辛料中含有抗氧化物质，能抑制脂肪的自动氧化作用，从而延长产品的保藏期。

一些国家还允许在发酵香肠中添加抗氧化剂和 L-谷氨酸，后者作为滋味助剂。另外有些国家还允许在发酵香肠中使用肉类填充剂，如植物蛋白尤其是大豆蛋白，最常使用的是大豆分离蛋白，添加量可达 5%。一般认为当其使用量在 2%以下时不会给产品质量带来不好的影响。大豆分离蛋白吸水性较强，因而可以在一定程度上降低氯化钠的使用量。另外，人们还使用一些血液制品替代植物蛋白添加到发酵香肠中，尽管最终产品的质量仍可以接受，但与常规配方相比，还是会造成发酵过程的差异并导致产品感官性状的不良变化。

二、肉馅的制备和填充

尽管各种类型的发酵香肠结构差异很大，但大多数产品发酵前的肉馅可以被看成是均匀分散的乳化体系。该体系必须考虑到两个方面的因素：一是要保证香肠在干燥过程中易于失去水分；另一方面就是要保证肉馅具有较高的脂肪含量。为此，瘦肉一般需在 0～-4℃下绞成相对较大的颗粒而不能将其斩拌成肉糊状，以免持水力太强。脂肪则需在-8℃左右的冻结状态下切碎，这样可以防止脂肪的所谓"成泥"现象，不然泥状的脂肪会包裹在肉粒表面，阻碍干燥过程中的脱水。

通常将绞碎的瘦肉和脂肪混合好以后，再加入腌制剂、碳水化合物、发酵剂和香辛料并混合均匀，注意必须保证食盐等组分在肉馅中分布均匀。有时可以先将瘦肉预腌一下，有时也可以使用未经预腌和经预腌的瘦肉的混合物，但必须使其在发酵前达到平衡。

肉馅在灌制前应尽可能除净其中的氧气，因为氧的存在会对产品最终的色泽和风味不利，这可以通过使用真空搅拌机来实现。灌肠时使用的肠衣可以是天然肠衣也可以是人造肠衣（胶原纤维型），所使用的肠衣类型会明显地影响霉菌成熟的香肠质量。当使用天然肠衣制造发酵香肠时会发现，香肠表面很容易长青霉而且会向香肠内渗透，同时酵母菌的生长也很快。用天然肠衣制造霉菌成熟香肠时，产品的风味和香气更好而且成熟更均匀；可是当生产非霉成熟香肠时，会有利于引起产品最终腐败变质的霉菌和酵母菌株的生长发育。无论使用哪种类型的肠衣，都必须保证水分可以很容易地蒸发，如果生产烟熏型产品还必须保证熏烟能够渗透到产品内部，并且肠衣在干燥时可以皱缩。

灌肠时肉馅的温度要求不要超过 2℃。填充时需小心，要保证填充适当，使以后的加工过程不致于引起产品质量缺陷。机械填充可以得到令人满意的结果，但是挤压式填充设备会造成脂肪"成泥"，因此最好选用真空叶片式填充机。这种设备还具有另外一个优点，就是能够减少肉馅中存在的空气保证产品最终形成良好的色泽。有些发酵香肠不是填充入肠衣中而是被挤入模具中。

三、接种霉菌或酵母菌

对于许多干发酵香肠来说，肠衣表面生长的霉菌或酵母菌对产品形成良好的感官特性（尤其是风味和香气）起着重要的作用。霉菌或酵母菌对抑制其他有害菌、保护香肠免受光和氧的作用以及产生过氧化氢酶等也有一定的作用。在传统加工工艺中，这些微生物是从工厂环境中偶然"接种"到香肠表面的，然而这种偶然的自发接种会带来产品质量的不稳定，更重要的是经常会有产真菌毒素的霉菌生长，对人类的健康造成潜在的危害。正是由于这些原因，在发酵香肠的现代加工工艺中，经常采用在香肠表面接种不产真菌毒素的纯发酵剂菌株的办法。大多情况下，香肠在灌肠后直接接种，通常的做法是将霉菌或酵母菌培养液的分散体系喷洒在香肠表面。或者准备好霉菌发酵剂的悬浮液后，将香肠在其中浸一下，这是一种既简单又有效的接种方法，但是与悬浮液接触的所有器具和设备必须经过严格的卫生处理，以防止环境中霉菌的污染。有时这种接种是在发酵后干燥开始前才进行的。

商品发酵剂中最常见的霉菌当属青霉属的种类，如纳地青霉（*Penicillium nalgiovensis*）是使用最广泛的霉菌，其次是扩展青霉（*P. expensum*）和产黄青霉（*P. chrysogenum*）。最常见的酵母菌种是德巴利酵母菌属（*Debaryomyces*），其次是假丝酵母菌属（*Candida*）的菌株。霉菌发酵剂一般应用的是其冻干孢子的悬浮液，而酵母菌发酵剂是冻干细胞。有研究表明，从意大利传统萨拉米肠中分离到的表面自发接种的霉菌属于产真菌毒素能力较强的种类，譬如在小规模生产的香肠中最常见的是疣状青霉巨大变种（*Penicillium verruculosum* var. *cyclopium*），而在较大规模生产中最常见的则是亮白曲霉（*Aspergillus candidus*）。

四、发　酵

狭义地讲，发酵是指香肠中的乳酸菌旺盛地生长和代谢并伴随着 pH 快速下降的阶段。实际上，在这一阶段香肠中还发生许多其他的重要变化。而且乳酸菌通常在半干发酵香肠的干燥和烟熏过程中会继续生长。而对干发酵香肠来说，发酵是与初期干燥同时进行的。另外，即使当加工中的外部条件不允许微生物生长以后，微生物代谢所产生的各种酶类其活性还会在香肠中长期存在。所以从这个角度说,发酵可以认为是发酵香肠整个加工中持续发生的过程。

（一）发酵过程中微生物的作用

如同生产其他发酵食品如干酪、发酵乳、泡菜等一样,在发酵香肠的生产中乳酸菌起着关键作用。其中属于同型发酵的乳酸菌种类如啤酒片球菌和使用较少的乳球菌是最重要的乳酸菌种类。属于异型发酵的乳酸菌种类由于在发酵时会产气并生成非发酵香肠特征性气味成分,因此往往不予采用。属于异型发酵的明串珠菌（*Leuconostoc*）除产气外,还会形成人们所不希望的粘液,所以通常也不希望在发酵剂中存在。可是事实上,属于异型发酵的乳酸菌在某些发酵香肠中还是很常见的,只不过它们的数量很少。有些属于同型发酵的乳酸菌如清酒乳杆菌（*Lb. sake*）,尽管当该菌的菌落数量达到 10^7cfu/g 时似乎对香肠的质量也不会产生显著的不良影响,但由于该菌生长时会产生粘液,所以也是不希望存在的菌株。

乳酸菌的主要作用是将碳水化合物经无氧酵解途径分解产生有机酸（主要是乳酸）,从而使 pH 下降,抑制香肠中存在的其他有害微生物生长。同时 pH 降低以后,使得肉中蛋白质的持水力下降,这样对于保证发酵后香肠的正常干燥非常重要。

近些年来,令人感兴趣的研究结果是,香肠在发酵过程中乳酸菌除产生有机酸以外,还会生成一些微生物抑制因子。有时这些抑制因子表现出非特异性机制,如过氧化氢的生成,氧化还原电位的降低,营养物质尤其是氨基酸和维生素（主要是尼克酸和生物素）的竞争等等。有些乳酸菌则能产生具有很高专一抑制活性的细菌素。而其中人们最感兴趣的细菌素当属那些能够对致病性细菌如单核细胞增生李斯特氏菌（*Listeria monocytogenes*）产生抑制作用者。有研究表明,由啤酒片球菌产生的细菌素,在肉馅的 pH 出现显著的下降之前就对单核细胞增生李斯特氏菌产生明显的抑制作用,该活性在 pH 降低后会变得更强。

对某些种类的发酵香肠而言,部分小球菌和凝固酶阴性葡萄球菌的菌株起着重要作用,因为这些菌株具有将硝酸盐还原为亚硝酸盐的能力。鲜肉中存在很多具有硝酸盐还原作用的细菌（如假单胞杆菌）,但是这些菌株大多不能在发酵过程中生长。前已述及,亚硝酸盐是发酵香肠抑菌体系中的主要组成成分,同时在产品特征性颜色形成过程中也是不可或缺的。某些乳杆菌属的种类具有产生过氧化氢的较强活性,而过氧化氢可以防止由于产过氧化物的乳酸菌菌株引起的色变,还可以在一定程度上减轻脂肪氧化现象。小球菌和葡萄球菌在干发酵香肠干燥成熟过程中能够产生水解脂肪和蛋白质的多种酶类,酶解作用的产物在干发酵香肠特征风味形成中起重要作用,尤其是肉食葡萄球菌（*Staph. carnosus*）对发酵香肠的风味贡献已是不争的事实。另外,在香肠中乳酸菌大量生长之前,肉中固有微生物菌群的适当生长可能对改善干发酵香肠的品质也有一定作用。

（二）自然发酵

在发酵香肠传统加工工艺中,发酵是完全依赖原料肉中存在的乳酸菌而进行的自然发酵。乳酸菌普遍存在于原料肉中,只不过初始数量很低,除非原料肉曾在真空包装中贮藏过一段时间。发酵香肠肉馅的初始条件一般不利于肉中数量占优势的革兰氏阴性菌的生长,而有利于革兰氏阳性菌以及凝固酶阳性和凝固酶阴性的葡萄球菌和乳酸菌的生长。有证据表明,乳酸发酵过程涉及由肠杆菌到肠球菌最后再到乳杆菌和片球菌的"接力传递"。如果发酵进行顺利的话,乳酸菌生长将会很快,一般发酵 2~5d 后其菌落数量即可达到 10^6～

10^8cfu/g。相应的 pH 的降低导致假单胞菌和其他酸敏感革兰氏阴性杆菌在 2～3d 内死亡，不过耐酸性较好的细菌如沙门氏菌等可能存活更长的时间。乳酸菌的数量在达到最大值后趋于下降，但在霉菌成熟的香肠中经常会在约 15d 后出现第二个生长高峰期，这与乳酸盐代谢引起的 pH 的升高相吻合。如果乳酸发酵的启动被延迟，pH 下降缓慢，则金黄色葡萄球菌易生长并产生肠毒素（详见本章第四节"产品的安全性与质量控制"），其他杂菌的生长可能会使香肠的风味变差。对干发酵香肠而言，由于香肠中通常只含有硝酸盐而不含亚硝酸盐，这时能够生长发育的细菌种类很多，显然对改善干发酵香肠的风味品质有利。

在采用自然发酵法生产发酵香肠时，为了提高发酵过程的稳定性和可靠性，最初通常采取"回锅"的办法。所谓"回锅"是指在新的肉馅中加入前一个生产周期中的部分发酵后的材料作为菌种接种的方法。这种做法曾经被广泛使用，也确实提高了发酵的可靠性，但是这种方法却不能获得令人非常满意的结果。首先，"回锅"材料中的乳酸菌生理上可能已经处于衰老状态，不能快速启动新的一轮发酵；其次，"回锅"方法的不可控性意味着接种进去的乳酸菌可能具有一些人们不希望的特性，如形成过氧化物，这种性质一旦成为香肠中的主要变化，其结果将给香肠的品质带来严重的不良后果。

从自然发酵香肠分离到的乳酸菌中，乳杆菌占大多数。最常见的种类如下：*Lb. bavaricus*、弯曲乳杆菌（*Lb. curvatus*）、香肠乳杆菌（*Lb. farciminis*）、植物乳杆菌（*Lb. plantarum*）和清酒乳杆菌（*Lb. sake*）等。清酒乳杆菌很可能是最重要的，其次是弯曲乳杆菌。其他一些发酵香肠中不希望看到的种类如产过氧化氢的 *Lb. viridescens* 也有相当数量。乳酸菌中除乳杆菌外较重要的就数片球菌了，在某些香肠的发酵过程中这类乳酸菌的数量还占优势。有害片球菌（*Pediococcus damnosus*）、乳酸片球菌（*Pediococcus acidilactici*）和戊糖片球菌（*Pediococcus pentosaceus*）都是比较重要的片球菌种类。除了在某些品质较差的香肠中发现有大量明串珠菌存在以外，一般情况下，乳球菌和明串珠菌数量都很少。

（三）发酵剂发酵

正是由于自然发酵过程存在着不可靠性和不可控性，人们越来越倾向于在现代加工工艺中采用微生物纯培养物——发酵剂来实现对发酵过程的有效控制，保证产品的安全性和产品质量的稳定性。由乳酸菌发酵剂启动的发酵过程基本上与成功的自然发酵相同，只不过在发酵剂启动的乳酸发酵中乳酸菌会更快地成为优势菌。有关肉类微生物发酵剂应具备的条件和发酵香肠中通常使用的发酵剂菌种的种类等内容详见本章第三节"微生物发酵剂"。

（四）发酵工艺

工业上使用的发酵剂一般都是冻干型的，使用前需先使其复水复原。复原后的发酵剂还不能马上使用，通常需要将其在室温下放置 18～24h 以使发酵剂中的微生物重建活力，然后才能添加到香肠肉馅中。接种量一般为 10^6～10^7cfu/g 肉馅，采用短时高温发酵时接种量更大，可以高达 10^8cfu/g 肉馅。

发酵温度随产品类型而异。一般来说，当需要 pH 快速下降时温度应稍高，发酵温度每升高 5℃，产酸速率可以增加一倍。但是如果发酵的启动被延迟的话，高温会增大病原菌尤其是金黄色葡萄球菌生长的可能性。发酵温度还会影响所产酸中乳酸和乙酸的相对数量，一般认为较高温度更有利于乳酸的生成。在实际生产中，各类香肠发酵的温度和时间差别很大。一般来讲，干香肠通常在 15～27℃下发酵 24～72h；涂抹型香肠需在 22～30℃下发酵

48h；而半干型切片香肠则需在 30～37℃下发酵 14～72h。不过世界各地加工发酵香肠的条件千差万别，不能一概而论，例如匈牙利生产的萨拉米肠，发酵时的温度不到 10℃；而美国生产的低 pH 半干熏香肠发酵温度却高达 40℃。

发酵过程中环境的相对湿度无论对香肠干燥过程的启动还是对防止产品表面酵母菌和霉菌的过度生长都非常重要，因此也必须对该条件进行控制。控制相对湿度的另外一个目的是防止产品在干燥过程中形成坚硬外壳。如果发生表面结壳，一方面会阻碍香肠内部水分的脱除，延长干燥时间；另一方面会造成产品在贮藏过程中表面水分过高导致霉菌生长。一般情况下，高温短时发酵时设定空气相对湿度为 98% 左右；但在较低温度下发酵时，一般原则是发酵间的相对湿度应比香肠内部的平衡水分含量（90% 左右）对应的相对湿度低 5%～10%。

如今，在现代化生产中，香肠的发酵是在温湿度均受到严格控制的密封间内进行的。在这个阶段，对某些类型的香肠还可以采取轻微的烟熏，但是必须保证不至于影响到发酵的进程。许多年以前，由于当时不能实现对温湿度的有效控制，一些国家在生产发酵香肠时采取一些特殊的办法防止香肠在发酵过程中变质。虽然这些办法现在看已是多余，但是在生产某些特有的传统产品时仍可以采用，从而获得特殊的感官品质。例如，在斯堪的那维亚，一些香肠的发酵（和成熟）是在腌制液中进行的；而在德国，有些香肠是在 25℃ 和高相对湿度下进行，发酵过程中表面过度生长的微生物靠经常性地洗刷来去除。

香肠发酵后酸化的程度根据产品类型的不同有很大差异。一般来说，半干香肠的酸度最高，尤其是美国生产的半干香肠，发酵后的 pH 经常为 5.0 以下。德国干香肠发酵后的 pH 通常为 5.0～5.3，其他干香肠发酵后的酸化程度一般都较低，如法国和意大利干香肠等。香肠中的某些组分虽然含量很低却也会对香肠发酵后的酸化程度造成影响，如抗氧化剂叔丁基羟基醌即能降低 pH 的下降速度，尽管该抗氧化剂本身具有抑制单胞增生李斯特菌和其他病原菌的活性。通常在真空填充的香肠或直径较大的香肠中酸化的程度最高，这是因为缺氧造成的。可是在直径较大的香肠中，发酵后会使其中氨的数量增加，这样对由于乳酸生成导致的 pH 的下降产生了抵消作用。

五、干燥和成熟

各种类型的发酵香肠干燥程度差异很大，它是决定产品的物理化学性质和感官性状及其贮藏性能的主要因素。对干发酵香肠而言，由于产品不经过热处理，干燥还是杀灭猪旋毛虫的关键控制工序。

在所有发酵香肠的干燥过程中，都必须注意控制水分从香肠表面蒸发的速率，使其与水分从香肠内部向表面转移的速率相等。对半干香肠而言，其干燥失重不到 20%，干燥温度通常为 37～66℃，相对湿度低至 60%。在较高的温度下，干燥在数小时内即可完成，但在较低温度下干燥则需数天。快速干燥只有在低 pH 下才可能，因为这时蛋白质的溶解度较低，有利于水分的脱除。高温干燥可以只设定单一湿度条件，但在其他情况下，干燥是根据相对湿度递减分几个阶段完成的。半干香肠干燥后的加热目的是杀死猪旋毛虫，这是香肠冷却前的最后一道工序，是产品质量的关键控制点，所以应该恰当地控制。产品最终需经冷却，即将香肠的温度降至 0℃ 并保持 24h。

对干香肠而言，干燥过程是一个时间比较长的阶段。这一时间的长短在一定程度上取决于香肠的直径大小。这类产品的干燥通常在较低温度下进行，最常用的温度范围是 12～15℃。在实际生产中，通常采取在初始阶段使用较高温度，然后随着干燥的进行，温度逐渐降低的办法。干燥过程中，空气的相对湿度也逐渐降低，但通常保持比香肠内的水分所对应的平衡相对湿度低 10% 左右。干香肠干燥过程中的温湿度条件如下：

$$16℃：88\% \sim 90\% \ RH$$
$$\downarrow 24h$$
$$24 \sim 26℃：75\% \sim 80\% \ RH$$
$$\downarrow 48h$$
$$12 \sim 15℃：70\% \sim 75\% \ RH$$
$$\downarrow 17d$$

$$大约 25℃：85\% \ RH$$
$$\downarrow 36 \sim 48h$$
$$16 \sim 18℃：77\% \ RH$$
$$\downarrow 48 \sim 72h$$
$$9 \sim 12℃：75\% \ RH$$
$$\downarrow 25 \sim 40d$$

许多半干型香肠在干燥过程中进行烟熏，烟熏有时也用于表面不长霉菌或酵母菌的干香肠。烟熏可以使香肠表面进一步干燥并沉积一些具有抗菌作用的酚类、羰基化合物和小分子量的有机酸等，从而抑制表面霉菌的生长。酚类化合物还能降低脂肪氧化的程度。烟熏对香肠的感官性状会产生明显的影响，即使烟熏产生的表面干燥是有益的，但必须保证不至于影响产品的脱水进程。目前广泛使用的烟熏方法仍然是采用熏材（通常是橡木）不完全燃烧的方法，烟熏时的条件差异很大：美国生产的半干熏香肠采用 60℃ 和相对湿度 57% 的条件烟熏 2h；西班牙生产的辣干香肠则是在 8～18℃ 和相对湿度 75%～90% 下烟熏 160h。现在，液熏方法已经用于某些半干香肠，但如果说这种方法具有一定的抗菌作用的话，其对酵母菌和霉菌的抑制作用却很有限，通常要使用真空包装以保证产品的保藏稳定性，这样，香肠的感官性状不可避免地会发生改变。液熏方法一般不用于传统产品生产。

对干香肠来说，尤其是表面长霉菌或者酵母菌的干香肠，干燥过程中香肠内发生一系列的化学变化，这些变化被称为干香肠的"成熟"。许多情况下，干燥是在相对较早的阶段完成的，而成熟则一直持续到消费阶段。干香肠的成熟会影响产品最终的感官性状，尤其是这类产品特有的香气和风味。成熟过程中所发生的反应主要包括脂肪水解和蛋白质水解（详见"发酵香肠加工过程中的化学和物理变化"一节）。干香肠表面如果生长霉菌或酵母菌的话，则会改变成熟过程。霉菌的作用尤其明显，因为霉菌的菌丝能够穿过肠衣深入到香肠的内部，而且霉菌能够分泌许多解脂酶类。成熟过程中，乳酸的分解导致香肠的 pH 回升，水分含量趋向于平衡和稳定，避免了表面脱水现象。

在有些国家，发酵香肠仍然是靠直接在太阳光下晒干或者在天然洞穴中低温晾干。但目前在多数工业化国家中，发酵香肠的生产场所是一系列温湿度条件受到人工控制的车间，或者将香肠放置在固定的车间里，在干燥的不同阶段通过人工手段改变环境的温度和相对湿度。在小规模生产半干香肠时，产品可以在整个生产周期内包括发酵、干燥和烟熏，始终在同一个车间内完成，微处理器现在已广泛应用于温度和相对湿度的控制。无论在哪种情况下，都必须注意确保香肠内不能存在高水分含量的小区域，因此干燥间往往需要设定大约 1m/s 的空气流速。

近年来，国外的许多研究人员致力于研究酶制剂对发酵香肠成熟作用的影响。主要目的是试图用酶（如蛋白酶和脂肪酶，多为微生物来源）取代发酵剂添加于发酵香肠中，以求达到微生物作用的效果，缩短成熟时间。例如，有人通过在发酵香肠中添加类干酪乳杆菌（*Lactobacillus paracasei*）来源的蛋白酶制剂，加快了干发酵香肠的成熟，使成熟时间缩短一半，产品风味与不加此酶的对照相同。有人则主要对脂肪酶在干发酵香肠中的作用进行了比较深入的研究。例如，通过在干发酵香肠中添加胰脂肪酶，结果发现与对照相比，加入脂肪酶的干香肠在成熟过程中的脂肪水解提前了，而且生成更多的游离脂肪酸和甘油二酯及单酯，从而直接影响干香肠在成熟过程中风味物质的形成。另有人主要研究了微生物来源的脂肪酶（分别来源于酵母菌和霉菌）在干发酵香肠成熟过程中的作用。根据他们的研究结果，用来源于圆柱假丝酵母菌（*Candida cylindracea*）的脂肪酶代替微生物发酵剂进行干香肠的生产，在成熟过程中脂肪水解的活性明显提高，但对产品的风味特性影响不大。在另外一项研究中，工作人员使用了来源于霉菌（*Rhizomucor miehei*）的脂肪酶，发现与对照相比，干香肠的稳定性（pH 和 A_w 值）及微生物的生长没有发生变化，而产品的多汁性和口味特性得到改进。

六、包　装

多数传统发酵香肠只采取最简单的包装，如将产品放进纸板箱中，目的是为产品提供运输和贮藏过程中的保护措施。有些类型的产品是放在布袋里或塑料袋中从而为单个产品提供必要的保护。有时发酵香肠的包装仅仅是为了提供运输中的保护而在零售展示前去除。某些半干香肠需采用真空包装，但真空包装容易导致香肠内部的水分转移到表面，待包装开启后酵母菌或霉菌会很快生长。

发酵香肠现在常常经切片和预包装然后零售。广泛使用的包装方法是真空包装，这对保持香肠的颜色和防止脂肪氧化是有益的。目前也有人采用气调包装，但从微生物稳定性的角度看这是不必要的。香肠的切片操作需在低温下进行以防止脂肪"成泥"影响产品外观，同时低温还减轻了脂肪对包装用塑料薄膜的污染，避免热融封口时出现问题。最后，应注意多数产品在零售展示柜里受到高强度的光照时会出现褪色现象。

第二节　发酵肉制品加工过程中的变化

一、碳水化合物的代谢和 pH 的变化

发酵香肠的肉馅制好之后不久碳水化合物的代谢就开始了，一般情况下，发酵过程中大约有 50% 的葡萄糖发生了代谢，其中大约 74% 生成了有机酸，其中主要是乳酸，但同时还有乙酸及少量的中间产物丙酮酸。碳水化合物的发酵产物中二氧化碳占 21% 左右，其他含有两个碳原子的发酵产物还有乙醇。肉馅中添加的葡萄糖大约有 18% 是在干燥过程中代谢的，其中 83% 转化为乳酸。无论是在发酵过程中还是在干燥过程中，乳酸的生成量受到许多因素的影响，如温度、菌群的组成以及氧分压都会产生影响，一般地，当氧分压较高时会有利于碳水化合物完全氧化成二氧化碳和水。

乳酸的生成伴随着肉中 pH 的下降。对高酸度半干型香肠来说，由于产品不经过明显的

成熟过程,最终的 pH 主要由发酵时所产生乳酸的量和肉中蛋白质的缓冲能力决定。由于蛋白质水解后的产物主要是氨,会导致产品的 pH 升高,所以当香肠中存在显著的蛋白质水解时,乳酸、氨、水分含量和肉中蛋白质的缓冲能力等因素的共同作用决定了产品最终的 pH 大小。在有霉菌或者酵母菌成熟的干香肠中,微生物代谢时对乳酸盐的吸收也会使产品的 pH 升高。在干香肠成熟后期,由于干燥失水后肉馅中缓冲物质的浓度相应提高,尽管这时电解质的解离会出现一定程度的提高,但最终结果还是使产品的 pH 轻微升高。

乳酸的生成和 pH 的降低对发酵香肠的感官特性有特殊的重要意义。乳酸虽然没有典型的风味/香气化合物的特性,但它是高酸度半干型香肠中强烈的酸性味道的主要物质。因为乳酸的酸味能够掩盖其他风味,所以有时乳酸可以提高产品的咸味,降低氯化钠的用量。另外,较低的pH 会限制肉中蛋白质和脂肪水解酶类的活性,并改变产品最终的风味。

发酵香肠的质地均匀性在很大程度上取决于产品的 pH 和水分活度大小。当 pH 高于 5.4 时,只有当水分活度值低于 0.9 时才能获得较好的质地特征。因此,对高酸度半干型香肠的质地来说,pH 是最主要的决定因素;而水分活度则是低酸度干香肠质地的决定因素。

肉中 pH 下降的同时会使蛋白质的溶解度下降,凝胶形成能力提高,高浓度氯化钠的存在会进一步增强这种作用。肌原纤维蛋白质的溶解度在低 pH 下显著降低,这些蛋白质在决定香肠质地方面比肌浆蛋白质具有更大的决定作用。不过,它们之间可能存在相互作用,因为有研究指出,由氯化钠诱导的肌浆蛋白质的不溶现象会影响肌纤维蛋白质的沉淀,同时促进结构有序的凝胶体系的形成。采用不同的发酵和成熟温度加工的发酵香肠,其产品质地会存在差异,原因就是不同条件下香肠的酸化速度不同,而当 pH 下降速率不同时,肉中的蛋白质会表现出不同的性状。由表面霉菌成熟的干发酵香肠,其内部和表层之间有时也会存在质构上的差异,这也可以根据同样的道理做出解释:香肠表面生长的霉菌代谢时消耗乳酸盐,从而造成香肠内部和表层之间存在一个 pH 梯度。

二、含氮化合物的代谢

蛋白质水解在发酵香肠成熟过程中的重要性已经基本上得到了人们的充分认识。香肠中蛋白质水解的程度主要取决于肉中微生物菌群的种类和香肠加工时的外部条件。香肠中的粗蛋白含量主要在成熟过程中的头 14~15d 发生变化,总含量会下降大约 20%~45%。有研究表明,干香肠经 100d 成熟后,其中非蛋白氮(NPN)的含量可以升高大约 30%。非蛋白氮组分主要包括游离氨基酸、核苷酸和核苷等。非蛋白氮的数量和组成在决定发酵香肠的香气特性中起着非常重要的作用。

有研究表明,香肠中蛋白质的水解反应主要由肉本身固有的蛋白酶催化,这些酶包括钙激活酶(calpains)和组织蛋白酶(cathepsins),在多数情况下,由微生物代谢所产生的酶类引起的蛋白质水解似乎不起主要作用。可是也有人报道,当发酵剂中包含具有水解蛋白质活性的菌株如变形小球菌(*Micrococcus varians*)时,香肠中游离氨基酸的含量可以提高 10%~11%,微生物被认为对非蛋白氮组成和不同种类的游离氨基酸的相对数量有重要影响。例如,有人分别研究了三株不同的发酵剂菌种在香肠中水解蛋白质的结果后发现,戊糖片球菌(*Pediococcus pentosaceus*)产生的游离氨基酸数量最多,其次是变形小球菌,最后是乳酸片球菌(*Pd. acidilactici*)。它们所产生的氨基酸种类也不尽相同,反映了各自的代谢途径不同，每种菌株均生成四种主要的氨基酸，占总游离氨基酸数量的 $40\%\sim48\%$。不同发酵剂发酵的香肠中主要氨基酸的组成见表 11-3。它们之间的差异可能是由于不同细菌生长时对氨基酸的需求不同所致。

表 11-3　　　　　　　　　　　不同发酵剂发酵的香肠中主要氨基酸的组成

乳酸片球菌	戊糖片球菌	变形小球菌
缬氨酸	牛磺酸	丙氨酸
亮氨酸	亮氨酸	牛磺酸
谷酰胺	谷酰胺	亮氨酸
牛磺酸	缬氨酸	谷酰胺

尽管在发酵香肠加工过程中总游离氨基酸的数量会增加，但某些种类氨基酸的含量却可能出现明显的降低。如精氨酸、半胱氨酸和谷氨酰胺的含量均明显下降，这可能说明这些氨基酸在香肠加工过程中发生了进一步的分解，香肠发酵过程中氨基酸可能的代谢途径见表 11-4。组氨酸也可以通过脱羧作用而检测不到。尽管游离氨基酸在香气成分形成中有一定作用，但游离氨基酸组成上的差异似乎对发酵香肠的感官特性影响很小。

表 11-4　香肠发酵过程中氨基酸可能的代谢途径

氨基酸	代谢途径
精氨酸	生成鸟氨酸
半胱氨酸	生成丙酸盐和硫酸盐或者转化为牛磺酸
谷氨酰胺	转化成谷氨酸和氨

有关发酵香肠中的 Strecker 降解反应目前我们了解的还很少，不过有人指出，在某些类型的发酵香肠中，羰基化合物可能是 α-氨基酸的二级降解产物。而 Strecker 降解和美拉德反应都可能是某些游离氨基酸消失的原因以及风味化合物形成的途径。

除发酵剂中微生物的种类以外，还有许多因素会影响香肠中蛋白质的水解。一般来说，升高香肠成熟时的温度会使蛋白质水解速度加快，直到温度升高至能够抑制有关酶的活性为止。可是升高温度会同时加快酸的生成致使 pH 迅速下降，这会导致蛋白质水解酶活性下降；相反，有报道称低 pH 却能促进肌原纤维蛋白质的水解。香肠的直径也是影响蛋白质水解的因素之一，这也与产品的 pH 有关，尤其在直径较大的香肠中心部位，pH 的下降是非常明显的，直接影响到后来蛋白质的水解。

三、脂肪的代谢

游离脂肪酸和羰基化合物被认为是发酵香肠风味的主要组成成分。游离脂肪酸是在脂肪水解酶的作用下由香肠中的脂肪在成熟过程中产生的。对于质量良好的香肠，脂肪发生水解反应但不发生强烈的过氧化反应因而不会发生脂肪哈败，也不会产生令人不快的感官气味。

一般认为脂肪水解是由微生物来源的酶催化的。小球菌是最重要的脂肪酶来源，这些菌既可以是肉中固有的也可以是从发酵剂添加的。许多乳酸菌也能合成具有脂肪水解活性的外源酶类，只不过乳酸菌分泌的解脂酶的活性通常要比来自小球菌的解脂酶的活性低很多，可是如果考虑到在许多情况下乳酸菌的数量要比小球菌多很多的话，乳酸菌分泌的解脂酶类在脂肪水解中的作用显得也相当重要。另外，有研究指出来自小球菌的脂酶在低 pH 和低温下其活性较低，所以人们对这些微生物脂酶的重要性提出了怀疑。尽管如此，现在人们普遍认为微生物脂酶在发酵香肠脂肪水解中的作用是最重要的，只有当香肠成熟时的控制条件限制了微生物脂酶的活性时，肉中固有的组织脂酶才会参与脂肪水解反应。另外，在由霉菌成熟的干发酵香肠中，来自霉菌的脂酶在脂肪水解中的作用也很重要。

随着脂肪水解的进行，三酯酰甘油的含量会持续下降，相应地，二酯酰甘油、游离脂肪酸和单酯酰甘油的含量会上升。温度升高本来会提高脂肪水解酶的活性，但是解脂酶的实际活性却有所下降，这是由水解后产生的游离脂肪酸对温度依赖型脂酶的活性产生反馈抑制作用造成的结果。

发酵香肠中的脂肪氧化基本上只涉及不饱和脂肪酸，这些不饱和脂肪酸的氧化通常是自动催化的反应，其速率会随时间的延长显著加快。脂肪的氧化作用还可能由香肠中的脂肪氧化酶或者金属离子如铜离子等催化，结果生成脂肪的过氧化物和羰基化合物，在大多情况下，导致过氧化值升高。当香肠中有大量乳杆菌存在时脂肪的过氧化值最高，但并未发现微生物种类与羰基化合物浓度之间存在相关性。如果香肠中存在大量具有过氧化氢酶活性的微生物时，脂肪过氧化物的形成常常受到抑制。

四、风味的形成

发酵香肠特有的风味是由以下几个部分组成的：①添加到香肠内的成分（如盐、香辛料等）；②非微生物直接参与的反应（如脂肪的自动氧化）产物；③微生物酶降解脂类、蛋白质、碳水化合物形成的风味物质。其中由微生物酶降解生成的产物是形成发酵香肠风味物质的最主要途径。

碳水化合物经微生物酶降解形成乳酸和少量醋酸，赋予发酵香肠典型的酸味，这主要是不干或半干香肠的风味，这种肠的成熟期很短，有时只有几天。如果香肠在发酵初期产酸不快的话，对酸敏感的球菌的活性就高，脂类物质在这些球菌的作用下，分解成醛、酮、短链脂肪酸等多种挥发性化合物，其中多数具有香气特征，从而赋予发酵香肠以特有的香味。蛋白质也在微生物酶的作用下分解为氨基酸、核苷酸、次黄嘌呤等，是发酵香肠鲜味的主要来源。脂类和蛋白质的分解是在发酵结束后的成熟过程中缓慢进行的，干肠的生产工艺能保证在成熟期存在大量的球菌，加上较长的成熟时间（可以长达数月），使得干肠具有优于其他发酵肠的风味，深受人们的喜爱，也是各国开展研究的主要对象。

五、颜色的形成

发酵香肠通常具有诱人的玫瑰红色外观，其发色的机理与其他含亚硝酸盐的肉制品相同（参见第一章第三节）。不同之处在于，发酵香肠的低 pH 会对产品颜色的形成产生很大的影响：开始时破坏肌红蛋白的稳定性，使其氧化成高铁肌红蛋白的速率加快；血红素基团在许多发酵香肠的 pH 条件下分解，颜色主要由亚硝基肌红蛋白形成。使用已酸败的脂肪或者能生成过氧化氢的细菌大量存在时，会对产品的颜色造成不良影响，因为这会促进褐色高铁肌红蛋白的形成。

六、水分活度的变化

大多数肉制品的水分活度值取决于下列因素：水的添加量、溶质的添加量（尤其是食盐的含量）、脱水的程度、脂肪的添加量等。对发酵香肠而言，鲜肉馅的初始水分活度值主要取决于其中氯化钠和脂肪的含量，其数值范围保证在发酵初期有利于小球菌和葡萄球菌等细菌的生长，但不足以形成对其他微生物尤其是各种有害微生物的抑制作用。可能惟一的例外是弯曲杆菌，该菌对水分活度高度敏感。在发酵后的干燥过程中，香肠的水分活度随脱水程度的增大和溶质浓度的相应增加不断下降。

很明显，发酵香肠的最终水分活度水平对于控制微生物的存活和生长非常重要，同时对香肠的质地均匀性也会产生巨大的影响。干燥过程中水分活度的降低会使许多酶的活性下降从而影响香肠成熟的进程，酶活性的下降主要是由于酶分子不能获得最佳的活性构象造成的结果。水分活度对酶活的这种影响通常要到 0.94 以下时才明显表现出来。

七、微生物的变化

发酵香肠加工中使用的原料肉通常是冷藏的，因此存在的微生物菌群主要是好氧的革兰氏阴性菌，尤其是嗜冷假单胞菌。但同时也含有嗜冷性的革兰氏阳性肠内细菌，其中包括乳酸菌，不过数量很少。当加工成混料后，由于氧气的浓度下降，加上盐和亚硝酸盐的抑制作用，需氧的假单胞菌竞争性下降，大多数的肠细菌也同样被抑制。而这样的条件正好有利于乳酸菌和小球菌的生长和发育。随着乳酸菌的成长和代谢，pH 不断下降，小球菌的数量开始缓慢下降，乳酸菌逐渐占优势。

在生产发酵香肠的传统方法中，由于添加碳水化合物的量很小，而且使用的是硝酸盐，加上低温条件，所以乳酸产生的速度较慢，在发酵结束后小球菌的数量仍较高，而且还有革兰氏阴性菌存在。在快速生产的发酵香肠中，由于接种了大量的乳酸菌，在发酵初期产酸速度就很快，因此对酸敏感的小球菌数量迅速下降，大部分革兰氏阴性菌失活。

第三节　微生物发酵剂

一、选择发酵剂的标准

选择用作肉类发酵剂的乳酸菌菌株时，要求必须满足许多条件（详见表 11-5）。其中，所选菌株与肉中固有的细菌菌株进行竞争的能力是最重要的条件，不过，发酵剂菌株的竞争能力除与其本身内在的特性有关外，还要受到许多外部因素的影响，如表 11-6 所示。

表 11-5　　　　　　　　乳酸菌作为发酵香肠发酵剂的选择标准

1.	必须能够与内源性菌株进行有效竞争
2.	必须产生适量的乳酸
3.	必须耐盐，在至少 6% 的氯化钠浓度下能够生长
4.	必须耐受亚硝酸盐，在至少 100mg/kg 的亚硝酸钠浓度下能够生长
5.	必须能够在 15～40℃ 的温度范围内生长，最适温度范围为 30～37℃

续表

6.	必须是同型发酵
7.	必须不能分解蛋白质
8.	必须不能产生大量的过氧化氢
9.	应是过氧化氢酶阳性
10.	应能够还原硝酸盐
11.	应能够提高香肠产品最终的风味
12.	应不能形成生物胺类物质
13.	应不能形成粘质物
14.	应对致病菌和其他有害微生物产生拮抗性
15.	应耐受发酵剂中的其他组分或具有协同效应

表 11-6　　　　　　　影响发酵香肠发酵剂中乳酸菌菌株竞争能力的因素

1.	肉馅中固有乳酸菌的初始数量
2.	固有乳酸菌的种类
3.	发酵剂乳酸菌的接种数量
4.	发酵剂乳酸菌的生理状态
5.	肉馅的组成

二、常用微生物的种类

在发酵香肠生产中，常用的发酵剂微生物种类有酵母菌、霉菌和细菌（见表11-7），它们在发酵香肠加工中的作用各不相同。

表 11-7　　　　　　　发酵香肠发酵剂中常用的微生物种类

微 生 物 种 类		菌　　　种
酵 母 菌		汉逊氏德巴利酵母菌 (*Dabaryomyces hansenii*) 法马塔假丝酵母菌 (*Candida famata*)
霉 菌		产黄青霉 (*Penicillium chrysogenum*) 纳地青霉 (*Penicillium nalgiovense*)
细 菌	乳酸菌	植物乳杆菌 (*Lactobacillus plantarum*) 清酒乳杆菌 (*L. sake*) 乳酸乳杆菌 (*L. lactis*) 干酪乳杆菌 (*L. casei*) 弯曲乳杆菌 (*L. curvatus*) 乳酸片球菌 (*Pediococcus acidilactici*) 戊糖片球菌 (*P. Pentosaceus*) 乳酸片球菌 (*Pediococcus lactis*)
	小球菌	易变小球菌 (*Micrococcus varians*)
	葡萄球菌	肉食葡萄球菌 (*Staphylococcus carnosus*) 木糖葡萄球菌 (*S. xylosus*)
	放线菌	灰色链球菌 (*Streptomyces griseus*)
	肠细菌	气单胞菌 (*Aeromonas sp.*)

（一）酵母菌

酵母菌是加工干发酵香肠时发酵剂中常用的微生物。汉逊氏德巴利酵母菌是最常用的种类，这种酵母菌耐高盐、好气并具有较弱的发酵产酸能力，一般生长在香肠表面。通过添加此菌，可提高干香肠的香气指数。汉逊氏德巴利酵母菌也可能包含在发酵剂中而不是应用于香肠的表面，在发酵剂中通常与乳酸菌和小球菌合用，可以获得良好的产品品质。酵母菌除能改善干香肠的风味和颜色外，还能够对金黄色葡萄球菌的生长产生一定的抑制作用。但该菌本身没有还原硝酸盐的能力，同时还会使肉中固有的微生物菌群的硝酸盐还原作用减弱，这时如果发酵剂中不含其他具有硝酸盐还原活性的微生物种类的话，会导致干香肠生产中出现严重的质量缺陷。

（二）霉菌

霉菌是生产干发酵香肠常用的一种真菌，实际生产中使用的霉菌大多数属于青霉属和帚霉属（Scopulariopsis）。而许多青霉菌种具有产毒素的能力，有报道称从传统发酵香肠中分离出的青霉菌，80％有产毒素的能力，在17种毒素中，已从发酵肉品中检测出11种。因此只有筛选出不产毒素的青霉菌株，才能避免这种危险性。常用的两种不产毒素的霉菌是产黄青霉和纳地青霉。由于它们都是好氧菌，因此只生长在干香肠表面。另外，由于这两种霉菌生长竞争性强，而且具有分泌蛋白酶和脂肪酶的能力，因而通过在干香肠表面接种这些霉菌可以很好地增加产品的芳香成分，赋予产品以高品质。另外，由于霉菌大量存在于香肠的外表，能起到隔氧的作用，因而可以防止发酵香肠的酸败。

（三）细菌

用作发酵香肠发酵剂的细菌主要是乳酸菌和球菌，它们在发酵香肠生产中的作用是不同的。乳酸菌能将发酵香肠中的碳水化合物分解成乳酸，降低原料的pH，因此是发酵剂的必需成分，对产品的质量稳定性起决定作用。而小球菌和葡萄球菌等球菌具有分解脂肪和蛋白质的活性以及产生过氧化氢酶的活性，对产品的颜色和风味起决定作用。因此发酵剂常采用乳酸菌与小球菌或葡萄球菌或酵母菌的混合物。

在用于发酵香肠生产的各种乳酸菌中植物乳杆菌、戊糖片球菌和乳酸片球菌是目前使用最广泛的种类。所有常用的乳杆菌种类都是自然发酵香肠中的重要种类，可是试图使用肉中固有的优势菌株作为发酵剂的努力最终证明是不成功的。

发酵剂中的小球菌和葡萄球菌菌株产酸能力很弱，添加它们的主要目的是为了将硝酸盐还原成亚硝酸盐以促进产品颜色的形成。已有多种小球菌菌株被分离到并被用于发酵剂中，目前最常见的种类是易变小球菌。在所有用于香肠发酵剂的葡萄球菌中，最近几年使用最广泛的种类是肉食葡萄球菌，其次是木糖葡萄球菌。肉食葡萄球菌被认为可以改善产品的颜色和香气特征，即使在使用亚硝酸盐加工的香肠中也是如此，几乎不会发生硝酸盐还原反应。现在许多商业用的香肠发酵剂中都是同时含有乳酸菌和肉食葡萄球菌，当然也有一部分发酵剂只含有乳酸菌，这种发酵剂一般常用于低pH的半干发酵香肠生产中。而只含有肉食葡萄球菌的发酵剂也可以单独用于干发酵香肠的生产。当发酵剂中同时含有乳酸菌和葡萄球菌（或小球菌）时，对其中每一种微生物的最基本要求是它们之间必须能够较好地"共生"或者最好能具有协同生长的作用。

此外，灰色链球菌（Streptomyces griseus）也可以改进发酵香肠的风味。但在自然发酵的香肠中，链球菌的数量很少。气单胞菌没有任何致病性和产毒能力，对香肠的风味也有益处。

三、发酵剂的使用

在乳品工业中使用发酵剂时噬菌体污染是一个很重要的问题，尤其在奶酪制造过程中更是令人头疼。相反，在发酵香肠加工过程中，噬菌体几乎不会给加工工艺和产品质量带来任何影响。虽然有研究表明，发酵香肠生产环境中存在许多植物乳杆菌的噬菌体，而且当发酵剂中存在植物乳杆菌的同型菌时发酵产酸过程被延迟，但在实际工业生产中几乎很少见到由于发生噬菌体污染给生产造成危害的情况。微生物学家曾在德国和意大利的一些发酵香肠生产厂中分离到能够吞噬肉食葡萄球菌的噬菌体，但试验表明用被噬菌体污染的发酵剂生产出的产品无论其颜色还是风味和质地都很正常。

从目前我们掌握的资料看，噬菌体在发酵香肠中是很少见的，即使真的存在，对实际生产的影响也很小。这可能是由于香肠在发酵过程中发酵剂细菌的生长速率相对较低，因此减少了噬菌体进攻的机会，加之香肠本身的物理状态也限制了噬菌体的扩张。尽管如此，有人认为在某些干香肠中出现的肠衣下面的褪色小斑点这一质量缺陷很可能是肉食葡萄球菌被噬菌体污染造成的，但直至目前还没有直接的证据证明。

四、发酵剂菌种改良方向

为了获得具有优良性状的发酵香肠发酵菌种，国外许多研究人员进行了大量的试验，最近几年报道比较多的是关于成香菌（有利于干发酵香肠成熟过程中风味物质形成的细菌）的研究。这些工作主要是以木糖葡萄球菌和戊糖片球菌作为干发酵香肠的发酵剂，研究香肠在成熟过程中的脂肪和蛋白质水解现象以及挥发性化合物的组成与感官评定结果之间的关系，结果表明木糖葡萄球菌是具有许多优良性状的干香肠成熟发酵剂的理想候选菌种，这方面的工作目前在欧洲已经进入商业化生产阶段。

对于乳酸菌来说，目前一个比较活跃的研究领域是筛选和构建产细菌素能力较强的菌种，以增强其竞争性。细菌素是由细菌代谢产生的具有蛋白质性质的抗生物质，对产生菌具有免疫性，而作用于其他的特定菌，因而提高了产生菌的竞争能力。

另外，筛选不具脱羧能力的发酵剂菌种，提高产品的卫生性也是一个重要的研究方向。如乳酸乳杆菌可使某些氨基酸脱羧，生成酪胺、苯基乙胺和组胺，这些化合物对人类健康不利。尸胺和腐胺也会由氨基酸脱羧产生并且加重了前面几种胺的不利作用。在发酵产品中，低 pH 和通常的低水分活性更加速了胺的形成。因此通过筛选无脱羧能力的微生物菌种，胺的含量就会降低，从而保证产品的安全性。

筛选优良性状的发酵剂，可以通过传统的诱变育种方式进行。但这种方法既耗时，得到的性状往往又不稳定。现在，借助分子生物学研究手段，将在其他微生物中发现的优良性状基因，转移到目的菌种中以构建新的发酵剂菌种，获得我们所需的优良性状，这方面的研究正引起越来越多研究人员的兴趣。例如，有人成功地利用基因工程技术将溶葡萄球菌中的溶葡萄球菌素基因转移到纳地青霉中，使纳地青霉具有产葡

表 11-8 用于发酵香肠发酵剂菌种的乳酸菌今后的性状改良方向

1. 提高低温（低于 15℃）条件下的产酸能力
2. 提高在高盐浓度下的生长能力
3. 高硝酸盐还原能力
4. 有利于形成悦人的香气成分①
5. 提高利用特种碳水化合物的竞争能力

注：①这些是小球菌和葡萄球菌的特性。

萄球菌素的特性，从而能够将金黄色葡萄球菌的细胞溶解，赋予产品更好的安全性。另有报道称已将溶葡萄球菌素基因转移到乳酸乳杆菌中，以增加乳酸乳杆菌抑制有害微生物的能力。

用于发酵香肠生产的发酵剂菌种的其他改良研究还有很多，比较重要的方向总结于表11-8中。

第四节　产品的安全性与质量控制

发酵香肠在加工和贮藏过程中不允许有致病性微生物的生长，所以一般被认为是安全性较好的低危害食品。尽管如此，发酵香肠因为存在以下几方面的潜在安全危害而令人担心：①肉中的金黄色葡萄球菌可能在发酵产酸之前或当中生长并产生肠毒素；②产品中可能有致病性细菌如沙门氏菌和李斯特氏菌存活；③由霉菌成熟的香肠可能会有产真菌毒素的霉菌生长；④亚硝胺和生物胺的危害；⑤病毒的存活。

一、金黄色葡萄球菌的生长和肠毒素的产生

尽管近些年来人们通过对发酵采取了有效的控制措施，大大降低了金黄色葡萄球菌所产肠毒素的危害范围，但目前这仍然是发酵香肠生产中的最主要危害。金黄色葡萄球菌是鲜肉中常见的污染菌，不过由于受到其他腐败微生物菌群的竞争压力，即使在较高的贮藏温度下也不能生长。但是，该菌具有较高的耐受食盐和亚硝酸盐的能力，当香肠肉馅中这些组分的含量较高而发酵产酸又不能迅速启动时，就会形成对金黄色葡萄球菌有利的生长条件。此时，金黄色葡萄球菌会快速生长并产生肠毒素，在随后的加工过程中该菌逐渐死亡，但是它所产生的肠毒素却在相当长的时间内具有活性。

为保证发酵香肠的安全性，人们已提出了相应的微生物学检查方法，如规定产品中的金黄色葡萄球菌在发酵刚刚结束时应小于 10^4cfu/g。当发酵结束时无法立即进行检查时，则使用耐热核酸酶试验方法，这种试验显示的是肠毒素的存在与否，可以作为微生物学检查的替代方法。不过，任何化验室的检查都比不上生产过程中的控制。要想对金黄色葡萄球菌的生长和产毒进行控制，保证香肠的 pH 得以快速下降以迅速建立起乳酸发酵，或者通过添加酸化剂如葡萄糖酸-δ-内酯等证明是比较有效的办法。

尽管一般认为金黄色葡萄球菌主要在发酵的初期阶段生长并可能带来危害，但一则关于在最终产品中由于该菌的生长和所产肠毒素引起的食物中毒事件引起了人们的高度关注。经分析后发现，引起中毒的香肠具有较高的水分活度，而其中的食盐和其他腌制剂成分的浓度都较低，结果产品的微生物稳定性高度依赖于 pH。不当的贮藏温度会首先导致霉菌的生长和乳酸盐的代谢，从而引起 pH 升高，并最终导致金黄色葡萄球菌生长和肠毒素的形成。

二、病原细菌的存活

发酵香肠通常是未经高温加热处理的肉制品，不能保证不存在病原细菌。香肠中的条件一般情况下能够抑制病原细菌生长繁殖，但它们在香肠中可能存活很长时间。据报道，在澳大利亚和意大利都发生过因食用萨拉米肠导致的沙门氏菌食物中毒；在英国也发生过因

食用了萨拉米肠快餐引起的食物中毒。萨拉米肠的加工时间相对较短，这就提高了沙门氏菌存活的机会。不过在任何情况下，沙门氏菌均不能在发酵香肠中大量生长，因此中毒事件说明引起沙门氏菌感染只需数量很少的活菌。而且由于这类产品中含有较多的脂肪，致使胃酸不能很好地杀死细菌。

关于发酵香肠的酸化方法对沙门氏菌存活的影响，至今没有引起人们的充分关注。有个别研究指出，对萨拉米肠而言，用发酵剂引起的乳酸发酵比用葡萄糖内酯酸化对减少沙门氏菌的数量更为有效。事实上，在用葡萄糖内酯酸化过程中，由于沙门氏菌处在酸性条件下导致其对酸产生了适应性而更易生长。这些研究结果提醒人们当使用葡萄糖内酯代替发酵剂时需要对沙门氏菌存活更加小心。

如今人们已从发酵香肠中分离到了单核细胞增生李斯特氏菌。通过流行学调查认定，食用萨拉米肠是导致美国李斯特氏菌食物中毒的主要危害因素。然而到目前为止，从发酵香肠中分离到单核细胞增生李斯特氏菌的意义还远没有得到评价。

从发酵香肠中分离到单核细胞增生李斯特氏菌的事实促使人们怀疑其他病原菌如弯曲杆菌和产血清细胞毒素的大肠杆菌尤其是血清型 O157：H7 也可能存在于发酵香肠中并对人类健康构成危害。不过，弯曲杆菌对水分活度和 pH 都高度敏感，因此在发酵香肠中长时间存活看起来可能性不大。产血清细胞毒素的大肠杆菌目前主要与食用未经充分加热的牛肉饼产品有关，这种病菌在牛肉中普遍存在，但目前人们也已从羊肉、猪肉和禽肉中分离到了。在发酵香肠中存活看起来也是完全可能的，好在至今还未见因食用发酵香肠引起的该菌食物中毒或死亡的报道。

三、真菌毒素的产生

人们从由霉菌成熟的发酵香肠和无霉菌污染的香肠中都分离出来了产真菌毒素的霉菌菌株。不过，这些发现的意义受到了质疑，因为人们一般认为肉制品尤其是发酵肉制品不是产生真菌毒素的合适基质。这方面的研究结果正好相反：有些研究表明真菌毒素的产生受到低贮藏温度、低水分活度以及烟熏的抑制；相反，有些研究显示某些曲霉菌株在发酵香肠上生长时能产生很高水平的曲霉毒素。对于发酵剂的作用人们似乎研究得很少，但有人指出，在低温下无论乳杆菌还是片球菌都显示出较强的抑制曲霉毒素形成的能力。

关于霉菌是否会在发酵香肠中产生真菌毒素的争论，在一定程度上分散了人们对另外一个更重要问题的关注，这就是关于发酵香肠发酵剂中安全霉菌的筛选。如果能够筛选到或构建出不产真菌毒素的霉菌菌株，通过向香肠表面接种该菌株，就可以生产出不含真菌毒素的香肠，产品的安全性得到保障。这样一来，关于香肠中固有的霉菌菌株能否产真菌毒素的研究和争论就变得没有多大意义了。同样道理，对无霉成熟的香肠来说，人们的注意力应集中在保证贮藏和运输的条件能够防止霉菌的生长方面。

四、亚硝胺与生物胺的危害

发酵香肠中存在的亚硝胺也是备受人们关注的安全性问题。亚硝胺具有致癌性，它的前体物为胺和亚硝酸盐，尤其是在酸度较高或加热的条件下，它们可以合成亚硝胺。曾有人对夏季生产的发酵香肠进行检测，结果没有检测出显著水平的亚硝胺。但是即使发酵肠中不含有亚硝胺，亚硝酸盐和胺有时在胃中也能合成，因此应尽可能降低亚硝胺前体物的含量，具体做法有二：①严格限制亚硝酸盐及硝酸盐的使用量。各国对此都有明确的规定，如我国规定腌肉制品中亚硝酸盐的残留量以 $NaNO_2$ 计不得大于 30mg/kg；②限制生物胺的形成。

与生物胺的形成有关的微生物主要是一些乳杆菌。氨基酸经脱羧作用可以生成胺类物质，如组氨酸和酪氨酸脱羧后分别生成组胺和酪胺。当食品中存在较多的生物胺时会对人体健康造成一定危害，如导致血压显著升高，并伴随着出现头痛、脸色涨红甚至可能出现皮疹等。有时主要症状是肠胃功能紊乱，包括突然出现呕吐和腹泻伴随腹痛等。关于食用泡菜和奶酪以后由于其中所含的生物胺导致出现疾病或不适的报道已有许多，但至今我们还未见到因食用发酵香肠引起的生物胺中毒的报道，不过已发现的某些症状如头痛和面色涨红等曾使人联想到生物胺中毒。考虑到亚硝酸盐过量时会对某些敏感人群产生类似的结果，所以在做出生物胺中毒判断时应非常谨慎。

有人研究了德式发酵香肠中影响组胺形成的因素，发现组胺的形成主要是在成熟的最初两周内发生的。只有当香肠中存在大量的组氨酸脱羧细菌，同时组氨酸的含量又比正常值高许多时，才会有相当数量的组胺生成。这样的条件说明肉在加工之前已在高温下贮藏过或已贮藏了很长时间。因此，选用质量好的原料肉并注意在使用的发酵剂中应不含具有氨基酸脱羧活性的菌株是避免发生生物胺危害的基本措施。

五、病毒的存活

与生鲜肉制品一样，人们也注意到了病毒在发酵香肠中存活的问题。人们尤其关心的是发酵香肠可能成为人类病原性病毒，如脊髓灰质炎病毒和柯萨基病毒的携带者。可是从经济学角度讲，动物病原性病毒具有更重要的意义。这是因为在世界经济一体化的今天，发酵香肠完全可能通过国际贸易将疫区的动物病毒传入未感染区或感染已得到控制的地区，其中人们尤为关心的动物病毒包括口蹄疫、猪热病和猪霍乱病等病毒。

对如何杀灭发酵香肠中可能存在的动物病毒，至今还很少有人研究。一般情况下，病毒在发酵过程中或者在成熟过程中被杀死。有关研究结果之间存在较大差异，主要是使用的病毒菌株不同或者是采用的加工工艺不同所致。

六、发酵香肠的变质

发酵香肠是一类性质非常稳定的产品。这种稳定性是下列多种因素组合的结果：低水分活度、低 pH、高浓度食盐和亚硝酸盐以及有机酸。在直径比较大的香肠中，低氧化还原电位会进一步抑制好氧型腐败微生物的生长，真空包装或气调包装对切片型预包装产品具有类似的作用。发酵香肠的种类不同其稳定性也有差别，这是由于各种抑制因素在不同产品中的相对重要性不同所致。干发酵香肠是稳定性最好的产品，其中水分活度是最重要的抑制因素。相反，涂抹型和半干型香肠稳定性较差，保藏期很短，贮藏过程中经常需要低温条件。由于这类产品的水分活度较高，因此其他抑制因素如低 pH 和高亚硝酸盐浓度就显得更重要。无论何种类型的产品，其中各种抑制因素之间均存在着复杂的相互联系，从而显著提高系统的整体有效性。例如，pH 的下降使水分活度值的限制水平升高；而亚硝酸盐在低 pH 时的抑制作用比高 pH 时更好。乳酸和乙酸在发酵香肠的稳定性中也发挥着重要作用，但是有些时候，这些有机酸抵抗微生物的能力又很有限。

正常情况下，只有霉菌和酵母菌能够在发酵香肠中生长，而且只限于香肠的外表层；霉菌的菌丝有时看上去发育得很发达，但很少会深入到香肠内部。发酵香肠中可以发育的霉菌主要有曲霉属、枝孢霉属（*Cladosporium*）和青霉属，当贮藏温度发生改变并在香肠表面形成凝结水时，这些霉菌会很快生长。在欧洲，为防霉菌生长，长久以来形成的做法是用植物油将香肠表面的霉菌洗干净，然后涂上滑石粉或米粉，经过这样处理后的香肠一般很难变质，除非霉菌菌丝已植入到香肠内部很深。当然，如果香肠表面生长的霉菌能够产真菌毒素的话，这种做法也就没有必要了。不过，到目前为止，关于霉菌是否会在发酵香肠中产真菌毒素还有争议。

酵母菌可能在干发酵香肠中生长，但很有限并且是在局部区域内生长发育。有时发酵香肠中能够发育的酵母菌种类很广泛，既有氧化型也有发酵型种类。目前还没有证据表明酵母菌会对最终产品的质量产生不良影响。

正常情况下，按照正确工艺生产的发酵香肠不会发生细菌变质现象。但是如果在贮藏过程中香肠表面有凝结水存在，或者对预包装产品而言在香肠表面和包装薄膜之间有凝结水存在，那么也会发生细菌生长导致产品腐败变质。从香肠中已分离到一些芽孢杆菌和小球菌，偶尔还会分离到"*coryneform*"菌，但是这些细菌对品质不会产生大的影响。另外，当发酵香肠经长时间贮藏，香肠中参加乳酸发酵的乳酸菌大量死亡后，会产生苦味，造成产品感官品质下降。这种问题对整条香肠和经切片后预包装的香肠都可能发生，但并不常见。产生苦味的机理还有待进一步研究，但有人认为苦味成分是乳酸菌细胞死亡和溶解后，被蛋白酶水解所释放的产物，其中包括苦味肽。

七、产品的微生物学检验

在大多数情况下，发酵香肠不需要进行微生物检验。酵母菌和霉菌可以通过视觉直接检查，不需要进行培养，但在特殊情况下需要进行污染菌鉴定。

如果对发酵阶段有疑点，可能需要进行金黄色葡萄球菌检测或耐热核酸酶试验。对于前者，必须牢记金黄色葡萄球菌可能在发酵刚结束或者在发酵过程当中成为严重隐患，这时必须考虑选择合适的培养基和检测方法。液体培养基不合适，因为不能检测出少量金黄色葡萄球菌的存在。广泛使用的 Baird-Parker 琼脂培养基在许多情况下能给出满意的结果，但有时进行全部葡萄球菌（包括凝固酶阴性种类）的计数更合适。在这种情况下，使用KRANEP 培养基较合适。通过使用对受激细胞进行固体修复的方法和改性 Baird-Parker 培养基可以改进金黄色葡萄球菌的复原：

样品

↓

接种于 Baird-Parker 基础培养基

（不含蛋黄或碲酸盐）

↓

37℃ 下培养 1h

↓

重叠加入 Baird-Parker 培养基（含有蛋黄、吖啶黄、

粘杆菌素、碲酸盐和 sulphamethazine 钠）

↓

继续在 37℃ 培养 24h

↓

对所有菌落计数

葡萄球菌耐热核酸酶试验是检测肠毒素的方法，其可靠性和灵敏度在很大程度上取决于所使用的方法。商业上使用的葡萄球菌核酸酶试验是基于抗体抑制的方法，是比较合适的。不过，没有必要每天对葡萄球菌肠毒素进行测试。测试时要考虑到多数发酵香肠中的高脂肪含量会带来一些困难，比如会导致毒素提取效率较低和毒素复原能力较差等。

只有在提出特殊要求时，比如需要进行食物中毒调查，才需要检测发酵香肠中的沙门氏菌、单核细胞增生李斯特氏菌等致病菌。在任何情形下，选择使用的检测方法时必须考虑到微生物可能受到的潜在损害，必须在检测时使损伤菌得到恢复。

八、产品质量控制

发酵香肠的制做曾被赞美为一种"艺术"，而制作人则被称为"真正的艺术家"。这样的溢美之词显然是过分的。不过应当承认，传统发酵香肠的制作确实包含许多"技艺"成分。即使在现代加工工艺中，对生产技术的控制也有相当高的要求。为了确保产品的安全性，人们先后建立了多种产品质量控制体系，其中尤以美国肉类研究所建议使用的 HACCP 系统为最有代表性。该系统确定的质量控制点多达 19 个，其中最重要的几个控制点都与病原微生物的控制直接相关。另外，对猪肉制品来说，控制旋毛虫也是最重要的一个环节。

前已述及，有关发酵香肠安全性的两个主要的微生物问题是乳酸发酵过程中金黄色葡萄球菌的生长及其所产生的肠毒素和沙门氏菌与李斯特氏菌等病原菌的存活。发酵过程中的产酸对抑制金黄色葡萄球菌的生长是至关重要的控制因素。美国肉类研究所确定了 pH 为 5.3 为限制值，许多控制系统都是基于保证发酵过程中获得该 pH 而建立的。当然还必须考虑到在获得该 pH 之前金黄色葡萄球菌生长的可能性，因此，使产品的 pH 下降至 5.3 时的发酵温度以及所需的时间成为产品安全性的关键控制因素。基于此，美国肉类研究所提出了发酵香肠的良好生产规范指南，明确了以温度和时间为控制参数的正确加工方法。

该指南中使用"度·小时"这一概念，即香肠的发酵温度减去 15（℃）乘以将 pH 降至 5.3 所需的发酵时间（h）。正确的加工必须满足以下条件：①当最高发酵温度低于 32℃时应小于 720℃·h；②当最高发酵温度在 32～40℃时应小于 560℃·h；③当最高发酵温度高于 40℃时应小于 500℃·h。

必须指出，当发酵温度不恒定时，计算必须基于最高温度而不是平均温度。美国肉类研究所的该指南在实践中被证实是有效的。事实上，如果不考虑将 pH 降至限制值 5.3 之前的情况，那么在很多情况下会存在潜在的安全隐患。某些传统干香肠在加工过程中的酸化是非常缓慢的，因而其产品安全性是没有保证的。

正确地控制发酵过程可以将金黄色葡萄球菌生长的可能性降至最低限度，对这种病原菌来说，发酵就是一个关键控制点。美国肉类研究所的该指南被应用于其他的病原菌则主要是基于经验。可是由沙门氏菌等病原菌造成的危害既包括生长发育也包括存活，因此用控制发酵过程的办法就不绝对可靠了。

发酵时的温度和 pH 的下降速率都应该得到很好地控制。如果 pH 下降的程度不够的话，应采取恰当的管理措施以确保发酵不能盲目地进行。有关人员应该具有丰富的经验，并且对发酵阶段在保证产品安全性方面的重要性有足够的认识。

干香肠的干燥和成熟过程对于赋予产品特有的感官品质非常重要。在含猪肉的干香肠中，干燥是杀灭旋毛虫的关键因素，干燥时间长短和有效性必须能够反映这一点，因此需要对干燥过程中空气的相对湿度、空气流速以及温度等进行监控。值得注意的是，低水分活度可以抑制许多病原微生物的生长，降低存活的数量，但却不可能杀灭它们。

半干香肠的干燥不足以杀死旋毛虫，因此为了保证猪肉制品的安全性还必须进行加热处理，加热温度应达到58.3℃以上。必须对加热后的产品中心温度进行严格监控以确保正确的热处理。不过，这时加热的目的不是为了杀灭病原微生物的营养细胞，如果使得微生物数量减少也只是附带的结果。在极少数只经过轻微干燥的发酵香肠加工中，需要采用完全蒸煮的方法，其目的是增加产品的稳定性，杀灭沙门氏菌等致病菌。在这种情况下，必须实施有效的监控措施以确保加热充分并防止交叉污染。

发酵香肠的最终检验是为了保证产品的组成符合有关标准。检验项目包括含水量、脂肪含量、氯化钠含量和腌制剂其他组分的含量等。有时也测最终产品的pH，但不如发酵结束时的pH重要。有时需要测定干燥和成熟结束后的水分活度值。微生物学检查通常只局限于保证不会发生金黄色葡萄球菌的生长。

第五节　发酵干香肠和半干香肠的加工

一、发酵干香肠和半干香肠的种类及特性

美国生产的干香肠和半干香肠，常采用的一种分类方法是根据种族起源、肉的配方和加工特点决定的（表11-9）。半干香肠是德国香肠的变种，起源于北欧，采用传统的熏制和蒸煮工艺。它含有牛肉和或猪肉混合料，再加入少许调味料制成。干香肠则是意大利香肠的变种，它起源于欧洲南部，主要用猪肉，调味料多，未经熏制或蒸煮。黎巴嫩大香肠全用牛肉为原料，经重烟熏，但不蒸煮，这是惟一的半干型香肠，广泛流行于黎巴嫩、美国宾夕法尼亚等地。美国肉制品也可间接用最终水分含量和水分与蛋白质的比例来测定其特性（表11-10和表11-11）。干香肠的水分与蛋白质比率在2.3：1或以下。干香肠包括意大利或德式香肠的变种，像意大利萨拉米香肠、热那亚萨拉米香肠、旧金山式香肠和硬萨拉米香肠，最终水分含量范围为25％～45％，半干香肠水分与蛋白质比率超过2.3：1。从起源上看，半干香肠来自德国（如熏香肠、图林根香肠、猪肉卷等）。半干香肠水分最终含量范围在40％～45％。黎巴嫩大香肠是仅有的水分含量高（水分含量55％～60％、pH极低、含糖和含盐量高）的香肠。

表 11-9　　　　　　　　　　　**干香肠和半干香肠的加工特性**

香肠类型	加　工	肉　料	加工特性
德式	熏制/蒸煮	牛肉/猪肉 熏香肠 图林根香肠 塞尔维拉特肠	18～48h, 32～38℃ （5～9d, 发酵剂） 蒸煮到58℃ （最终水分为50％）

续表

香肠类型	加 工	肉 料	加工特性
意大利式	干燥	猪肉/牛肉 热那亚萨拉米肠 硬萨拉米肠 旧金山式肠	18～48h，通风 30～60d 干燥室干燥 降低相对湿度 时间长时肠表面长有霉菌 （最终水分为 35%～40%）
黎巴嫩式	熏制	牛肉 黎巴嫩肠 波罗尼亚肠	4℃、10d 加食盐 用硝酸钾腌制 冷熏制 43℃、4～8d （最终水分 50%以上）

表 11-10　　　　　　　　　　干香肠和半干香肠的水分蛋白质的比例

产　品	水分与蛋白质的比例范围
波罗尼亚肠、黎巴嫩大香肠	（2～3.7）：1
卡毕可拉香肠	1.3：1
塞尔维拉特干肠	1.9：1
塞尔维拉特软肠	2.6：1
旧金山式干肠	1.6：1
萨拉米干肠	1.9：1
萨拉米软肠	（2～3.7）：1
熏香肠/图林根肠	（2～3.7）：1
风干肉条（串肉干、牛肉干）	0.75：1

表 11-11　　　　　　　　　　干香肠和半干香肠的成分

组成	塞尔维拉特、图林根、熏肠	热那亚萨拉米肠	波罗尼亚肠 黎巴嫩大香肠	猪肉卷
水分/%	50	36	56	45
脂肪含量/%	24	34	16	34
蛋白质含量/%	21	22	22	17
食盐含量/%	3.4	4.8	4.5	3.6
糖含量/%	0.8	1.0	4.1	2.2
pH	4.8	4.9	4.7	4.8
总酸度/%	1.0	0.79	1.3	1.0

　　近年来，为了生产干香肠和半干香肠，美国大多数发酵香肠的厂家已采用更好的加工方法。他们把干香肠定义为经过细菌作用，pH 在 5.3 以下，再经干燥去掉 25%～50%的水分，最终使水分与蛋白质比率不超过 2.3：1 的碎肉制品。半干香肠的定义是经细菌作用，pH 下降到 5.3 以下，在发酵和加热过程中去掉 15%的水分的碎肉制品。一般说来，半干香肠后来不在干燥室内干燥，而是在发酵和加热过程中完成干燥后立即包装。在发酵周期中

一般都进行熏制，水分与蛋白质的比率不超过 3.7：1。

它的生产常依赖于特定的工艺，采用添加发酵剂，在特定的条件下，使有益微生物得以生长，从而抑制有害病菌的繁殖，有利于产品的贮藏，并使产品的风味得到改善，以猪肉为原料的半干肠常需要烟熏（中心温度：58.5℃），这对杀灭猪肉中的旋毛虫尤为重要。半干香肠一般具有良好的保藏质量，常温下可保藏一定的时间，这主要是因为：烟熏过程中使一些污染的微生物数量降低到安全指标以下；高的含盐量和低 pH 抑制了病原菌的生长。它的制作工艺比半干香肠更复杂，需要较长的生产周期，易受环境和微生物的作用，但产品的水分活性值（A_w）和 pH 都较低，具有稳定的安全性，常温下可保藏较长的时间。

二、主要干香肠和半干香肠的配方及加工工艺

下面是典型干香肠和半干香肠配方和加工工艺。

（一）熏香肠（半干香肠）

1. 配方（单位：kg）

猪肉和牛肉（脂肪约占 30%）	100	整粒芥末种子	0.063
葡萄糖	2	粉碎的肉豆蔻	0.031
食盐	3	粉碎的芫荽	0.125
蔗糖	2	粉碎的香辣椒	0.031
硝酸钠	0.016	大蒜粉或适量鲜蒜	0.063～0.125
亚硝酸钠	0.008	片球菌发酵培养物	
粗粉碎黑胡椒	0.373		

2. 加工工艺

将肉通过 6.3～9.6mm 孔板的绞肉机绞碎，然后与食盐、调味料、葡萄糖和腌制剂完全搅拌。但不应搅拌过度。配料混合后，再添加发酵剂，而且根据搅拌机的速度使腌制成分与肠馅搅拌 3～4min。这些混合物再通过 3.2～4.8mm 孔板绞细，充填到天然或纤维性肠衣内，肠衣的直径约 50mm，工艺参数见表 11-12。

表 11-12　　　　　　　　应用发酵剂的香肠熏制程序

时　间	干球温度	湿球温度	备　注
16～20h	43℃	40℃	接近熏制循环中期 1h
1.5～3.0h	69℃	60℃	
3min	热烟熏		（香肠内部温度达到 60℃）

（二）图林根式塞尔维拉特香肠（半干香肠）

这是未经蒸煮的发酵香肠的基本配方，常称为软的熏香肠。

1. 配方（单位：kg）

牛肉（牛心可代替 1/4 牛肉）	60	葡萄糖	2
80%修整猪碎瘦肉（无旋毛虫）	30	蔗糖	2
50%修整猪碎瘦肉（无旋毛虫）	10	粗粉的黑胡椒（干胡椒可代替）	0.375
食盐	2.8	整粒芥末种子	0.063

粉碎肉豆蔻	0.031	亚硝酸钠	0.008
粉碎的芫荽	0.125	片球菌发酵剂	
粉碎的香辣椒	0.016		

2. 加工工艺

加工程序与上述熏香肠非常相似，采取同样的卫生控制措施。肉料应通过绞肉机 6.3～9.6mm 孔板，与发酵剂以外的其他配料搅拌均匀，然后添加发酵剂并绞细（最好用 3.2mm 孔板）、再充填进缝合的猪直肠内或其他合适的肠衣内。

当配方中用整香辣椒时，在搅拌之前使肉通过绞肉机 3.2～4.8mm 孔板绞细，在搅拌后直接充填到肠衣。建议采用下列熏制过程：

①在 37.8℃、相对湿度 85%～90% 条件下，熏制 20h；

②如果用无旋毛虫的修整碎肉时，在 71℃、相对湿度 85%～90% 下熏制，直到产品内部温度达到 49℃ 为止。熏制后，应用冷水淋浴香肠，在室温下存放 4～6h 后再冷却。

（三）图林根香肠

1. 配方（单位：kg）

猪修整肉（75%瘦肉）	55	发酵剂培养物	0.125
牛肉	45	整粒芥末籽	0.125
食盐	2.5	芫荽	0.063
葡萄糖	1	亚硝酸钠	0.016
磨碎的黑胡椒	0.25		

2. 加工工艺

将原料肉通过绞肉机 6.4mm 孔板绞碎。在搅拌机内将配料搅拌均匀，再用 3.2mm 孔板绞细。将肉馅充填进纤维素肠衣。用热水淋浴香肠表面 0.5～2.0min。在室温下吊挂 2h 并移到熏炉内，在 43℃ 下熏制 12h 再在 49℃ 下熏制 4h。香肠被移到室温下晾挂 2h 再运到冷却间内。香肠含食盐量为 3%，pH 为 4.8～5.0。

注意：猪肉必须是合格的修整碎肉，在熏制期间香肠的内部温度必须达到 50℃。使用发酵剂能显著地缩短加工时间。

（四）塞尔维拉特香肠

1. 配方（单位：kg）

牛修整碎肉	70	糖	1
标准猪修整碎肉	20	磨碎的黑胡椒	0.25
猪心	10	亚硝酸钠	0.016
食盐	3	整粒黑胡椒	0.125

2. 加工工艺

将牛修整碎肉和猪心通过绞肉机 6.4mm 孔板绞碎，将猪修整碎肉通过绞肉机 9.6mm 孔板绞碎。绞碎的肉与食盐、糖、硝酸盐一起搅拌均匀后，通过 3.2mm 孔板绞细，再加整粒黑胡椒，搅拌 2min，放在深 20cm 盘内，在 5～9℃ 下贮藏 48～72h。从盘内将馅倒入搅拌机内再搅拌均匀后，充填进 2 号或 2.5 号纤维素肠衣。在 13℃ 的干燥室内吊挂 24～48h 后，移入 27℃ 的烟熏炉内熏制 24h，缓慢升温到 47℃ 后，再熏制 6h 或更长时间，直到香肠有好的颜色。推入冷却间前，在室温下晾冷。

注意：必须选用合格的修整黑胡椒机碎肉，在熏制期间，香肠的内部温度必须达到

59℃。

（五）热那亚香肠

1. 配方（单位：kg）

猪肩部修整碎肉	40	磨碎的白胡椒	0.187
标准猪修整碎肉	30	整粒白胡椒	0.062
食盐	3.5	亚硝酸钠	0.031
糖	2	大蒜粉	0.016
布尔戈尼葡萄酒	0.5		

2. 加工工艺

将瘦肉通过绞肉机 3.2mm 孔板绞碎，肥猪肉通过 6.4mm 孔板绞碎，再与食盐、糖、调味料、葡萄酒和亚硝酸钠一起搅拌 5min，或直到搅拌均匀为止。将馅放在 20～25cm 深的盘内，在 4～5℃下放置 2～4h。如用发酵剂，放置周期可缩短几小时。

将肠馅充填到纤维素肠衣或猪直肠衣内，以及合适尺寸的胶原肠衣内。在 22℃、相对湿度 60％的室内放置 24d，或直到香肠变硬和表面变成红色。贮藏在 12℃、相对湿度为 60％的干燥室内 90d。

注意：优质的干香肠应有好的颜色，表面上没有酵母或酸败的气味，在肠中心和边缘水分分布均匀，表面皱折小。

干燥室内空气流速的控制很重要，但也困难，因为产品有不同的水分，而且也不易控制空气的流速。通常好的换气量是每小时 15～20 倍房间容积的空气量。为了保持干燥，产品的翻动也很重要。室内应保持黑暗，要用低亮度的灯，因为强烈的光使香肠表面产生污点。香肠捆成束易于翻动，堆在底下的香肠要翻到上面进行干燥。低脂肪含量和小直径产品将比高脂肪和大直径的香肠干燥得快。

（六）发酵鱼肉香肠

1. 配方（单位：kg）

蛤鱼	100	维生素 C	0.08
白糖	5	亚硝酸钠	0.015
精盐	2	β-环状糊精	1
曲酒（60°）	3	味精	0.1
大蒜	1	冰水	适量
胡椒粉	0.3		

2. 工艺流程

蛤鱼→解冻→漂洗→除内脏、去刺→采肉→漂洗→脱水→腌制→斩拌→添加→辅助材料→添加工作发酵剂（菌种活化产生母发酵剂）→灌装→发酵→烘烤→成熟

3. 操作要点

（1）蛤鱼的选择　蛤鱼须用冻鲜品，无杂鱼和杂物，放在 10℃下的冷水中解冻，直到变软为止。

（2）采肉　蛤鱼解冻后，立即除去内脏和鱼刺，剔出鱼肉，清水漂洗干净，沥干水分备用。鱼骨刺可用胶体磨研成骨泥，添加在香肠内，补充钙质，降低生产成本。

（3）斩拌　将鱼肉放入斩拌机内斩碎，斩拌的程度越细，蛋白质的提取会越完全，产品的切片性会越好。斩拌时应加入适量的冰水，以降低斩拌温度（10℃以下），控制杂菌的

增殖。

（4）接种拌料　先将植物乳杆菌和啤酒片球菌的菌种分别接种在固体斜面 MRS 培养基上活化两次后，转入 MRS 液体培养基中，经 30～32℃，20～24h 培养后，分别接种于斩拌好的鱼糜中。发酵剂的菌数含量为 10^7cfu/g，接种量按鱼肉重的 1% 进行接种。接种后，搅拌均匀。

（5）灌装　将搅拌均匀的鱼糜料灌装于羊肠衣或猪小肠衣中，灌紧装实，粗细均匀，按每节 18～20cm 长打结，用温水冲去肠体表面油污。

（6）发酵　将灌好后的湿香肠置于 32～35℃，相对湿度 80%～85% 的发酵室内发酵 20～24h，当 pH 达到 5.0～5.2 时即可终止。

（7）烘烤　将发酵后的肠体，送到 55～60℃的烘箱，烘烤 8～10h。此时肠体表面干燥，色泽呈灰白色略带粉红色。取出后，挂于稍干燥的 10℃贮藏室内，待冷却后，用塑料袋真空包装即为成品。

第十二章　油炸肉制品

油炸是食品熟制和干制的一种加工方法，是将食品置于较高温度的油脂中，使其加热快速熟化的过程。油炸也是一种较古老的烹调方法。油炸可以杀灭食品中的微生物，延长食品的货架期，同时，可改善食品风味，提高食品营养价值，赋予食品特有的金黄色泽。经过油炸加工的产品具有香酥脆嫩和色泽美观的特点。油炸既是一种菜肴烹调技术，又是工业化油炸食品的加工方法。油炸肉制品深受大众喜爱，在世界许多国家成为流行的方便食品。

在食品工业中，油炸工艺应用普遍，油炸食品种类繁多，在方便食品生产中占有重要的位置。目前，油炸食品加工已形成设备配套的工业化连续生产。

油炸工艺的技术关键是控制油温和热加工时间，不同的原料，其油炸工艺参数不同。一般油炸的温度为100～230℃，根据原料的组成、质地、质量和形状大小控温控时油炸加工，可获得优质的油炸肉食品。

第一节　油炸肉制品的加工原理

一、油炸的基本原理

油炸制品加工时，将食物置于一定温度的热油中，油可以提供快速而均匀的传导热，食物表面温度迅速升高，水分汽化，表面出现一层干燥层，形成硬壳，然后，水分汽化层便向食物内部迁移，当食物表面温度升至热油的温度时，食物内部的温度慢慢趋向100℃，同时表面发生焦糖化反应及蛋白质变性，其他物质分解，产生独特的油炸香味。油炸传热的速率取决于油温与食物内部之间的温度差和食物的导热系数。在油炸热制过程中，食物表面干燥层具有多孔结构特点，其孔隙的大小不等。油炸过程中水和水蒸气首先从这些大孔隙中析出。由于油炸时食物表层硬化成壳，使其食物内部水蒸气蒸发受阻，形成一定蒸汽压，水蒸气穿透作用增强，致使食物快速熟化，因此油炸肉制品具有外脆里嫩的特点。

二、油炸对食品的影响

油炸对食品的影响主要包括三个方面：一是油炸对食品感官品质的影响；二是油炸对食品营养成分和营养价值的影响；三是油炸对食品安全性的影响。

（一）油炸对食品感官品质的影响

油炸的主要目的是改善食品色泽和风味，在油炸过程中，食品发生美拉德反应和部分成分降解，同时，可吸附炸油中挥发性物质而使食品呈现金黄或棕黄色，并产生明显的炸制芳香风味。在油炸过程中，食物表面水分迅速受热蒸发，表面干燥形成一层硬壳，从而构成了油炸食品的外形。当持续高温油炸时，常产生挥发性的羰基化合物和羟基酸等，这些物质会产生不良风味，甚至出现焦糊味，导致油炸食品品质低劣，商品价值下降。

(二) 油炸对食品营养价值的影响

油炸对食品营养价值的影响与油炸工艺条件有关。油炸温度高，食品表面形成干燥层，这层硬壳阻止了热量向食品内部传递和水蒸气外逸，因此，食品内部营养成分保存较好，含水量较高。同时，油脂含量明显提高。

油炸食品时，食物中的脂溶性维生素在油中的氧化会导致营养价值的降低，甚至丧失，视黄醇、类胡萝卜素、生育酚的变化会导致风味和颜色的变化。维生素 C 的氧化保护了油脂的氧化，即它起了油脂抗氧化剂的作用。

研究表明，油炸对食品的成分变化影响最大的是水分，水分的丧失最多，其他营养成分如蛋白质、脂肪等的含量表现为相对增加或减少（见表 12-1）。

表 12-1	油炸前后肉品的成分分析（以炸前 100g 样品为基准）				单位：%
肉品种类	处理	水分	蛋白质	脂肪	灰分
牛肉	油炸前	75.57	21.54	2.04	0.70
	油炸后	39.95	20.00	4.48	0.52
鳕鱼	油炸前	79.46	18.09	1.03	1.26
	油炸后	46.98	18.46	4.08	1.26
鲭鱼	油炸前	62.94	18.97	13.75	1.12
	油炸后	58.88	22.74	12.42	2.25

食品在油炸过程中，维生素的损失加大，与商业杀菌时一样，维生素 B_1 的保存率最受人们的注意。不同种类动物肉品在油炸过程中，维生素 B_1 的损失是不相同的，差异较大，见表 12-2。

表 12-2	肉品在油炸过程中维生素 B_1 的损失					单位：%
食品种类	牛排	牛肉馅饼	猪排	羊排	鸡肉	平均
维生素 B_1 损失率	15	8	40	32	35	26

人们对油炸食品在人体内的可消化性与代谢利用效价一直十分关注，但研究并不多。西班牙莫雷拉斯等的研究具有一定代表性（见表 12-3）。

表 12-3	食品油炸前后的蛋白质消化系数				
食品种类	鳕鱼	猪肉	牛肉	鱼丸	肉丸
油炸前	0.92	0.92	0.93	0.92	0.90
油炸后	0.91	0.92	0.93	0.89	0.80

综上所述，研究表明，油炸对肉品蛋白质利用率的影响较小，如猪肉和箭鱼经油炸后，其生理效价和净蛋白质利用率（NPN）几乎没有变化。但如果肉品添加辅料后进行油炸，上

述指标将会受到很大的影响，均表现下降。油炸时，食品将丧失一定水分，而增加油脂含量。油炸温度虽然很高，但是食品内部的温度一般不会超过100℃。因此，油炸加工对食品的营养成分的破坏很少，即油炸食品的营养价值没有显著的变化，总之，在理想的条件下油炸是比较安全的食品加工方法。

（三）油炸对食品安全性的影响

在油炸食品过程中，油的某些分解和聚合产物对人体是有毒害作用的，如油炸中产生的环状单聚体、二聚体及多聚体，这些物质会导致人体麻痹，产生肿瘤，引发癌症，因此，油炸用油不宜长时间反复使用，否则，将影响食品安全性，危害人体健康。

在一般烹调加工中，加热温度不高而且时间较短，对油炸用油的卫生安全性影响不大。但是，在肉品油炸过程中若加热温度高，油脂反复使用，致使油脂在高温下发生热聚，可能形成有害的多环芳烃类物质。研究发现，用含高温油脂的饲料喂养大鼠数月后，动物出现胃损伤和乳头状瘤，并有肝瘤、肺腺瘤及乳腺瘤等发生。在这方面最有代表性的研究是Crampton及其同事对亚麻子油的研究，他们在二氧化碳气体中将亚麻子油在275℃加热12h，然后，在大白鼠的饲料中添加20%的量饲喂，结果发现动物消瘦，死亡率增高。后来将加热过的油脂进行分馏研究，发现毒性来自环状单体。在20世纪30年代末到40年代初，阿根廷的Roffoo在杂志上进行了系列报道，加热过的油脂可能存在致癌性。为此，引发了许多有关热氧化油炸用油的毒性和致癌性的研究。

为了防止油脂在高温长时间下产生的热变作用，常常要求在油炸食品时，应避免温度过高和时间过长，最好一般不超过190℃左右，时间以30～60s为宜。同时，在使用中应经常加入一些新的油脂，去除油脂中的漂浮物和底部沉渣，减少连续反复使用次数，防止聚合物大量蓄积，保证油炸肉制品的卫生安全性。

三、油炸用油

目前，食用油脂在我国主要有两大类，即炼过的动物脂肪，如牛羊猪油，另一类是用油料作物制取的植物油，如大豆油、花生油、芝麻油、菜籽油、玉米油、棉籽油、葵花籽油等，此外，还有食用量较少的黄油、胚芽油、棕榈油和核桃油等。

食用油脂大多是甘油三酯的混合物。构成油脂的脂肪酸种类繁多，油脂的理化性质主要取决于其脂肪酸的种类和相对数量，脂肪酸的组成直接影响着油脂的稳定性和加工特性。一般称不饱和脂肪酸占优势的油脂为不饱和油脂，而称饱和脂肪酸占优势的为饱和油脂。

炸制用油在使用前应进行质量卫生检验，要求熔点低，过氧化值低的新鲜植物油，我国目前炸制用油主要是菜籽油、棕榈油和葵花籽油。油炸时，游离脂肪酸含量升高，说明有分解作用发生。为了减少油炸时油脂的分解作用，可以在炸制油中添加抗氧化剂，以延长炸制油的使用时间，常用的抗氧化剂主要有天然维生素E、没食子酸丙酯（PG）、二丁基羟基甲苯（BHT）和没食子酸十二酯等。

油炸使用过的油未经提炼去杂，不宜反复使用，因为在长时高温作用下，炸油中常存在一些氧化分解物质和因高温作用而产生的有害物质如三甘酯、亚硝基吡啶，多环芳香烃类、不饱和脂肪酸过氧化物等，严重影响人体健康，导致人体神经麻痹、肿瘤，甚至死亡。为了减少和防止这些物质的产生，目前，在油炸加工中普遍应用了新工艺和新设备，以保证油炸食品的卫生安全性。

第二节　油炸肉制品的加工工艺

一、油炸方法

油炸肉制品的方法主要有浅层煎炸和深层油炸，后者又可分为常压深层油炸和真空深层油炸。根据制品要求和风味口感的不同，又可分为清炸、干炸、软炸、酥炸、松炸、脆炸、卷包炸和纸包炸等基本油炸方法。另外，还可分成纯油油炸和水油混合油炸。

（一）浅层油炸

浅层油炸适合于表面积较大的食品如肉片、馅饼和肉饼等的加工。一般在工业化油炸加工中应用较少，主要用于餐馆、饭店和家庭的烹调油炸食品制作。

浅层油炸普遍使用电热平底油炸锅或炒锅等厨房设施，这类油炸设备在国内外均有定型产品出售。该类设备生产能力较低，一次使用物料约 5～10kg，操作简单，无滤油装置，常有食物碎屑残留锅中。此类设备虽能精确控温，但因设备自身不能分离除去油中的食物碎屑，油反复使用几次后，碎屑在高温下发生变化，甚至变成焦糊，导致油炸用油的风味变差，品质下降，故不得不作为废弃油处理除去。因此，油炸用油的利用率较低，浪费较大，致使产品生产成本增高。

浅层油炸方法比较适合于手工制作和小批量作坊式生产，不适宜工业化油炸食品加工。

（二）深层油炸

深层油炸是常见的一种油炸方式，它适合于肉制品工业化油炸加工。一般可分为常压深层油炸和真空深层油炸。根据油炸介质不同又可分为纯油油炸和水油混合油炸。在工业上应用较多的是水油混合式深层油炸。

1. 水油混合式深层油炸

水油混合式深层油炸是指在同一容器内加入水和油而进行的油炸方法。水油因密度大小不同而分成两层，上层是相对密度较小的油层，下层是相对密度较大的水层，一般在油层中部水平设置加热器加热。

水油混合式深层油炸食品时，食品的残渣碎屑下沉至水层，由于下层油温比上层油温低，因而，炸油的氧化程度可得到缓解，同时，沉入下半部水层的食物残渣可以过滤除去，这样，可大大减少油炸用油的污染，保持其良好的卫生状况。

水油混合式深层油炸工艺具有分区控温、自动过滤、自我净化的特点，在油炸过程中，油始终保持新鲜状态，所炸制的食品不但色、香、味和形俱佳，而且外观洁净漂亮。同时，可大大减少油炸用油的浪费，节油效果十分显著。

目前，在油炸食品加工中，已具有无烟型多功能水油混合式油炸机和全自动连续深层油炸生产线，完全可满足油炸肉食品生产的需要。

2. 真空深层油炸

真空深层油炸或真空低温油炸是在 20 世纪 60 年代末到 70 年代初兴起的，开始主要用于油炸土豆片，获得了良好的效果。后来，人们将其用于水果片的干燥。20 世纪 80 年代以后，该技术发展迅速，应用十分广泛。真空深层油炸技术将油炸和脱水有机地结合在一起，具有独特的优越性和广泛的应用，尤其对于含水量较高的蔬菜和水果的加工，效果更加理想。

目前，应用真空深层油炸工艺加工果蔬脆片，常用的水果有苹果、猕猴桃、柿子、草莓、葡萄、香蕉等；蔬菜类如胡萝卜，南瓜、西红柿、四季豆、甘薯、土豆、青椒等；肉食品类主要有鱼片、虾、泥鳅、牛肉干等。应用真空深层油炸加工的食品较好地保留了其原料的固有风味和营养成分，具有良好的口感和外观，产品附加值较高，该类产品具有广阔的市场前景。

（1）真空深层油炸的原理　真空深层油炸是利用在减压的条件下，食品中水分汽化温度降低，能在短时间内迅速脱水，实现在低温低压条件下对食品的油炸。因此，真空深层油炸工艺可加工出优质的肉类油炸食品。

（2）真空深层油炸的特点　真空深层油炸方法的主要特点如下：

①温度低、营养成分损失少：一般常压深层油炸的油温在160℃以上，有的高达230℃以上，这样高的温度对食品中的一些营养成分具有一定的破坏作用。但真空深层油炸的油温只有100℃左右，因此，食品中内外层营养成分损失较小，食品中的有效成分得到了较好的保留，特别适宜于含热敏性营养成分的食品油炸；

②减压、水分蒸发快、干燥时间短：在真空状态下油炸，产品脱水速度快，能较好保持食品原有的色泽和风味；

③具有膨化作用、产品复水性好：在减压状态下，食品组织细胞间隙中的水分急剧汽化膨胀，体积增大，水蒸气在孔隙中冲出，对食品具有良好的膨松效果，因而，经真空深层油炸的食品具有良好的复水性。如果在油炸前，进行冷冻处理，效果更佳；

④油耗少，油脂劣化速度慢：真空深层油炸的油温较低，且缺乏氧气，油脂与氧接触少，因此，油炸用油不易氧化，其聚合分解等劣化反应速度较慢，减少了油脂的变质，降低了油耗。采用常压油炸其产品的含油率高达40%～50%，但如果采用真空油炸，其产品含油率则在20%以下，故产品保藏性较好。

（3）真空深层油炸工艺

①工艺流程

原料验收→清洗→成形→真空炸制→脱油→调味加香

②操作要点

原料验收：选择卫生健康的肉品，要求原料新鲜、优质。

清洗：去除原料中的尘土、污物和减少带菌量。

成形：根据产品需要，可切成片状或其他几何形状。

真空炸制：经成形的原料肉置于网状容器，然后置于油炸锅中，关闭真空油炸锅，并开始抽真空，加热，使油温和真空度保持相对平衡状态，促使食品水分含量不断降低，最后达到油炸干燥之目的。在整个真空油炸过程中，真空度和温度的控制至关重要，可通过真空度、温度随时间而变化的情况来判定油炸加工的终点。

脱水：为了将产品的含油率控制在10%以下，必须进行脱油处理。脱油的方法主要有离心分离法和溶剂法，一般采用前者，因后者易导致溶剂在产品中的残留。在油炸完成后，停止加热，在维持真空度条件下，将油面下降至容器底部，沥油数分钟。沥油完毕，即进行高速离心脱油，一般离心脱油条件是：转速1000～15000r/min，10min。脱油应在油炸结束后趁热进行，否则，油脂冷却后，油脂凝结，粘度增大，难以分离脱油。

调味加香：在脱油之后，可按配方调配香料或香精，使产品具有独特的风味和良好的香气。

（4）真空深层油炸设备　真空深层油炸的设备分为间隙式和连续式两种，我国多采用间隙式真空油炸设备，但随着油炸食品的发展，连续自动化真空油炸设备已开始投入使用。

（三）清炸

选用新鲜质嫩的肉品，经过预处理，切成一定几何形状，按配方称量精盐、料酒及其他香辛调料与肉品混合腌制，然后用急火高温热油炸制三次，即称为清炸。如清炸猪肝、清炸鱼块等，成品外脆里嫩，清爽利落。

（四）干炸

取新鲜动物瘦肉，经成形、调料，并用淀粉、鸡蛋和水挂糊上浆，于190～220℃的热油中炸熟即为干炸，如干炸里脊、油炸排骨等。成品特点是干爽、香溢，外脆里嫩，色泽红黄。

（五）软炸

取质嫩的猪里脊、鲜鱼片、鲜虾等经加工造型，上浆入味蘸干粉面、拖蛋白糊，置于90～120℃热油中炸熟即可。把蛋清打成泡状后加淀粉、面粉调匀经油炸制，菜肴色白，细腻松软，故称软炸。常见制品有软炸鱼条，成品特点是表面松散，质地细嫩，色白微黄，清淡味美。

（六）酥炸

选取动物原料，成形，调味，蘸面粉、拖全蛋糊，洒面包屑，放入150℃热油中炸至表面呈深黄色起酥，成品外松内软，细嫩可口，即为酥炸。如酥炸鱼排、香酥仔鸡。

（七）松炸

松炸是将原料加工成片状或块形，经调味后蘸面粉挂上全蛋糊后，放入150～160℃热油中，慢炸成熟的一种油炸方法，因成品表面金黄松酥，故称松炸。该类产品特点是制品膨松饱满，里嫩味鲜。

（八）卷包炸

将新鲜质嫩的肉品切成一定形状，调味后卷入各种调好口味的馅，包卷起来，放入150℃热油中炸制。成品特点是外脆里嫩，色泽金黄，滋味鲜美。

（九）脆炸

该方法多用于家禽加工，将整鸡或全鸭褪毛后，去内脏，用沸水洗烫，使表面皮肤中胶原蛋白发生热收缩，然后，在表皮上挂一层饴糖淀粉水，晾坯，然后置于200～210℃高热油中炸制，使其呈红黄色，直至油炸熟化，使其鸡、鸭皮脆、肉嫩，故称脆炸。

（十）纸包炸

将质地细嫩的猪里脊、鸡鸭脯、鲜虾等高档原料切成薄片或其他形状，上浆，用糯米纸或玻璃纸等包成长方形，投入80～100℃温油中炸制，故名纸包炸。其产品特点是形状美观，细嫩多汁，因此，在包装时，应注意包裹严密，防止汤汁溢漏。

二、油炸肉制品加工

（一）油炸里脊

1. 配方（单位：kg）

原料肉　　　　　　　　　　　　100　　　　　精盐　　　　　　　2

香油	1	生姜	0.5
味精	0.1	面粉	4
五香粉	0.5		

2. 加工工艺

将肉切成肉片，加入各种调料，腌制 1h，然后上面粉浆，于油锅中炸制成玫瑰红色即为成品。

（二）炸肉丸

1. 配方（单位：kg）

料肉	100	酱油	1.5
淀粉	20	生姜	1
精盐	2	白糖	0.5

2. 加工工艺

将肉糜与各种调料及淀粉混合均匀，入油锅中炸制，炸成深黄色即可。

（三）油汆肉皮

1. 配方（单位：kg）

肉皮	100	植物油	适量
精盐	2		

2. 加工工艺

先将肉皮洗净，碱脱脂，清洗晾干后放入冷油锅中，小火缓慢加热，不断翻动，直至肉皮呈黄色时取出即成。

（四）炸狮子头

1. 配方（单位：kg）

原料肉	100	生姜	0.4
精盐	2.2	亚硝酸钠	0.01
面粉	15	胡椒粉	0.5
味精	0.3	焦磷酸钠	0.1

2. 加工工艺

取原料肉，将其切成肉条或小肉块，选用精盐、磷酸盐和亚硝酸钠等进行腌制处理，然后用斩拌机斩拌成肉糜与调料混合均匀，使成圆球形，置于热油中炸制。最后将炸制好的半成品放于蒸锅中蒸 20min 即为成品。

（五）油炸猪蹄

1. 配方（单位：kg）

猪蹄	100	白糖	1
精盐	2	黄酒	0.5
焦糖	1.5	味精	0.2
酱油	1	生姜	0.5

2. 加工工艺

选用皮薄肉嫩的猪蹄，去掉不可食部分，清洗干净，先加水预煮，然后取出趁热挂糖色，晾干后于温油中炸制，直至皮面起泡，表面呈棕红色或酱红色即可，取出后置于温水中，至皮皱取出，加入各种调料，原汤煮制，使其完全熟化即可。

第十三章　肉类罐头

罐头食品就是将食品密封在容器中，经高温处理，使绝大部分微生物消灭掉，同时在防止外界微生物再次侵入的条件下，借以获得在室温下长期贮藏的保藏方法。凡用密封容器包装并经高温杀菌的食品称为罐头食品。1795年，法国人古拉斯·阿培尔经过10年的研究，发明了一种热加工保藏食品的方法，当时称为阿培尔加工法。方法是将食品放入用粗麻布包裹的玻璃瓶中，瓶口敞开着，以便装满食物的玻璃瓶在沸水浴中加热时瓶里的空气可以跑出来。加热一段时间之后，阿培尔用涂了蜡的软木塞将瓶口堵住，并密封以后，在室温下放置了2个月。后来，英国人杜兰德也进行了类似的实验，不过他采用的是顶上开有小孔的马口铁罐。他将食物加热之后使用锡将小孔焊合，并将之放置起来，看它是否稳定。他于1810年获得了使用马口铁罐的专利。1820年至1880年期间，有人发现往煮罐头的沸水中加一些食盐，可以使水的沸点由100℃提高到115℃，这就减少了杀菌时间，于是就设计出高压锅，可以达到同样的目的。今天罐头工业使用的高压锅可以将食品的加热温度提高到110～138℃。

罐头工业从手工业生产发展成为现代化工业，经历了近200年历史，从1811年生产玻璃罐头开始，到1823年开始生产马口铁罐头食品的手工业生产，每人每日最多生产100罐。1852年制成了高压灭菌锅及测量和调节用仪表，1880年制成封罐机，日产量达1500罐，1885年罐头容器工业（马口铁罐）和罐头食品工业分开，1930年制自动封罐机，每分钟产量为300罐。19世纪末期和20世纪初期，罐头食品生产的机器设备又有了新的发展，从容器消毒、原料处理以及食品的装罐、排气、密封和杀菌等一系列生产过程，由机器代替了繁重的人工操作。以后由于物理学和化学的发展，特别是传热学和生物学的发展，使食品的风味和营养不至受到过大损失。而近代物理学、机械学、电工学的发展，又促进了罐头食品生产技术的改革，提供了许多新工艺、新技术和新设备，使生产方式从机械化进入自动化，大大丰富了本学科的内容。

第一节　肉类罐头的种类

一、按罐头的加工方法和风味分类

肉类罐头按加工及调味方法可分为以下几类：

1. 清蒸类罐头

清蒸类罐头是将原料经过初加工后不经烹调而直接装罐制成的罐头。最大限度地保持了原料的特有风味。如清蒸猪肉、原汁猪肉、白烧鸡、白烧鸭罐头等。

2. 调味类罐头

调味类罐头是将原料整理后经预煮、油炸或烹调之类的加工，或于装罐后加入调味汁液而制成的罐头。调味方式不同，各具特有风味。如各种红烧肉类、红烧鱼类、五香酱鸭、五香风味鱼等五香类罐头；加注调味番茄汁的茄汁鱼类、茄汁黄豆猪肉、茄汁兔肉罐头等。

3. 腌制类罐头

腌制类罐头是将处理后的原料经食盐、亚硝酸钠、砂糖等按一定配比组成的混合盐腌制后，再加工制成的罐头。如午餐肉、咸牛肉、咸羊肉、猪肉火腿等罐头。

4. 烟熏类罐头

烟熏类罐头是将处理后的原料经腌制、烟熏后制成的罐头。如火腿肉和烟熏肋肉等罐头。

5. 香肠类罐头

香肠类罐头是将肉腌制后加香料斩拌、制成肉糜，直接装入肠衣，经烟熏、预煮、装罐制成的罐头。

6. 内脏类罐头

将猪、牛、羊的内脏及副产品，经处理调味或腌制加工后制成的罐头即为内脏类罐头。如猪舌、牛舌、猪肝酱、牛尾汤、卤猪杂等罐头。

二、按产品的包装容器和规格分类

（一）听装罐头

听装罐头是采用金属罐为容器进行装罐和包装的罐头。金属罐中目前最常用的材料是镀锡薄钢板以及涂料铁等，其次是铝材以及镀铬薄钢板等。

1. 镀锡薄钢板

镀锡薄钢板是一种具有一定金属延伸性、表面经过镀锡处理的低碳薄钢板。镀锡板是它的简称，俗称马口铁。现在用于制罐的镀锡板都是电镀锡板，即由电镀工艺镀以锡层的镀锡板。它与过去用热浸工艺镀锡的热浸镀锡板相比，具有镀锡均匀，耗锡量低，质量稳定，生产率高等优点。镀锡板由钢基、锡铁合金层、锡层、氧化膜和油膜等构成。

2. 涂料铁

用镀锡板罐作食品罐头时，有些食品容易与镀锡板发生作用，引起镀锡板腐蚀，这种腐蚀主要是电化学腐蚀。其次是化学性腐蚀，在这种情况下，单凭镀锡板的镀锡层显然不能保护钢基，这就需在镀锡板表面设法覆盖一层安全可靠的保护膜，使罐头内容物与罐壁的镀锡层隔绝开。还可采取罐头内壁涂料的方法，即在镀锡板用于内壁的一面涂印防腐耐蚀涂料，并加以干燥成膜。对于铝制罐和镀铬板罐，为了提高耐蚀性，内壁均需要涂料。

随着国际市场上锡资源的短缺，锡价猛涨，镀锡板的生产转向低镀锡量，但是镀锡量低往往不能有效地抵制腐蚀，这就要求助于罐内涂料的办法来提高耐蚀性。此外，目前有的国家对食品内重金属含量制定了法规，为了商品贸易的需要，罐头内壁加以涂料势在必行。

3. 镀铬薄板

镀铬薄钢板是表面镀铬和铬的氧化物的低碳薄钢板。镀铬板是60年代初为减少用锡而发展的一种镀锡板代用材料。镀铬板耐腐蚀性较差，焊接困难，现主要用于腐蚀性较小的啤酒罐、饮料罐以及食品罐的底、盖等，接缝采用熔接法和粘合法接合，它不能使用焊锡法。镀铬板需经内外涂料使用，涂料后的镀铬板，其涂膜附着力特别优良，宜用于制造底盖和冲拔罐，但它封口时封口线边缝容易生锈。

4. 铝合金薄板

它为铝镁、铝锰等合金经铸造、热轧、冷轧、退火等工序制成的薄板。其优点为轻便、美观、不生锈。用于鱼类和肉类罐头，无硫化铁和硫化斑，用于啤酒罐头无发浑和风味变化等现象。缺点为焊接困难，对酸和盐耐蚀性较差，所以需涂料后使用。

5. 焊料及助焊剂

目前使用的金属罐容器中，使用量最大的是镀锡板的三片接缝罐。三片罐身接缝必须经过焊接（或粘接），才能保证容器的密封。焊接工艺中现在基本上采用电阻焊。

6. 罐头密封胶

罐头密封胶固化成膜作为罐藏容器的密封填料，填充于罐底盖和罐身卷边接缝中间，当经过卷边封口作业后，由于其胶膜和二重卷边的压紧作用将罐底盖和罐身紧密结合起来。它对于保证罐藏容器的密封性能，防止外界微生物和空气的侵入，使罐藏食品得以长期贮藏而不变质是很重要的。

罐头密封胶除了能起密封作用外，必须适合罐头生产上一系列机械的、化学的和物理的工艺处理要求，同时还必须具备其他一系列特殊条件。具体要求如下：

（1）要求无毒无害，胶膜不能含有对人体有害的物质；

（2）要求不含有杂质，并应具有良好的可塑性，便于填满罐底盖与罐身卷边接缝间的孔隙，从而保证罐头的密封性能；

（3）与板材结合应具有良好的附着力及耐磨性能；

（4）胶膜应有良好的抗热、抗水、抗油及抗氧化等耐腐蚀性能。

作为罐藏容器的密封填料，除了某些玻璃罐的金属盖上使用塑料溶胶制品外，基本上均使用橡胶制品。目前就我国来说，密封胶几乎全部采用天然橡胶，而不用合成橡胶，因为我国在合成橡胶的制造上和选用上还有困难。但在国际上则以采用合成橡胶为主，因其性能易于控制，使用方便。

（二）玻璃瓶罐头

玻璃瓶罐头是采用玻璃瓶罐为容器进行装罐和包装的罐头。玻璃罐（瓶）是以玻璃作为材料制成，玻璃为石英砂（硅酸）和碱即中性硅酸盐熔化后在缓慢冷却中形成的非晶态固化无机物质。玻璃的特点是透明、质硬而脆、极易破碎。使用玻璃罐用于包装食品既有优点，也有许多缺点。其优点为：①玻璃的化学稳定性较好，和一般食品不发生反应，能保持食品原有风味，而且清洁卫生；②玻璃透明，便于消费者观察内装食品，以供选择；③玻璃罐可多次重复使用，甚为经济。

玻璃罐存在的缺点为：①机械性能很差，易破碎，耐冷、热变化的性能也差，温差超过60℃时容易发生破裂。加热或冷却时温度变化必须缓慢、均匀地上升或下降，在冷却中比加热时更易出现破裂问题；②导热性差，玻璃的热导率为铁的1/60，铜的1/1000。它的比热容较大，0～100℃时为0.722kJ/（kg·℃），为铁皮的1.5倍。因此，杀菌冷却后玻璃罐所装食品的质量比铁罐差；③玻璃罐比同样体积的铁罐重4～4.5倍，因而它所需的运输费用较大，故玻璃罐在罐头食品中的应用受到一定的限制。

（三）软罐头

软罐头是指高压杀菌复合塑料薄膜袋装罐头，是用复合塑料薄膜袋装置食品，并经杀菌后能长期贮藏的袋装食品叫做软罐头。它质量轻，体积小，开启方便，耐贮藏，可供旅游、航行、登山等需要。国外目前已大量投入生产，代替了一部分镀锡薄板或涂料铁容器，以后还将有更大的发展。

1. 复合薄膜的构成

这种复合塑料薄膜通常采用三种基材粘合在一起。外层是 $12\mu m$ 左右的聚酯，起到加固及耐高温的作用。中层为 $9\mu m$ 左右的铝箔，具有良好的避光、阻气、防水性能。内层为 $70\mu m$ 左右的聚烯烃（改性聚乙烯或聚丙烯），符合食品卫生要求，并能热封。

由于软罐头采用的复合薄膜较薄，因此杀菌时达到食品要求的温度时间短，可使食品保持原有的色、香、味；携带食用方便；由于使用铝箔，外观具有金属光泽，印刷后可增加美观。但目前缺乏高速灌装热封的机械设备，生产效率低，一般为 $30\sim60$ 袋/min。

2. 软罐头的特点

目前软罐头之所以发展很快，是由于软罐头具有以下几大优点：①能进行超高温 $135℃$ 杀菌，实现高温短时间杀菌；②不透气及水蒸气，内容物几乎不发生化学作用，能较长期地保持内容物的质量；③袋薄，接触面积大，传热性好，它可以缩短加热时间；④密封性好，不透水、氧、光；⑤食用方便，容易开启，包装美观。

第二节　肉类罐头生产的基本过程

肉类罐头的加工是将肉类食品装入镀锡薄钢板罐（马口铁罐）、玻璃罐等罐藏容器中，经排气、密封、杀菌而制成的食品。由于肉类食品的原料和肉类罐头食品的品种不同，各种肉类罐头的生产工艺各不相同，但基本原理是相同的。

一、原料肉的成熟和解冻

进入罐头厂的原料肉有两种，一种是鲜肉，另一种是冻肉。鲜肉要经过成熟处理方能加工使用。冷库运来的冻肉，要经过解冻方能加工使用。解冻过程中除保证良好的卫生条件外，对解冻的条件一定要严格控制。控制不当，肉汁大量流失，养分白白耗损，降低肉的持水性，影响产品质量。原料肉解冻条件见表 13-1。

表 13-1　　　　　　　　　　　　　肉原料的解冻条件

季节	解冻室温度/℃	解冻时间	相对湿度/%	解冻结束时肉中心温度/℃
夏季	$16\sim20$	猪、羊肉 $2\sim16h$，牛肉 30h 以下	$85\sim90$	不高于 7
冬季	$10\sim15$	猪、羊肉 $18\sim22h$，牛肉 40h 以下	$85\sim90$	不高于 10

解冻时，肉应分批吊挂，片与片间距约 5cm，最低点离地面不小于 20cm。后腿朝上吊挂，解冻中期后腿调头吊挂。蹄髈及肋条堆放在 10cm 高的垫格板上。肥膘分批用流水解冻。10h 内解冻完全，也可堆放在垫格板上，在 15℃ 室温中自然解冻。内脏在流动冷水中解冻，夏季需 $6\sim7h$，冬季要 $10\sim12h$。室内控温，夏季采用冷风或其他方法；冬季直接喷蒸汽或鼓热风调节，但不可直接吹冻肉片，以免表面干缩，影响解冻效果。也不可温水直接冲洗冻肉片，防止肉汁流损过多。解冻过程中，应随时清洁肉表。解冻后肉色鲜红，富有弹性，

无肉汁析出，无冰晶体，气味正常，后腿肌肉中心 pH 为 6.2～6.6。解冻后的肉温，肋条肉不超过 10℃，腿部肉不超过 6℃。

二、原料肉的预处理

经过成熟或解冻的原料肉需经过预处理，即洗涤、修割、剔骨、去皮、去肥膘及整理，方能加工使用。原料肉剔骨前应用清水洗涤，除尽表面污物，砍去脚圈分段。猪肉剔骨可将半胴体肉尸分为三段，前腿从第 5～6 肋骨之间斩断，后腿部从最后和次后腰椎间斩断，分段剔骨。牛肉原料多为 1/4 的肉尸，截断处多在第 11～12 肋骨之间。牛尸个体较大，为了便于操作，剔骨时再将前 1/4 肉尸分为脖头、肩胛、肋条三部分。后 1/4 肉尸从腰椎末截为背部及臀后腿两部分，分别剔骨；羊肉一般不分段，通常为整片或整只剔骨。若分级则分别剔骨去皮，将分段肉依次剔除背椎肋骨、腿骨、硬骨和软骨。剔骨时应尽量保持肉的完整性，剔骨刀要锋利，并经常打磨。剔骨时，下刀深度应与骨缝基本一致，不得过深。下刀要准确，避免碎肉及碎骨碴，尽量减少骨上所带的肉量。

去皮时刀面贴皮进刀，皮上不带肥肉，肉上不带皮。然后整理，按原料规格要求，割除全部淋巴结、颈部刀口肉、奶脯部位泡肉、黑色素肉、粗组织膜、瘀血等。整理后按工艺要求切块切条或切片备用。

经预处理后，原料肉要达到卫生、营养及加工要求。卫生方面，要除净肉尸表面的污物，拔净猪毛，割除淋巴结；在营养方面，不留硬骨、软骨、粗筋膜等；加工方面，要除去脖头肉，切除相当数量的肥膘。全部处理流程应紧密衔接，不允许原料堆迭。处理过程中，应尽量避免用水刷洗，而用干净的湿抹布揉拭，防止肉汁流失，或肌肉吸收大量水分而纤维松软，失去持水性，降低产品质量。

三、预煮和油炸

原料肉经预处理后，按工艺要求，有的要腌制，有的要预煮和油炸。红烧肉产品的预煮和油炸，是加工工艺中的主要环节。

预煮前，按产品要求，切成大小不同的块形。预煮时，肌肉中的蛋白质逐渐凝固，成不溶性物质。随着蛋白质的凝固，亲水的胶体受到破坏，失去持水能力而脱水。使肌肉组织紧密而硬，便于切条、切块。各种调味料渗入肌肉，赋予产品特殊的风味。预煮还能杀灭肌肉表面微生物。预煮时间视原料肉的品种、嫩度而定，一般 30～60min。加水量以淹没肉块为准，一般为肉重的 1.5 倍。煮制中，适当加水保证原料煮透。预煮过程中的重量变化，主要是胶体中析出的水分流失。肥瘦中等的猪、牛、羊肉，在 100℃沸水中煮30min。

为了减少肉中养分流失，预煮过程中，可用少量原料分批投入沸水，加快原料表面蛋白质凝固，形成保护层，减少损失。适当缩短预煮时间，也可避免养分流失。预煮的汤汁可连续使用，并添加少量的调味品，制成味道鲜美、营养丰富的液体汤料或固体粉末汤料。

原料肉预煮后，即可油炸，脱水上色，增加产品风味。一般采用开口锅放入植物油加热。将原料肉分批入锅油炸，温度 160～180℃。油炸时间依原料的组织密度、块形大小、厚薄、油温和成品质量而异，一般 1～5min。油炸肉时，水分要大量蒸发，一般失重 28%～

38%。损失含氮物质2%左右，无机盐约3%。肉类吸收油脂3%～5%。成品香脆可口、色味俱佳。肉品油炸前涂以焦糖色液料，油炸后将呈现悦人的酱黄色或酱红色。

四、肉类罐头的装罐

原料肉经预处理、腌制、预煮、油炸等工艺后，要迅速装罐密封。

（一）食品对罐藏容器的要求

肉类罐头对容器要求安全、卫生、无毒害；具有良好的密封性能；能耐腐蚀；开启方便；适于工业化生产。肉类罐头容器有金属和非金属两种。金属罐使用较广的是镀锡薄板罐和镀锡薄板涂料罐，统叫马口铁罐。多用于出口外销产品；内销罐头多用玻璃罐，现在国内市场上，马口铁罐越来越多。此外还有铝罐、纸质罐、塑料罐以及塑料薄膜蒸煮袋等包装容器。肉类罐头对容器的具体要求有：

1. 对人体无害

罐藏容器的首先条件是安全卫生，对人体无害，罐藏容器存放食品时直接接触食品，因此只有无毒无害的容器，才能避免食品受到污染，保证食品安全可靠。

2. 密封性能良好

食品的腐败变质往往是自然界中微生物活动与繁殖的结果，从而促使食物分解发酵所致。罐头食品是将食品原料经过加工、密封、杀菌制成的一种能长期贮藏的食品，如果容器密封性能不良，就会使杀菌后的食品重新被微生物污染造成腐败变质。因此容器必须具有非常良好的密封性能，使内容物与外界隔绝，防止外界微生物的污染，不致变质，这样才能确保食品得以长期贮藏。

3. 耐腐蚀性能良好

由于罐头食品含有有机酸、蛋白质等有机物质，以及某些人体所必需的无机盐类，会使容器产生腐蚀。有些物质在罐藏食品生产过程中会产生一些化学变化，释放出具有一定腐蚀性的物质，而且罐藏食品在长期贮藏过程中内容物与容器接触也会发生缓慢的变化，使罐头容器出现腐蚀，因此作为罐藏食品容器须具备优异的抗腐蚀性。

4. 适合于工业化的生产

随着罐头工业的不断发展，罐藏容器的需要量与日俱增，因此要求罐藏容器能适应工厂机械化和自动化生产，质量稳定，在生产过程中能够承受各种机械加工，材料资源丰富，成本低廉。

5. 开启方便，便于携带和运输

由于罐藏食品除国内销售外，还远销国外，罐头在运输过程中经搬运、装卸等等难免会受到一些震动和碰撞，这就要求容器同时还应具有一定的机械强度，不易变形。此外要求罐藏容器体积小，重量轻，便于运输，并要求便于开启。

大规模工业生产用的罐藏容器基本上应该符合以上所述的几点要求。按照容器材料性质，目前生产上常用的罐藏容器大致可分为金属罐和非金属罐两大类，金属罐中使用最多的是镀锡铁罐和涂料的镀锡铁罐——涂料罐。此外有铝罐和镀铬铁罐。非金属罐中使用较多的是玻璃罐，占有很大的比重。目前随着化学工业和塑料工业的发展，用塑料复合薄膜制成的软罐头以及塑料罐等也已大量投入生产。软罐头的发展相当快，已有逐渐取代一部分金属罐的趋势。

（二）罐藏容器的洗涤和消毒

包装前，玻璃罐的清洗比马口铁罐的清洗较为困难。目前许多小罐头厂系用手工清洗，将玻璃罐泡于温水中，逐个用转动的毛刷刷洗内外部，再放入稀释的漂白粉溶液中浸泡，取出后再在清水槽中冲洗两次，沥尽水后即可使用。漂白粉所含的氯的杀菌作用见表13-2。

表 13-2　　　　　　　　　0.01％氯溶液的杀菌效果　　　　　　　单位：万个

水温、时间	未洗瓶上微生物数	消毒后微生物数	冲洗后微生物数
20℃，30min	1000	0.15	0.08
40℃，10min	2000	0.10	0.12
30℃，10min	1600	0.15	0.08

回收的旧玻璃瓶，可用2％～3％的氢氧化钠或碳酸氢钠溶液清洗，彻底杀菌。最理想的是用洗罐机，省工、高效、消毒效果好。

（三）装罐

有人工装罐和机械装罐法两种。人工装罐法是做一长方形工作台，用耐腐蚀不锈钢板铺面。将消毒容器放在台面上。凡有固体又有液体的产品，一般先装固体，装毕固体物料再加注汤料或液汁，送入排气箱或真空封罐机密封。此法简便易行适于小型罐头厂。机械装罐法用于午餐肉及马口铁听装罐头等。肉类制品的装填，适用于多种罐型，操作简便，效率高，易清洗。装罐时要趁热装罐，肉品质量一致，保持一定的顶隙，严防混入异物。具体要求有：

1. 应及时装罐

对预处理完毕的半成品和辅助材料应迅速装罐。不应堆积过多，以免引起微生物的污染。

2. 装罐时需留一定的顶隙

顶隙是指罐内食品表面层或液面与罐盖间的空隙。一般4～8mm，防止灭菌时内容物膨胀使罐头变形（假胖听），并可形成一定的真空度。午餐肉基本上不留顶隙。顶隙大小直接影响食品的装罐量、卷边密封性、铁罐变形、铁皮腐蚀等。顶隙过小，罐内压力增加，对卷边密封性会产生不利的影响，杀菌后冷却时使带有微生物的冷却水有隙可乘；同时还会造成铁罐永久性变形或凸盖，并因铁皮腐蚀时聚积氢气，极易出现氢胀罐（充满氢气的胀罐），影响销售。顶隙过大，罐内食品装量不足，而且顶隙内空气残留量增多，促进铁皮腐蚀或形成氧化圈并引起表面层上食品变色、变质，此外，如罐内真空度较高，容易发生瘪罐。

3. 按规定标准的块数装入罐头内

重量可允许稍有超出，装罐重量允许的公差范围为±3％。但每批罐头其净重平均值不应低于净重。许多罐头食品除装入固态食品外，还需加入糖水、盐水或汤汁等。固形物含量一般指固体食品在净重中所占的百分率，对于肉类罐还包括熔化油或添加油在内。固形物含量一般为45％～65％，最常见的为55％～60％，有的高达90％。罐头排气杀菌后的固形物含量比装罐时低，并随食品种类、生产工艺而异，为此固形物的装入量应根据降低量而相应增加。不论人工或机械装罐，常需抽样复称校核。

4. 装罐时应合理搭配

装罐时必须注意合理搭配，务必使它们的色泽、成熟度、块形大小及个数基本上一致，另外每罐的汤汁浓度及脂肪、固形物和液体间的比值应保持一致。搭配合理不仅可改善成品品质，还可以提高原料利用率和降低成本。有些罐头食品装罐时有一定的式样或定型要求，如红烧扣肉和凤尾鱼罐头等，装罐时必须排列整齐。

5. 装罐时保持罐口清洁，不得有小片、碎块或油脂、糖液、盐液等留于罐口，否则会影响卷边的密封性。

6. 装罐完毕后要进行注液，就是加入一定量的肉汤，其目的为：①增进风味，因为许多风味物质都存在于汤汁中；②利于杀菌的热传导，提高杀菌效率；③排除罐内空气，降低罐内压力，防止内容物氧化变质。

装罐方法有人工装罐和机械装罐两种。一般鱼、肉、禽块等目前仍用人工装罐，这种方法简单，但劳动生产率低，偏差大，卫生条件差，而且生产过程的连续性较差，但能减少机械性摩擦，特别对经不起机械摩擦、需要合理搭配和排列整齐的肉类罐头适用。

颗粒体、半固体和液体食品常用机械装罐。机械装罐的优点是劳动生产率高并适于连续性生产。午餐肉采用机械装罐。

五、排气和密封

（一）预封

预封是指某些产品在进入加热排气之前，或进入某种类型真空封罐机封罐之前所进行的一道卷封工序，即将罐盖与罐身筒边缘稍稍弯曲钩连，其松紧程度以能使罐盖可沿罐身旋转而不脱落为度，使罐头在加热排气或真空封罐中，罐内的空气、水蒸气及其他气体能自由逸出。对于加热排气来说，预封可预防固体食品膨胀而出现液汁外溢的现象，并避免排气箱盖上水蒸气冷凝水落入罐内而污染食品，同时还可防止罐头从排气箱送至封罐机过程中，罐头顶隙温度的降低，防止外界冷空气的侵入，以保持罐头在较高温度下进行封罐，从而提高了罐头的真空度。对于带骨的肉禽类罐头，还能便于封罐。玻璃罐则不需预封。

真空封罐时，未经预封的罐盖常因旋转速度高而脱落，并可能出现损伤现象，为此某些类型的封罐机，增设预封工序。

罐头在预封或密封前，须在罐盖上打印代号，一般以英文字母和数字表示生产厂、产品名称、生产年月日、班次等，以便于检查和管理。打印方法按有关规定进行，不得自行规定。

（二）罐头的排气

排气是食品装罐后密封前将罐内顶隙间的、装罐时带入的和原料组织胞内的空气尽可能从罐内排除的技术措施，从而使密封后罐头顶隙内形成部分真空的过程。

1. 排气的目的

（1）阻止需氧菌和霉菌的生长发育　许多微生物都需在有氧的情况下生长，排除氧气，可控制需氧性微生物的生长。罐头食品虽然经过高压高温灭菌，但仍有活菌存在，只是数量很少，如果氧气充足，这些微生物就又会生长。

（2）**防止容器变形或破损**　因为加热杀菌时空气膨胀容易使容器变形或破损，特别是卷边受到挤压后，易影响其密封性。

罐头食品密封后要进行加热杀菌。未排气罐头食品加热时罐内空气、水蒸气和内容物都将受热膨胀，以致罐内压力显著增加，当罐内超压（罐内压力和杀菌锅压力的差值太大）时，罐盖就会外凸，严重时会导致杀菌冷却后罐头出现永久性变形、胀罐、凸角等事故。若排气良好，杀菌时罐内压力就不会太高。在一般情况下，杀菌过程中罐头内超压不会太大，因为这时杀菌锅内温度较高，也有一定压力，杀菌时出现问题最大的可能常在停止杀菌、放气和开始冷却的那一段时间内，因这时杀菌锅内压力急剧下降，而罐内压力却停留不降，或极其缓慢地下降，以致罐内超压急剧升高，尤其带骨罐头食品更为显著。故冷却时常需内外压平衡，以减少容器变形事故。不过罐头排气后，真空度也不能过高，因为罐外压力过高，就会发生永久性瘪罐事故。

（3）**控制或减轻罐藏食品贮藏中出现的罐内壁腐蚀**　罐内和食品中如有空气存在，则罐内壁常会在其他食品成分的影响下出现严重腐蚀的现象，特别对水果类罐头，氧会促进水果中所含酸对罐内壁的腐蚀。罐内缺氧时就不易出现铁皮的腐蚀。

（4）**避免或减少维生素和其他营养物质遭受破坏**　温度在100℃以上加热时，如有氧存在，维生素就会缓慢地分解，而无氧存在时就比较稳定。各种维生素中，对热最稳定的是维生素D，其次是维生素A和维生素B，而维生素C最不稳定。

（5）**避免或减轻食品色、香、味的变化**　食品和空气接触，特别是食品的表面上极易发生氧化反应从而导致色香味的变化。例如脂肪含量较高的食品就会发黄或酸败。

（6）**有利于对罐头质量的检查（打检）**　杀菌时，如罐内排气不好易造成胀罐，而微生物腐败也易造成胀罐。前者为假胀罐，后者为腐败变质性胀罐。工厂常用棒击底盖，根据声音浊、清来判断罐头质量，但是排气不充分，食品虽未腐败同样会发生浊音。因此，如果排气不良难以借打检识别罐头质量的好坏。

2. 排气方法

目前，罐头食品厂常用的排气方法大致可以分为三类：热力排气法、真空封罐排气法和喷蒸汽封罐排气法。热力排气法是罐头工厂使用最早，也是最基本的排气法。真空封罐后来发展起来，并有普遍采用的趋势。蒸汽喷射封罐法最近才出现，国内罐头食品厂也开始采用。

（1）**热力排气法**　热力排气就是利用空气、水蒸气和食品受热膨胀的原理，将罐内的空气排除掉的方法。目前常见的方法有两种：热装罐密封和食品装罐后加热排气法。

热装罐密封法：就是先将食品加热到一定的温度（一般为70～75℃）后立即装罐密封的方法。采用这种方法，一定要趁热装罐、密封，不能让食品温度下降。这种方法一般适用于液体和半固体的食品，或者其组织形态不会因加热时的搅拌而遭到破坏的食品，如番茄汁、番茄酱、糖浆苹果等。

我国有些罐头工厂还采用另一种形式的热装罐密封法，就是预先将汤汁加热到预期温度后，趁热加入装有食品的罐内，立即密封的方法。如去骨鸭罐头，先把去骨鸭装入罐内，然后加入预先加热到90℃温度的肉汤，立即密封，不再加热排气。

加热排气法：这就是食品装罐后经预封或不经预封而覆有罐盖的罐头在用蒸汽或热水加热的排气箱内，在预置的排气温度（一般82～96℃，有的高达100℃）中经一定时间的热处理,使罐内中心温度达到 $70\sim90℃$ 左右,并允许食品内空气有足够外逸的时间情况下,立即封罐的排气法。加热排气可以间歇地或连续地进行。

加热排气时,加热温度愈高和时间愈长,密封温度愈高,最后罐头的真空度也愈高。肉类罐头的密封温度一般可控制在 $80\sim90℃$ 以上,并偏向于采用高温短时间的排气工艺条件,不过必须注意高温有可能会出现脂肪熔化和外析的现象,应尽量加以避免。

(2) 真空封罐排气法　就是在真空环境中进行排气封罐的方法,一般都在真空封罐机中进行。封罐时利用真空泵先将真空封罐机密封室内的空气抽出,建立一定的真空度(一般为 $32.0\sim73.3$kPa),处于室温或高温预封好的罐头,通过密封阀门送入已建立一定真空度的密封室内,罐内部分空气就在真空条件下立即被抽出,同时立即封罐而后再通过另一密封阀门送出。真空室内的真空度可根据罐头最后所需的真空度要求以及罐头内容物的温度进行调整。真空封罐后罐内真空度一般可达 $32.0\sim40.0$kPa,最高不能超过 $53.3\sim73.3$kPa。

真空封罐机内罐头排气时间很短,所以它只能排除顶隙内的空气和罐头食品中的一部分气体。真空排气在生产肉、鱼类罐头,如午餐肉、油浸鱼、凤尾鱼等一类固态装食品罐头中得到了广泛的应用。不管在什么情况下,这类食品采用热力排气时所能达到的真空度总是比真空封罐机时低。

真空封罐时顶隙值大小极为重要。某些固态装肉类罐头,装量过多,几乎不留顶隙时,就很难获得真空度。液态食品罐头,如果不留顶隙,真空封罐时就会将一部分液体吸至罐外,从而出现罐内真空度和顶隙很不稳定的现象。

$$真空度＝大气压力－罐内压力$$

说明罐内压力越小,真空度越大。最大为 101.33kPa,最小为零。真空度为零说明罐内压力和大气压相同。

和热力排气法相比,真空封罐时所用设备所占面积小,并能使加热困难的罐头食品内形成较好的真空度。操作恰当,罐内内容物外溅比较少,故比较清洁卫生。

(3) 喷蒸汽封罐排气法　这种方法就是在封罐时向罐头顶隙内喷射蒸汽,将空气驱走而后密封,待顶隙内蒸汽冷凝时便形成部分真空的方法。这是近几十年发展成功的排气方法。

这种方法最初用于玻璃罐,当玻璃罐最初进入金属箱内,蒸汽向玻璃罐内食品表面上的顶隙部分喷射,将顶隙内的空气驱走,然后罐盖落在玻璃罐上,用机械方法将罐盖压紧在玻璃罐上,从而得到较好的真空度。后来,铁罐封罐机也设计了蒸汽喷射装置,它能简单地将顶隙内空气排除掉。

蒸汽喷射装置的蒸汽流应能有效地将顶隙内的空气排除出去,并在罐身和罐盖接合处周围维持一个大气压的蒸汽,以防止空气窜入罐内,直到罐头密封后为止。喷蒸汽密封时,顶隙大小必须适当。顶隙小时,密封冷却后几乎完全得不到真空度;如果其他情况准确,顶隙较大时,可以得到较好的真空度。

蒸汽喷射排气法一般只限于氧溶解量和吸收量极低的一些食品罐头。它的技术关键是是否有足够的顶隙度,和其他两种方法相比,控制顶隙度显得特别重要。

(三)　罐头的密封

罐头食品所以能够长期贮藏,主要是罐头经杀菌后完全依赖容器的密封性使食品与外界隔绝，不再受到外界空气及微生物的污染而引起腐败。罐头容器的密封性则依赖于封罐机和它们的操作正确性和可靠性。不论何种容器、铁罐、玻璃罐，或新发展的其他包装材料如铝、塑料等以及由塑料薄膜、铝箔等制成的复合薄膜，如果未能获得严密密封，就不能达到长期贮藏的目的。罐头食品生产过程中主要借封罐机进行密封，显然严格控制密封操作过程极为重要。

六、肉类罐头的杀菌

罐头食品杀菌的目的是杀死食品中所污染的致病菌、产毒菌、腐败菌，并破坏食品中的酶使食品贮藏两年以上而不变质。但是热力杀菌时必须注意尽可能保持食品品质和营养价值，最好还能做到改善食品品质。

罐头杀菌与医疗卫生、微生物学研究方面的"灭菌"的概念有一定区别，它并不要求达到"无菌"水平，不过不允许有致病菌和产毒菌存在，罐内允许残留有微生物或芽孢，只是它们在罐内特殊环境中，在一定贮藏期内，不会引起食品腐败变质。

（一）影响罐头加热杀菌的因素

1. 影响微生物耐热性的因素

（1）菌种　微生物有较耐热和较不耐热之分。菌种不同，耐热的程度不同，即使是同一菌种，其耐热性也因菌株而异。正处于生长繁殖的细菌的耐热性比它的芽孢弱。各种菌的芽孢的耐热性也不同，嗜热菌芽孢耐热性＞厌氧菌芽孢＞需氧菌芽孢。同一菌种芽孢的耐热性也不同，例如热处理后残存芽孢经培养繁殖和再次形成芽孢后，新生芽孢的耐热性就较原来的芽孢强。

（2）数量　和食品中污染微生物的数量有关，原始菌数愈多，所需全部死亡的时间愈长。

（3）食品酸度　对大多数芽孢杆菌来说，在中性范围内耐热性最强，pH 低于 5 时细菌芽孢就不耐热。pH＜4.5 的食品称为酸性食品，可以采用常压杀菌，pH＞4.5 的食品为低酸性食品，需要用高压杀菌。肉的 pH 在 7.0 左右，故要用高压灭菌，pH4.5 是肉毒梭状芽孢杆菌生长的界限，如 pH＜4.5，一般不适于肉毒梭状芽孢杆菌生长。

（4）食品成分　脂肪和油有增加细菌芽孢耐热性的作用，如在水中，大肠杆菌加热到 $60 \sim 65 ℃$，可将其杀死，而在油中需要加热到 $100℃$ 维持 30min。淀粉和蛋白质也可以提高菌的耐热效果。盐类在浓度较低时对微生物有保护作用。在浓度高时能增加杀菌作用。糖的存在也可以增加杀菌作用。

2. 影响罐头加热杀菌时传热的因素

（1）容器的种类和大小　不同容器的导热系数和罐壁厚度不同，因而对热的传热性也不同，软罐头＞铁罐＞玻璃罐。容器大小对传热速度和加热杀菌时间也有影响，容器增大，加热杀菌时间也将增加。

（2）罐内食品的状态　如为液体食品，可以通过对流传导，传热速度随液体浓度增加而减慢，因为浓度增加，流动减慢，对流传热速度也减慢。一般固体或高粘度食品在罐内处于不流动状态，以传导方式加热，速度较慢。

（3）食品杀菌前初温　传导型罐头食品加热时初温的影响极为显著，从到达杀菌温度的时间来看，初温高的就比初温低的罐头所需的时间要短。如两瓶玉米罐头，同在 121℃ 温度中加热，当它们加热到 115.6℃时，初温为 21.1℃的罐头需要的加热时间为 80min，而初温 71.1℃则仅需 40min，为前者的一半。

（4）杀菌设备的型式　罐头食品在回转式设备内杀菌，是处于不断旋转状态中，因而其传热速度比在静置式杀菌设备内杀菌时迅速，也比较均匀。

（二）杀菌工艺条件

杀菌操作过程中罐头食品的杀菌工艺条件主要由温度、时间、反压三个主要因素组合而成。在工厂中常用杀菌式表示对杀菌操作的工艺要求：

$$\frac{\tau_1 - \tau_2 - \tau_3}{t} p$$

式中　t——杀菌锅的杀菌温度（℃）

　　　　τ_1——杀菌锅加热升温升压时间（min）

　　　　τ_2——杀菌锅内杀菌温度保持稳定不变的时间（min）

　　　　τ_3——杀菌锅内降压降温时间（min）

　　　　p——杀菌加热或冷却时锅内使用反压的压力（kPa）

杀菌式表明罐头食品杀菌操作过程中可以划分为升温、恒温和降温等三个阶段。

升温阶段就是将杀菌锅温度提高到杀菌式规定的杀菌温度(t℃)，同时要求将杀菌锅内空气充分排除，保证恒温杀菌时蒸汽压和温度充分一致的阶段。为此升温阶段的温度不宜过短，否则就达不到充分排气的要求，杀菌锅内还会有气体存在。恒温阶段就是保持杀菌锅温度稳定不变的阶段，此时要注意的是杀菌锅温度升高到杀菌温度时并不意味着罐内食品温度也达到了杀菌温度的要求，实际上食品处于加热升温阶段。对流传热型食品的温度在此阶段内常能迅速上升，甚至达到杀菌温度，而导热型食品升温极为缓慢，甚至加热杀菌停止和开始冷却时尚未能上升到杀菌温度。降温阶段就是停止蒸汽加热杀菌并用冷却介质冷却，同时也是杀菌锅放气降压阶段。就冷却速度来说，冷却越迅速越好，但是要防止罐头爆裂或变形。罐内温度下降缓慢，内压较高，外压突然降低常会出现爆罐现象，因此冷却时还需加压（即反压），如不加反压则放气速度就应减慢，务使杀菌锅和罐内相互间压力差不致过大。为此，冷却就需要一定时间。

（三）我国几种常用的杀菌操作方法

1. 常压沸水杀菌

大多数水果和部分蔬菜罐头可采用沸水杀菌，杀菌温度不超过100℃，一般采用立式开口杀菌锅，杀菌操作比较简单。先在杀菌锅内注入需要量的水，然后通入蒸汽加热，待锅内水达到沸点时，将装好罐头的杀菌篮放入锅内。为了避免杀菌锅内水温的急速下降和玻璃罐的破裂，可预先将罐头预热到50℃后再放入杀菌锅内。注意，此时还不能作为计算杀菌时间的开始。待锅内水再次升至沸腾时，才能开始计算杀菌时间，并保持沸腾至杀菌终了，注意勿使中途发生降温现象而影响杀菌效果。罐头应全部浸泡在水中，最上层的罐头也应在水面以下 10～15cm。水的沸点要观察正确，不要把大量蒸汽进入锅内而使水翻动的现象误认为水的沸腾。水的温度应以温度计的读数为准。杀菌结束后，立即将杀菌篮取出迅速进行冷却，一般采用水池冷却法。

采用常压连续式杀菌时，一般也以水为加热介质。罐头由输送带送入杀菌器内，杀菌时间可由调节输送带的速度来控制，杀菌结束后，罐也由输送带送入冷却水区进行冷却。

2. 高压蒸汽杀菌

低酸性食品，如大多数蔬菜、肉类及水产类罐头食品，必须借助高压蒸汽进行杀菌。由于设备类型不同，杀菌操作方法也不同，下面简要介绍一般的高压蒸汽杀菌操作方法。将装好罐头的杀菌篮放入杀菌锅内，关闭杀菌锅的门或盖并检查其密封性。关掉进水阀和排水阀，开足排气阀和泄气阀。检查所有仪表、调节器和控制装置。然后开大蒸汽阀使高压蒸汽迅速进入锅内，迅速而充分地排除锅内的全部空气，同时使锅内升温。在充分排气之后，须将排水阀打开，以排除锅内的冷凝水。待冷凝水排除之后，关掉排水阀，随后再关掉排气阀。而泄气阀仍然开着，以调节锅内压力。待锅内达到规定压力时，必须认真检查温度计读数是否与压力读数相应。如果温度偏低，说明锅内还有空气存在，此时需再打开排气阀，继续排尽锅内的空气，然后再关掉排气阀。当锅内蒸汽压力与温度相应，并达到规定杀菌温度和压力时，开始计算杀菌时间，并通过调节进气阀和泄气阀，来保持锅内恒定的温度，直至杀菌结束。恒温杀菌延续预定的杀菌时间后，关掉进气阀，并缓慢打开排气阀，排尽锅内蒸汽，使锅内压力降到等于大气压力。若在锅内常压冷却，即按锅内常压冷却法进行操作，或将罐取出放在水池内冷却。

3. 空气反压杀菌冷却

杀菌阶段的操作基本上同高压蒸汽杀菌的操作相同，只是在冷却阶段的操作有所不同。杀菌结束后的冷却操作如下：杀菌结束后，关掉所有的进气阀和泄气阀。接着一边迅速打开压缩空气阀，使杀菌锅内保持规定的反压力，一边打开冷却水阀进冷却水。进冷却水时，锅内压力由于蒸汽的冷凝而急速下降，因此必须及时补充压缩空气以维持锅内反压力。当冷却水灌满后，在稳定的反压下延续所需要的反压时间，然后打开排气阀放掉压缩空气来进行降压，并继续进入冷却水使罐头冷却至38℃左右，即可开门出罐。

4. 高压水杀菌

凡肉类、鱼贝类的大直径扁罐及玻璃罐都可采用高压水杀菌。此法特点是能平衡罐内外压力，对于玻璃罐而言，可以保持罐盖的稳定，同时能够提高水的沸点，促进传热。高压是由通入的空气来维持。不同压力，水的沸点就不同。必须注意，高压水杀菌时，反压力必须大于该杀菌温度下相应的饱和蒸汽压力，一般反压约为21～27kPa，否则可能产生玻璃罐的跳盖现象。

高压水杀菌时，其杀菌温度应以温度计读数为准。高压水杀菌的操作过程如下：将装好罐头的杀菌篮放入杀菌锅内，关闭锅门或盖，保持密封性。关掉排水阀，打开进水阀，向杀菌锅内进水，使水位高于最上层罐头15cm左右。对玻璃罐而言，为了防止玻璃罐的破裂，一般可先将水预热至50℃左右再通入锅内。进水完后，关掉所有的排气阀和溢水阀。进压缩空气，使锅内压力升至比杀菌温度相应的饱和水蒸气压高约21～27kPa，并在整个杀菌过程中维持这个压力。进蒸汽加热升温，使水温升到规定的杀菌温度。以插入水中的温度计来测量温度。当锅内水达到规定的杀菌温度时，开始恒温杀菌，按工艺规程维持规定的杀菌时间。杀菌结束后，关掉进气阀，打开压缩空气阀，同时打开进水阀进行冷却。对于玻璃罐，冷却水必须预先加热到40～50℃后再通入锅内，然后再通入冷水进行冷却。冷却时，锅内压力由压缩空气来调节，必须保持压力的稳定。当冷却水灌满后，打开排水阀，并保持进水量和出水量的平衡，使锅内水温逐渐降低。当水温降至38℃左右时，即可关掉进水阀、压缩空气阀，继续排出冷却水。放水完毕，打开锅门取出罐头。

（四）罐头杀菌的 F 值及 F 值的计算方法

如何制定罐头食品合理的杀菌条件（杀菌温度和时间），是确保罐头产品质量的重要关键。目前一般所用的杀菌条件，大都是经验确定的。所用的杀菌式也很不统一，常常是同样的食品，同型号的罐头，不同厂采用的杀菌式也不一样；温度有高有低，时间有长有短，国内国外都是这样。虽然各个厂的具体条件不一样，但也应有一个统一的标准，这就有必要对杀菌条件从理论上加以研究。

研究杀菌条件，首先应研究杀菌效率值或称杀菌强度，即 F 值。F 值即在恒定的加热标准温度条件下（121℃ 或 100℃）杀灭一定数量的细菌营养体或芽孢所需要的时间（min）。

由于食品是微生物良好的培养基，不同的食品被污染微生物的种类、数量各不相同，而且各种微生物的抗热性亦不相同。因此，欲确切地制定某种罐头食品杀菌工艺条件（温度、时间），就需要分别对一定浓度的各种腐败菌，在恒定的标准温度下，将其全部杀灭的时间进行测定，这就是微生物的抗热性试验。

各种罐头食品，由于原料的种类、来源、加工方法和加工卫生条件等不同，使罐头内容物杀菌前存在着不同种类和数量的微生物污染，我们不可能也没有必要对所有的不同种类的细菌进行耐热性试验。因此，在制定杀菌式时，总是选择各种罐头食品中最常见的、耐热性最强、并具有代表性的腐败菌，或引起食品中毒的细菌作为主要的杀菌对象。一般认为，如果热力杀菌足以消灭耐热性最强的腐败菌时，则耐热性较低的腐败菌是很难残留下来的。芽孢的耐热性比营养体强，若有芽孢菌存在时，则应以芽孢作为主要的杀菌对象。

1. 杀菌对象菌的选择

罐头食品的酸度（或 pH）是选定杀菌对象菌的重要因素。不同 pH 的罐头食品中，常见的腐败菌及其耐热性不同。一般来说，pH4.5 以上的低酸性罐头食品，首先应以肉毒杆菌作为主要杀菌对象。目前在某些低酸性食品中，常出现耐热性更强的嗜热腐败菌或平酸菌，则应以该菌作为主要杀菌对象。在 pH4.5 以下的酸性或高酸性食品中，以耐热性低的一般性细菌（如酵母）作为主要杀菌对象。但是像番茄及番茄制品一类的酸性食品，也常出现耐热性稍强的平酸菌，因此应以该菌作为主要杀菌对象。就高酸性食品而言，特别在采用高温短时热力杀菌时，还常需要把钝化酶列为重要问题。

2. F 值的计算

罐头食品杀菌 F 值的计算，实际上包括安全杀菌 F 值的估算及实际杀菌条件下 F 值的计算两个内容。简介如下：

（1）安全杀菌 F 值的估算　通过对罐头杀菌前罐内食品微生物的检验，检验出该种罐头食品经常被污染的腐败菌的种类和数量，并切实地制定生产过程中的卫生要求，以控制污染的最低限量，然后选择抗热性最强的，或对人体具有毒性的那种腐败菌的抗热性 F 值作为依据（即选择确切的对象菌），这样用计算方法估算出的 F 值，就称之为安全杀菌 F 值。计算 F 值的代表菌，国外一般采用肉毒杆菌为对象菌。

安全杀菌 F 值的大小，取决于所选择的对象菌的抗热性 F 值及生产实际过程中的卫生情况这两个条件。如果已知某种罐头食品杀菌时所选对象菌的 D 值，即在所指定的温度条件下（如 121℃、100℃ 等），杀死 90% 原有微生物芽孢或营养体细菌数所需的时间（min）（可查表），则安全杀菌 F 值可由下式计算求得：

$$F_{\text{安}} = D_{\text{T}}(\lg a - \lg b)$$

式中　$F_安$——在恒定的加热致死温度（121℃或100℃）下，杀灭一定量对象菌所需要的时间（min）

D_T——在恒定的加热致死温度下，每杀灭90％对象菌所需要的时间（min）

a——杀菌前对象菌的芽孢总数

b——罐头允许的腐败率（％）

一般按轻工业部规定的罐头工厂卫生要求尽量控制被污染的最低限量。可结合各厂具体卫生条件，按微生物测定的情况来定。

罐头允许的腐败率可按轻工业部对各类罐头成品合格率的要求而定。

因此只要将 $F_安$ 的数值合理地分配到实际杀菌过程的升温、恒温、降温三个阶段中去，这种制定的杀菌式能确保杀菌时的质量。

(2) 罐头杀菌实际条件下 F 值的计算　上述估算的 $F_安$ 值是在瞬时升温，瞬时冷却的理想条件下算得的。但在实际生产中，各产品都有一个升温和降温的过程，在该过程中，只要在致死温度下都有杀菌作用。所以可根据估算的 $F_安$ 值和罐内食品的导热情况制定杀菌式，如：

$$\frac{10\text{min}-23\text{min}-10\text{min}}{121℃} \text{和} \frac{10\text{min}-25\text{min}-10\text{min}}{121℃}$$

为计算罐头实际杀菌条件下的 F 值，必须测出罐头杀菌过程中心温度变化情况，再根据测出的罐头中心温度查 $F_{121℃}=1$，$Z=10$ 的致死率值表示 $F_安$ 值。

3. 罐头中心温度测定方法

要计算罐头实际杀菌 F 值，必须首先测出罐头中心温度，中心温度测定方法如下：

(1)罐头中心温度测定仪的简单原理　罐头中心温度测定仪是根据热电池的电动现象，由两个不同的金属导线接成两个金属接头，一个放在高温处，另一个放在低温处，使成封闭电路。由于两个接头在不同的温度下就产生电动势，其电动势的大小，决定于两接点的温度差。用电位计或晶体管放大测其电动势大小，而后再换算成温度。罐头中心温度测定仪的表面刻度均已换算成温度的读数，所以读出的数值就是温度的读数。

(2)罐头中心温度测定的方法　第一步，先用开孔器在密封后要测罐头中心温度的罐盖中心打一孔，将热电偶插座螺母拧入罐盖的孔中，并用手拧紧，把热电偶套管插入压紧螺母和热电偶插座螺母的孔中，插入深度为热电偶接点在罐头中心处，然后再拧紧压紧螺母，使热电偶套管固定在罐头中。第二步，将装上热电偶的几个实罐，分别放在杀菌锅内不同位置上的几个测定点，测定各个罐头在杀菌过程中的罐头中心温度的变化情况并将各个罐头每隔3min测量一次的中心温度记录下来。

热力致死温度：能使细菌（或芽孢）致死的各个温度。热力致死时间：在热力致死温度下，杀灭一定量细菌（或芽孢）所需要的时间。

致死率值：在某一热力致死温度下，单位时间内杀灭微生物的数值。

$$致死率值\ L_T = \frac{1}{热力致死时间}$$

Z 值：表示使加热致死时间变化为10倍时所需的温度变化值。$Z=10$，就表示杀菌温度提高10℃的话，则加热致死的时间就减为升温前的1/10。

七、肉类罐头的冷却

冷水冷却法是罐头生产中使用最普遍的方法。常压水杀菌的罐头，杀菌后一般采用喷淋冷却或浸水冷却。加压水杀菌和加压蒸汽杀菌的罐头，由于杀菌过程中，内部食品受热膨胀，罐内压力显著增加，造成膨胀而破裂。为使内压安全地降下去，一般采用加压冷却，使杀菌器内的压力，稍大于罐内压力。加压冷却有蒸汽加压冷却、空气加压冷却和加压水浴冷却等。

罐头冷却时冷却水质应符合卫生标准，每毫升水含菌数应低于100。如水质严重污染，应加氯处理，严防污染水渗入罐内引起罐头败坏。避免冷水直接冲击玻璃罐，造成破裂。加压冷却时要严格控制压力，反压要适当，太小铁罐易胀罐，玻璃罐会跳盖；太大铁罐易产生瘪罐（听）。冷却必须充分，如未冷却立即入库，产品色泽变深，影响风味。

八、罐头的检查、包装和贮藏

（一）罐头的检查

罐头在杀菌冷却后，必须经过检查，衡量其各种指标是否符合标准，是否符合商品要求。并确定成品质量和等级。

1. 外观检查

外观检查的重点是检查双重卷边缝状态，观察双重卷边缝是否紧密结合。双重卷边缝是否有漏气的微孔，用肉眼是看不见的，可用温水进行检查，一般是将罐头放在80℃的温水中浸1～2min，观察水中有无气泡上升。罐底盖状态的检查，主要视其是否向内凹入，正常罐头有一定真空度，因此罐底盖应该是向内凹入的。

2. 保温检查

罐头食品如因杀菌不充分或其他原因而有微生物残存时，一遇到适宜的温度，就会生长繁殖而使罐头食品变质。除某些耐高温细菌不产生气体外，大多数腐败菌都会产生气体而使罐头膨胀。根据这个原理，用保温贮藏方法，给微生物创造生长繁殖的最适温度，放置一定时间，观察罐头底盖是否膨胀，以鉴别罐头质量是否可靠，杀菌是否充分，这种方法称为罐头的保温检查。这是一种比较简便可靠的罐头成品检查方法。但某些高酸性食品，如果保证正确的操作工艺，保证充分的杀菌，就可以不进行保温检查。在生产条件好，生产较稳定的情况下，可以采取抽样保温检查。肉类及水产类罐头全部采用37±2℃保温10d的检查法，要求保温室内上下四周的温度均匀一致。

3. 敲音检查

将保温后的罐头或贮藏后的罐头排列成行，用敲音棒敲打罐头底盖，从其发出的声音来鉴别罐头好坏。发音清脆的是正常罐头，发音混浊的是膨胀罐头。混浊罐产生的原因有：①排气不充分，罐头真空度低；②密封不完全，卷边缝、罐身缝或切角处有微孔，罐外空气漏入罐内，造成真空度下降；③由于加热杀菌不充分，残存在罐内的细菌生长繁殖产生气体，造成混浊声音；④气温与气压变化导致罐内真空度下降，声音混浊。气温升高时罐头真空度下降，气压降低时真空度也会下降。

敲音检查和实践经验有很大关系，因此应配备专门训练过的敲音检查员。

4. 罐头真空度的检查

罐头真空度是罐头质量的物理指标之一。正常罐头的真空度一般为 27.1～50.8kPa，大型罐可适当低些。

测定罐头真空度的方法，因容器的种类而不同。马口铁罐真空度的测定，一般采用真空表直接测定。在真空表下端装有一针尖，针尖后部有橡皮胶垫作密封用。测定时，用右手夹持真空表，将针尖对罐盖中央，用力压下，使针尖插入罐内，读出真空表读数，即为罐头真空度。马口铁盖的玻璃罐，亦可使用此法测定。

5. 开罐检查

了解罐内状态的变化须通过开罐检查。

（1）取样　开罐检查用的罐头必须经过取样，取样应按 GB1006—90 罐头食品检验规则执行。采用下列方式取样：

①按杀菌锅取样：每杀菌锅取 1 罐。但每批每个品种，不得少于 2 罐；

②按生产班次取样：取样数为 1/3000；尾数超过 1000 罐者增取 1 罐；

③某些产品的生产量较大，则按班产量的总罐数 20000 罐为数，其取样数按 1/3000，超过 20000 罐以上的罐数，其取样数可按 1/10000；尾数超过 1000 罐者，增取 1 罐；

④个别产品生产量过小，同品种同规格者可合并班次取样，但并班总罐数不超过 5000 罐。每生产班次取样数不少于 1 罐；并班后取样不少于 3 罐。

（2）感官检查　感官检查主要有以下三方面：

①组织与形态检查：肉禽、水产类罐头需置于 80～85℃温水中加热至液汁熔化后，然后倒入白瓷盘，观察其形态、结构，然后用玻璃棒轻轻拨动，检查其组织是否完整，块形大小和块数多少；

②色泽检查：肉类罐头可将收集之液汁注入量筒中，静止 3min 后，观察其色泽和澄清程度；

③味和香检查：检查罐头是否有烹调（如五香、红烧、油炸等）和辅助材料应有的滋味，有无油味及异臭味，肉质软硬是否适中。

（3）净重、固体物重、液汁重　净重和固体物检验应按 GB1007—90 罐头食品净重和固形物含量的测定执行。方法是：擦净罐外壁称取实罐毛重。肉禽及水产类罐头需将罐头置于 80～100℃热水中加热 5～15min，使液汁熔化，开罐后将内容物平倾于已知质量的金属丝筛上，筛搁在直径较大的漏斗上，下接以量筒，用以收集液汁。静置 2～5min，使液汁流完。将空罐用温水洗净，擦干后称重，然后将筛及固体物一并称重，分别求出净重、固体物重和液汁重。

（4）罐内壁检查　开罐后将内壁洗净，观察罐身及底盖表面镀锡层是否有因酸或其他原因浸蚀脱落和露铁现象；观察涂料层有无腐蚀、变色、脱落现象；有无铁锈斑点和超过规定之硫化铁现象；罐内有无锡珠和流胶现象。

（5）化学检验和细菌检验　化学检验按国家有关标准进行，细菌检验按 GB4789.26—1994 食品微生物学检验—罐头食品商业无菌的检验执行。

（二）罐头包装贮藏

1. 擦罐、去油和防锈

罐头经封罐之后，表面常附着油脂或其他液汁，虽经洗涤，但杀菌之后也仍然有少量油脂和带有腐蚀性的液汁。一般在杀菌冷却之后立即用洗罐机清洗，然后擦干罐头表面的水渍。

罐头经保温贮藏后必须用干毛巾或干布擦去粘在罐头表面的灰尘污物，涂上一层防锈油，以防水分附着于罐头表面，和避免罐头接触空气达到防锈目的。防锈油的种类很多，最简单的有石腊油、凡士林等。常用的效果较好的防锈油有羊毛脂肪防锈剂、硝基清漆、醇酸清漆等。

2. 罐头的包装

主要是贴商标与装箱。

商标对于商品具有重要意义。商标的图案及色彩具有吸引力，图案应反应罐头品种的特色。商标应标明生产国、公司名称、厂名、品名、注册商标、净重、等级，必要时还应附注成分和食用方法。

包装罐头用的箱子有木箱和纸箱两种，除特殊要求外一般都采用纸箱。装箱时按品种和生产日期分别装箱。罐头之间、层与层之间垫隔瓦楞纸板。玻璃罐应用瓦楞纸围身垫隔。装箱时不得损坏商标纸，不得装进异物，不得混装、错装。

3. 罐头的贮藏和运输

罐头在销售前需要专门仓库贮藏，仓库应干燥、通风良好，仓库内必须有足够的灯光，以便于检查。库温以 20℃ 左右为宜，勿使受热受冻，并避免温度骤然升降。库内保持良好通风，相对湿度一般不超过 80%。

运输罐头的工具必须清洁干燥，长途运输的车船须遮盖。一般不得在雨天进行搬运。搬运时必须轻拿轻放，防止碰伤罐头。

第三节　肉类罐头加工举例

一、清蒸类罐头的加工

清蒸类罐头具有保持各种肉类原有风味的特点。制作时，将处理后的原料，直接装罐，再在罐内加入食盐、胡椒、洋葱、月桂叶、猪皮胶或碎猪皮等配料；或先将肉和食盐拌和，再加入胡椒、洋葱、月桂叶等后装罐，经过排气、密封、杀菌后制成。成品须具有原料特有风味，色泽正常，肉块完整，无夹杂物。这类产品有原汁猪肉、清蒸猪肉、清蒸羊肉、白烧鸡、白烧鸭、去骨鸡等罐头。现以猪肉清蒸罐头为例阐述清蒸类罐头的加工工艺。

首先应选用健康良好的生猪，经宰后检验合格，去除头肉（颈肉）、去毛、软骨、硬骨、淋巴、血管、伤肉、疤疤后，经过冷却排酸的新鲜或冷藏、冷冻肉。未经排酸，肥膘厚在 10mm 以下的及外观不良、有异味肉（如配种猪、老母猪、哺乳猪、黄膘猪）及冷冻两次的、冷藏后质量不好的肉均不得使用。

（一）工艺流程

原料→解冻→去毛污、杂质→洗涤→拆骨、去皮、去肥膘→整理→切块→复检→装罐→排气、密封→杀菌、冷却→吹干、入库

1. 解冻

解冻温度为 16～18℃，相对湿度为 85%～90%，解冻时间为 20h 左右。解冻结束时最

高室温应不超过 20℃。解冻后腿肉中心温度应不超过 10℃，不允许留存有冰结晶。

2. 拆骨、去皮、去肥膘

拆骨要求为骨不带肉，肉上无骨，肉不带皮，皮不带肉，肉上无毛根。过厚的肥膘应去除，控制留膘厚度在 10～15mm。

3. 切块

将整理后的肉，按部位切成长宽各约 5～7cm 的小块，每块约 0.11～0.18kg，腱子肉可切成 40mm 左右的肉块，分别放置。切块时注意大小均匀，减少碎肉的产生。

4. 装罐

复检后按肥瘦分开（肋条、带膘较厚的瘦肉作肥肉），以便搭配装罐。装罐前将空罐清洗消毒，定量地在罐内装入肉块、精盐、洋葱末、胡椒及月桂叶。

5. 排气、密封、杀菌

加热排气，先经预封，罐内中心温度不低于 65℃。密封后立即杀菌，杀菌温度 121℃，杀菌时间 90min。杀菌后立即冷却到 40℃以下。

（二）生产猪肉清蒸罐头时应注意的几个问题

1. 月桂叶的放置

月桂叶不能放在罐内底部，应夹在肉层中间，否则月桂叶和底盖接触处易产生硫化铁。

2. 定量装罐

精盐和洋葱等应定量装罐，不能采用拌料装罐方法，否则会产生腌肉味和配料拌和不均现象。

3. 按要求选肉

为了保证肥肉和熔化油不超过净重 30%，最好使用四级肉。使用三级或二级以上肉，应除去肥膘，所留肥膘厚度应控制在 1～1.5cm。

4. 尽量使用涂料罐

防止空罐机械伤而产生硫化铁污染。若使用素铁罐时，每罐肥瘦搭配要均匀，应注意将肥膘面向罐顶、罐底和罐壁。添秤肉应夹在大块肉中间，注意装罐量、顶隙度，防止物理性胀罐。素铁罐应进行钝化处理。

5. 严格执行各工序操作要求

要严格执行各工序操作要求以防止血红蛋白的出现。

二、调味类罐头的加工

调味类罐头是肉禽类罐头品种的大宗产品之一。它的特点是将原料经过整理、预煮或油炸、烹调的肉禽装罐后，加入调味液而制成的罐头。因各地区消费者的口味要求不同，即使是同一种产品，调味上也有差异。成品应具有原料和配料特有的风味和香味，块状形态整齐，色泽一致，肉量和调味液量保持一定的比例。依调味方法不同，而各有其特有风味。这类产品按烹调方法和加入调味液不同，可分为红烧、五香、茄汁、咖喱等品种。

（一）、咖喱鸡罐头

1. 工艺流程

原料→处理→油炸→装罐→加入咖喱酱→密封→杀菌→冷却

2. 原料鸡处理

将处理后的鸡身和鸡腿切成 4cm×4cm 的方块，分别放置，颈和翅膀油炸后，再斩成不超过 4cm 的小段。面粉炒至淡黄色过筛。咖喱粉、胡椒粉、红胡椒粉及姜黄粉均需过筛，筛孔为 224～250 目。

3. 配料及调味

（1）配方（单位：kg）

鸡肉	100	面粉	0.45
黄酒	0.15	精盐	0.15

鸡块先与黄酒、精盐拌匀，再加入面粉拌匀，翅膀和头、颈、鸡身、鸡腿分别拌料。用精制植物油（或鸡油）加热至 180～210℃，油炸 45～90s，至鸡肉表面呈淡黄色取出。鸡肉得率为 80%、鸡腿得率为 85%、颈和翅得率为 90%。

（2）咖喱酱配方（单位：kg）

精制植物油	20	洋葱末	4
炒面粉	8.5	蒜末	3.5
咖喱粉	3.75	味精	0.575
姜黄粉	0.5	砂糖	2.25
红辣椒粉	0.05	清水	100
精盐	3.7	生姜末	2.5

（3）咖喱酱调制方法　将油加热至 180～210℃时取出，依次冲入盛装洋葱末、蒜末、生姜末的桶内，搅拌煎熬至有香味。将炒面粉、精盐、砂糖先用水调成面浆过筛。用水在配料中扣除。然后将油炸的洋葱末、蒜末、生姜末和植物油的混合物倒入夹层锅，加入清水，一边将姜黄粉、红辣椒粉、咖喱粉、味精逐步加入，搅拌均匀，再煮沸后加入面粉，迅速搅拌，浓缩 2～3min，防止面粉结团，控制得量为 145～150kg。

4. 装罐量（单位：g　罐号 781）

净重 312、鸡肉 160、咖喱酱 125。

5. 排气及密封

排气密封时中心温度不应低于 65℃；抽气密封真空度 50～55kPa。

6. 杀菌及冷却

杀菌式（排式）15～60min 反压冷却/121℃（反压 0.15MPa）；或杀菌式（抽气）20～60min 反压冷却/121℃。

7. 产品质量标准

色泽：肉色呈油炸黄色，酱体褐黄色。

滋气味：具咖喱鸡罐头特有的滋味及气味，无异味。

组织形态：肉质软硬适度，酱体稠厚适中。每罐装 5～7 块（搭配带皮颈不超过 4cm）或翅（翅尖斩去）一块。块形大致均匀，允许另加添小块一块。

净重（单位：g）：312。

固形物：肉（包括骨）加油不得低于净重的 60%。食盐含量 1.2%～2.0%。

8. 注意事项

控制油炸得率，鸡肉 80% 左右、翅膀及颈 90% 左右。咖喱酱配制不当，开罐后易出现汁液与油汁分离等现象。因此要严格控制温度与时间，并将面粉拌匀。若香味不足，则主要是咖喱粉质量不好，可试加适量玉果粉或丁香粉。

（二）红烧扣肉罐头

1. 工艺流程

原料→解冻→去杂质→预煮→上色→油炸→切块→复炸→加调味液→排气、密封→杀菌、冷却→吹干、入库

2. 加工工艺

（1）预煮　将整理好的肉放在沸水中预煮，预煮时间为 35～55min，以煮到肉皮发软带有粘性，肉块中心无血水为度。预煮时，每 100kg 肉加新鲜葱和经拍碎的鲜姜各 200g（葱、姜均用纱布包好）；预煮时，加水量与肉量之比为 2∶1，肉块必须全部浸没水中。预煮得率约为 90％左右。预煮是形成红烧扣肉表皮皱纹重要工序，必须严格控制。

（2）上色　将预煮的肉表皮水分揩干，在皮面上涂抹一层上色液，稍停几秒钟，再抹一次，以使着色均匀。上色液配方：黄酒 6kg，饴糖 4kg，酱色 1kg。上色操作时注意不要涂到瘦肉的切面上，以免炸焦。

（3）油炸　上色后立即油炸，当油温加热到 190～210℃时，将上色过的肉块投入油锅中，油炸时间 45～60s。炸至肉皮呈棕红色，发脆，瘦肉转黄色即可捞起，稍滤油后投入冷水中，冷却 1～2min，待肉皮回软后即捞出，时间不宜过长，以免降低成品油炸风味。

（4）切块　切块时要求厚薄均匀，块形整齐，皮肉不分离，并修去焦糊边缘。

（5）复炸　将切块肉倒入油温 190～210℃的油锅中复炸 30s 左右，复炸时要小心翻动，炸后立即放入冷水中浸 1min 左右，可避免肉块粘结，并冲去焦屑。

（6）加调味液　装罐前应配制好调味液，调味液中骨汤要先准备好。

骨汤熬制方法是：肉骨头 150kg 和猪皮 30kg 加水 300kg 焖煮，时间不少于 4h，经过滤后备用。

调味液配方（单位：kg）

3％骨汤	100	80％味精	0.15
酱油	20.6	黄酒	4.5
精盐	2.1	青葱	0.45
砂糖	6	切碎的生姜	0.45

调味液配制方法：除黄酒、味精外，其他各料放入夹层锅中（香辛料用纱布包好），煮沸 5min，出锅前加入黄酒和味精，搅匀过滤备用。

（7）装罐　装罐时，肉块大小、色泽大致均匀，肉块皮面向上，排列整齐，添称肉可衬在底部。

（8）排气、密封、杀菌、冷却　装罐后立即排气、密封。加热排气，罐头中心温度应达 65℃以上。真空密封，真空度为（4.7～5.3）×10^{4}Pa。密封后尽快进行杀菌，杀菌温度为 121℃，杀菌时间为 65min。杀菌后立即冷却到 40℃以下。

3. 生产红烧扣肉罐头时应注意的几个问题

（1）扣肉应具有明显的皱纹，若预煮不足，油炸时不发生皱纹；若预煮过度，油炸时会产生大泡，出现皮肉分离和颜色变黑的现象。所以要严格控制好预煮的温度和时间。

（2）装罐时注意外观，肉块排列整齐，皮向上，小肉块应衬在底部，肥瘦搭配均匀。

（3）净重要严格控制，封口前要进行复秤。

（三）红烧兔肉罐头

兔肉肉质细嫩，味道鲜味，易于消化，营养丰富，不但组成其蛋白质的赖氨酸、色氨酸的含量比其他肉类高，而且肉中富含磷脂，胆固醇含量低，从而博得广大消费者的喜爱。为了有效开发兔肉制品，满足人们科学选择食物的要求，现介绍一种红烧兔肉罐头加工方法，以利合理利用我国畜产资源。

1. 工艺流程

兔肉胴体检验→原料肉选择与整理→烧制

辅料准备→ 汤料配制→ 焖煮

（出锅）

排气←装罐←称量←（肉、汤分开）
封口

杀菌→冷却→吹干→保温→成品

2. 加工工艺

（1）原料肉的选择与整理　制作红烧兔肉罐头的原料兔肉，必须选择健康无病、体重 2kg 以上的成兔，经刺杀放血、剥皮（去头、尾、四肢）、清除内脏、胴体冲洗沥干后，进行卫生检验与选择。凡符合国家 GB2724-81 标准的原料肉，才能用于加工红烧兔肉罐头。对符合要求的兔胴体原料肉，首先沿脊椎将胴体分为两半，再切成 3～4cm 见方的肉块，肉块之间不得有互相粘连的现象。

（2）汤料配制

骨汤准备：熬制骨汤既可采用猪骨，也可采用兔骨。先将骨头清洗干净，剁成 10cm 以下的小段，放入锅中，按骨重 200% 的比例加入清水，旺火煮沸后文火熬制，待骨头与残肉自然分离时，即可捞出骨头。汤汁过滤，冷却备用。

汤料配方（按 100kg 原料肉计，单位：kg）

生姜	0.6	草果	0.1
生葱	0.6	味精	0.16
八角	0.2	酱油	适量
桂皮汤	0.2	骨头汤	100
花椒	0.1		

汤料配制方法：先将生姜、葱清洗干净，绞碎或切成细块，再将骨头汤按比例倒入锅中，加入生姜、葱，称量桂皮、八角、花椒、草果等。用纱布包好扎紧，放入骨头汤内，熬制 30～40min。结束前加入味精和酱油，充分拌匀，出锅即为配好的汤料。

（3）烧制

配方（按 100kg 原料肉计，单位：kg）

猪油	2～3	砂糖	2.5
食盐	2～2.5	酱油	2.5～4
料酒	2～3	陈皮丝	0.3

方法：先将猪油倒入锅中高温烧灼，加入陈皮丝，再放入切块的兔肉，用大火翻炒。炒至表面收缩变色时，先加入料酒用量的三分之一，边炒边拌，然后分别加入食盐、砂糖和酱油。烧炒时间不能太长，也不可太短，火候要适宜，以免影响成品肉块的食用品质。一般烘制全过程控制在 15～20min 以内。

(4) 焖煮　将按兔肉与汤料比4：(2～2.5)的比例，分别将肉块和汤料倒入锅内，加盖焖煮。当焖煮15min 左右时，再加入剩余三分之二的料酒翻拌均匀，再焖煮10～15min 左右。当肉块基本上熟透时，便可出锅。切不可将兔肉块煮得太熟，以免影响杀菌后成品肉块的形状和口感。出锅时先捞出兔肉块，再将汤汁用铁丝漏瓢过滤。肉、汤分开放置。

(5) 装罐　采用玻璃瓶装，每瓶净重510g，其中肉块固形物291g，汤汁219g。也可采用听装。在装罐时，要求将同类型肉块相互搭配。装好称量，再配以汤料，以保持罐头内肉块的均匀一致。

(6) 抽气密封　真空度53～60kPa。

(7) 杀菌及冷却　杀菌式为15′～45′～15′/118℃。杀菌后分段冷却。当温度降低至45℃以下时即可拿出揩瓶，待充分冷却后入库保温。要注意防止未充分冷却入库，以免影响产品风味和色泽。

3. 产品质量与检测

(1) 感官检验　色泽：肉色正常，呈酱红色或橙红色。滋味和气味：具有红烧兔肉罐头应有的滋味和气味，滋味可口，气味淡香，无异味。组织状态：肉块大小均匀，长宽各3～4cm，块间不粘连。肉质软硬适宜，形态完整，搭配均匀。每瓶添加小块肉不超过3块。净重：510g，每瓶允许上下误差3%，但兔肉固形物（带骨）不得低于净重的60%。

(2) 理化指标　食盐（以 NaCl 计）1.76%，亚硝酸钠（以 NaNO$_2$ 计）未检出；锡（以 Sn 计）玻瓶包装未检出；铜（以 Cu 计）0.43mg/kg；铅（以 Pb 计）0.31mg/kg。

(3) 微生物指标　致病菌不得检出，无微生物作用引起的腐败象征。

4. 效果分析　经对红烧兔肉罐头产品率抽测结果，得到兔肉胴体制作红兔肉罐头的产品率情况见表13-3。

表 13-3　　　　　　　　　　　　　红烧兔肉罐头产品率抽测结果

抽测次数	胴体总重/g	成品固形物总重/g	产品率/%	平均产品率/%
1	3910	2845.31	72.77	
2	4850	3561.4	73.43	71.05
3	8805	6093.06	69.23	
4	10060	6921.3	68.8	

由上表结果可知，兔胴体制作红烧兔肉罐头的产品率高达71.05%，是兔肉产品中出品率较高的一种产品。从经济效益来说，制作红烧兔肉罐头将使兔肉的经济价值成倍提高，效益十分明显。

三、腌肉类罐头的加工

腌肉类罐头是指肉类经过盐、糖、亚硝酸钠等腌料腌制后，再进行加工制成的罐头。

午餐肉罐头

1. 工艺流程

原料→解冻→拆骨加工→切块→腌制→绞肉、斩拌、加配料→真空搅拌→装罐→真空密封→杀菌、冷却→吹干、入库

2．加工工艺

（1）拆骨加工　在拆骨加工过程中，前腿、后腿作为午餐肉的瘦肉原料。肋条、前夹心二者搭配作为午餐肉的肥瘦肉原料。将前、后腿完全去净肥膘，作为净瘦肉，严格控制肥膘量，不超过10％。肋条、前夹心允许存留0.5～1cm厚肥膘，多余的肥膘应去除。

（2）切块　经拆骨后加工的瘦肉和肥瘦肉分别切成3～5cm条块，送去腌制。

（3）腌制　腌制用混合盐配方：食盐98％，砂糖1.5％，亚硝酸钠0.5％。腌制方法：瘦肉和肥瘦肉分开腌制，按每100kg猪肉添加混合盐2kg，用拌和机拌和均匀，定量装入不锈钢桶或其他容器中，然后送到0～4℃的冷藏库中，腌制时间为48～72h。

（4）绞肉、斩拌、加配料　腌制以后的肉进行绞碎，得到9～12mm的粗肉粒。瘦肉在斩拌机上斩成肉糜状，同时加入其他调味料，开动斩拌机后，先将肉均匀地放在斩拌机的圆盘中，然后放入冰屑、淀粉、香辛料。斩拌时间3～5min。斩拌后的肉糜要有弹性，抹涂后无肉粒状。

（5）真空搅拌　将粗绞肉和斩拌肉糜均匀混合，同时抽掉半成品的空气，防止成品产生气泡、氧化作用及物理性胀罐。真空搅拌的真空度控制在67～80kPa，时间为2min。斩拌配比：瘦肉80kg，肥瘦肉80kg，玉米淀粉11.5kg，冰屑19kg，白胡椒粉0.192kg，玉果粉0.058kg，维生素C 0.032kg。

（6）装罐　搅拌均匀后，即可取出送往充填机进行装罐。装午餐肉的空罐，应使用脱膜涂料罐和抗硫涂料罐。按罐型定量装入肉糜。

（7）真空密封、杀菌、冷却　装罐后立即进行真空密封，真空度为60kPa。密封后立即杀菌，杀菌温度121℃，杀菌时间按罐型不同，一般为50～150min，杀菌后立即冷却到40℃以下。

3．生产午餐肉罐头时应注意的几个问题

（1）原料最好用刚屠宰的健康生猪并经冷却排酸　这种经冷却排酸的新鲜肉吸水性好、富有弹性。但实际生产中，直接采用新鲜肉的条件有限，生产上占95％用冻片猪肉作原料。对冻肉质量要求必须严格，若在贮藏、加工、保管过程中不当，就会降低肉的质量。使用质量不好的原料，就会造成成品组织松散、胶冻析出和脂肪析出，严重影响成品的质量。

（2）严格控制解冻条件　解冻是影响质量关键因素之一。解冻良好能使成品有较高的持水性，组织紧密，富有弹性，脂肪不易析出。解冻后的原料不得积压，在整个处理过程中，肉的温度应保持在15℃以下。

（3）拆骨加工应操作迅速　避免堆积，防止血水流失，造成组织形态不良。

（4）斩拌温度　斩拌温度不能过高。

（5）严格控制腌制的温度和时间　特别是时间，若腌制时间短，则色泽差。若腌制时间太长，会使成品质量下降，腌制后肉质发粘、坚实、弹性差、色香味不良。

（6）选择优质淀粉　淀粉的种类很多，有玉米、小麦、土豆等，由于结构不同所以吸水性也不同。从实践经验看玉米淀粉质量最好。若采用土豆淀粉，会产生析水或析油现象。

（7）防止胶冻析出　产生胶冻析出原因是由于肉的持水性差，肉的质量不好，在杀菌过程中与淀粉相互作用，形成一种半透明状的胶冻物凝聚于罐底，严重影响成品的外观和内在质量。为了解决这一质量问题必须采取下列措施：严格控制原料质量，色泽深暗的里脊肉、软肋和肌肉部位枯干变质的肉和贮藏期超过规定的，不得使用；冻片猪采用空气自然解冻，解冻速度不能过快，否则冰融化后的水分来不及被肌肉吸收，造成肉汁流失；玉米淀粉加水调成4%的浓度，在水浴上加热糊化，再以温度121℃蒸煮30min，取出后冷至80℃，再用恩氏粘度计测定，须在120s以上；加工时严格控制肥肉含量，成品油脂含量一般为22%～25%；添加适量的磷酸盐可防止胶冻析出。

（8）防止脂肪析出　产生脂肪析出的原因是肉的质量不好，其结合脂肪的能力差或肥肉用量过多。为了防止脂肪析出，必须保证良好的原料质量和控制肥肉的用量，肥肉不超过总量的60%。

（9）防止成品粘罐　为了解决午餐肉粘罐的问题，空罐一般采用脱膜涂料罐；罐内壁涂猪油，所用的猪油用容易凝结的板油或前、后腿和背部硬膘熬制；充填的压头不可过小，若压头过小则充填时容易将肉和猪油挤出而造成粘罐。充填机的压头直径比空罐内直径小3mm左右较适当。

（10）防止形态不良　午餐肉罐头形态上的缺陷主要是腰鼓形和缺角，产生原因主要是充填推力不够或不均匀。采用装罐机进行装填，才能保证良好的形态。

（11）防止表面发黄、切面变色快　该缺点是表面接触空气氧化而造成。为了解决这一质量问题，可以提高罐头真空度；密封时真空度控制在60～67kPa；在斩拌时，加抗氧化剂维生素C，添加后，成品的颜色红润，表里颜色基本一致，口味也比较嫩。维生素C的添加量为0.02%，并采用真空搅拌。

（12）防止弹性不足　严格控制原料的新鲜度、解冻条件和腌制条件可防止弹性不足。目前，有些工厂使用绞肉机进行粗绞，绞肉刀片的调整相当重要，粗绞肉应呈粒状，温度不超过10℃。

（13）含肉率问题　含肉率国内一般不作检查指标，但在国外对填充料（淀粉）的使用量都有限制，例如加拿大要求淀粉的用量不超过4%，控制含肉率不低于80%，水分不超过60%，因此，生产上要注意均匀性。含肉率计算公式为：

$$B = \frac{N \times 100}{3.45} + F$$

式中　B——含肉率（%）

N——含氮率（%）

F——脂肪含量（%）

（14）防止假胀听　该缺陷产生原因是由于肉糜中存在较多空气或装填太满而引起的。为了解决这一质量问题，除了在搅拌时提高真空度外，还应检查脂肪含量是否适当，空罐容积是否符合规定，封罐真空度是否按规定要求，另外，在杀菌后采用反压冷却，可避免产生假胀听现象。

四、烟熏类罐头的加工

烟熏类罐头系指肉类原料经腌制后，经过烟熏而制成的罐头。烟熏法综合了腌制、烟熏和脱水干燥的工艺方法。以烟熏火腿罐头为例介绍烟熏类罐头的加工工艺。

选用健康良好，检验合格，经冷却排酸，新鲜的猪只取下的前、后腿，不得使用冻猪腿，每只猪腿称量应在4kg以上。

1. 工艺流程

原料→修割整形→腌制→烟熏→拆骨→压模、预煮→排气、密封→杀菌、冷却→吹干、入库

2. 加工工艺

（1）修割整形　将猪腿斩去脚爪后，修割成琵琶状。

（2）腌制　腌制前，先将腌制盐水配好。具体配制方法如下（单位：kg）：

先配制混合盐：

精盐	98	亚硝酸钠	0.5
砂糖	1.5		

再配制混合盐水：

混合盐	9	月桂叶	0.04
味精	0.05	水	31
胡椒粒	0.1		

在 0～4℃条件下腌制 24h。

（3）烟熏　腌制后，腿肉切面应呈均匀一致的淡红色，要求制品的含盐量为 2% 左右，将腌制后的猪腿，用冷水冲洗表面污物，沥干后挂入烟熏室中。先用明火烘干，温度控制在 70℃左右，时间 1～2h。然后用熏材烟熏，烟熏时间为 2～3h，温度保持在 70℃左右。烟熏完毕，取出后拆骨。

（4）拆骨　将烟熏好的猪腿，切去膝部、去骨、去除关节处软骨、粗筋、表面肥肉过厚的要切除，肥肉厚度控制在 0.5cm 左右。

（5）压模、预煮　按马蹄型罐的外型进行修整，秤量，控制每块肉在 445～460g，装入模子中，皮部向下，要求肉面平整，形态完整。然后，用盖压紧，即放入 82～85℃热水中，预煮 2.5h 脱水。取出后，再将盖压紧，放入 0℃冷室中，存放 12h。取出，放入热水中稍烫片刻，倒出火腿，进行修整、装罐。空罐采用马蹄型异型罐，先进行清洗、消毒、沥干，罐底放一张硫酸纸，纸上面稍放一些琼脂。

（6）排气、封口　按定量装入整块火腿和琼脂，然后，进行加热排气，温度为 80～85℃，时间为 20min。排气后，立即用异型封罐机密封。

（7）杀菌　密封后立即杀菌，杀菌温度 108℃，时间 90min。杀菌后立即冷却到 40℃以下。

3. 生产烟熏火腿罐头时应注意的几个问题

（1）严格控制腌制、烟熏的工艺条件，保证成品质量；

（2）压模预煮，要压得紧，预煮温度和时间要控制好，如果预煮时失水过多，对成品的滋味、柔嫩度有很大影响；

（3）控制好净重，以防止物理性胀罐。

五、香肠类罐头的加工

香肠类罐头从广义来说，其实质也是腌制、烟熏类罐头。由于香肠品种不同和灌肠后处理方法不同，故单独分为一类。香肠类罐头是指肉经腌制后加入其他辅料和香辛料，经斩拌后制成肉糜，直接装入肠衣（天然肠衣或人造肠衣），经预煮或烟熏后，装罐、排气、密封、杀菌而制成的罐头。主要介绍利屋香肠罐头的加工工艺。

1. 工艺流程

原料→去杂质→腌制→细绞→斩拌→肠衣处理→灌肠→烟熏→装罐→真空密封→杀菌、冷却→吹干、入库

2. 加工工艺

(1) 腌制　腌制混合盐配方：精盐96%，砂糖3.5%，亚硝酸钠0.5%。腌制方法：将上述各原料品种的配比，分别拌和均匀，铺平于不锈钢的容器中，放在2~4℃室中，腌制3~4d，即可使用。腌制后的肉色鲜红、湿润、粘性强。

(2) 细绞　经腌制完毕后的肉放在绞板孔径为2mm的绞肉机上细绞。把绞细的放入斩拌机中斩拌，同时，缓慢地加入冰水、粗绞牛肉、香料水，待拌匀后，再加入一级猪肉、二级猪肉斩匀。

香料水配方（单位：kg）

胡椒粉	1.1	豆蔻粉	0.4
红辣椒粉	1.1	冰水	140

(3) 肠衣处理　将盐腌的直径为2cm的羊肠衣，整理后先用30~40℃温水清洗数次，然后，浸入冷水中5~6h。取出后放入0.2%~0.3%酒石酸溶液中浸24h，取出后再放在流动水中漂洗2h备用。经过这样处理的肠衣组织紧密，并可消灭肠衣中杂菌，以防止成品的变质。

(4) 灌肠　斩拌料经自动、定量分节灌肠机灌入肠衣。灌肠时，应随时注意防止肠内空气泡，两端应严密封闭，香肠粗细均匀，长短一致。

(5) 烟熏　灌好的香肠，按对横挂在烟熏木棒上或熏架上。先将烟熏室加热至50℃左右，使室中干燥。然后，点燃熏材，将香肠烟熏至金黄色，时间约15~20min。烟熏温度不能过高，以防止脱水过急或过多而使表面肠衣发皱和内部发干。熏后立即取出放入30~40℃清水中，将香肠表面上附着的烟尘清洗干净，即可进行定量装罐。

(6) 真空封口　装罐后，立即进行真空密封，真空度为$4.7×10^4Pa$。

(7) 杀菌　密封后立即杀菌，杀菌温度为116℃，杀菌时间40min。杀菌后立即冷却到40℃以下。

3. 生产利屋香肠罐头时应注意的几个问题

(1) 在整个生产工艺过程中，应严格操作规程，如果操作不当，易污染微生物，肉绞得越细，污染微生物的机会越多，因此在加工过程中应特别注意清洁卫生，以减少微生物的污染，保证成品质量。

(2) 肉在绞肉机中绞碎时，温度会升高，能促进微生物的繁殖，因此要添加冰屑，使绞肉在冷却的状态下进行，但不能加得太多，太多会造成粘度降低，影响成品质量。保持制品中水分适度，能使香肠制品多汁和柔嫩。

(3) 灌好的香肠进行烟熏时，最好能用烟熏木棒自由转动的熏架或车子，可避免香肠尖端与烟熏木棒接触而不能被烟熏到，使整个香肠色泽一致，无空白点。

(4) 凡长短不齐、烟熏不均匀或不充分，肠内有明显气泡，两端未密封或畸形，不光滑的香肠均不能装罐。装罐时，盐水尽量加满，使香肠全部浸入盐水（1.8%~2.5%）中。

(5) 杀菌操作严格控制温度和时间。在冷却过程中，采用反压冷却，且不要使罐头振动太大，以免香肠破裂，取罐时要轻拿轻放。

第三节　软罐头的加工

随着科学技术的发展罐头工业的生产逐渐形成软罐头和普通罐头两大类。软罐头的生产过程类似于普通罐头的生产过程，但软罐头由于其包装材料的软性以及包装形式的多样性，使得其充填、封口、杀菌工艺及设备都具有特殊性，而与普通罐头的生产相异。

一、软罐头食品简介

软罐头食品是将各种不同的食品原料加工处理后，装入蒸煮袋内，经热熔封口，经过适度的加热杀菌，使之成为能长期贮藏食用方便的食品。软罐头的品种颇多，按其内容物分有肉禽类、水产类、果蔬类、调料类、主食类、即食菜类、其他小吃类等等。

软罐头食品的一般工艺流程为：

原辅料验收及选择→加工处理→装袋→封口→杀菌→包装

下面主要介绍与普通罐头生产中不同的充填、封口、杀菌的工艺及设备。

二、软罐头的充填、封口工艺和设备

（一）软罐头的充填、封口工艺及其要求

充填工艺的主要要求是适当的充填量和合适的内容物，保持袋子封口处清洁无污染。软罐头食品的充填量与其杀菌效果有直接的关系，这主要是与充填后袋的厚度有关。在一定的充填量下，袋厚度的增加一方面往往导致杀菌时间的不足，造成成品可能腐败；另一方面也可能因封口时袋子拉得太紧，而造成袋封口处污染。因此充填量与包装袋的容量要相适宜。通常控制内容物离袋口至少 3～4cm。除此之外，对内容物质地也有要求，即不能装带骨和带棱角的内容物，以免影响封口强度，甚至刺透包装袋，造成渗漏而导致内容物腐败。与普通罐头的灌装类似，软罐头充填时也应尽量排除袋内空气，以防止袋内食品颜色褐变、香味变异、维生素损失，同时也防止因空气受热膨胀而导致破袋发生。减少袋内空气量的方法通常有：①蒸汽喷射法；②抽真空法，根据内容物的特性决定抽真空的大小，由真空度决定袋内空气的残留量；③压力排气法，利用机械或手工挤压，将袋内空气排出。为了保证封口强度，关键是充填时切勿污染蒸煮袋的封口处。如果在封口部分内侧有液汁、水滴等附着，热封口时封口部分内侧易产生蒸汽压，当封口外侧压力消除时，会因瞬时产生气泡而使封口部分局部膨胀，导致封口不紧密。如果封口部分内侧有油或纤维或颗粒等附着，则封口部分区域不能密封。防止蒸煮袋袋口污染的方法有以下几种：

（1）严格控制袋口的构型　可使用夹钳或抓手来定向，使用真空吸嘴及空气喷射使袋口完全张开，以利充填。

（2）使用适合于产品特性的灌装器　可使用往复式泵、螺杆泵推进或齿轮泵灌装器进行灌装。

（3）防止点滴污染封口　在灌装液汁时，在喷嘴尖上装一个环形的吸管，以回吸由于惯性而滴下的液体，并用同步金属片作保护装置，以防止点滴污染封口部分。另外，在灌装时使用翼状保护片，插入袋内，以保护内层封口表面不受污染。

（4）控制装袋量　内容物与袋口要保持一定距离，通常至少 4cm 左右。

（5）控制排气所用的真空度　真空度视不同的产品而定，尤其要防止真空度过高而导致汤汁外溢，污染袋口。

充填好的软罐头进入封口工序。软罐头的封口采用热熔密封，即电加热及加压冷却使蒸煮袋内层薄膜熔化而密封。封口的关键是合适的封口温度、压力、时间及良好的袋子封口状况。目前，国内外普遍采用电加热密封法和脉冲封口法。电热密封主要是由金属制成的热封棒，表面用聚四氟乙烯布作保护层，通电后热封棒发热到一定温度时蒸煮袋内层薄膜熔化加压粘合。为了提高密封强度，热熔密封后再加压一次，但也有通电后即通冷却水进行冷却密封。而脉冲封口是通过高频电流发热密封，自然冷却。封口的温度、压力、时间视蒸煮袋的构成材料、薄膜的熔化温度、封边的厚度等条件而定。在一定的封口时间内，温度过低会造成薄膜熔化不完全不易使之粘合，而温度过高又会使薄膜熔化过度而改变其物理化学性质，也造成封口不牢。同样，压力过低亦造成熔化的薄膜连接不够紧密，压力过高可能造成熔化的薄膜材料挤出而封口不牢。封口时间决定了生产能力的大小。在保证封口质量前提下，封口时间短则生产能力大，反之相反。封口的温度、压力、时间一般要进行试验。带铝箔三层复合蒸煮袋热熔封口特性曲线为最适热封温度180～220℃，压力294kPa，时间1s，在此条件下封口强度≥68.6N/20mm。

封口时袋子封口处平整一致程度也是影响封口质量的因素之一。要保持袋子封口处平整，封口后无皱纹产生，一般需注意以下几点：①蒸煮袋口必须平整，两面长短一致；②封口机压模两面平整，并保持平行，夹具良好；③内容物块形不能太大，装袋量不能太多，袋子总厚度不能超过限位要求。

（二）软罐头的充填封口设备

1. 自动充填封口机

自动充填封口机是采用机械、气动、电气控制等方式使蒸煮袋经过上袋、张袋、加固形物、加汤汁、抽真空、二次热封和冷轧打印及卸袋等动作，在一台机上实现顺序、协调、自动连续的灌装封口过程。封口机的型号很多。国内从日本引进的TVP-A型封口机，在生产线上使用较为理想，这种封口机有三种型号，如表13-4所示。

表13-4　　　　　　　　　　　　　封口机的三种类型

项　目	型　号		
	A₁	A₂	A₃
袋子尺寸			
宽/mm	120	120～150	130～160
长/mm	190	210	260
速度/（袋/min）	30～40		
袋材	尼龙、聚酯、铝箔、聚烯烃等复合薄膜		
密封方法	脉冲密封		

TVP-A型是由两个转台所组成，第一个转台有6个工位，是取袋和灌装食品的部分，第二个转台有12个工位即12个真空室，是抽空及密封的部分，为防止抽空时液体溅出，抽

空需三次完成。

为了便于食品的装袋，配备固形物自动投入装置，这是一种戽式输送带，戽是由不锈钢丝制成，容量约为 500g，输送带与主机同步动转，通过翻斗，将戽内食品经装料斗倒入袋内。

第一转台各工位的作用有：

（1）取袋　袋子装载在袋架上，高度可自动调整，由于袋子横放在架子上，故也可以使用材质较软的袋子。

（2）日期打印　应用橡胶印模和快干耐高温油墨。

（3）开袋　应用真空吸嘴及压缩空气吹管开袋，袋开口后，在同一工位的装袋漏斗下降，进行固形物充填。

（4）加汤　汤汁从贮筒经泵及加液口注入袋中，加液口孔径有 8mm、10mm 及 20mm 三种，8mm 及 10mm 的适装低粘度的汤汁，20mm 孔径的尚附有活塞式加液管，适装粘度高的汤汁。

（5）预封　为了防止在后工序抽空时内容物被抽出，袋口先经预封，预封部位长 50mm，宽 5mm。

（6）转移　预封后的袋由夹具紧挟转移至第二转台。

第二转台各工位作用有：

（1）接袋　挟住转移来的袋子。

（2）闭盖　关上真空室盖。

（3）预备真空　联通 15 工位，使获得较低真空度。

（4）第一次抽空　一般可抽至 93.3kPa 左右。

（5）保持真空　使有充分时间进行抽空。

（6）第二次抽空　可抽至 100kPa 左右。

（7）脉冲密封　为避免真空室温度提高，应用脉冲密封，在抽空后夹具向两端拉伸，以减少密封部位皱纹的形成。

（8）封口冷却　应采用自然冷却或真空降低。

（9）接通大气　真空破坏，真空室盖打开。

（10）排出　蒸煮袋自真空室中跌落在输送带上。

（11）空当　准备下一次循环。

在一般生产条件下，预备真空 46.7kPa，预封温度 150℃，密封时间 0.3s，密封电压 14V，这样成品的密封强度平均可达 47.04N/15mm。

目前，我国自行设计制造的自动封口机也已用于生产。其适用范围为 3 层或 4 层铝箔袋或透明复合袋，封口范围：宽 130～150mm，长 70～200mm。每分钟可封 30 袋。该类机器采用单转盘间歇回转式结构。辅以自动加料输送机和自动定量机及拌液筒。主机采用上下二层平台组成的框架结构，上台面有 8 个工位和转盘，下台面为机架；二台面之间的主传动部件和备工位动作的传动。8 个工位及动作是根据工艺要求设计的。8 个工位分别为：上袋、张袋、加固形物、加汁液、抽真空、预封、热封、冷压打印。

工作原理：两组带有真空吸头的摆杆将空袋送至转盘的二夹头之间，夹紧后转位；两张袋真空吸头将袋吸开，同时两夹头位置靠拢；固形物通过定量或人工称量，从加料输送机倒入加料器而进入空袋；加液管将定量液体送入袋内；抽真空的同时二夹头撑紧袋口拉平；预封使之粘合；再热封使之牢固，提高封口强度，冷轧打印日期，随后卸袋；转盘转换工位再循环。

2. 链式封口机

这是一种由低速微型电动机带动传动链条，通过链条钢带的夹持使封口处均匀通过加热区，钢带在加热区受到两块加热板的挤压，使塑料薄膜受热后粘合，然后在钢带夹持下送入冷却区冷却，滚花轮滚压，使封口部分滚压出条纹状或网状的封合包装袋的设备。用这种设备封合的蒸煮袋不受封口长度的限制，封口处带有明显的凹槽、增强了密封性，特别适用于复合薄膜袋的封口。

（三）热熔封口的检验

1. 热熔封口污染的检验

（1）肉眼检测法　这是主观的、人为的目测法，在理想条件下，有效率可达 75％。

（2）红外线审视法　固定热源和检测器装置，使袋的封口部分在二者之间以一定速度通过，若封口部分有污染时，能因热流被阻而使检测器的温度下降，这种红外线审视装置还可剔除因脂肪和水分等污染的不合格袋产品，实用可靠，但造价较高。

（3）测厚方法　使用测厚仪来测定封口的厚度。用一根与表面接触的探针，使袋的封口部分有一个通过测定装置的无摩擦的行程，而测定值被放大和转变成电能输出，并通过一台电容电阻测量装置，当封边厚度不均匀时，它能测出袋口的污染微粒及折叠状的封口皱纹，但对油脂及水分不易检出。

2. 热熔封口质量良好的封口必须通过下列检验：

（1）表观检验　肉眼观察封口外观，应无皱纹及污染；用手挤压时封口边应无裂缝及渗透现象。

（2）熔合试验　良好的封口必须完全熔合。

（3）破裂试验　即耐内压力及外压力强度试验，也称爆破强度试验及静压力强度试验。

（4）拉力试验　分静态拉力试验及动态拉力试验两种。静态拉力试验是用一种万能拉力测试器，在一定的温湿度条件下进行拉力测试；动态拉力试验是将封口放入杀菌锅中在 121℃、30min 杀菌过程中进行的拉力测试。

三、软罐头的杀菌工艺和设备

（一）软罐头的杀菌工艺

充填密封好的软罐头必须经过合理杀菌，以达到长期保存的目的。软罐头的杀菌与常规的金属罐、玻璃罐类似，其工艺过程亦分为升温阶段、杀菌阶段、冷却阶段。由于软罐头中的杀菌值（F_0）、D 值和 Z 值等的微生物耐热性参数及其概念与普通罐头食品相同，所以其杀菌理论及杀菌计算也可以直接用于软罐头。下面简单介绍软罐头杀菌的特点。

软罐头的杀菌时间比同类普通罐头的杀菌时间可以缩短。由于软罐头具有传热面积大、呈扁平状、横截面小、传热快、冷点不明显等特点，因此在相同的加热杀菌条件下，其杀菌值比一般的金属罐头大。这种特点在传导型的传热过程中尤为显著。

软罐头和金属罐头在杀菌时升温阶段的热传导，对于罐内容物接近或达到杀菌实际温度（RT）有重要的影响作用，即对杀菌值（F_0）有显著的影响。在升温时间（CUT）中有部分是有效杀菌时间。当然，其升温时间中有效杀菌时间长，相应其最终杀菌值（F_0）也大，正因为如此，计算软罐头的杀菌值时要有别于金属罐头。如采用 Ball 公式，就要修正理论加热时间（t_B），也就是要修正有效的升温时间内的有效杀菌时间系数（0.42）。

理论杀菌时间按 Ball 公式计算：

$$t_B = t_p + 0.42 t_\omega$$

式中　t_p——杀菌锅恒温及降温阶段的有效杀菌时间（min）

　　　　t_ω——升温时间（min）

　　0.42——升温阶段的有效杀菌时间系数

通过试验可以证明，在相同的杀菌工艺条件下，软罐头比金属罐头在升温阶段内升温快。因此在相同的升温时间内软罐头的杀菌值大于金属罐头的杀菌值。为了精确计算软罐头的杀菌值，只有提高升温阶段的有效杀菌时间系数。当然，由于软罐头的品种及加工工艺的不同，有效杀菌时间系数也不尽相同。这可通过试验测定得到。提高有效杀菌时间系数的结果是缩短了杀菌时间而达到同样的杀菌效果。一般来说，软罐头的杀菌时间比金属罐可缩短约 1/3，比玻璃罐缩短约 2/5 以上。软罐头在杀菌冷却过程中的另一个特点是容易产生破袋现象。软罐头在高温杀菌过程中，袋内残留气体的膨胀及内容物体积变大，使得袋内压力上升，当袋内压力大于袋子所能承受的内压时，若杀菌锅中的压力低于袋内压力，则袋子会被胀破。为了保证软罐头在杀菌过程中不破袋，通常采用加压杀菌及加压冷却。

软罐头进入杀菌锅后锅温达到多少度才开始用空气加压，这要视软罐头的初温、装袋量、残留空气多少等条件而定。一般从 90℃ 开始加压，如果加压开始过早，则升温时间延长，如果加压太迟，则易发生袋的破裂。杀菌后的软罐头应快速冷却。与普通罐头的冷却一样，亦应采取加压冷却，以防止锅内蒸汽冷凝时袋外压力急剧下降而导致破袋。同时，冷却用水须符合饮用水标准，最好使用经氯化处理过的水，使冷却水中含游离氯 3～5mg/kg，以控制细菌数，防止软罐头的后污染。

（二）软罐头的杀菌设备

软罐头的杀菌装置大体上可分为间歇式和连续式两类。

1. 间歇式杀菌装置

常用的间歇式杀菌装置有卧式双筒体自动回转杀菌锅。这是带有热水回收或用蒸汽杀菌方式的双筒体回转式杀菌设备。该装置主要由两个压力容器组成，下方为杀菌锅，锅内笼格回转时，外圆与轴同心，端面与轴垂直，上方为热水贮罐。因此，不仅热水能重复使用，而且还可使热水罐中的热水高于温度杀菌温度，在瞬间将其注入杀菌锅，既缩短了升温过程，又可进行高温杀菌。该设备在工艺控制上制定了五种杀菌方式：①水杀菌回收法一次冷却；②水杀菌回收法二次冷却；③水杀菌置换法二次冷却；④汽杀菌一次冷却；⑤汽杀菌二次冷却。

采用微机控制杀菌全过程。下面以水杀菌一次冷却为例说明其工作过程原理。把充填封口后的软罐头放在铝盘内，层层叠好后，用运载小车推入杀菌锅内，关上门。旋转的门圈撞击微动开关，发出电讯号，电磁气动阀打开推动活塞杆带动插锁把门锁紧，微机启动并控制操作程序。水泵抽吸冷水打入上层热水锅内，同时蒸汽对杀菌锅进行预热。热水锅内达到一定的水位后，自动关闭水泵，蒸汽加热约半小时，锅内水温升到 135℃，自动关闭进汽阀门，把过热水放入杀菌锅，同时热水循环泵启动，使热水交叉流动循环。杀菌时间因产品不同而异，锅内小车经过一定时间的回转后停止，杀菌程序完成。热水泵将热水送回热水锅后，水泵将冷水打入杀菌锅并不断循环进行冷却，直至程序完成，机器停止。最后取出杀菌后的产品。如果采用蒸汽杀菌，不必将冷水打入热水锅加热，可直接让蒸汽进入杀菌锅内。采用蒸汽杀菌时，由于软罐头不接触热水，所以在得到均匀加热的同时容器也不致变形。

2. 连续式杀菌装置

连续式杀菌装置能直接与生产线相连，与间歇式相比，可缩短 1/3 的工作时间，因而提高了工作效率，降低了生产成本。连续式杀菌装置有多种类型。法国 ACB 公司生产的是一种卧式连续杀菌装置，采用转盘的水封式结构，保持杀菌装置的压力和温度，把待杀菌的袋子装入传送器的篮里，连续进行预热、杀菌（最高温度 143℃）和冷却。水封式连续杀菌装置的特点是利用水封式旋转阀加以控制，能够很容易地在温度 100～143℃压力 98～294kPa 的范围内进行调节。这种连续杀菌装置的系统随包装材料的种类而异。充填好的软罐头食品通过水封式旋转阀连续地进行杀菌，经冷却后由卸料口取出。

DV-Lock 水封式连续杀菌装置采用两个旋转阀，保持杀菌冷却段始终处于被封闭状态。利用旋转阀不同相位的变化，使制品不断地进入系统，经杀菌冷却后不断地离开系统。两个旋转阀之间形成一个阀袋。当两个阀门处于（a）状态时，继续旋转则阀袋内压力开始下降；处于（b）状态时，左边阀门打开，右边阀门完全关闭，切断压力，此时阀袋内为大气压；处于（c）状态时，继续旋转则阀袋内压力开始上升；处于（d）状态时，左侧阀门完全关闭，右侧阀门打开，此时阀袋内为高压。

第四节　罐头制品的质量控制

一、防止污染和腐败

（一）防止外来杂质污染

①加强原、辅料贮藏、运输中的管理；②健全生产车间的卫生制度，做好防蚊蝇措施及职工私人物品的管理；③加强预处理过程中原料的检查，装罐前必须复查；④经常检查刀具、用具及设备的完全状况，要有专人负责，做好检查记录；⑤除对原辅料进行特殊检查者外（如猪舌的 X 光透视），其他材料也要有具体的检查措施，如空罐锡珠，青豆中的小石子等。

（二）防止细菌性腐败和二次污染

①严格执行工厂卫生制度，每道工序都必须做好清洁卫生工作，防止和减少微生物的污染和繁殖。封罐到杀菌的半成品不要积压时间过长；②加强辅料的质量检查，杜绝变质原料，并彻底做好清洗工作以减少污染；③做好微生物学的检查监督，特别要检查和控制装罐时半成品的芽孢数，以便及时发现问题，采取必要措施；④加强封口机的设备检修验收制度，加强罐头的密封性；⑤根据生产实际情况，确定合理杀菌公式；⑥冷却水必须符合卫生标准，冷却后的水必须能检出游离氯，最好保证浓度达到 0.5×10^{-6}。如果冷却水要回收使用，必须经过氯化处理，含游离氯 $(3 \sim 5) \times 10^{-6}$；⑦按照规定进行杀菌锅安装，并对杀菌锅内各部位的传热情况进行测定以求符合要求。特别是排气阀要用闸阀，进气喷气

孔眼总面积须大于进气管截面积的 $1.5\sim2.0$ 倍，排气管的大小和安装、校正过的温度记录仪等均应符合要求；⑧杀菌锅在使用中排气务求充分，排气阀要全开。认真执行排气工艺，保证在规定的时间内达到规定的温度；⑨杀菌操作人员必须能正确熟练操作，并认真做好记录。主要技术人员应对封口结构和杀菌记录及时做好审查工作，并负责签字。凡有下列情况者，应及时监督改进：记录不完整或弄虚作假；杀菌处理不当；温度记录装置有偏差；杀菌管道安装不当；初温未控制；玻璃温度计和温度记录仪未校正；⑩杀菌冷却后的罐头在转运过程中应注意卫生，特别是封口卷边处不要污染。应以洗罐烘干的方法代替传统的揩听方法。此外成品的贮藏条件必须良好。

（三）防止硫化物污染

畜禽肉类中硫的含量较高，热处理过程中，因受热会形成硫化氢。罐壁在硫化氢作用下，会出现青色和黑色的硫化物。这种硫化腐蚀严重时，硫化物会脱落，使内容物变黑，造成硫化物污染，致使食品不符合卫生标准。污染程度与食品种类、pH及原料的新鲜度等因素有关。为防止或减轻硫化物污染，须采取下列措施：①严格检查空罐模具及空罐质量，力求减少空罐机械擦伤。必要时加补涂料；②清蒸类产品特别是白烧鸡、鸭罐头等要用专用抗硫涂料铁制罐；③产品尽量避免与铁、铜器接触。水和其他原辅料要控制铁、铜含量；④尽量采用涂料罐。用素铁罐装罐时，装罐前空罐要经重铬酸钠溶液钝化处理；⑤畜禽肉类装罐时应使皮肤面与罐底盖相接触，尽量减少肌肉与马口铁面接触。装罐时要力求避免肉骨擦伤罐壁；⑥保证橡胶垫圈的硫化质量。注意浇胶操作，避免橡胶挤出，造成罐内流胶。

二、防止爆节、突角和物理性胀罐

（一）防止罐头爆节

畜禽肉带骨装罐时，骨内（特别是关节部分）含有大量空气。当排气不够充分、冷却操作不当时，罐身接缝处常会爆裂，这种现象称为爆节。尤其以鸡罐头生产过程中爆节现象更为突出，其预防措施为：

①畜禽切块时，最好折断关节部分，以便空气逸出；②带骨的畜禽罐头封口时以采用排气封口为好。在充分排气以后及时密封；③降温时外压要逐步降低，避免外压失落过快造成爆节。可以采用反压冷却；④合理选用生产空罐的马口铁厚度；⑤生产空罐时在接缝处采用压筋以增强接缝强度。

（二）防止突角

①采用加压水杀菌和反压冷却时，严格控制其升压和降压的平稳性。罐头内压力的大小应经内压测定，以确定反压参数。同时应根据冷却水的流量掌握好降压速度；②带骨的生装产品装罐要力求平整，不得超重，以便于排气。要有一定的顶隙；③在规定允许的条件下，适当增加预煮时间和尽量减少块数；④提高排气后的罐内中心温度和提高真空封罐机真空室的真空度；⑤根据不同产品的要求选用合适的厚度和调质度的镀锡薄钢板，尤其是底盖应选用较厚的镀锡薄钢板；⑥封口后及时杀菌。

（三）防止物理性胀罐

罐内食品装得过多，顶隙小或几乎没有，罐头本身排气不良，真空度较低等因素，都有可能造成罐头在杀菌和运输、销售过程中内容物膨胀而胀罐，这种现象称之为物理性胀罐，也称"假胖听"。为防止生产中出现这种现象，需做好以下工作：①注意罐头顶隙度的大小是否合适，空罐容积是否符合规定；②对带骨和生装的产品应注意测定罐内压力，以确定杀菌后冷却时反压的大小；③预煮加热时间要控制得当，块形大小要尽可能一致；④提高排气时罐内的中心温度，排气后应立即密封。在使用真空封罐机时，可以适当提高真空室的真空度；⑤严格控制装罐量，切勿过多，天平精度要符合要求；⑥罐盖打字可采取反字办法，以免造成感觉上的物理性胀罐；⑦对于有些产品，如午餐肉要特别注意其比容，可通过调整肥瘦肉和纯瘦肉的比例和真空拌肉的真空度及时间加以调整；⑧根据不同产品的要求，选用合适厚度和调制度的镀锡薄钢板。

三、防止流胶和罐头生锈

（一）防止流胶

流胶主要是因橡胶的耐油性差、吸水膨胀、注胶过厚或注胶不适当引起。可根据具体情况采取相应的措施：①增加氧化锌用量；②提高烘胶温度，但要注意不过分；③提高陶土用量并注意陶土质量（但用量过多易龟裂）；④调节注胶量，控制在 0.5～0.7mm 的厚度，注意浇胶均匀；⑤尽可能采用真空封罐机。

（二）防止罐头生锈

①空罐和实罐生产过程中所用制罐模具要光洁、无损伤。严防铁皮的机械擦伤；②要淘汰焊锡工艺，采用电阻焊焊接；③空罐经洗涤后要及时装罐不积压。封口后罐头力求清洗干净；④空、实罐的转运过程要避免擦伤；⑤杀菌篮、杀菌锅及冷却水应经常保持清洁。杀菌后冷却时添加磷酸三钠及亚硝酸钠有一定效果，用量约为 0.05%，使用过的水排放时要注意不污染水质；⑥杀菌过程中升温及冷却时间不宜过久，冷却后罐温以 38～40℃ 为宜，不宜过低。出锅后及时擦去水分，最好采取清洗烘干的办法；⑦防止罐头的冷"出汗"。罐头在贮藏过程中如果与环境的温度差不当，温度较低的罐头在表面就有冷凝水凝聚，称为"出汗"。其原因为罐头温度低于空气露点，因此要有合适的库温和相对湿度。贮藏实罐的库温以 20～25℃ 为宜，相对湿度以 70%～75% 为宜。梅雨季节门窗要关闭。贮藏空罐的仓库温度一般应比室外温度略高；⑧罐头堆放不宜堆垛过大、过高，堆垛之间应保持 30cm 距离，以利于空气流通；⑨装罐头的木箱、纸箱不宜太潮。黄板纸 pH 要求 8.0～9.5，柏油纸等也要注意质量。空罐和实罐运输容器要遮盖。

四、防止其他问题

（一）防止固形物的不足

①加强原料的验收，不合格的原料不投产；②控制好预煮和油炸的脱水率；③肥瘦搭配均匀，在确保油脂含量比例的前提下，适当增加肥肉比例；④调整装罐量。

（二）防止油商标

①对杀菌锅和杀菌车（篮）应经常用热水清洗去油污。在杀菌操作上也要根据具体情况，将冷却水最先的部分从上部溢流管排出，而不沾在罐头表面上；②含油量较高的产品，在杀菌前应对实罐表面进行油污处理。杀菌后的冷却水不要回流使用。含淀粉等内容物（如午餐肉）的产品，实罐外表常有淀粉、油脂污染，经高温处理后清洗较困难，故在杀菌前有必要做好去油污处理工作；③封口卷边处油脂不易去净、封口不紧、粘有油脂等原因使油脂慢性渗到商标纸上，是引起油商标的常见原因。

参 考 文 献

[1] 葛长荣，刘希良主编．肉品工艺学．昆明：云南科学技术出版社，1997

[2] 马美湖主编．现代畜产品加工学．长沙：湖南科学技术出版社，2001

[3] 孔保华，罗欣，彭增起主编．肉品工艺学（第二版）．哈尔滨：黑龙江科学技术出版社，2001

[4] 周光宏主编．肉品学．北京：中国农业科技出版社，1999

[5] 高福成等．现代食品工程高新技术．北京：中国轻工业出版社，1997

[6] M·里切西尔［美］．加工食品的营养价值手册．陈葆新译．北京：轻工业出版社，1989

[7] 陈明造．肉品加工理论与应用．台湾：艺轩图书出版社，1983

[8] 刘志诚等．营养与食品卫生学．北京：人民卫生出版社，1987

[9] 陈伯祥等．肉与肉制品的工艺学．南京：江苏科学技术出版社，1993

[10] 韩德乾等．农产品加工业的发展与新技术应用．北京：中国农业出版社，2001

[11] G. Varela, A. E. Beneler and I. D. Mortan. Frying of Food. 1988

[12] 古贺秀德．油炸用油的着色与变坏．译者．日本食品科学工学会志，1997

[13] Hammes W. P. , et al. FEMS Microbiol. Rev. , 1990 (87): 165

[14] 王雪青等．发酵香肠及微生物发酵剂（一）．食品与发酵工业，1998，24（2）：62

[15] 马长伟等．发酵香肠及微生物发酵剂（二）．食品与发酵工业，1998，24（5）：77

[16] 马汉军．乳酸发酵中式香肠的菌种及工艺研究．食品科学，1997（8）：25

[17] 马汉军等．腊肠乳酸发酵理化特性的变化．肉类研究，1996（1）：29

[18] 马汉军等．乳酸发酵对中式香肠贮藏性的影响．肉类研究，1997（2）：47

[19] 蒋爱民等．肉制品工艺学．西安：陕西科学技术出版社，1996

[20] Gaier W. , et al. Lett. Appl. Microbiol. , 1992, 14：73

[21] 王爱桂等．干香肠和半干香肠的质量控制．肉类工业，1994（4）：12～16

[22] 刘会平等．发酵肉制品的生产．肉类工业，1994（4）：16～18

[23] 张元生等译．微生物在肉类加工中的应用．北京：中国商业出版社，1991

[24] 宋照军等．发酵剂在肉制品生产中的应用．肉类工业，1998（7）：30

[25] 张兰威等．添加物对发酵风干香肠的影响．肉类工业，1999（4）：26～29

[26] W. P. Hammes and H. J. Knauf. Starter in the Brocessing of Meat Products. Meat science，1994（36）：155

[27] J. coventry and M. W. Hickey. Growth characteristics of Meat Starters. Meat science，1991 (30)：41

[28] W. P. Hammes and C. Hertel. 1998, New Development in Meat Stares. Meat science，1998 (49)：125

[29] Alan H. Varnam. Meat and Meat Products. Chapman & Hall，1992

[30] Donald M. Kinsman, Muscle Foods，Chapman & Hall，1994

[31] 金辅建，薛茜编译．肉制品加工手册．北京：中国轻工业出版社，1992

[32] 黄德智，张向生编著．新编肉制品生产工艺与配方．北京：中国轻工业出版社，1992

内 容 提 要

　　本书系统、全面地阐述了肉类科学的基础理论和肉类科学加工技术，包括畜禽的屠宰与分割、原料肉的结构与特性、屠宰后肉的变化、肉的贮藏与保鲜、肉品加工辅料及特性、腌腊肉制品、香肠制品、酱卤制品、熏烤制品、干肉制品、发酵肉制品、油炸肉制品、罐藏肉制品等方面的内容。该教材紧密结合我国肉类制品工业的现状，及时反映了我国和世界近代肉品科学技术最新进展，同时，本着理论联系实际的原则，还详细介绍了各类肉制品的加工技术。本书内容不仅全面、系统、丰富，而且完整、新颖，理论联系实际，可操作性强，很适宜于作各类高等院校肉与肉制品工艺学的教材，也可以作为中等专业院校和各类培训班的教材，并且是各类与肉品科学有关技术人员必备的参考书。